海洋遥感与海洋大数据丛书

海洋环境再分析技术

吴新荣　付红丽　杨俊钢
李　云　王勇献　李　威　著

科学出版社

北　京

内 容 简 介

海洋环境再分析是利用数据同化技术将海洋历史观测资料与动力模式相结合，再现过去海洋状态场的时空连续变化，是国际业务化海洋学的前沿领域。本书综合分析国内外海洋环境再分析的研究进展，对全球海洋环境再分析中海洋观测资料、动力模式、数据同化、系统综合集成、产品制作、检验评估、解释应用、可视化等关键技术进行详细介绍，为我国海洋环境再分析进一步发展奠定基础，提高我国海洋环境安全保障能力。

本书可供海洋资料处理、海洋数据同化、海洋数值模拟、海洋再分析等领域的研究人员、技术人员、业务人员，以及科研院所、高等院校相关专业的师生阅读参考。

图书在版编目（CIP）数据

海洋环境再分析技术/吴新荣等著. —北京：科学出版社，2023.8
（海洋遥感与海洋大数据丛书）
ISBN 978-7-03-076076-0

Ⅰ.①海… Ⅱ.①吴… Ⅲ.①海洋环境-环境监测-数值分析
Ⅳ.①X834

中国国家版本馆 CIP 数据核字（2023）第 143050 号

责任编辑：杜 权/责任校对：高 嵘
责任印制：赵 博/封面设计：苏 波

科学出版社 出版
北京东黄城根北街 16 号
邮政编码：100717
http://www.sciencep.com
涿州市般润文化传播有限公司印刷
科学出版社发行 各地新华书店经销
*
开本：787×1092 1/16
2023 年 8 月第 一 版 印张：16 1/4
2025 年 3 月第二次印刷 字数：385 000
定价：228.00 元
（如有印装质量问题，我社负责调换）

▶▶▶ “海洋遥感与海洋大数据”丛书编委会

“海洋遥感与海洋大数据”丛书序

在生物学家眼中，海洋是生命的摇篮，五彩缤纷的生物多样性天然展览厅；在地质学家心里，海洋是资源宝库，蕴藏着地球村人类持续生存的希望；在气象学家看来，海洋是风雨调节器，云卷云舒一年又一年；在物理学家脑中，海洋是运动载体，风、浪、流汹涌澎湃；在旅游家脚下，海洋是风景优美无边的旅游胜地。在遥感学家看来，人类可以具有如齐天大圣孙悟空之能，腾云驾雾感知一望无际的海洋，让海洋透明、一目了然；在信息学家看来，海洋是五花八门、瞬息万变、铺天盖地的大数据源。有人分析世界上现存的大数据中环境类大数据占 70%，而海洋环境大数据量占到了其中的 70%以上，与海洋占地球的面积基本吻合。随着卫星传感网络等高新技术日益发展，天-空-海和海面-水中-海底立体观测所获取的数据逐年呈指数级增长,大数据在 21 世纪将掀起惊涛骇浪的海洋信息技术革命。

我国海洋科技工作者遵循习近平总书记“关心海洋，认识海洋，经略海洋”的海洋强国战略思想，独立自主地进行了水色、动力和监视三大系列海洋遥感卫星的研发。随着一系列海洋卫星成功上天和业务化运行，海洋卫星在数量上已与气象卫星齐头并进，卫星海洋遥感观测组网基本完成。海洋大数据是以大数据驱动智能的新兴海洋信息科学工程，来自卫星遥感和立体观测网源源不断的海量大数据，在网络和云计算技术支持下进行快速处理、智能处理和智慧应用。

在海洋信息迅猛发展的大背景下，“海洋遥感与海洋大数据”丛书呼之欲出。丛书总结和提炼“十三五”国家重点研发计划项目和近几年来国家自然科学基金等项目的研究成果，内容涵盖两大部分。第一部分为海洋遥感科学与技术，包括《海洋遥感动力学》《海洋微波遥感监测技术》《海洋高度计的数据反演与定标检验：从一维到二维》《北极海洋遥感监测技术》《海洋激光雷达探测技术》《海洋盐度遥感资料评估与应用》《中国系列海洋卫星及其应用》；第二部分为海洋大数据处理科学与技术，包括《海洋大数据分析预报技术》《海洋环境安全保障大数据处理及应用》《海洋遥感大数据信息生成及应用》《海洋环境再分析技术》《海洋盐度卫星资料评估与应用》。

海洋是当今国际上政治、经济、外交和军事博弈的重要舞台，博弈无非是对海洋环境认知、海洋资源开发和海洋权益维护能力的竞争。在这场错综复杂的三大能力的竞争中，哪个国家掌握了高科技制高点，哪个国家就掌握了主动权。本套丛书可谓海洋信息技术革命惊涛骇浪下的一串闪闪发亮的水滴珍珠链，著者集众贤之能、承实践之上，总结经验、理出体会、挥笔习书，言海洋遥感与大数据之理论、摆实践之范例，是值得一读的佳作。更欣慰的是，通过丛书的出版，看到了一大批年轻的海洋遥感与信息学家的崛起和成长。

“百尺竿头，更进一步”。殷切期盼从事海洋遥感与海洋大数据的科技工作者再接再厉，发海洋遥感之威，推海洋大数据之浪，为“透明海洋和智慧海洋”做出更大贡献。

中国工程院院士 潘德炉

2022年12月18日

前 言

海洋环境再分析，顾名思义是对海洋环境进行再分析，其主要目的是弥补海洋观测资料稀疏且时空不连续，以及海洋数值模拟存在偏差的缺点，将观测和数值模式的优点相结合，为海洋环境变化规律研究、海洋防灾减灾、海洋预警监测等提供多尺度多变量时空连续的网格化数据集。海洋环境包含的学科和要素众多，本书聚焦海洋水文领域的海面高、三维温度、盐度、海流和海冰，主要介绍全球海洋环境再分析涉及的关键技术。海洋环境再分析的实现手段主要是借助高性能计算机，利用数据同化技术将多源多要素海洋历史观测资料与海洋数值模式进行最优结合。因此，海洋环境再分析涉及的技术主要包括三个方面：一是海洋观测资料的标准化处理和质量控制，二是海洋、海冰和冰-海耦合数值模拟技术，三是海洋数据同化技术。随着观测类型和数量的不断增加，数值模拟、数据同化和高性能计算技术的迅速发展，海洋环境再分析逐渐朝着多圈层耦合、高分辨率、高精度等方向发展。因此，海洋环境再分析具有学科交叉性强、技术复杂、工作量大等特点，在一定程度上体现了一个国家在海洋领域的综合实力。

本书系统介绍海洋环境再分析的相关理论与技术。全书共 6 章，主要内容如下。第 1 章介绍国内外海洋环境再分析的研究进展。第 2 章介绍海洋现场和卫星遥感观测资料的处理技术，海洋现场观测资料主要包括温度、盐度和海流，卫星遥感观测资料包括海面高度异常、潮汐信息和海冰数据。特殊处理技术包括盐度漂移订正、偏差订正、高度计轨道误差校正等。第 3 章介绍全球海洋再分析常用的几种海洋和海冰数值模式，以及重要物理参数化方案，并以全球冰-海耦合数值模式为例，展示并分析数值模拟结果。第 4 章介绍数据同化技术，包括 6 种基础同化方法、3 种温盐一致性调整技术、2 大类 5 小类卫星测高数据同化技术、潮汐数据同化技术、海冰数据同化技术、高分辨率数据同化技术、并行同化技术，并以全球高分辨率时空多尺度多变量数据同化模型为例，展示并分析个例、长时序、多源联合等同化试验和结果。第 5 章介绍国内外 3 套全球涡分辨率海洋再分析系统和长时序产品，详细检验和评估了其中一套再分析产品。第 6 章介绍海洋再分析产品在水声学、海洋特征现象解释、海洋热含量诊断、ENSO 预测等领域的应用，并介绍海洋环境再分析产品的可视化及系统设计与实现。

本书由国家海洋信息中心吴新荣研究员组织撰写、校对和审定。各章写作分工：第 1 章由杨志通、吴新荣撰写；第 2 章由杨俊钢、成里京、晁国芳、袁文亚、吴新荣、贾永君、崔伟、曹蕾撰写；第 3 章由李云、张连新、李志杰、王兆毅、付红丽、邹晓晨、吴新荣、陈月亮、张宇撰写；第 4 章由吴新荣、李威、赵娟、李金才、但博、付红丽、张铁成撰写；第 5 章由付红丽、但博、杨志通、吴新荣撰写；第 6 章由王勇献、刘厂、成里京、张寅权、谭晶、肖汶斌、吴新荣撰写。马继瑞研究员和韩桂军研究员在项目立项、研发、本书成稿等过程中给予了大力支持和帮助，在此表示感谢。

本书介绍海洋环境再分析的主要技术，可以作为学习海洋环境再分析、海洋资料处理、海洋数值模拟、海洋数据同化的参考书。由于涉及的学科较多和篇幅限制，一些基本概念和定义请读者查阅相关资料。由于作者水平有限，书中难免存在疏漏之处，敬请各位读者批评指正。

作　者

2023年1月

目 录

第1章 海洋环境再分析研究进展

1.1 国外研究进展

国际海洋领域十分重视海洋再分析研究，其规模化研究始于世界大洋环流实验（world ocean circulation experiment，WOCE）计划，之后纳入气候变率与可预测性研究计划和全球海洋数据同化试验计划，并广泛应用于海洋环境安全保障、海洋科学和气候变化研究等领域。美国、法国、英国、日本、澳大利亚等世界海洋强国均有各自的海洋再分析研究计划。全球简单海洋数据同化（simple ocean data assimilation，SODA）系统、美国海洋环流和气候估计（estimating the circulation and climate of the ocean，ECCO）、美国海军混合坐标海洋模式（hybrid coordinate ocean model，HYCOM）、欧洲中期天气预报中心（European Centre for Medium-Range Weather Forecasts，ECMWF）第四代海洋再分析系统（ocean reanalysis system 4，ORAS4）等海洋再分析产品国际影响较大、应用广泛（王世红 等，2018）。

1.1.1 美国

1. SODA

SODA 是美国马里兰大学于 20 世纪 90 年代初开发的，其目的是为气候研究提供一套与大气再分析资料相匹配的海洋再分析资料。SODA 最初采用美国国家海洋和大气管理局（National Oceanic and Atmospheric Administration，NOAA）地球物理流体动力学实验室（Geophysical Fluid Dynamics Laboratory，GFDL）的第二代模块化海洋模式（modular ocean model version 2，MOM2），后来又引入美国 Los Alamos 国家实验室发展的高分辨率并行海洋模式（parallel ocean program，POP）。该系统采用随机连续估计理论和质量控制的方法，包括临近点检验法、“预报值-观测值”差值检验、卡尔曼滤波（Kalman filter，KF）、四维变分（four dimensional variational，4D-Var）等。同化的资料主要来自世界海洋数据库（world ocean database，WOD），包括抛弃式温度测量仪（expendable bathy thermograph，XBT）、电导率-温度-深度（conductivity-temperature-depth，CTD）测量仪观测的海洋温度和盐度资料，其他资料来自美国国家海洋数据中心（National Oceanographic Data Center，NODC）的实测温度廓线数据、热带大气海洋（tropical atmosphere ocean，TAO）浮标阵列/三角跨海浮标网（triangle trans-ocean buoy network，Triton）和实时地转海洋学浮标观测网（array for real-time geostrophic oceanography，Argo）的观测资料、国际综合海洋大气数据集（international comprehensive ocean-atmosphere dataset，ICOADS）的混合层温度数据、卫星海平面测高仪测得的海平面高度和改进的甚高分辨率辐射仪（advanced very high resolution radiometer，AVHRR）测得的海表温度数据等（Carton et al.，2008）。

SODA 先后发布了多个版本的产品（表 1-1）。其中 SODA 2.2.4 是使用较为广泛的一个版本，由美国马里兰大学和得克萨斯农工大学共同研制，同化时间超过 100 年（1871～2010 年），使用了 NOAA 20 世纪 v2 再分析（20th century reanalysis v2，CR20v2）风场资料。该数据产品的空间范围为（0.25° E～359.75° E，75.25° S～89.25° N），水平分辨率为 0.5° ×0.5° ，垂向分为 40 层，时间分辨率为月平均，要素包括温度、盐度、纬向流、经向流、海面高度（sea surface height，SSH）、纬向海表风应力和经向海表风应力。目前，SODA 已经更新到第三代，使用的数值模式由 POP 改为 MOM5，垂向增至 50 层，引入了通量的偏差校正方案，增加了同化的观测资料。第三代中 SODA 3.4.2 是使用较为广泛的产品（Carton et al.，2018），要素包括温度、盐度、密度、纬向流、经向流、垂向流、海面高度、混合层深度、纬向海表风应力、经向海表风应力、海表净热通量、盐通量、海底压、海冰厚度和密集度等，除了月平均数据还增加了 5 天平均数据。

表 1-1 SODA 各版本产品

版本	同化时间/年	风场资料	观测数据	水平和时间分辨率
1.2	1949～2003	NCEP/NCAR	WOD01	—
1.4.0	1958～2001	ERA-40	Simulation	—
1.4.2	1958～2001	ERA-40	WOD01	—
1.4.3	2000～2005	QuikSCAT	WOD01	—
1.4.4	1992～2001	ERA-40	WOD01	—
2.0.2	1958～2001	ERA-40	WOD05	0.5°×0.5°，月平均
2.0.3	2002～2005	QuikSCAT	WOD05	—
2.0.4	2002～2007	QuikSCAT	WOD05	0.5°×0.5°，月平均
2.1.0	1958～2007	ERA-40	WOD05	—
2.1.2	1958～2001	ERA-40	Levitus	—
2.1.3	2002～2007	QuikSCAT	Levitus	—
2.1.4	1958～2007	ERA-40	—	—
2.1.6	1958～2008	ERA-40/ERA-Interim	WOD09，COADS，SST	0.5°×0.5°，5 天平均
2.2.0	1890～2003	CR20v2	Simulation	—
2.2.2	1890～2007	CR20v2	WOD09	—
2.2.4	1871～2010	CR20v2 Ensemble Mean	WOD09，COADS，SST	0.5°×0.5°，月平均
3.3.0	1980～2015	MERRA2	Simulation	0.5°×0.5°，5 天平均
3.3.1	1980～2015	MERRA2	WOD09，SST	0.5°×0.5°，5 天平均
3.3.2	1980～2016	MERRA2	WOD09，COADS，SST	0.5°×0.5°，5 天平均
3.4.0	1980～2015	ERA-Interim	Simulation	0.5°×0.5°，5 天平均
3.4.1	1980～2015	ERA-Interim	WOD09，COADS，SST	0.5°×0.5°，5 天平均

续表

版本	同化时间/年	风场资料	观测数据	水平和时间分辨率
3.4.2	1980～2016	ERA-Interim	WOD09，COADS，SST	0.5°×0.5°，5天平均
3.5.1	1980～2010	ERA20C	WOD09，COADS，SST	—
3.6.1	1980～2009	CORE2	WOD09，COADS，SST	0.5°×0.5°，5天平均
3.7.0	1980～2013	JRA-55	Simulation	—
3.7.2	1980～2013	JRA-55	WOD09，COADS，SST	0.5°×0.5°，5天平均

2. ECCO

ECCO作为WOCE计划的组成部分，得到了美国国家海洋合作项目（national oceanographic partnership program，NOPP）资助，并由美国国家科学基金（national science foundation，NSF）、美国国家航空航天局（National Aeronautics and Space Administration，NASA）和海军研究署（Office of Naval Research，ONR）联合支持。ECCO始于1998年，使用的海洋模式是美国麻省理工学院的通用环流模式（Massachusetts Institute of Technology general circulation model，MITgcm），旨在将大洋环流模式与各种海洋观测资料相结合，定量描述随时空变化的海洋状态。

第一代ECCO海洋再分析产品空间分辨率较低，没有考虑北冰洋、海冰等要素。第二代ECCO2的数值模式水平分辨率提高到了约18 km，覆盖范围扩大到全球，并耦合了海冰模式，采用基于格林函数的4D-Var技术。同化的观测资料主要来自WOCE计划的数据库和TAO浮标数据、Argo观测网，以及卫星高度计观测的海面高度异常（sea level anomaly，SLA）、被动微波辐射仪观测的海冰密集度（sea ice concentration，SIC），快速散射仪（quick scatterometer，QuikSCAT）和R-GPS观测的海冰移动（sea ice movement，SIM）及声呐探测的海冰厚度（sea ice thickness，SIT）等。ECCO2的水平分辨率为1°×1°，垂向分为50层，间隔从海表10 m到海底450 m，时间分辨率为月平均，要素包括海水温度、盐度、纬向流、经向流和海面高度。

第四代ECCO-V4是2016年发布的最新版本的全球海洋再分析产品（Forget et al.，2015），采用的数值模式、同化方法和观测资料与ECCO2大致相同，但进行了一些更新和改进，特别是数值模式中的一些物理过程和参数化方案，例如采用了先进的淡水通量边界条件，优化了混合参数、海冰参数，使用了更为平滑的地形参数等，这些改进明显改善了海面高度的模拟效果。ECCO-V4使用的同化方案为4D-Var，同时配合一个偏差校正方案，同化的观测资料包括所有常规观测资料和卫星遥感资料。数值模式使用覆盖两级的逻辑链路控制（logical link control，LLC）网格，水平分辨率提高到约12 km，垂向分为50层，时间分辨率为日平均，要素包括海水温度、盐度、纬向流、经向流和海面高度。

在ECCO的基础上，德国借鉴第一代ECCO的最优化方案，发展了GECCO，将CTD、机械/数字/微型温深仪（mechanical/digital/micro bathy thermograph，MBT）/XBT、Argo、TOGA/TAO、T/P-ERS-ENVISAT、Jason、AMSR/E/TMISST、QuikSCAT和Levitus等大量观测资料通过4D-Var技术同化到ECCO/MITgcm海洋环流模式中，使用美国国家环境预报中心（National Centers for Environmental Prediction，NCEP）/美国国家大气研究中心

（National Center for Atmospheric Research，NCAR）大气再分析资料作为驱动，将再分析时段延长为1952～2001年（Köhl et al.，2008）。该产品的水平分辨率为1°×1°，时间分辨率为月平均，垂向分为23层，从近海表10 m到海底500 m，要素包括海水温度、盐度、纬向流、经向流、垂向流和海面高度。GECCO2是GECCO的延续，使用的数值模式和同化方案与GECCO大致相同，但增加了海冰的同化，并优化了数值模式中的一些物理过程和参数化方案，模式水平分辨率提高到1°×（1/3）°，垂向层数增加到50层。

3. HYCOM

作为美国全球海洋数据同化实验（global ocean data assimilation experiment，GODAE）计划的代表，HYCOM是较早发展的、时间跨度较长的涡分辨（eddy-resolving）全球海洋再分析产品。HYCOM的前身为迈阿密等密度面坐标海洋模式（Miami isopycnal-coordinate ocean mode，MICOM）。MICOM在垂直方向采用单一的等密度坐标，HYCOM则在其基础上添加了垂向*Z*坐标和随地形变化坐标，形成了特色鲜明的垂向混合坐标。这种混合坐标的特点是，在层化显著的开阔大洋中采用等密度面坐标，在浅海或者陆架区域采用随地形变化的σ坐标，在混合或者层化不明显的海域采用*Z*坐标（Chassignet et al.，2007）。由于在垂直坐标选择上的优势，HYCOM在全球海洋、区域海洋、层结或非层结海洋、大洋内区或近岸区域都有较好表现，其在近表层和海岸附近浅水区域有更高的垂向分辨率，能够很好地表达上层海洋的物理特性。

HYCOM是美国海军研究实验室利用海军耦合海洋数据同化（navy coupled ocean data assimilation，NCODA）系统将HYCOM模式和多源观测资料结合的海洋再分析产品。HYCOM采用的同化方法为多变量最优插值（multivariate optimal interpolation，MVOI），同化的观测资料为卫星高度计SLA、卫星遥感海表温度（sea surface temperature，SST）、Argo浮标和锚系浮标观测的温度和盐度剖面资料。公开发布的HYCOM海洋再分析产品时间跨度为1992～2012年，时间分辨率为1天，水平分辨率为1/12°，垂向分为不等距40层，要素包括海水温度、盐度、纬向流、经向流和海面高度。

1.1.2 ECMWF

ECMWF是政府间国际性组织，其前身是成立于1975年的欧洲科学技术研究领域合作（coorperation in the field of scientific and technical research，COST）计划。ECMWF作为模式发展和资料处理技术的领跑机构，其同化技术在国际上同样具有引领性。在充分借鉴全球大气再分析技术的基础上，ECMWF组织实施了全球海洋再分析（ocean reanalysis，ORA）计划，并发布了一系列海洋再分析产品。

ORA-S3是ECMWF早期研发的再分析系统（Balmaseda et al.，2008），使用的海洋数值模式为汉堡海洋原始方程（Hamburg ocean primitive equation，HOPE）模式，采用的同化方案为三维最优插值（three dimensional-optimal interpolation，3D-OI），模式强迫场为ERA-40（the 40-year ECMWF reanalysis）和数值天气预报（numerical weather prediction，NWP）业务分析结果。ORA-S3是5次同化结果的集合，能够有效控制随机误差。ORA-S3同化了2000 m以上EN2客观分析和全球远程通信系统（global telecommunication system，

GTS）温盐观测资料，以及卫星高度计网格化观测资料。EN2 是英国哈德雷中心基于温盐常规观测资料制作的月平均数据集，融合了 WOD09（1950 年以来）、北极全流域天气观测（Arctic synoptic basin-wide observations，ASBO）计划（1950 年以来）、全球温盐剖面计划（global temperature and salinity profile programme，GTSPP，1990 年以来）和 Argo（2000 年以来）的温度和盐度观测资料。ORA-S3 的水平分辨率为 1°×1°，垂向分为不等间距 29 层，深度范围为 5～5250 m，垂向间隔从海表 10 m 逐渐增加为海底 1250 m，时间跨度为 1959～2011 年，时间分辨率为月平均，要素包括海水温度、盐度、纬向流、经向流、垂向流和海面高度。

ORA-S4 是 ECMWF 继 ORA-S3 后开发的又一个全球海洋再分析系统（Balmaseda et al., 2013）。该系统使用的海洋数值模式和同化方案为第三代核心欧洲海洋模式（the nucleus for European modeling of the ocean version 3，NEMO V3.0）和 3D-Var。模式强迫场为日平均通量，不同时段分别来自 ERA-40（1989 年前）、ERA-Interim（1989～2009 年）和 NWP 业务分析（2009 年后）。同化的观测资料包括 EN3 和 GTS 的温盐资料及沿轨的卫星高度计观测资料。相较于 EN2，EN3 采用更为科学和严格的质量控制技术及优化的插值技术，同时融合了更为丰富的观测资料。ORA-S4 也是 5 次同化结果的集合，水平分辨率为 1°×1°，垂向增加至 42 层，深度范围为 5～5350 m，垂向间隔从海表 10 m 逐渐增加为海底 300 m，时间跨度为 1957 年 9 月至今（每 10 天更新一次，6 天的延迟），时间分辨率为月平均，要素包括海水温度、盐度、纬向流、经向流和海面高度。

1.1.3 法国

哥白尼海洋环境监测服务（Copernicus marine environment monitoring service，CMEMS）是欧盟最新发起的全球观测和监测计划，由法国海洋局向全球用户提供技术服务。CMEMS 计划中的 MyOcean 和 MyOcean2 项目主要是为海洋监测与预报提供服务，其宗旨是建立长期有效且可持续的海洋监测与预报体系。通过 MyOcean 和 MyOcean2 项目的实施，法国的海洋再分析技术得到迅速发展。

1. GLORYS

全球海洋再分析和模拟（global ocean reanalysis and simulations，GLORYS）是 MyOcean 框架下实施的一项全球海洋再分析计划，目的是在加入同化资料的约束下，使用较高分辨率的网格对全球海洋进行模拟。GLORYS 先后发布了 4 个版本的全球海洋再分析产品，最新版本为 GLORYS2V4。GLORYS2 再分析系统使用的数值模式为 NEMO V3.1，同时耦合海冰模式 LIM2，驱动场来自 ERA-interim。同化方案采用降阶卡尔曼滤波方法，同时利用 3D-Var 方法对温度和盐度进行误差订正，同化的观测资料包括法国科里奥利（Coriolis）数据中心提供的科里奥利海洋再分析数据集 4（Coriolis ocean dataset for reanalysis 4，CORA4）温盐现场观测数据、法国国家太空研究中心（Centre National d 'Etudes Spatiales，CNES）的卫星高度计海面高度异常数据和 NOAA 的红外甚高分辨率辐射仪探测的海表温度数据等。CORA4 融合了 NODC、GTS、国际海洋勘探委员会（International Council for the Exploration of the Sea，ICES）、WOCE、TAO/Triton 和 Argo 温盐观测资料。GLORYS2V4

的水平分辨率为 1/4°×1/4°，垂向分为 75 层，深度范围为 0～5500 m，时间跨度为 1993～2015 年，时间分辨率为日平均，要素包括海水温度、盐度、纬向流、经向流、海面高度、混合层深度、海冰厚度、海冰密集度、海冰纬向移速和经向移速。

2. PSY4V3

PSY4V3 是 CMEMS 实施的全球海洋分析预报计划（Lellouche et al.，2018），目的是建立涡分辨全球海洋再分析和预报系统。PSY4V3 使用的海洋数值模式为 NEMO V3.1，同时耦合了海冰模式 LIM2，对北极采用三极（tripolar）网格，水平分辨率在赤道地区为 9 km、在中纬度哈特拉斯角约为 7 km、在罗斯海和威德尔海约为 2 km，垂向分为 50 层，深度范围为 0.5～5727 m，垂向间隔从海表 1 m 逐渐增加到海底 450 m，同化方案和观测资料与 GLORYS 大致相同，但 3D-Var 误差订正的周期从 3 个月缩短到 1 个月，同化的温度和盐度资料来自更新的 CORA4.1。PSY4V3 的第一套全球海洋再分析产品 PSY4V3R1 的水平分辨率为 1/12°×1/12°，时间跨度为 2006 年 12 月 26 日至今，时间分辨率为日平均和时平均，其中：日平均要素包括海水温度、盐度、纬向流、经向流、海面高度、混合层深度、海冰厚度和海冰面积；时平均要素包括海面高度、海表温度和表层海流等。

1.1.4 日本

1. MOVE-G2

为监测和研究厄尔尼诺-南方涛动（El Niño and Southern Oscillation，ENSO），日本气象厅（Japan Meteorological Agency，JMA）于 1995 年组织研发了多元变分全球海洋再分析系统（multivariate ocean variational estimation，MOVE）（Toyoda et al.，2012）。JMA 先后发布了多个版本的再分析数据集，最近一次更新由日本气象研究所（Meteorological Research Institute，MIR）于 2015 年完成。日本 MIR 同时发布了全球海洋再分析数据集 MOVE-G2，使用的数值模式为自主研发的大洋环流模式 MIR.COM V3，并耦合了海冰模式。MIR.COM 采用 Z-σ 垂向混合坐标，水平分辨率为 1°×0.5°，赤道地区加密至 0.3°。MOVE-G2 的同化方案为 3D-Var，同化的现场观测资料为 WOD09 和 GTSPP 的温盐廓线，观测仪器包括 XBT、CTD、Argo、TAO/Triton 浮标阵等，此外，还同化了卫星高度计沿轨的海面高度异常资料（TOPEX/Poseidon、Jason-1/2、ERS-1/2、ENVISAT 等）和 JMA 高分辨率日平均海表温度格点分析数据（COBE-SST）等。MOVE-G2 产品的水平分辨率为 1°×1°，垂向分为 52 层，深度范围为 1～6350 m，垂向间隔从海表 1.5 m 逐渐增加到海底 675 m，时间跨度从 1948 年至今，时间分辨率为月平均，要素包括海水温度、盐度、海面高度、纬向流、经向流和垂向流。

2. K7-OAD

日本海洋地球科学技术厅（Japan Agency for Marine Earth Science and Technology，JAMSTEC）联合日本京都大学研制了用于气候研究的全球海洋状态估计（estimated state of global ocean for climate research，ESTOC）系统，又名 K7-OAD。该系统运行于地球模拟器

中心，使用的海洋数值模式为 NOAA/GFDL 的 MOM3，水平分辨率为 1°×1°，强迫场来自 NCEP 能源部大气模式比较计划，同化方案为 4D-Var，同化的观测资料为 EN3 和 GTSPP 的温盐廓线，以及 NOAA 的网格化海表温度和 CNS 的卫星高度计海面高度异常资料。K7-OAD 数据集的水平分辨率为 1°×1°，垂向分为 46 层，垂向间隔从海表 10 m 到海底 400 m，时间跨度为 1957～2011 年，时间分辨率为月平均，要素包括海水温度、盐度、经向流、纬向流、表面热通量、表面淡水通量、风应力等。

1.2 国内研究进展

我国的全球海洋再分析研究起步较晚，与欧美等国家相比还存在较大差距。自“十一五”以来，国家海洋信息中心、自然资源部第一海洋研究所和中国科学院南海海洋研究所等单位相继开展相关研究，研制和完善了具有中国特色的高质量、长时间序列和高时空分辨率的海洋再分析产品。中国海洋再分析（China ocean reanalysis，CORA）、南海海洋再分析数据集（reanalysis dataset of the South China Sea，REDOS）和自然资源部第一海洋研究所自主研发的海浪-潮流-环流耦合的全球高分辨率海洋数值再分析（FIOCOM）等产品不仅满足我国日益增长的海洋防灾减灾、海洋生态保护及海洋安全环境保障对数据的迫切需求，也对全球海洋科学发展和世界海洋科技进步作出了重要贡献。

1.2.1 CORA①

国家海洋信息中心自“十五”以来一直致力于海洋再分析系统和产品的研发，自主发展了适用于业务化的多重网格三维变分同化方法、并行化普林斯顿广义坐标系统海洋模式（Princeton ocean model with generalized coordinate system，POMgcs），相继发布了系列中国海洋再分析（CORA）产品。2009 年发布了中国近海及邻近海域海洋再分析产品试验版（CORA trial），要素包括海水温度、盐度、海流和海面高，水平分辨率为变网格 1/2°～1/8°，时间跨度为 1986～2008 年（Han et al.，2011）。2018 年发布了第一代全球（Han et al.，2013a）和西北太平洋（Han et al.，2013b）海洋再分析产品（CORA v1.0），要素包括海水温度、盐度、海流和海面高，水平分辨率为变网格 1/2°～1/4°，时间跨度为 1958～2017 年，目前已更新到 2021 年。与 CORA trial 相比，CORA v1.0 西北太平洋产品在物理过程参数化、同化方案等方面进行了改进，使用的观测资料更加丰富，实现了业务化更新和发布。2021 年发布了第二代全球海洋再分析产品（CORA2），使用的模式为 MITgcm 冰-海耦合数值模式，要素新增了海冰密集度、冰厚和冰速，时间跨度为 1989～2020 年，水平分辨率提升至全球 1/12°，垂向分为 50 层，时间分辨率为 3 h，同化方法由多重网格三维变分方法升级为高分辨率并行化时空多尺度多变量同化方法，同化的观测资料包括国产卫星遥感海表温度和海面高度、国内外温盐现场观测资料（南森采水器、CTD、各种深海测温仪、Argo 浮标）等。CORA2 是目前国际上公开发布的唯一含潮信号的全球海洋再分析产品，可广泛应用于海

① 这里的CORA区别于法国科里奥利海洋再分析数据集，指的是中国海洋再分析数据集。

洋科学研究、海洋环境保障、海洋防灾减灾和气候变化等领域。

1.2.2 REDOS

REDOS是中国科学院南海海洋研究所研发的海洋再分析产品（Zeng et al.，2014），使用的海洋模式为区域海洋模式系统（regional ocean model system，ROMS），同化方案为多尺度三维变分。同化的观测包括卫星观测 SLA、卫星及船舶观测 SST，Argo、WOD09及中国科学院南海海洋研究所航次观测的CTD和XBT的温盐剖面资料。REDOS的产品要素包括海水温度、盐度、海流和海面高度，时间跨度为 1992～2011 年，区域范围为（99° E～134° E，1° N～30° N），垂向从海表到水下 1200 m 分为 24 层，水平分辨率为0.1° ×0.1° ，时间分辨率包括月平均、周平均和日平均。

1.2.3 FIOCOM

FIOCOM再分析产品采用我国自主发展的系列理论与关键技术，包括波致混合理论、潮流-环流耦合技术、超大规模高效并行技术等。自然资源部第一海洋研究所基于FIOCOM和集合调整卡尔曼滤波（ensemble adjustment Kalman filter，EAKF）发展了相应的数据同化系统（Shi et al.，2018），并于2017年4月在联合国教科文组织政府间海洋学委员会西太平洋分委会第十届国际科学大会上发布了FIOCOM全球高分辨率海洋再分析数据，这是我国首次发布高分辨率全球海洋再分析数据产品。

FIOCOM再分析产品同化的观测包括卫星遥感SST、卫星高度计SLA和Argo温盐剖面资料。再分析产品的水平分辨率为0.1° ×0.1° ，垂向分为54层，深度范围为1～5316 m，垂向间隔从海表约2 m渐变为海底约366 m，时间跨度为2014年1月～2015年12月，时间分辨率为日平均，要素包括海水温度、盐度、经向流、纬向流和海面高度。

参 考 文 献

王世红, 赵一丁, 尹训强, 等, 2018. 全球海洋再分析产品的研究现状. 地球科学进展, 33(8): 749-807.

BALMASEDA M A, ARTHUR V, DAVID P A, 2008. The ECMWF ocean analysis system: ORA-S3. Monthly Weather Review, 136(8): 3018.

BALMASEDA M A, KRISTIAN M, ANTHONY T W, 2013. Evaluation of the ECMWF ocean reanalysis system ORAS4. Quarterly Journal of the Royal Meteorological Society, 139(674): 1132-1161.

CARTON J A, BENJAMIN S G, 2008. A reanalysis of ocean climate using simple ocean data assimilation (SODA). Monthly Weather Review, 136(8): 2999-3017.

CARTON J A, GENNADY A C, LIGANG C, 2018. SODA3: A new ocean climate reanalysis. Journal of Climate, 31(17): 6967-6983.

CHASSIGNET E P, HARLEY E H, OLE M S, et al., 2007. The HYCOM (HYbrid Coordinate Ocean Model) data assimilative system. Journal of Marine Systems, 65(1-4): 60-83.

FORGET G, CAMPIN J M, HEIMBACHL P, et al., 2015. ECCO version 4: An integrated framework for non-linear inverse modeling and global ocean state estimation. Geoscientific Model Development, 8: 3071-3104.

HAN G J, LI W, ZHANG X F, et al, 2011. A regional ocean reanalysis system for coastal waters of China and adjacent seas. Advances in Atmosphric Sciences, 3(28): 682-690.

HAN G J, FU H L, ZHANG X F, et al, 2013a. A global ocean reanalysis product in the China Ocean Reanalysis (CORA) project. Advances in Atmosphric Sciences, 30(6): 1621-1631.

HAN G J, FU H L, ZHANG X F, et al, 2013b. A new version of regional ocean reanalysis for coastal waters of China and adjacent seas. Advances in Atmosphric Sciences, 30(4): 974-982.

KÖHL A, DETLEF S, 2008. Variability of the meridional overturning in the North Atlantic from the 50 years GECCO state estimation. Journal of Physical Oceanography, 38(9): 1913-1930.

LELLOUCHE J M, ERIC G, Galloudec O L, et al., 2018. Recent updates to the copernicus marine service global ocean monitoring and forecasting real-time 1/12° high-resolution system. Ocean Science, 14: 1093-1126.

SHI J Q, YIN X Q, SHU QI, et al., 2018. Evaluation on data assimilation of a global high resolution wave-tide-circulation coupled model using the tropical Pacific TAO buoy observations. Acta Oceanologica Sinica, 37(3): 8-20.

TOYODA T, FUJII Y, YASUDA T, et al., 2012. Improved analysis of the seasonal-interannual fields using a global ocean data assimilation system//NCTAM papers, national congress of theoretical and applied mechanics, Japan. National Committee for IUTAM: 50.

ZENG X Z, PENG S Q, LI Z J, et al., 2014. A reanalysis dataset of the South China Sea. Scientific Data, 1: 140052.

▶▶▶ 第 2 章　多源海洋历史观测资料及其处理

作为海洋再分析的关键三要素之一，多源海洋观测资料的处理是海洋再分析的基础，观测资料的质量直接关系再分析产品的精度。根据观测资料的不同来源，需要制定不同的质量控制和分析处理方案。根据观测手段，海洋观测大致可以分为海洋现场观测和卫星遥感观测，本章针对这两类观测资料描述其特点和处理技术。

2.1　海洋现场观测资料及其处理

2.1.1　WOD

1. 资料简介

WOD 是世界上最大的格式统一、质量受控、公开可用的海洋剖面数据集，旨在将来自不同机构、部门、个人研究的数据纳入统一数据库。WOD 数据由 NOAA 管理和发布，时间跨度从 1772 年库克船长的航行时代到现在的 Argo 时期，是长时序历史海洋气候分析的宝贵资源。WOD 由来自世界各地的两万多个独立的存档数据集组成，每个数据集都以其原始形式保存在美国国家环境信息中心（National Centers for Environmental Information，NCEI），所有的数据集都转换为了相同的标准格式，进行了排重检验，并根据客观测试分配质量标识。

WOD 数据集包含的变量有温度、盐度、溶解氧、营养盐、追踪剂、浮游生物、叶绿素等，质量控制程序都有记录，每个测量结果都有质量标识。WOD 包含原始观测水深的数据，并将其插值到标准深度层，用于规范海洋学和气候学研究。WOD 的主要版本有 WOD05、WOD09、WOD13 和 WOD18，更新频率为每季，更新内容包括新增的历史资料及其初步质量控制符。每个版本都与世界海洋图集（world ocean atlas，WOA）同时发布。最新的版本 WOD18 于 2018 年 9 月 20 日发布，包含世界海洋数据库中截至 2017 年 12 月 31 日的所有资料，由 35.6 亿个单独的观测剖面组成，超过 1570 万个海洋学模型，之后又添加了一些浮游生物数据和来自 Argo 计划的浮标数据。

2. 观测手段及常规质量控制

海洋环境再分析涉及的要素主要为海温、盐度、海流和海面高度，海流和海面高度两个要素在 WOD 中较少涉及，因此在收集 WOD18 资料时主要针对海温和盐度，观测手段包括海洋站数据（ocean station data，OSD）、CTD、MBT、XBT、表层（surface，SUR）

数据、自主钉扎温深仪（autonomous pinniped bathythermograph，APB）、锚系浮标（moored buoy，MRB）、剖面浮标（profiling buoy，PFL）、漂流浮标（drifting buoy，DRB）、波动海洋学记录仪（undulating oceanographic recorder，UOR）、滑翔机（glider，GLD）共计 11 种，简要介绍如下。

（1）OSD。OSD 是在静止的调查船上使用反向温度计测量的温度数据，还包括对使用特殊瓶子收集的海水样品进行其他变量的测量数据，如盐度、氧气、营养素、叶绿素等。OSD数据集包括瓶子数据、低分辨率CTD数据、盐度-温度-深度（salinity-temperature-depth，STD）数据、一些具有特定特征的表面数据、低分辨率的抛弃式 CTD 数据，以及浮游生物分类和生物量测量数据。

（2）CTD。CTD 数据集包含电导率温度深度仪测量的数据，以及在特定深度（压力）下高频测量的 STD 数据。CTD 数据根据其分辨率进行分类，深度增量<2 m 的为高分辨率 CTD 数据，≥2 m 的为低分辨率 CTD 数据。低分辨率 CTD 数据包含在 OSD 数据集中，高分辨率的 XCTD 数据包含在 CTD 数据集中。

（3）MBT。MBT 提供的温度估计值是上层水柱深度的函数。MBT 数据集包含从 MBT、数字温深仪（digital bathythermograph，DBT）和微型温深仪（micro bathythermograph，micro BT）获得的温度剖面数据。

（4）XBT。XBT 数据集于 1966 年首次使用，并在大多数测量项目中取代了 MBT 数据集。XBT 有一个热敏电阻，可以测量温度与深度的关系。通过水柱自由下降的时间和下降速率方程可计算深度。

（5）SUR。SUR 数据集包含所有通过现场观测从海洋表面收集的数据。大多数 SUR 观测是沿大西洋和太平洋的船舶航线进行的。在 SUR 数据集中，每条航线的数据都以相同的形式存储以便为其他数据集提供样本。每个观测数据都有一个相关的纬度、经度和儒略年。

（6）APB。APB 数据集包含来自时间-温度-深度记录仪（time-temperature-depth recorders，TTDR）的现场温度数据和来自手动连接到海洋哺乳动物 CTD 传感器测量的温度和盐度数据。

（7）MRB。MRB 数据集包括热带太平洋、热带大西洋、波罗的海、北海及日本周边地区的锚系浮标收集的温度和盐度测量数据。这些锚系浮标包括 TAO/TRITON、热带大西洋的预测与研究锚系浮标阵列（prediction and research moored array，PIRATA）和印度洋用于非洲-亚洲-澳大利亚季风分析和预测研究的锚系浮标阵列（research moored array for african-asian-australian monsoon analysis and prediction，RAMA）。

（8）PFL。PFL 数据集包括自动拉格朗日环流探测仪（profiling autonomous Lagrangian circulation explorer，P-ALACE）、自由漂流水文剖面仪（free-drifting hydrographic profiler，PROVOR）、拉格朗日海洋学观测仪（sounding oceanographic Lagrangian observer，SOLO）和自动剖面探测仪（autonomous profiling explorer，APEX）等漂流剖面浮标收集的温度和盐度数据。WOD18 中 PFL 数据的主要来源为 Argo。

（9）DRB。DRB 数据集包括从表层漂流浮标和带有次表层热敏电阻链的漂流浮标收集的数据。这些数据的主要来源包括 GTSPP 和北极浮标项目。

（10）UOR。UOR 数据集主要为安装在波动起伏航行器上的 CTD 探头收集的数据。

（11）GLD。GLD 数据集包含可重复使用的自主水下航行器（autonomous underwater

vehicles，AUV）收集的数据，AUV 从海洋表面航行至指定深度并返回，同时测量温度、盐度、平均海流，以及沿锯齿形航行轨迹收集的其他变量。

根据 WOD18 的使用手册（Garcia et al.，2018），每个观测资料在发布之前均需要进行常规质量控制，具体步骤参考使用手册，这里简要介绍如下。

（1）格式转换。将不同来源的数据转换成相同的格式，检查变量的有效位数、时区、源数据的格式是否连贯。

（2）位置和日期检查。检查数据的经纬度、时间是否缺失。

（3）速度检查。计算同一个航次中相邻两个站次之间的航速，检查观测数据的时间和位置是否属于该航次。

（4）着陆检查。检查数据是否落在陆地上。

（5）重复剖面检查。首先检查同一数据源内部重复剖面，接着检查不同数据源之间的重复剖面。重复剖面检查主要包括以下几种情况：观测位置、时间完全相同；观测位置、时间有小的偏差；在一个航次中，具有重复的剖面号；观测位置日期不同，剖面观测值相同。当发现重复剖面时，将较好的剖面保留，一般将具有更深的观测深度、更多的观测变量和观测精度的数据保留。

（6）深度逆检查。检查观测剖面的垂向相邻观测深度是否存在翻转。

（7）重复深度检查。检查观测剖面的深度观测是否存在重复的情况。

（8）温盐范围检查。检查温盐观测值是否超过所处大洋或海盆的温盐经验范围。

（9）温盐梯度检查。定义温盐梯度如下：

$$\text{gradient} = \frac{v_2 - v_1}{z_2 - z_1}$$

式中：v_1 和 v_2 分别为当前深度层和下一深度层的观测值；z_1 和 z_2 分别为当前层和下一层的观测深度。梯度异常主要包括如下两种情况：①过度梯度（maximum gradient value，MGV），即温盐随深度下降过快；②过度逆（maximum inversion value，MIV），即温盐逆梯度过大。以 400 m 水深（z）为界，两种情况的阈值见表 2-1。

表 2-1　过度梯度和过度逆的变化范围

变量	MIV（$z \leq 400$ m）	MGV（$z \leq 400$ m）	MIV（$z > 400$ m）	MGV（$z > 400$ m）
温度/℃	0.30	0.70	0.30	0.70
盐度/PSU	9.00	9.00	0.05	0.05

（10）密度逆检查。从上到下比较每一个观测层的位势密度，如果下层的位势密度小于上层的位势密度，则将其标识出来。

对常规质量控制后的温盐观测层数据进行垂向插值，形成标准层数据，再进行二次质量控制。首先根据不同水深进行气候态标准差检验，将超出规定标准差的温盐廓线数据挑出，然后进行人机交互式审核，最后形成质量控制后的标准层观测资料。WOD 资料除进行上述常规偏差订正外，有几类数据需要根据观测仪器特点进行特殊的偏差订正。

3. XBT 数据偏差订正

早在 20 世纪 70 年代就有研究表明 XBT 测量存在系统偏差，这些误差来源于深度偏差和温度偏差。XBT 探头中没有压力传感器，取而代之的是通过经验下降速率方程将时间转换为深度。该方程并不能准确描述 XBT 的下降速率，热敏电阻误差或记录系统偏差也会造成 XBT 测量存在系统偏差。多项现场观测和实验室实验表明，XBT 系统（包括记录器、电缆和 XBT 探头）通常测量的温度比实际温度高，存在正偏差。

XBT 按照最大测量深度的不同可以分为不同的类型，例如 XBT-T10 最大测量深度为 200 m，XBT-T4/T6 最大测量深度为 460 m，XBT-T7/DB 最大测量深度为 760 m，XBT-T5 最大测量深度为 1830 m。其中，XBT-T5 与其他探头存在不同的热力学偏差（Cheng et al., 2014）。

XBT-T5 的偏差包括深度偏差和纯温度偏差两部分。深度偏差是由经验下降速率方程 $D=At-Bt^2-\text{Offset}$ 中三个下降参数 A、B 和 Offset 的不准确导致，其中 D 表示深度，t 表示探测器撞击海面后经过的时间。纯温度偏差是由 XBT 温度传感器的不准确导致。为了准确估计 XBT 偏差大小及探讨偏差的控制因子，通常将 XBT 数据与较准确的 CTD 数据进行对比，研究 XBT-T5 的深度偏差和纯温度偏差的控制因子，具体方法如图 2.1 所示。

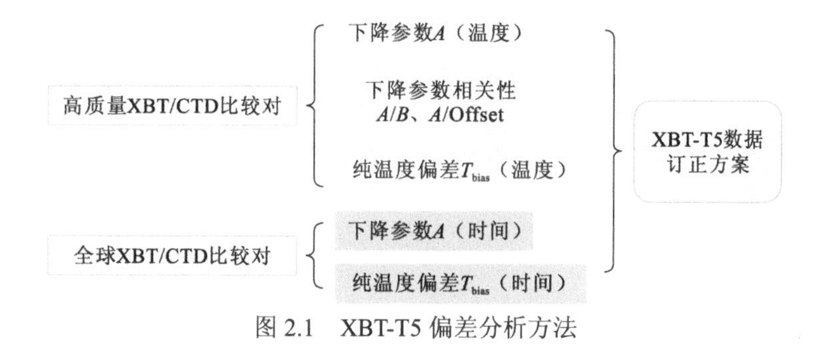

图 2.1　XBT-T5 偏差分析方法

1）高质量 XBT/CTD 比较对

首先，搜集自 1966 年以来 XBT-T5 和 CTD 的高质量比较对，要求 XBT 和 CTD 观测位置在 3 km 空间范围内和 7 天时间范围内。由于时空位置较近，可近似认为是对同一个位置海水情况的观测，XBT 和 CTD 的差异反映 XBT 偏差的大小。高质量 XBT/CTD 比较对空间分布如图 2.2 所示，总计 400 个比较对，主要分布在北半球中高纬度地区。

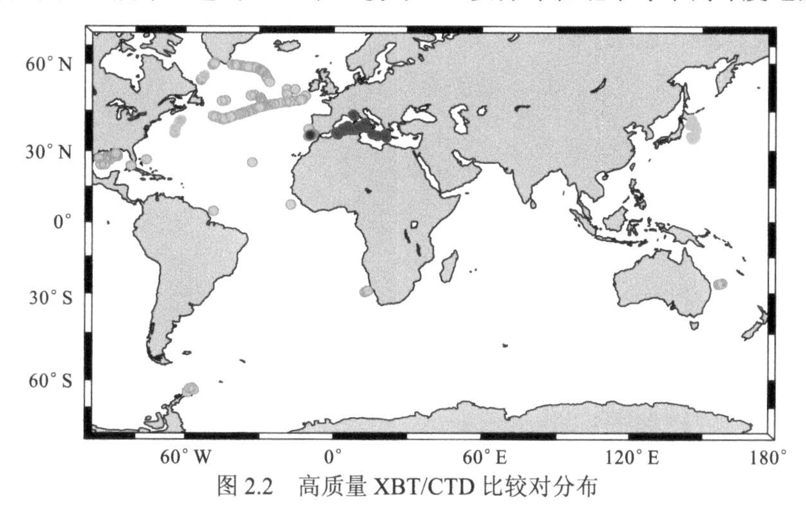

图 2.2　高质量 XBT/CTD 比较对分布

2）XBT 数据的偏差

计算高质量 XBT/CTD 比较对中 XBT 数据的深度偏差和纯温度偏差。首先采用相关算法计算三个下降参数值，以 CH11 算法（Cheng et al.，2011）为例，计算出的三个参数的平均值分别为 $A=6.720\pm0.026\ \mathrm{ms}^{-1}$，$B=0.001\,50\pm0.000\,16\ \mathrm{ms}^{-2}$，$\mathrm{Offset}=0.80\pm0.67\ \mathrm{m}$，三个下降参数的具体散点如图 2.3 所示。从图中可以看到，下降参数之间存在显著的相关性。下降参数之间存在相关性反映出随机误差对三个下降参数的影响，以及由下降方程不准确导致的系统性偏差。

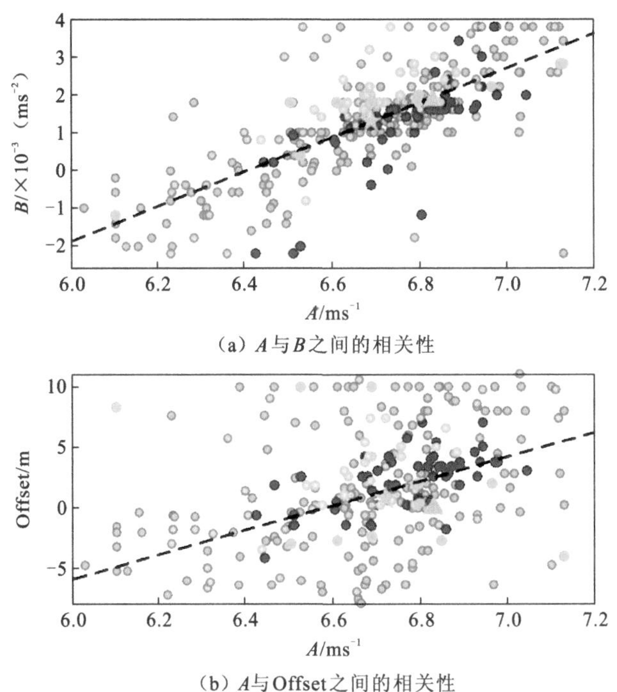

（a）A 与 B 之间的相关性

（b）A 与 Offset 之间的相关性

图 2.3　三个下降参数的具体散点

不同颜色的点对应不同航次的 XBT/CTD 比较数据，黑色虚线为拟合的下降参数线性回归关系

在得到每一个 XBT 数据的准确下降参数之后，对深度进行偏差订正，订正后与 CTD 数据的差异即为 XBT 数据的纯温度偏差。图 2.4 给出了上 300 m 层深度偏差订正前后的温度剖面对比情况。从图中可以看到，订正深度偏差后，总的 XBT 偏差减小，与 CTD 对比的温度差的标准差得到了降低，即不确定性减少了。

3）XBT 数据偏差和海水温度的相关性

研究表明，XBT 数据的下降速率和温度偏差均与海水温度相关，这是由于海水温度影响海水的黏滞性，进而影响 XBT 数据的自由下降的速率。因此，在偏差订正中必须考虑偏差与温度的相关性。利用高质量 XBT/CTD 数据的结果，可以统计下降参数 A 和纯温度偏差与海水温度之间的相关性。图 2.5 为下降参数 A 与上 100 m 层海水温度的线性相关性。从图中可以看到，下降参数 A 随温度升高而增加。图 2.6 为纯温度偏差与海水温度的线性相关性，纯温度偏差也随海水温度升高而增加。对于平均温度偏差，地中海的数据为冷偏差，其余数据为暖偏差。

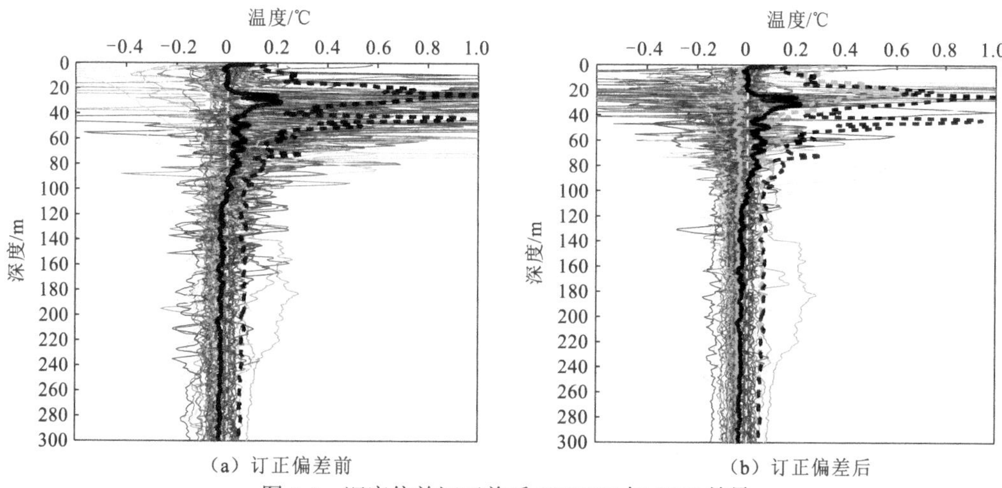

（a）订正偏差前　　（b）订正偏差后

图 2.4　深度偏差订正前后 XBT-T5 与 CTD 差异

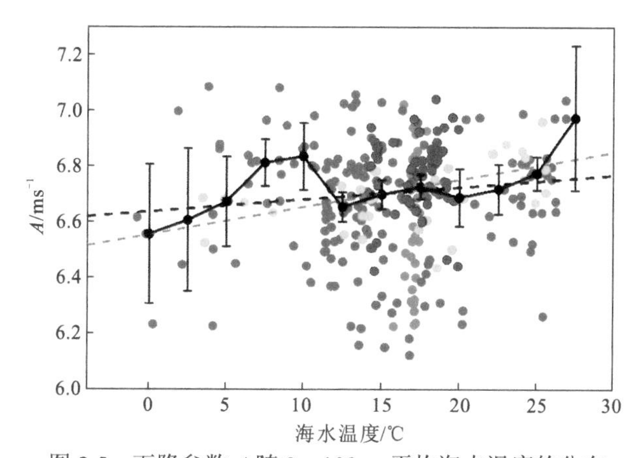

图 2.5　下降参数 A 随 0～100 m 平均海水温度的分布

不同颜色点为不同航次数据结果，黑实线和误差条为每隔 2.5℃的均值和标准偏差，黑虚线为黑实线的线性回归，橙虚线为所有点的线性回归

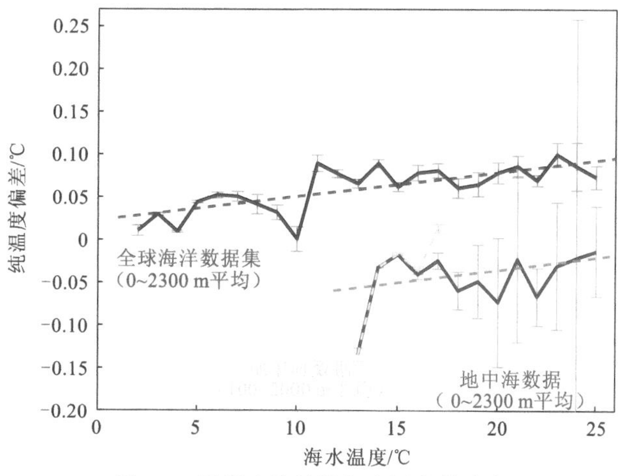

图 2.6　纯温度偏差随海水温度的分布

蓝实线和误差条为除地中海外其余数据每隔 2.5℃的均值和标准偏差，蓝虚线为全球海洋数据温度偏差的线性拟合结果，红实线和误差条为地中海数据的结果，橙虚线为地中海数据温度偏差的线性拟合结果

4）XBT 数据偏差随时间的变化

由于仪器设计改变、不同下降参数混合等原因，XBT 数据偏差随时间也有变化。由于高质量 XBT/CTD 对比数据较少，不能得到准确的时间变率，通常在全球海洋数据中搜集 XBT/CTD 比较对，其中水平距离阈值设为 1°，时间距离阈值设为 30 天。图 2.7 给出了三个下降参数和纯温度偏差随时间的变化。从图中可以看到，XBT-T5 的下降参数和纯温度偏差有显著的时间变率。

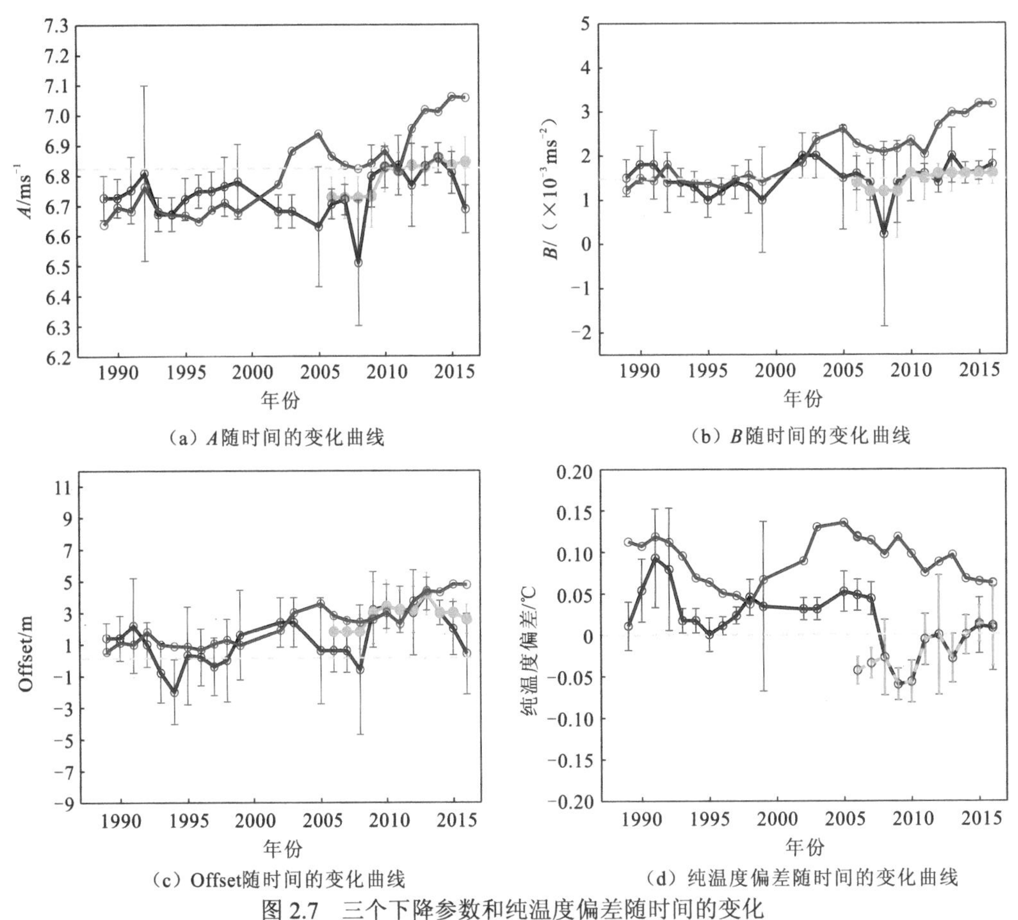

（a）*A*随时间的变化曲线

（b）*B*随时间的变化曲线

（c）Offset随时间的变化曲线

（d）纯温度偏差随时间的变化曲线

图 2.7　三个下降参数和纯温度偏差随时间的变化

红色为全球 XBT 订正因子，蓝色为 300 个高质量 XBT/CTD 数据结果，绿色为地中海数据结果

5）XBT 数据偏差订正方法

针对上述分析，对 XBT-T5 数据的订正方法（Cheng et al.，2014，简称 CH14）简述如下。

（1）深度数据的订正。首先，更新计算下降参数 *A*。下降参数 *A* 由三部分组成：厂家提供的下降参数 *A*0、与海水温度有关的订正值 *A*（温度）及与时间相关的订正值 *A*（时间）。将 *A* 与由相关性计算得到的下降参数 *B* 和 Offset 输入下降方程，重新计算 XBT 深度数据，完成对深度数据的订正。

（2）温度数据的订正。在原始温度数据基础上扣除纯温度偏差即可得到订正后的温度数据，其中纯温度偏差包括两部分：由海水温度决定的订正因子 T_{bias}（温度）和与时间相

关的订正因子 T_{bias}（时间）。

6）订正效果评估

对比订正后的 XBT 数据与 CTD 数据可以量化评估订正方法的效果。图 2.8 给出了全球 XBT 数据的订正精确度。从图中可以看出，CH14 方法能达到全球平均偏差小于 0.01 ℃的准确度，在上层 700 m 大部分深度也能达到 0.03 ℃的准确度。图 2.9 给出了不同 XBT 仪器数据的订正精确度。T5 仪器全球平均偏差为 0.031 ℃，T4/T6 仪器为 0.021 ℃，T7/DB 仪器为 0.004 ℃，DX 仪器为 0.009 ℃，SX 仪器为 0.023 ℃，SK-T7/DB 仪器为 0.026 ℃。对于这几种仪器型号，CH14 方法均能得到较好的效果。

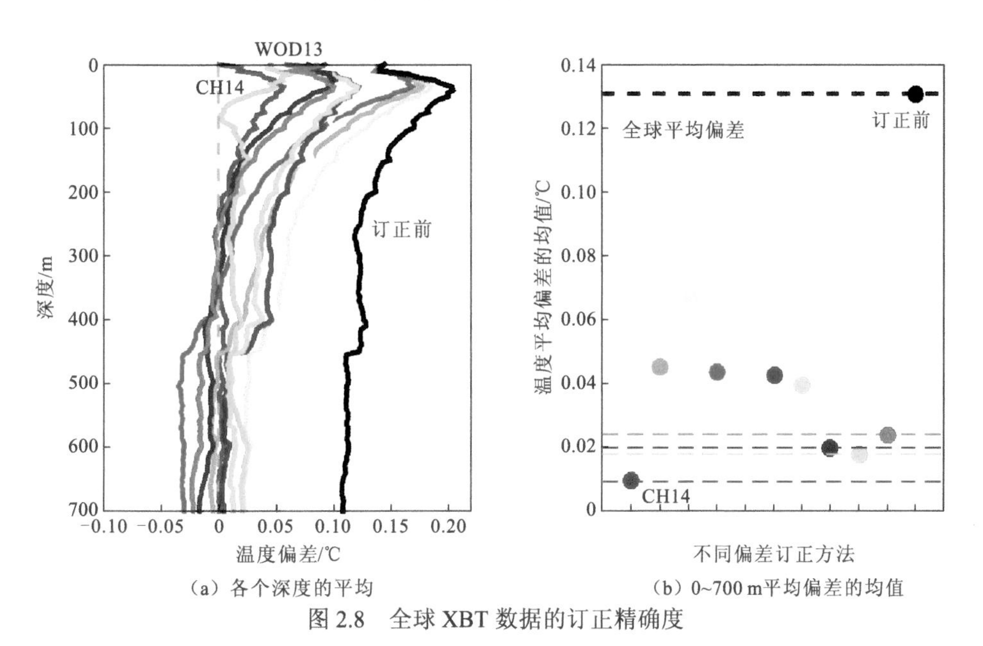

（a）各个深度的平均　（b）0~700 m平均偏差的均值

图 2.8　全球 XBT 数据的订正精确度

黑色为订正前的 XBT 与 CTD 数据差异，红色为经过 CH14 方法订正的结果，其余颜色为其他 9 种偏差订正方法的结果

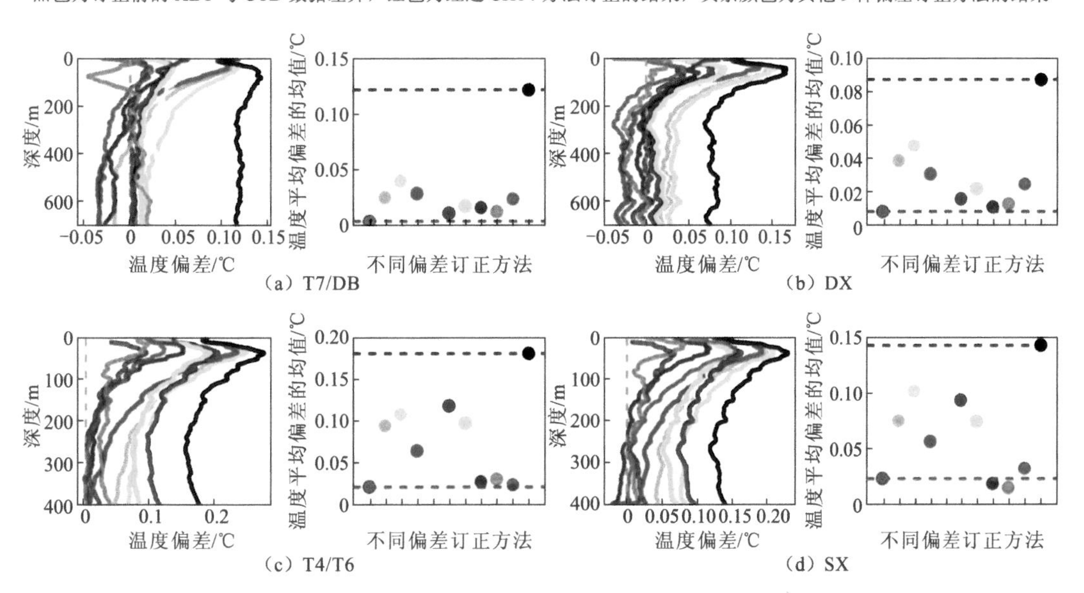

（a）T7/DB　（b）DX　（c）T4/T6　（d）SX

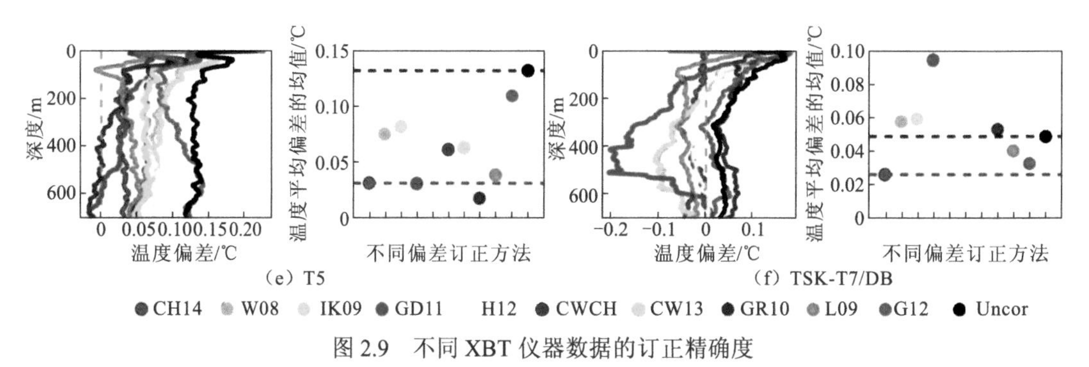

图 2.9　不同 XBT 仪器数据的订正精确度

黑色为订正前的 XBT 和 CTD 数据差异，红色为 CH14 方法订正的结果，其余颜色为其他 9 种偏差订正方法的结果

4. MBT 偏差订正

MBT 是 20 世纪 40～70 年代海洋主要的温度观测仪器，其观测数据占 1940～1966 年全部海洋次表层温度观测数据的 68%，一直到 21 世纪初依然有使用（图 2.10）。1940～1970 年的数据主要来自美国，1970～1992 年的数据主要来自苏联和日本，1990 年之后的数据主要来自日本。

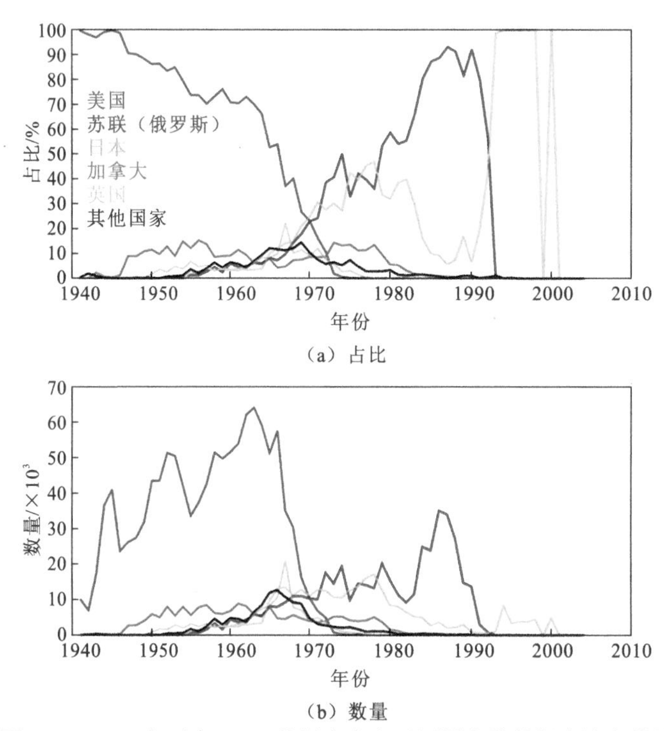

（a）占比

（b）数量

图 2.10　1940 年以来 MBT 数据中来自不同国家的数据占比和数量

1）MBT 偏差

将 MBT 数据与 CTD 数据和相对准确的采水器（bottle）数据进行对比，可以证实 MBT 数据在 1980 年之前全球 0～250 m 平均的暖偏差为 0.1～0.2℃，1980 年之后偏差较小，为 0～0.1℃。作为对比，海表温度过去近百年升高了 0.6～0.7℃。因此，MBT 暖偏差对海洋

气候监测准确性影响较大，必须对其进行偏差订正。目前，国际上有三种 MBT 数据的偏差订正方法（Gouretski 和 Reseghetti，2010，简称 GR10；Ishii 和 Kimoto，2009，简称 IK09；Levitus et al.，2009，简称 L09），分别来自美国、日本、德国三国，但它们之间差异非常大。

研究发现，MBT 深度和温度数据均有偏差，且偏差在不同年份、深度均有所不同（图 2.11）。温度偏差是由温度传感器设计不准确导致，深度偏差是由测量过程中深度数据的采集方式不准确导致。偏差随时间的变化是由不同年代的观测手段和标准不一致、不同厂家的仪器差异、仪器设计随时间的更改、数据记录系统和经验的改变、温度和压力传感器的系统性漂移等原因导致。此外，各个国家采集到的 MBT 数据偏差并不相同。例如，美国、加拿大 MBT 数据中的系统性暖偏差要强于苏联（俄罗斯）、英国和日本的观测数据。这可能是由各个国家的观测标准不一致导致，因此在设计 MBT 数据偏差订正方案时需要考虑不同国家的数据差异。

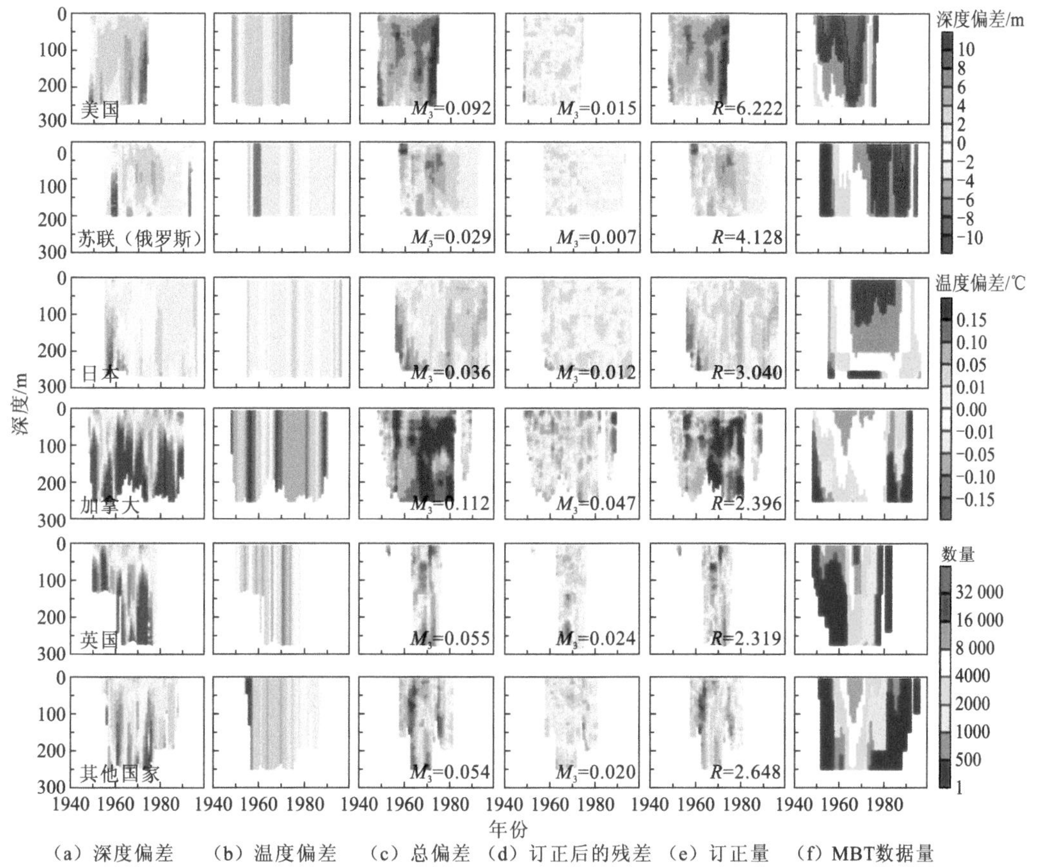

（a）深度偏差　（b）温度偏差　（c）总偏差　（d）订正后的残差　（e）订正量　（f）MBT数据量

图 2.11　不同国家 MBT 数据的深度偏差、温度偏差、总偏差、订正后的残差、订正量及 MBT 数据量

2）MBT 数据偏差订正

通过对偏差来源的理解，针对 1940 年以来各个年份、海洋 0～300 m 各个深度及美国、苏联（俄罗斯）、日本、加拿大、英国和其他国家的 MBT 数据，采用如下 MBT 温度和盐

度偏差订正方案。

（1）温度（T）偏差：假设温度偏差不随深度变化，使用 MBT 数据和 CTD/采水器数据在 0～7 m 的温度差值代表温度偏差。

（2）深度（D）偏差：采用二次函数 $dD=A+Bz+Cz^2$ 来表征 MBT 的深度偏差，A、B 和 C 为模型参数。采用订正温度偏差之后的数据拟合上述三个参数，使残差最小。由于 dD 随深度变化，深度偏差的订正是与深度相关的函数。

针对每一年和各国家的 MBT 数据计算 T 偏差和 D 偏差，T 偏差订正和 D 偏差订正均随时间和国家不同变化。同时考虑 T 偏差和 D 偏差的订正，称为 DT 模型；仅订正 T 偏差称为 T 模型；仅订正 D 偏差称为 D 模型。

3）订正效果评估

图 2.12 给出了 MBT 数据偏差随深度和时间的变化。从图中可以看到，使用 DT 模型和 D 模型均可以有效减小系统性偏差，DT 模型略好于 D 模型。与其他三种方法相比，DT 模型能够更好地订正 MBT 数据偏差，改进 MBT 数据质量。GR10 方法低估了 1980 年以前的系统性暖偏差，过度订正了 1980 年之后的偏差。IK09 方法低估了 1980 年之前和 1990～1995 年的暖偏差。L09 方法高估了几乎所有年份的偏差，导致过度订正。

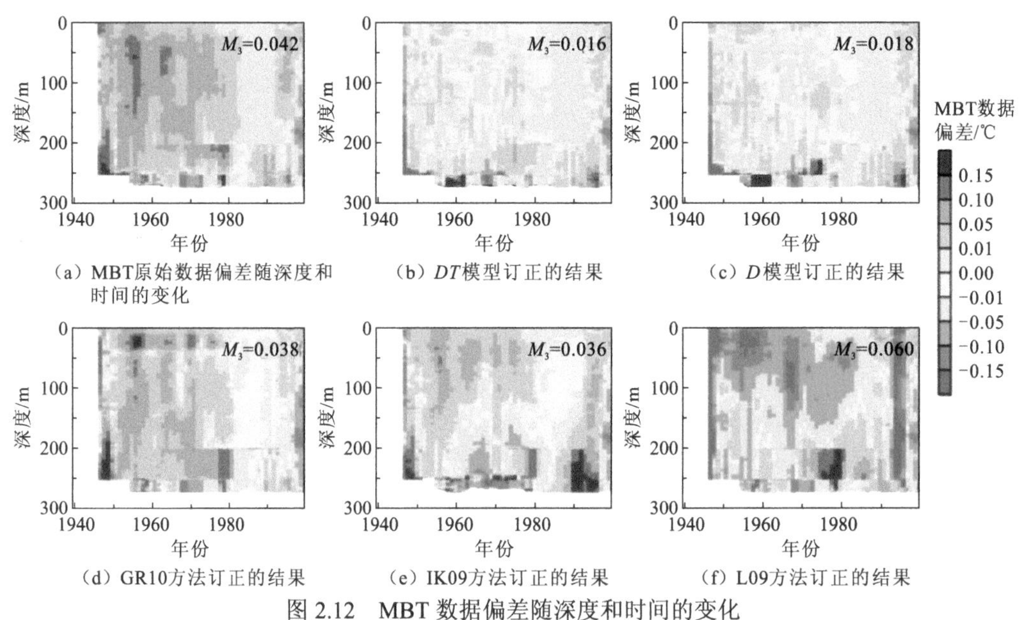

图 2.12　MBT 数据偏差随深度和时间的变化

图 2.13 给出了纬向平均 MBT 偏差及其订正效果。可以看到，MBT 偏差在热带次表层（50～200 m）及南半球近表层（0～100 m）较大。DT 模型、D 模型和 T 模型均可有效降低 MBT 偏差，但 T 模型对空间差异的减小程度较 DT 模型弱。GR10 方法的纬向平均订正效果与 DT 模型较为类似。IK09 方法低估了南半球暖偏差，高估了热带次表层 100～300 m 的偏差。L09 方法几乎在所有空间位置均存在过度订正的现象。

全球平均而言（图 2.14），MBT 偏差为 0.02～0.07 ℃（绝对偏差为 0.0305 ℃）。经 DT 模型订正后，绝对偏差减小为 0.0015 ℃。L09 方法过度订正了 MBT 偏差，使 MBT 数据出现了 0.08 ℃的负偏差。

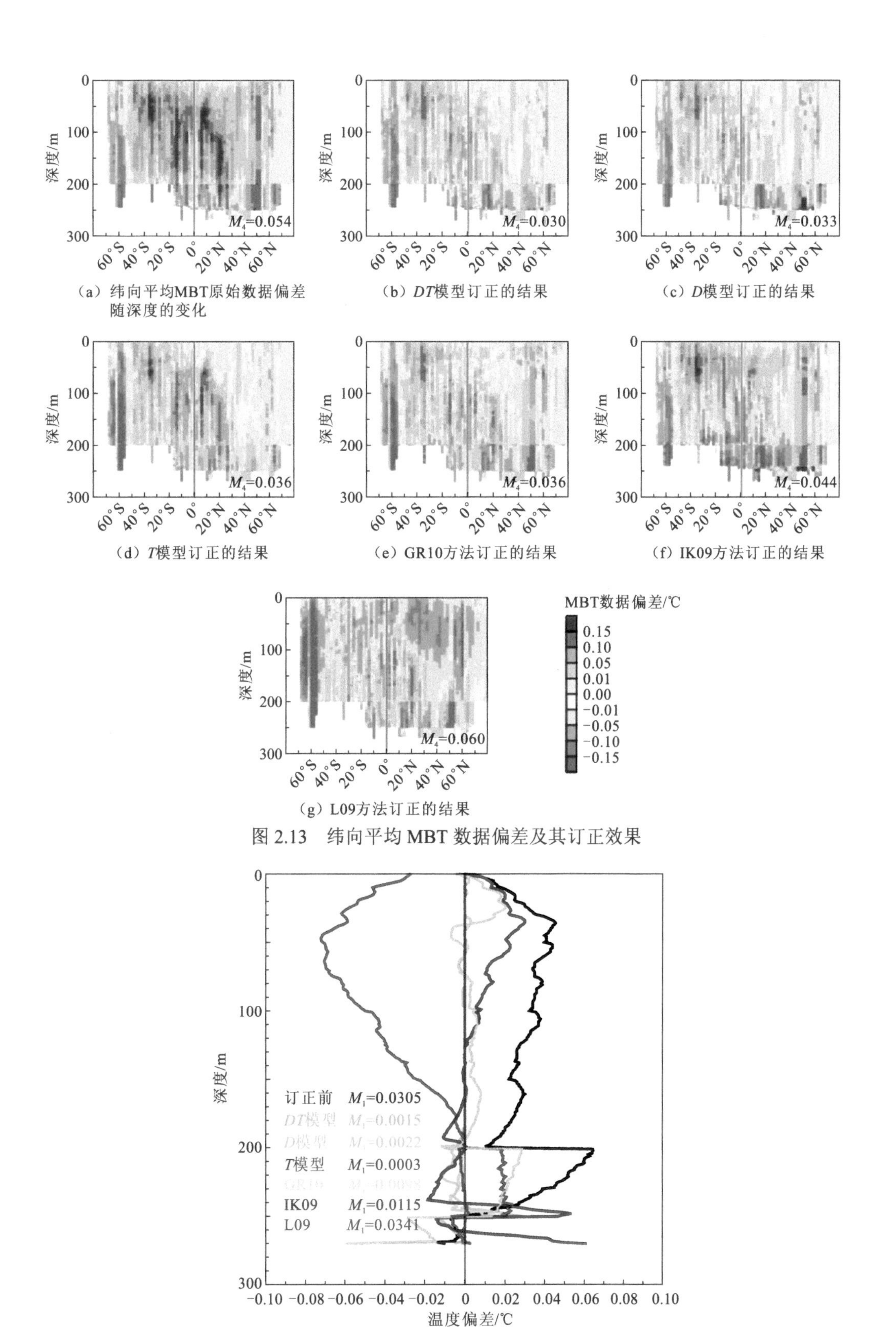

图 2.13　纬向平均 MBT 数据偏差及其订正效果

图 2.14　全球平均 MBT 数据和 CTD/采水瓶数据差异

黑色为订正前偏差的对比，其余颜色为用多种方法订正后的结果；M_1 表示温度的垂向平均差异

4）订正后数据的获取

订正后的 MBT、XBT 偏差数据结合其余观测数据可以在中国科学院大气物理研究所的海洋与气候网站 http://www.ocean.iap.ac.cn/下载获取。该数据集包括 1940～2020 年的 XBT、MBT、CTD、Bottle、Argo 等所有可以搜集到的海洋廓线资料，并经过了偏差订正和质量控制。图 2.15 给出了海洋温度观测数据统计和 0～6000 m 温度数据年均空间覆盖率。2000 年以后，由于 Argo、Glider 等数据的增加，海洋观测数据的来源进一步丰富。由于自动观测仪器可以更加方便快捷地得到海洋内部温度数据，MBT、XBT 资料相应减少。图 2.16 给出了 1940 年以来全球海洋温度现场观测数据的空间分布。在早期，观测数据主要集中在北半球，尤其在海上交通繁忙的一些航线附近，如地中海、西太平洋、北美等地区，南半球主要在澳大利亚附近数据较多，南大洋则几乎没有数据。由于历史观测主要依赖科学考察船、商业船舶等进行探测，数据主要集中于全球繁忙的航线区域。

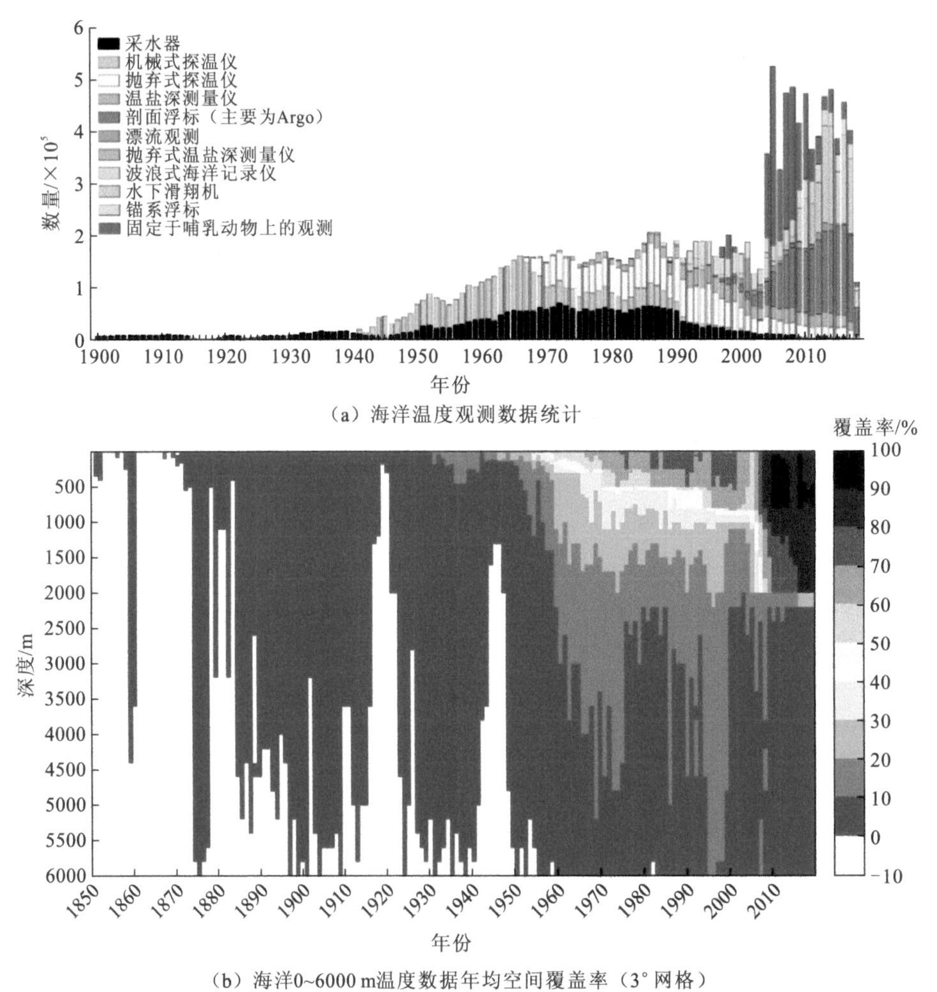

（a）海洋温度观测数据统计

（b）海洋0~6000 m温度数据年均空间覆盖率（3° 网格）

图 2.15　海洋温度观测数据统计和 0～6000 m 温度数据年均空间覆盖率

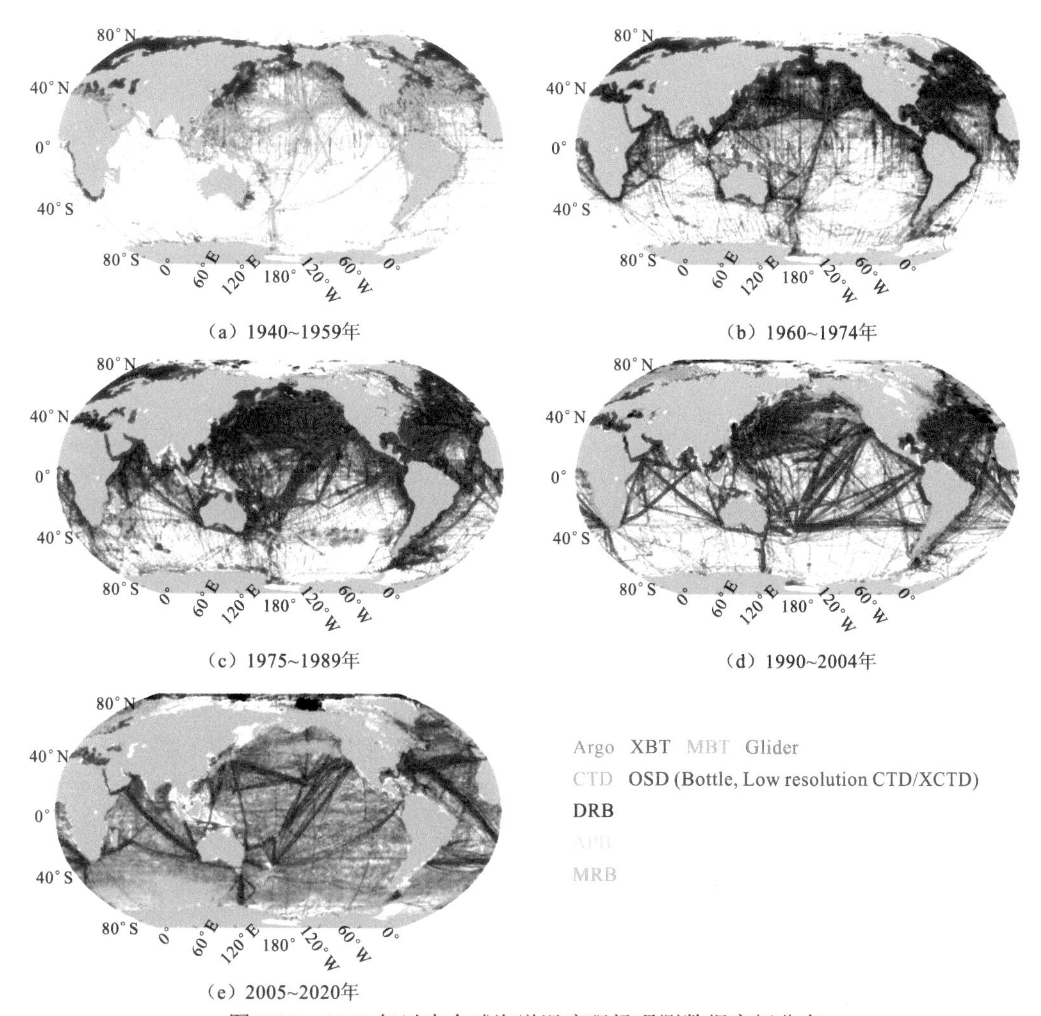

（a）1940~1959年

（b）1960~1974年

（c）1975~1989年

（d）1990~2004年

（e）2005~2020年

图 2.16　1940 年以来全球海洋温度现场观测数据空间分布

2.1.2　Argo

1. 资料简介

Argo 是一个国际项目，该项目使用一系列浮标仪器测量世界海洋的属性，这些浮标随洋流漂移，在海表和海水中层之间上下移动，浮标大部分时间都处于海洋表面以下。Argo 收集的数据主要是海水的温度和盐度，也有一些浮标测量海洋生物/化学等相关数据。Argo 观测可以帮助了解海洋在地球气候中的作用，更好地估计未来海洋的变化。例如，潮汐平均海平面的变化部分取决于冰盖的融化和海洋中储存的热量。Argo 的温度测量能够帮助计算海洋储存的热量，并监测热量分布如何随着深度和区域进行变化。Argo 与 Jason 观测结果的比较可提供海洋如何“工作”的新见解，用于改进气候模型。

Argo 浮标每月收集约 12 000 份数据资料（每天约 400 份），大大超过了其他方法从海洋表面以下收集的数据量。Argo 浮标极大地降低了全球热含量估计的不确定性，从而降低了海平面上升预测的不确定性；Argo 浮标监测到的盐度变化也可以研究全球降雨模式的变化。

Argo 浮标从船上投放，浮标的重量经过仔细调整，下沉后会最终稳定在预设位置，通常在水深 1000 m 左右。在预设深度漂流 10 天后，内置电泵在浮标内部的储油器和外部气囊之间输送油，使浮标首先下沉到 2000 m，然后上浮至近海面，在上升过程中测量海洋特性。测量的数据和浮标位置被传送到卫星，再传到岸上的接收站。数据传输完成后，浮标再次下沉至预设深度，重复 10 天的循环，直到电池耗尽。Argo 浮标工作原理如图 2.17 所示。

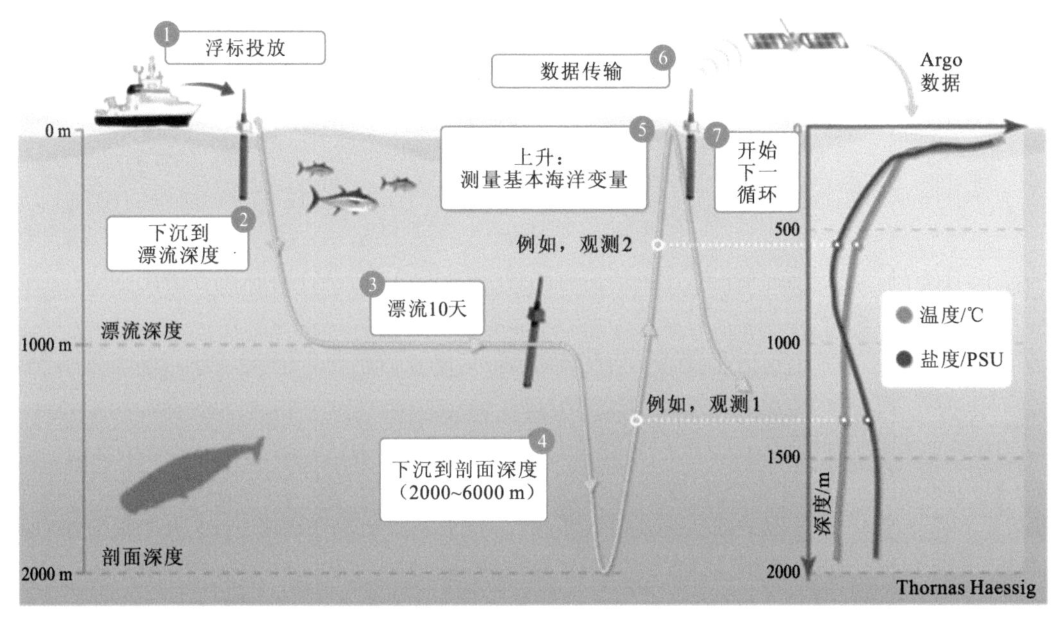

图 2.17　Argo 浮标工作原理（摘自 https://argo.ucsd.edu/about/）

Argo 浮标测量的数据被传送到区域数据中心进行严格的质量审核，然后被传送到两个全球数据中心，以便全球用户使用。为了满足实时应用需求，Argo 全球数据中心在 12 h 内提供大多数“实时”数据。针对高质量观测资料的应用需求，Argo 全球数据中心在对邻近浮标之间及浮标数据和调查船信息之间进行比较后，会替换一些实时数据。

Argo 浮标的设计起始于 1990 年末，随着技术的发展，电池性能、卫星通信和传感器稳定性不断提高。自 2000 年 Argo 计划启动以来，新的浮标设计使其能够下潜得更深，并能在冰盖区域工作，并测量盐度、温度和压力以外的其他海洋特性。由于浮标在海洋表面以下运行且无法通信，Argo 浮标的技术挑战在许多方面比空间科学更大。绝大多数 Argo 浮标在电池耗尽时失效，它们继续在深海漂移，直到最终沉入海底，少部分在海表失效，最终漂到岸边被回收。所有部署的 Argo 浮标都被视为耗材，因为派遣船只寻找和回收浮标的成本和对环境的影响是巨大的。

2. 常规质量控制

全球共有 11 个 Argo 数据中心，包括 aoml（美国）、bodc（英国）、coriolis（法国）、csio（中国）、csiro（澳大利亚）、incois（印度）、jma（日本）、kma（韩国）、kordi（韩国）、meds（加拿大）和 nmdis（中国）。Argo 数据中心的文件传输协议（file transfer protocol， ftp）上，每个浮标有一个文件夹。以 aoml 数据中心的 13857 号浮标为例，每个浮标的观测资料存放在一个文件夹中，文件夹里的内容包括存放单个观测剖面的子文件夹、Netcdf 格式的元数据、观测剖面技术参数和轨迹参数。

Argo 温盐观测的常规质量控制首先参考浮标灰名单，剔除压力传感器有问题、电池故障及搁浅的浮标，其次进行如下步骤的质量控制：重复剖面检查、日期检验、经纬度范围检验、深度逆和重复深度检验、数据范围合理性检验、尖峰检验、温度稳定性检验、盐度梯度检验、平台编码识别、观测日期测试、浮标位置测试、是否经过陆地测试、浮标漂移速度测试、量程控制、区域性参数设置、压力测试、尖峰信号测试、最顶部和最底部尖峰测试、梯度变化、相邻温盐测试、恒定值测试、密度测试等。

3. 盐度漂移订正

Argo 浮标装载的 CTD 传感器，特别是测量盐度的电导率传感器，容易受生物污染和物理形变等因素的影响，其测量值随观测时间的延长，可能产生漂移误差，使用时间越长，漂移误差越大。因此，有必要对单个浮标的盐度剖面时间序列进行订正，方法主要有 WJO 法（Wong et al.，2003）、BS 法（Böhme et al.，2005）、OW 法（Owens et al.，2009）、OWC 法（Cabanes et al.，2016）等，其中 WJO 法和 OW 法最为常用。通常将订正前后盐度偏差的垂向平均是否大于 0.01PSU 作为盐度是否发生漂移的判据（Wong et al.，2019）。

以 OW 法为例，简要给出盐度漂移订正的主要步骤。OW 法利用在时间和空间上相邻的历史观测资料来订正 Argo 浮标盐度观测的漂移。OW 法具体包括如下三个步骤。

（1）将周围历史观测资料客观投影到 Argo 浮标观测位置的每个标准位温层上，从而更新该浮标的历史参考盐度剖面。标准位温层定义为-1～30℃的 54 个位温层。在以 Argo 浮标观测位置为中心，半径为纬向距离（L_x）和经向距离（L_y）的椭球体区域内进行历史资料搜索，且假定 L_x 大于 L_y，以反映海洋内部的纬向流特性。为了充分利用时空距离最近的历史资料，设定两个空间尺度阈值：大尺度（L_{x1}，L_{y1}）和小尺度（L_{x2}，L_{y2}）。时间距离（t）根据水团通风时间尺度来估计。对于垂向观测层次较密的剖面，需要进行二次抽样，使垂向层数控制在 500 层以内。按照选定的时空尺度选取 Argo 浮标观测位置周围 600 个“最好的”历史观测点进行客观投影。600 个历史观测点的选择步骤如下。①在以 Argo 浮标观测位置为中心，半径为（L_{x1}，L_{y1}）的椭球形区域内，随机选取 200 个历史点以抽取大尺度信息；②从剩下的点中，选取 200 个空间距离最近的历史点，在确定空间距离时，空间尺度取大尺度，以保证最好的空间相关性；③仍然是从剩下的点中，选取 200 个时-空距离最近的剖面，在确定时-空距离时，空间尺度取小尺度，以包含更多的时空紧邻的历史点信息。

需要注意的是，对近岸的 Argo 浮标观测，通过调整 L_x 和 L_y 来避免选取跨水团的历史资料。通过参数设置，客观投影过程中还可以引入位涡守恒、水团的垂向相关、亚南极锋分离等约束。

（2）基于海洋水团的物理性质，采用非线性最小二乘法设置盐度校正模块中的断点位置、最大断点数等 9 个关键参数。

（3）选择 10 个位温层（允许逆温层的存在），对浮标原始观测盐度和客观投影盐度进行逐段线性拟合，用以估计位势电导率随时间变化的调整量。10 个位温层的选择标准为：

2个在等温面上具有最小盐度方差的层；4个在等压面上具有最小盐度方差的层；4个在等压面上具有最小位温方差的层。

以5900923号浮标为例，说明OW法对Argo盐度漂移订正的效果。图2.18给出了该浮标的原始观测位置及用来投影的周围历史数据的观测位置，彩虹线是浮标漂移轨迹，蓝点是选取的周围历史数据。图2.19给出了订正前后浮标的盐度及投影的参考盐度。从图中可以看出，订正前浮标有明显的漂移，订正后误差明显减小。

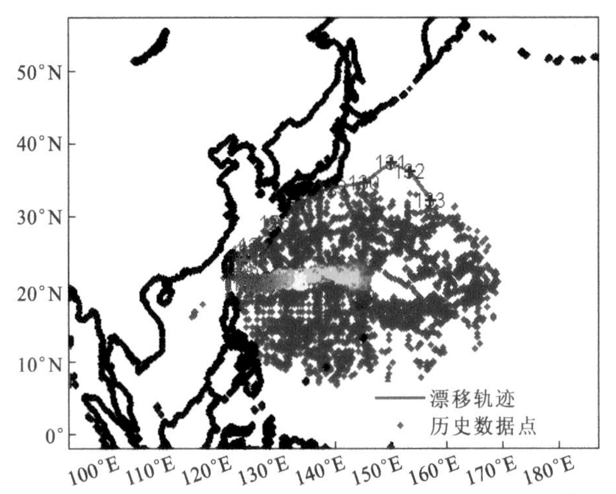

图2.18　5900923号浮标剖面的位置及用来投影的周围历史数据的位置

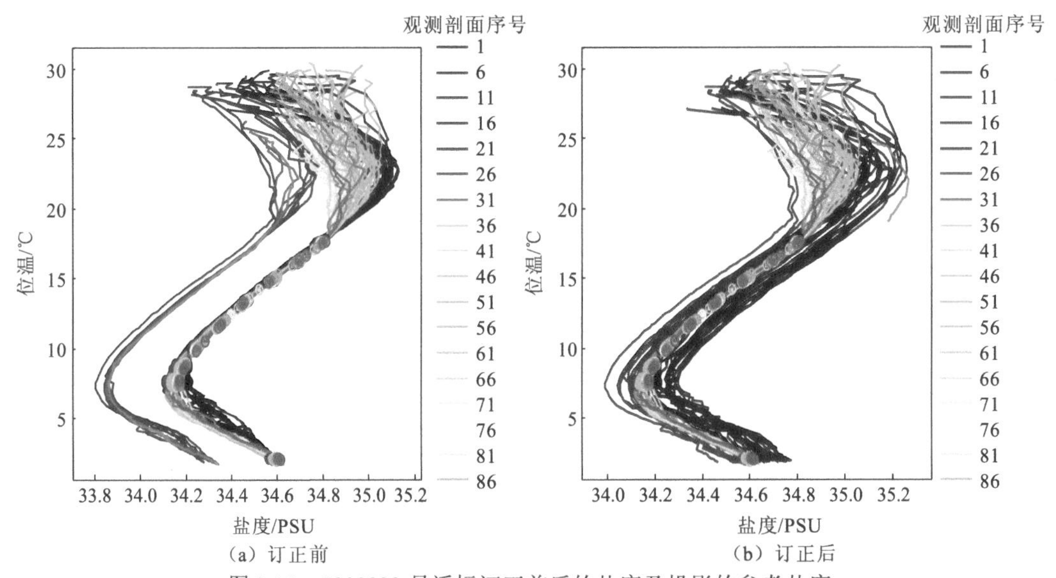

（a）订正前　　（b）订正后

图2.19　5900923号浮标订正前后的盐度及投影的参考盐度

2.1.3 GTSPP

1. 资料简介

GTSPP是由海洋科学组织开发的国际合作项目，旨在为研究人员和海洋作业管理人员提供准确的、最新的温度和盐度数据。世界气象组织（World Meteorological Organization，WMO）和政府间海洋学委员会（Intergovernmental Oceanographic Commission，IOC）共同管理数据的获取、存储和应用，以确保其质量可控。GTSPP 数据来源包括 XBT、MBT、锚系浮标、漂流浮标、剖面浮标（包括 Argo 浮标）、CTD、动物携带传感器等。GTSPP 通过一致的质量控制和排重处理将海洋剖面数据整合为单一格式。

GTSPP 数据集主体为 XBT 数据，纪风颖（2016）对其与 WOD13 中的 XBT 数据进行比对，结果表明 GTSPP 中 95%的 XBT 数据已纳入 WOD13，而 WOD13 包含了近一倍未上传 GTSPP 的 XBT 的数据，GTSPP 与 WOD 数据集的从属关系高于 85%。GTSPP 数据集数据主体采用 GTS 传输，资料时效性强但不完整，整体准确度不高。WOD 数据集时空覆盖范围更为广泛、数据也更为完整，但是其更新速度较慢，网站业务化更新资料的重复率较高。

2. 质量控制

GTSPP 数据质量控制按复杂性升序进行，共分为以下 5 个步骤。

（1）查看剖面位置、时间和标识，包括平台标识、不可能的日期/时间、不可能的位置、陆地位置、不可能的速度和探测等。

（2）剖面测试，包括全局不可能参数值、区域不可能参数值、增加深度、剖面包络线、恒定剖面、冰点、尖峰、顶部和底部尖峰、梯度、密度逆、底部、温度逆等。

（3）检查输入数据与参考资料（如气候值）的一致性，参考资料包括 Levitus 季节统计、Emery 和 Dewar 气候态资料、Asheville 气候态资料、Levitus 月平均气候态资料、Levitus 年平均气候态资料等。

（4）检查相邻剖面温盐断面是否相似。

（5）手动检查，包括巡航轨迹、剖面图等。

2.1.4 GDP

全球漂流浮标计划（global drifter program，GDP）是全球表面漂流浮标阵列的主要组成部分，是 NOAA 全球海洋观测系统（global ocean observing system，GOOS）的一个分支，也是数据浮标合作小组（data buoy cooperation panel，DBCP）的一项科学项目。GDP 的目标是维持由卫星跟踪的海表漂移浮标组成的全球 5°×5° 阵列，满足混合层洋流、海表温度、大气压力、风和盐度精确现场观测的需要。GDP 每年在全球海洋部署近 1000 个漂流浮标。图 2.20 给出了 2022 年 6 月 6 日在位的 GDP 浮标分布情况，总计 1256 个浮标在位。

GDP 浮标提供的数据包括实时数据、逐小时数据和逐 6 h 数据。实时浮标数据分布在 GTS 上，用于改进天气和气候预测及海洋状态估计。从特定漂流浮标获取数据，需要 WMO 识别号。逐小时的数据集为 NOAA 全球漂流浮标计划卫星跟踪表面漂流浮标收集的每小时海表温度和海流数据。NOAA 大西洋海洋与气象实验室（Atlantic Oceanographic and Meteorological Laboratory，AOML）的漂流浮标数据装配中心（Drifter Data Assembly Center，

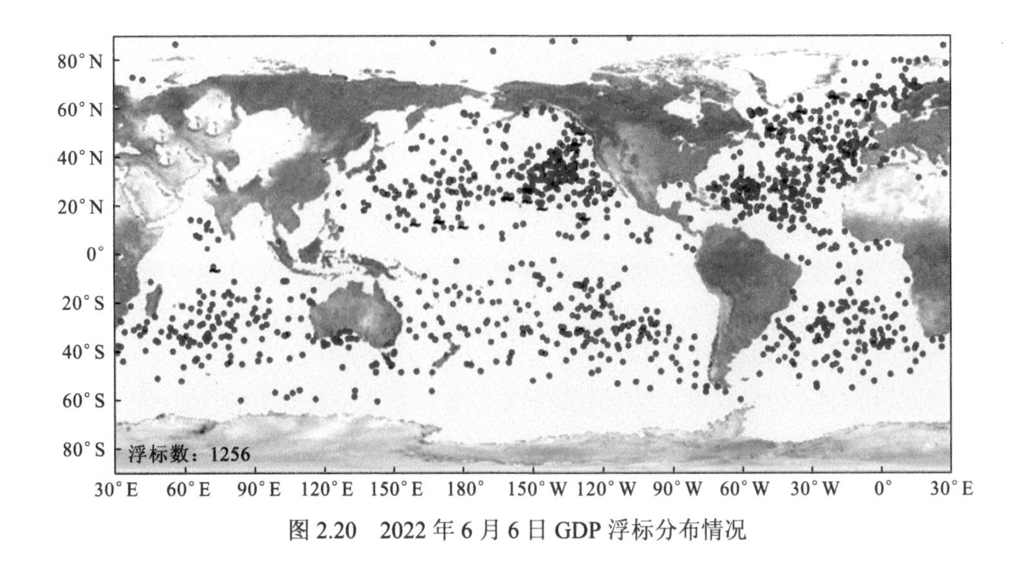

图 2.20 2022 年 6 月 6 日 GDP 浮标分布情况

DAC）对这些观测数据进行质量控制和处理，数据信息包括位置（纬度和经度）、海表温度和流速（东、北）及不确定性估计，元数据包括识别号、实验号、开始位置和时间、结束位置和时间、耗损日期、失效代码、制造商和漂流浮标类型。AOML 接收的多普勒测量计算的位置数据在时间上分布不均匀，且包含错误的位置或海表温度值，因此不适用于多种分析或显示。DAC 采用质量控制程序编辑位置和温度，使用 Kriging 最优插值程序将其插值到 6 h 间隔。一些漂流浮标还附加了其他传感器观测数据，如气压、盐度、风速、风向等。

2.2 卫星遥感观测资料及其处理

本节对与全球海洋再分析密切相关的几类卫星遥感观测资料的处理进行介绍，包括卫星观测海面高度异常、潮汐信息及海冰数据等。

2.2.1 海面高度异常

多源卫星高度计海面高度异常（SLA）观测资料的处理，具体包括多源卫星高度计测高数据统一、测高数据轨道误差校正、SLA 数据融合处理等。

1. 数据简介

多源卫星高度计 SLA 数据融合使用的数据包括 TOPEX/POSEIDON（T/P）、Jason-1/2、ERS-1/2、Envisat RA-2、GFO 和 HY-2A 等卫星高度计全部历史数据，以及 Cryosat-2、Jason-3、SARAL、Sentinel-3A/3B 和 HY-2B 高度计截至 2020 年 12 月 31 日的数据，数据基本情况见表 2-2。

表 2-2 多源卫星高度计数据基本情况表

高度计	发射国家（组织）	轨道高度/km	轨道倾角/（°）	重复周期/天	数据时间范围
T/P	美国、法国	1336	66	9.9156	1992.9.25～2005.10.8
ERS-1	ESA	799	98.55	35/30	1991.8.1～1996.6.2
ERS-2	ESA	799	98.55	35/30	1995.4.29～2010.9.13
GFO	美国	880	108	17	2000.1.9～2008.9.7
Jason-1	美国、法国	1336	66	9.9156	2002.1.15～2012.12.11
Envisat RA-2	ESA	799	98.55	35/30	2002.5.14～2012.4.8
Jason-2	美国、法国	1336	66	9.9156	2008.7.4～2018.7.18
Cryosat-2	ESA	717	92	369	2010.7.16～2018.5.25
HY-2A	中国	973	98	14	2011.10.01～2020.6.10
SARAL	印度	800	98.55	35	2013.3.14～2020.12.31
Jason-3	美国、法国	1336	66	9.9156	2016.2.12～2020.12.31
Sentinel-3A	ESA	814.5	98.65	27	2016.12.24～2020.12.31
Sentinel-3B	ESA	814.5	98.65	27	2016.12.24～2020.12.31
HY-2B	中国	973	98	14	2018.11.23～2020.12.31

（1）T/P 高度计。1992 年 8 月 10 日 NASA 与 CNES 联合发射了高度计专用卫星 T/P，搭载了 TOPEX 和 POSEIDON 两台雷达高度计。TOPEX 为双频雷达高度计，波段为 Ku 波段和 C 波段；POSEIDON 为实验性单频固态雷达高度计。T/P 卫星重复周期为 10 天，全球覆盖率可达 90%，主要任务是监测全球海面高度及其变化，研究海洋环流及对周边的影响。2006 年 1 月 18 日，T/P 卫星停止工作。

（2）ERS-1 高度计。1991 年 7 月 17 日欧洲空间局（European Space Agency，ESA）发射了 ERS-1 卫星，搭载的高度计工作频率为 13.8 GHZ。ERS-1 高度计主要用于测量海面高度、有效波高、海面风速等。2000 年 3 月 31 日卫星停止工作。

（3）ERS-2 高度计。1995 年 4 月 21 日 ESA 发射了 ERS-1 的后继卫星 ERS-2，搭载了与 ERS-1 相同的卫星高度计，2011 年 7 月 6 日卫星停止工作。

（4）GFO 高度计。1998 年 2 月 10 日美国海军发射了 Geosat 高度计后继卫星 GFO（Geosat follow-on），该卫星采用与 Geosat 相同的工作波段、轨道高度、轨道倾角和重复周期。GFO 高度计的主要任务是为美国海军提供海洋地形数据，不执行大地测量任务。2008 年 10 月 22 日卫星停止工作。

（5）Jason-1 高度计。2001 年 12 月 7 日 NASA/CNES 联合发射了 T/P 高度计的后继卫星 Jason-1，延续了 T/P 高度计的使命，为全球海洋环流研究提供连续时间序列的高精度海面观测数据。Jason-1 的星载设备和数据处理系统与 T/P 卫星一致，具有相同的精度，经过系统优化调整后重量仅为 T/P 卫星的 1/5。

（6）Envisat RA-2 高度计。2002 年 3 月 1 日 ESA 发射了 ERS-1/2 高度计的后续卫星 Envisat，搭载有一台双频雷达高度计 RA-2，运行波段为 Ku 和 S 波段。S 波段在 2008 年

1 月 18 日发生故障失效，为了延长 Envisat 卫星的工作寿命，2010 年 10 月 22 日 ESA 将 Envisat 调整到 799.8 km 的轨道运行。2010 年 11 月 2 日以后，Envisat 卫星的轨道重复周期变短为 30 天。2012 年 4 月 8 日，Envisat 卫星传回最后一组数据后再也没有接收到其数据。

（7）Jason-2 高度计。2008 年 6 月 20 日 NASA/CNES 联合发射了 T/P 高度计的第二颗后续卫星 Jason-2，搭载设备与 Jason-1 卫星相同，轨道参数和重复周期也相同，但搭载的 Poseidon-3 高度计仪器噪声较之前更低，并且采用对陆地和海冰区域更为有效的跟踪算法。

（8）Cryosat-2 高度计。2010 年 4 月 8 日 ESA 发射了主要用于极地观测的 Cryosat-2 测高卫星，设计寿命是 3.5 年，主要用于全球陆地冰层和海冰厚度的监测。搭载的高度计/干涉计传感器工作波段为 Ku 波段（13.575 GHz），工作模式有低分辨率星下点高度计观测模式、合成孔径雷达（synthetic aperture radar，SAR）观测模式和 SAR 干涉测量模式三种。

（9）HY-2 系列高度计。2011 年 8 月 16 日我国成功发射了自主研发的海洋环境动力卫星 HY-2A，卫星装载雷达高度计、微波散射计、扫描微波辐射计和校准微波辐射计及 DORIS、双频 GPS 和激光测距仪，搭载的高度计工作波段为 Ku 波段（13.58 GHz）和 C 波段（5.25 GHz）。2018 年 10 月 25 日我国发射了 HY-2B 卫星，搭载了与 HY-2A 相同的雷达高度计。

（10）SARAL 高度计。2013 年 2 月 25 日印度空间研究组织发射了 SARAL 卫星，搭载了卫星高度计 AltiKa 和 Doris，工作波段为 Ka 波段，卫星设计寿命为 3 年。

（11）Jason-3 高度计。2016 年 1 月 17 日 NASA/CNES 联合发射了 T/P 高度计的第三颗后续卫星 Jason-3，搭载设备与 Jason-1/2 卫星相同，轨道参数和重复周期也相同。

（12）Sentinel-3 系列高度计。2016 年 2 月 16 日 ESA 发射了 Sentinel-3A 卫星，搭载了双频高度计传感器，工作在 Ku 波段（13.575 GHz）和 C 波段（5.41 GHz），包含 LRM 和 SAR 两种工作模式。2018 年 4 月 15 日 ESA 发射了 Sentinel-3B 卫星，搭载与 Sentinel-3A 一样的雷达高度计。

部分高度计全球（包括中国近海及邻近海域）的观测轨道分布如图 2.21～图 2.23 所示。

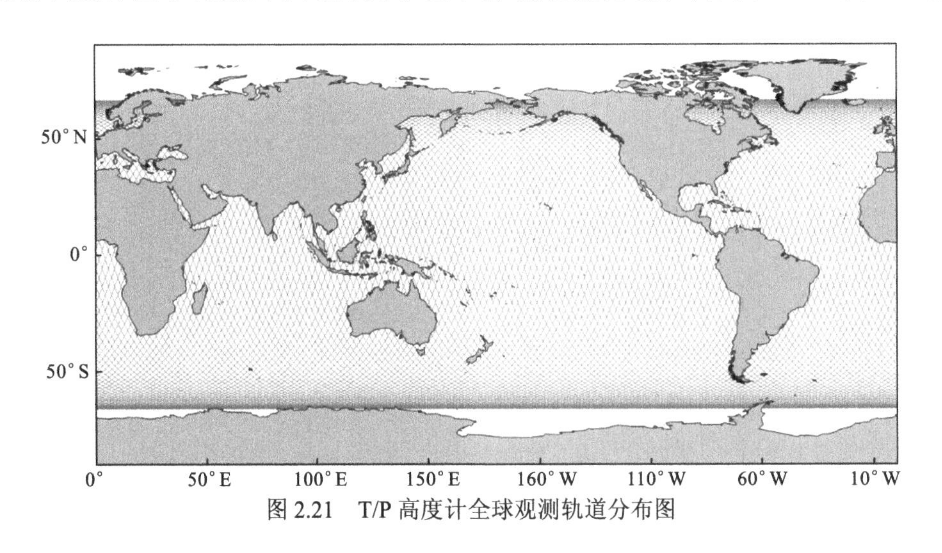

图 2.21　T/P 高度计全球观测轨道分布图

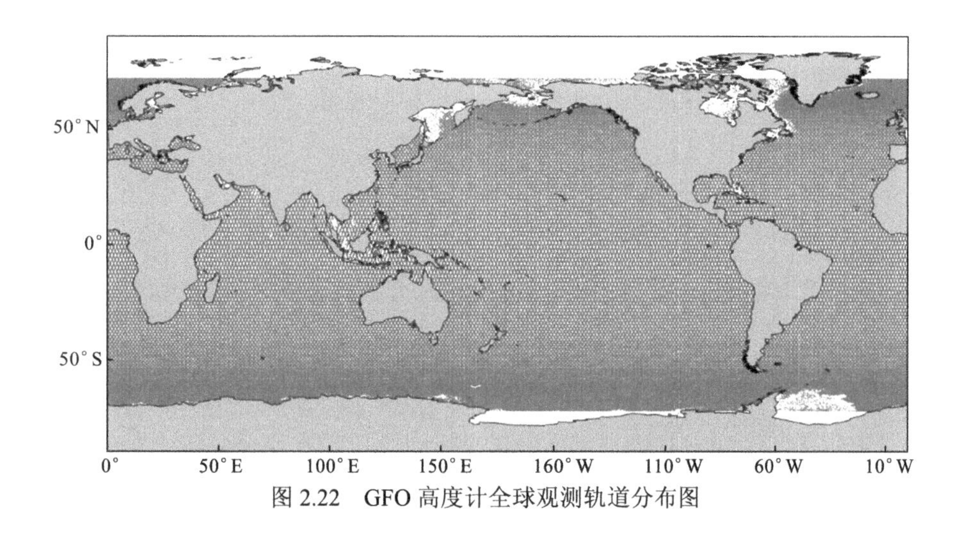

图 2.22　GFO 高度计全球观测轨道分布图

2. 数据统一

因参考椭球、参考框架及高度计测高误差校正算法的差异，不同卫星高度计海面高度数据在融合前需要进行数据统一，主要包括高度计单星和星星交叉点平差、参考椭球和参考框架的基准统一。

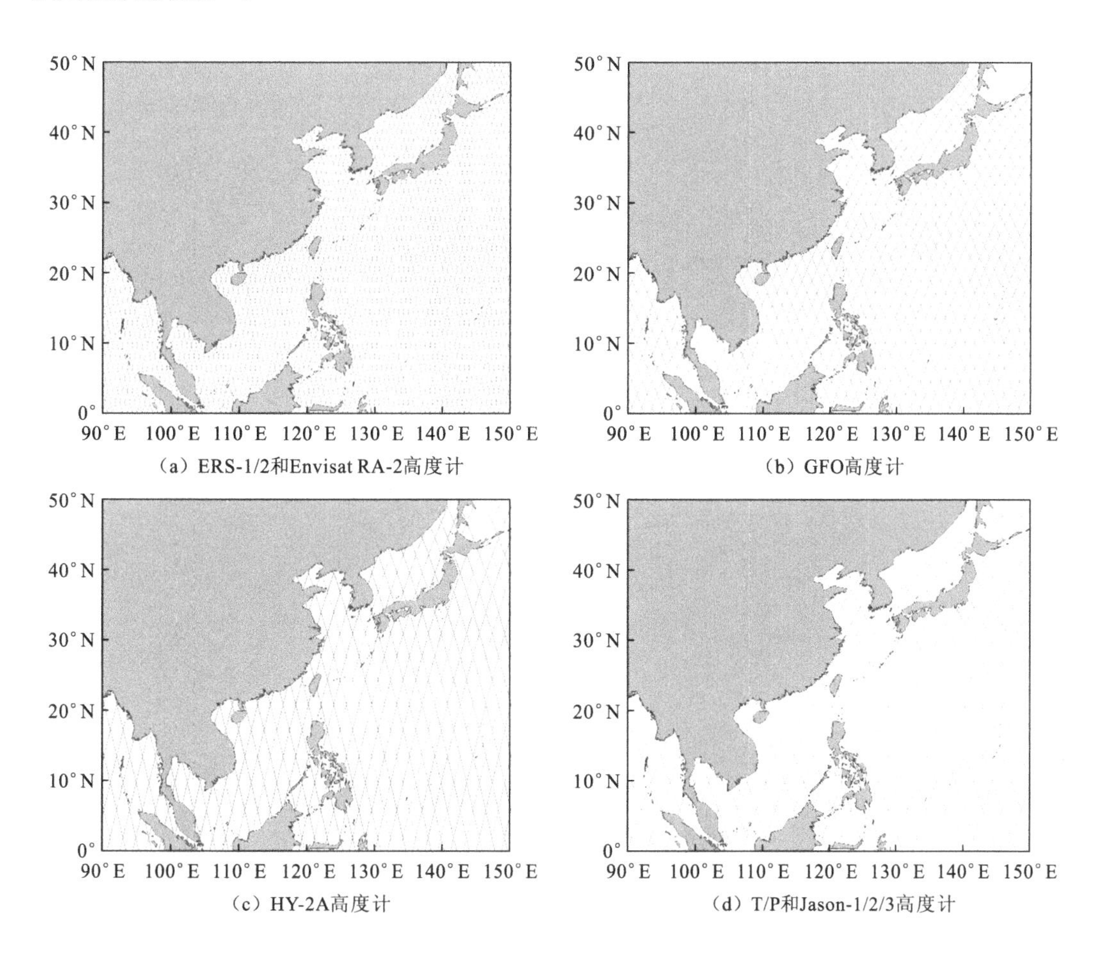

（a）ERS-1/2和Envisat RA-2高度计

（b）GFO高度计

（c）HY-2A高度计

（d）T/P和Jason-1/2/3高度计

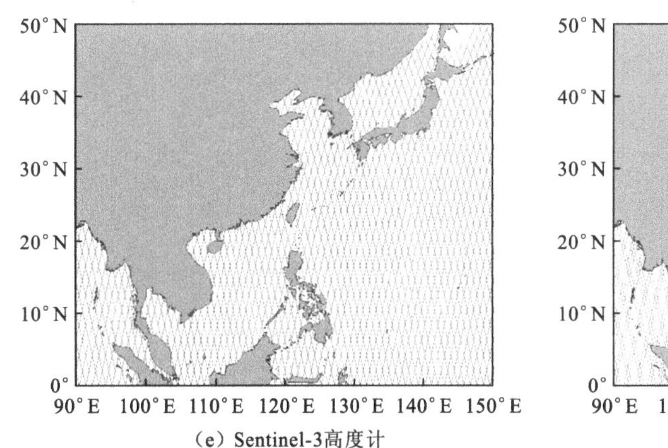

（e）Sentinel-3高度计

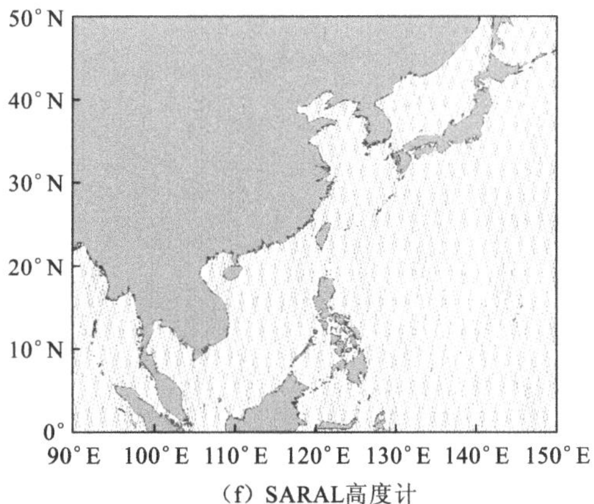

（f）SARAL高度计

图 2.23 中国近海及邻近海域各卫星高度计观测轨道分布图

交叉点平差处理有单星交叉点平差和星星交叉点平差两种，具体数据处理包括交叉点确定和交叉点平差两部分。首先对单星高度计数据进行共线处理，然后结合轨道拟合来确定交叉点。交叉点确定分为概略位置确定和精确位置确定。

利用多项式拟合卫星高度计地面轨迹来确定单星和星星交叉点位置：

$$\begin{cases}\varphi_i = A_a\lambda_i^2 + B_a\lambda_i + C_a \\ \varphi_i = A_d\lambda_i^2 + B_d\lambda_i + C_d\end{cases} \tag{2-1}$$

式中：φ 和 λ 分别为纬度和经度；A、B、C 为弧段拟合系数；下标 i 为弧段上各观测点序号；下标 a 和 d 分别为上升弧段和下降弧段。联立方程组［式（2-1）］，可求出交叉点的概略位置 $P(\varphi, \lambda)$。

在确定出交叉点概略位置 $P(\varphi, \lambda)$后，取概略位置 P 的纬度 φ 作为参考标准，在上升弧段和下降弧段上分别选取与交叉点概略纬度相邻的两点 P_{a1} 和 P_{a2}、P_{d1} 和 P_{d2}。在上升（下降）弧段，P_{a1} 和 P_{a2}（P_{d1} 和 P_{d2}）这两个点两侧分别扩展 4 个点，弧段起始和末尾处则扩展至起始点和末尾点，从而得到 10 个或不足 10 个的点序列。图 2.24 给出了确定交叉点位置的示意图。扩展后的线段 A_1A_2 和 D_1D_2 的交点即是交叉点精确位置。

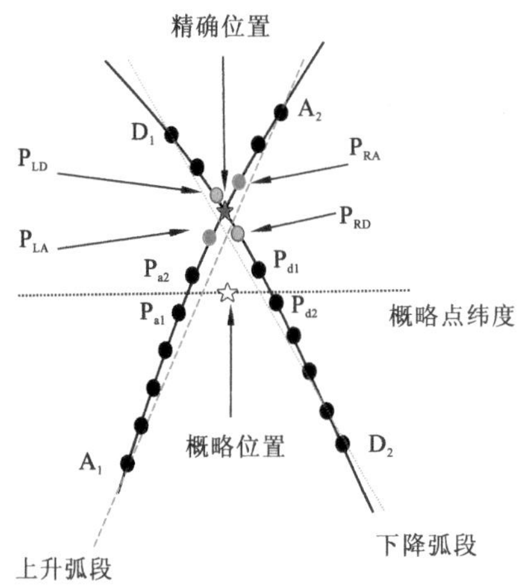

图 2.24 确定交叉点位置示意图

P_{LD} 和 P_{LA} 分别为交叉点左侧下降弧段和上升弧段与之相邻的点；

P_{RA} 和 P_{RD} 分别为交叉点右侧下降弧段和上升弧段与之相邻的点

交叉点处通常没有观测，故需要内插得到交叉点处的海面高度。先求得交叉点相邻点处的海面高观测值 h_{LA}、h_{RA}、h_{LD} 和 h_{RD}，上升和下降弧段上交叉点处的海面高观测值分别设为 h_A 和 h_D，计算公式如下：

$$\begin{cases} h_A = h_{LA} + \dfrac{(\varphi_Z - \varphi_{LA})}{(\varphi_{RA} - \varphi_{LA})}(h_{RA} - h_{LA}) \\ h_D = h_{LD} + \dfrac{(\varphi_Z - \varphi_{LD})}{(\varphi_{RD} - \varphi_{LD})}(h_{RD} - h_{LD}) \end{cases} \tag{2-2}$$

式中：φ_Z 为交叉点的纬度；φ_{LA}、φ_{RA}、φ_{LD} 和 φ_{RD} 分别为点 P_{LA}、P_{RA}、P_{LD} 和 P_{RD} 的纬度。根据式（2-2）可以得到交叉点处的海面高观测值的不符值：

$$\Delta h_Z = h_A - h_D \tag{2-3}$$

交叉点平差之前先要对径向轨道误差建模，选取适合于中长弧段的一次多项式模型用于轨道误差建模：

$$\Delta r = a_0 + a_1 \Delta t \tag{2-4}$$

式中：$\Delta t = t - t_0$ 为观测时刻，t_0 为对应弧段的开始时刻；a_0 和 a_1 为模型系数，即平差求解的未知参数。根据径向轨道误差模型，建立交叉点差值与径向轨道误差之间的联系：

$$\begin{cases} \hat{h} = h_A + a_0^a + a_1^a \Delta t^a \\ \hat{h} = h_D + a_0^d + a_1^d \Delta t^d \end{cases} \tag{2-5}$$

式中：$\hat{h}$ 为海面高观测值的改正值；上标 a 和 d 分别为上升弧段和下降弧段。将两式相减即可得到观测方程：

$$l_{ij} = (h_A)_i - (h_D)_j \tag{2-6}$$

式中：下标 i 和 j 分别为上升弧段和下降弧段的编号。若干条上升弧段和下降弧段可以组成观测方程组，进而按照测量平差中的方法列出矩阵形式的误差方程：

$$\boldsymbol{V} = \boldsymbol{AX} - \boldsymbol{L} \tag{2-7}$$

式中：$\boldsymbol{V}$ 为误差矩阵；$\boldsymbol{A}$ 为由 1、−1、0 及时间间隔组成的系数矩阵；$\boldsymbol{X}$ 为由径向轨道误差模型系数组成的未知参数矩阵；$\boldsymbol{L}$ 为观测向量。假设观测权重矩阵 $\boldsymbol{P}$ 已知，对二次型 $\boldsymbol{V}^{\mathrm{T}}\boldsymbol{PV}$ 进行最小二乘估计可以解出未知参数：

$$\boldsymbol{X} = (\boldsymbol{A}^{\mathrm{T}}\boldsymbol{PA})^{-1}\boldsymbol{A}^{\mathrm{T}}\boldsymbol{PL} \tag{2-8}$$

选择后验条件平差法解算未知参数时，若发现系数矩阵存在秩亏的问题，可通过确定权重将交叉点差值合理地分配给上升弧段和下降弧段：

$$\begin{cases} v_{ij}^a = \dfrac{p_{ij}^d}{p_{ij}^a + p_{ij}^d} \Delta h_{ij} \\ v_{ij}^d = -\dfrac{p_{ij}^a}{p_{ij}^a + p_{ij}^d} \Delta h_{ij} \end{cases} \tag{2-9}$$

式中：p_{ij}^a 和 v_{ij}^a 分别为第 i 条上升弧在交叉点处的观测权重值和测高改正数；p_{ij}^d 和 v_{ij}^d 分别为第 j 条下降弧在交叉点处的观测权重值和测高改正数。如果把升降弧上的测高数据赋予相同权重值，则有

$$\begin{cases} v_{ij}^{\mathrm{a}} = \dfrac{1}{2}\Delta h_{ij} \\ v_{ij}^{\mathrm{d}} = -\dfrac{1}{2}\Delta h_{ij} \end{cases} \tag{2-10}$$

利用上述方法对多源卫星高度计进行交叉点平差，并对 TP/Jason 系列高度计与其他卫星间进行星星交叉点平差，处理后的数据用于参考椭球的基准统一处理。以 TP/Jason 系列高度计参考椭球为基准，对采用与其不同的参考椭球的高度计利用下式进行参考椭球统一：

$$\mathrm{d}h = -W\mathrm{d}a + \frac{a}{W}(1-f)\sin^2\varphi\mathrm{d}f \tag{2-11}$$

式中：$W=\sqrt{1-e^2\sin^2\varphi}$，$e$ 为参考椭球第一偏心率，φ 为纬度；a、f 分别为参考椭球的长半轴、扁率；$\mathrm{d}a$、$\mathrm{d}f$ 分别为参考椭球的长半轴改正量和扁率改正量；$\mathrm{d}h$ 为参考椭球统一引起的海面高度变化量。

参考椭球统一后，不同测高卫星的海面高之间仍存在系统性差异，这是由参考框架不一致、各改正项所用模型差异及残余的海洋时变等因素引起的，这种系统性的误差通常采用一个 4 参数模型表示：

$$H_{\mathrm{obj}} = H_{\mathrm{original}} + \Delta x\cos\varphi\cos\lambda + \Delta y\cos\varphi\sin\lambda + \Delta z\sin\varphi + B \tag{2-12}$$

式中：H_{obj} 为转换至参考框架的海面高；H_{original} 为原始框架的海面高；λ、φ 分别为对应点的经度和纬度。参考框架转换待求的 4 个参数为原点的 3 个偏移量 Δx、Δy、Δz 和整体偏移量 B。

以 TP/Jason 系列测高数据采用的参考框架作为统一基准，将不同卫星测高数据之间的互交叉点作为公共观测点，利用最小二乘法计算出参考框架转换的 4 个参数。利用计算出的转换参数，可将各测高任务数据的参考框架基准统一至 TP/Jason 系列测高数据的参考框架。

3. 轨道误差校正

作为 T/P 高度计的后继高度计，Jason-1/2/3 高度计具有与 T/P 高度计相同的重复周期、运行轨道和测高精度。多颗卫星高度计同时在轨运行，以不同的测高精度对海面地形进行观测，意味着可使用 Jason-1/2/3 高精度高度计测高数据对其他卫星高度计进行轨道误差校正，以提高其他卫星高度计的测高精度，进而获取同一精度的海面测高数据集。以 HY-2A 高度计数据为例，通过与 Jason-2 高度计进行交叉点比较，可完成 HY-2A 高度计的轨道误差校正。其他非 TP-Jason 系列高度计的轨道误差校正处理与 HY-2A 类似。

互交叉点测高偏差是两颗高度计在相同位置、不同时间的海面高度观测值的差。通过对 HY-2A 和 Jason-2（简记为 H-J）互交叉点测高值的比较，可以评估 HY-2A 高度计的测高精度。交叉点的时间间隔相差较小（小于 3 天），海洋大尺度变化非常缓慢，海面动力地形变化可忽略，互交叉点测高偏差主要是 HY-2A 高度计的轨道误差。因此，通过比较 HY-2A 与 Jason-2 高度计互交叉点海面高度偏差，可以对 HY-2A 高度计的轨道误差进行估算。与互交叉点类似，卫星高度计自交叉点测高偏差表示卫星自身的升轨和降轨在不同时间经过同一位置的海面高度差值。HY-2A 高度计自交叉点（简记为 H-H）偏差可对其自身的轨道误差进行约束，尤其是在南北纬 66° 以上没有 H-J 互交叉点的高纬区域。

通过对全球范围内 H-J 互交叉点和 H-H 自交叉点测高偏差进行最小化，可以估算 HY-2A 高度计轨道误差。以 Jason-2 高度计的轨道为参考轨道，使用时间上连续的平滑三次样条函数拟合 HY-2A 高度计轨道误差。通过最小化全球 H-J 互交叉点偏差和 H-H 自交叉点偏差来确定该样条函数，从而确定轨道误差。平滑的三次样条函数在同一轨道上的相邻交叉点之间可以对轨道误差进行连续时间的拟合，从而获得完整轨道各观测点在时间上连续的轨道误差，进而用于 HY-2A 高度计全部测高数据的轨道误差校正。拟合出的时间上连续的三次样条函数对减少 HY-2A 高度计测高过程中的残余误差也非常有效。

用来表示轨道误差 $E(t)$的平滑三次样条函数由一系列首尾相连的三次多项式组成。当节点数量为 K 个时，三次样条函数可以用 $K+4$ 个系数 $c_k(k=1, \cdots, K+4)$来表示：

$$E(t)=\sum_{k=1}^{K+4} c_k N_k(t) \tag{2-13}$$

式中：$N_k(t)$为由节点λ_k, λ_{k+1}, λ_{k+2}, λ_{k+3}和λ_{k+4}定义的标准三次 B 样条函数；系数 c_k 通过最小化下述 $F(c_1,c_2,\cdots,c_k)$ 函数获取：

$$F=\sum_{i=1}^{N} w_i^2[\Delta h(t_i)-E(t_i)]^2+\sum_{j=1}^{M} w_j^2[E(t_{ja})-E(t_{jd})-d_j]^2 \tag{2-14}$$

式中：等号右边第一项为 H-J 互交叉点偏差，N 为互交叉点数量，w_i 为互交叉点权重；d_j 为自交叉点偏差；等号右边第二项为 H-H 自交叉点偏差，M 为自交叉点数量，w_j 为自交叉点权重；w_i^2 和 w_j^2 分别为反映噪声 b_1^2 和 b_2^2 的逆方差，决定了互交叉点偏差和自交叉点偏差的相对重要性。考虑纬度 66° 以上高纬度区域 HY-2A 高度计没有与 Jason-2 高度计的互交叉点，为了减少高纬度区域的轨道误差，通常将 H-H 自交叉点的权重增加一倍。通过最小化 $F(c_1,c_2,\cdots,c_k)$ 函数可以估算高度计的轨道误差 $E(t)$。

$E(t)$的平滑程度依赖于样条节点的位置和数量。一个重复周期内需要选择足够多的节点才能准确地描述高度计的轨道误差。然而太多节点又会使拟合的轨道误差曲线出现过多波动振荡。实验结果表明，轨道误差校正每半个循环至少需要两个节点。在给定高度计 pass 弧段，分别选择弧段上第一和最后一个互交叉点作为节点，当两个节点的距离超过 10 000 km 且之间的交叉点超过 20 个时，在弧段中间增加一个节点。

图 2.25 给出了 HY-2A 高度计的 cycle 63 与 Jason-2 高度计的 cycle 206-209 之间的互交叉点海面高度异常偏差全球分布及频次统计。从图中可以看出，互交叉点海面高度异常偏差均方根为 39.2 cm。HY-2A 高度计的海面高度异常数据与高精度测高卫星 Jason-2 高度计之间存在明显的测高偏差，尤其是高纬度区域偏差变化更不稳定。相比之下，HY-2A 高度计的 cycle 63 自交叉点海面高度异常偏差基本在 10 cm 以内，偏差均方根为 6.4 cm，可见 HY-2A 高度计本身精度是很高的。因此，通过与 Jason-2 高度计进行对比对 HY-2A 高度计的轨道误差进行校正，可以提高其测高数据的准确性。

图 2.26 给出了 HY-2A 高度计的 cycle 63 pass1-10 与 Jason-2 高度计匹配的互交叉点分布情况，以及互交叉点偏差随时间的变化，蓝色曲线表示基于这些数据点使用全球互交叉点及自交叉点偏差最小化方法估算出的 HY-2A 高度计轨道误差。从图中可以看出，HY-2A 高度计的 cycle 63 的轨道误差可达到−40 cm，轨道误差在时间上变化较大且每个周期有一个正弦振荡。

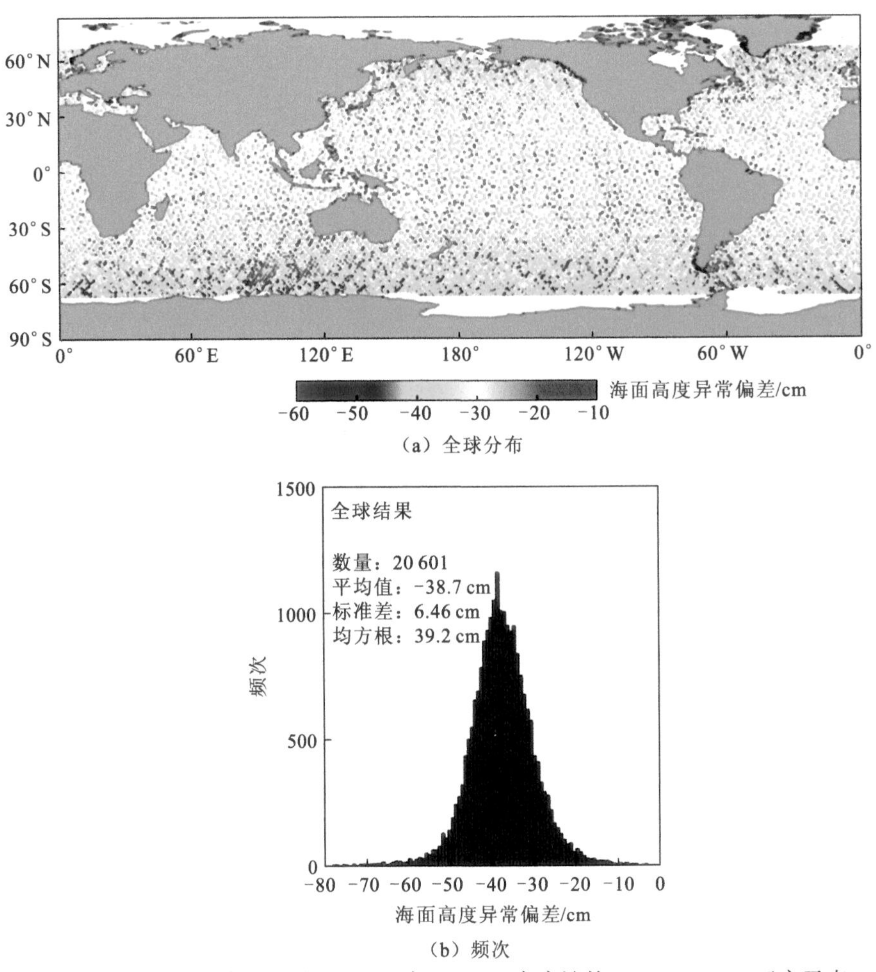

图 2.25　HY-2A 高度计的 cycle 63 与 Jason-2 高度计的 cycle 206-209 互交叉点海面高度异常偏差全球分布与频次

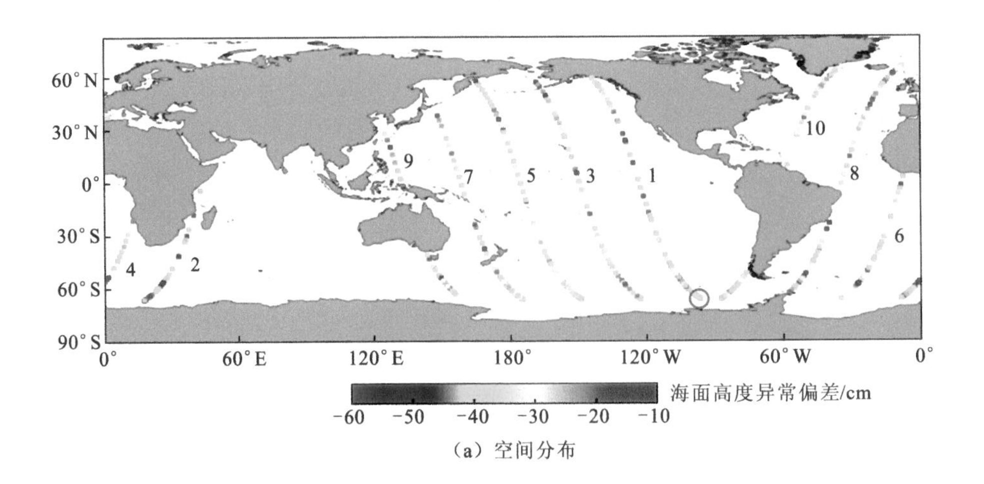

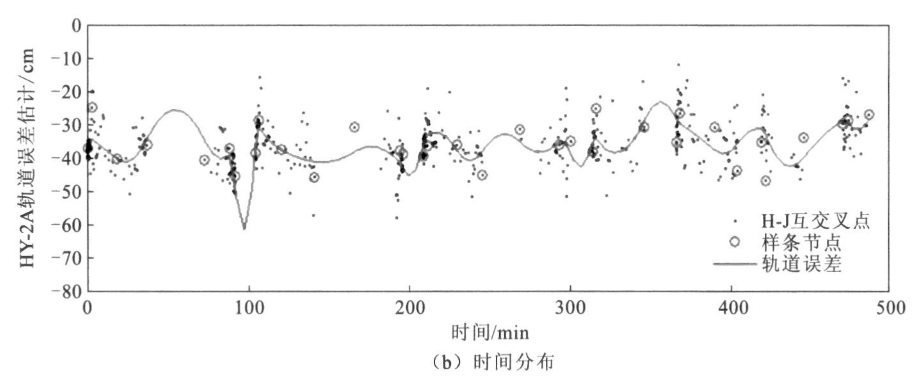

（b）时间分布

图 2.26 HY-2A 高度计的 cycle 63 pass1-10 与 Jason-2 高度计互交叉点 SLA 偏差空间分布和时间分布

图 2.27 给出了 cycle 63 完整周期内的轨道误差。利用得到的时间上连续的轨道误差，分别对 HY-2A 高度计全部测高数据进行轨道误差校正。

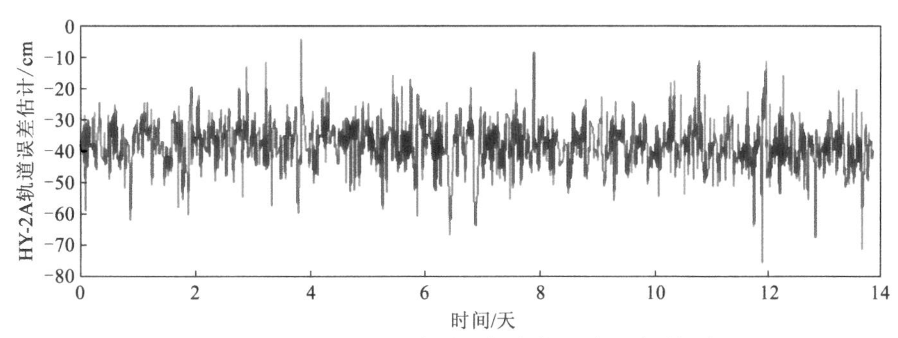

图 2.27 HY-2A cycle 63 完整周期内的轨道误差时间序列

图 2.28 给出了 HY-2A 高度计的 cycle 63 轨道误差校正后与 Jason-2 高度计的互交叉点海面高度异常偏差分布。从图中可以看出，轨道误差校正后，互交叉点偏差明显较小，绝大部分海面高度异常互交叉点偏差在 10 cm 以下且集中在−5～5 cm，均方根为 5.66 cm，明显小于轨道误差校正之前交叉点偏差。因此，轨道误差校正对提高 HY-2A 高度计测高数据的精度是非常有效的。

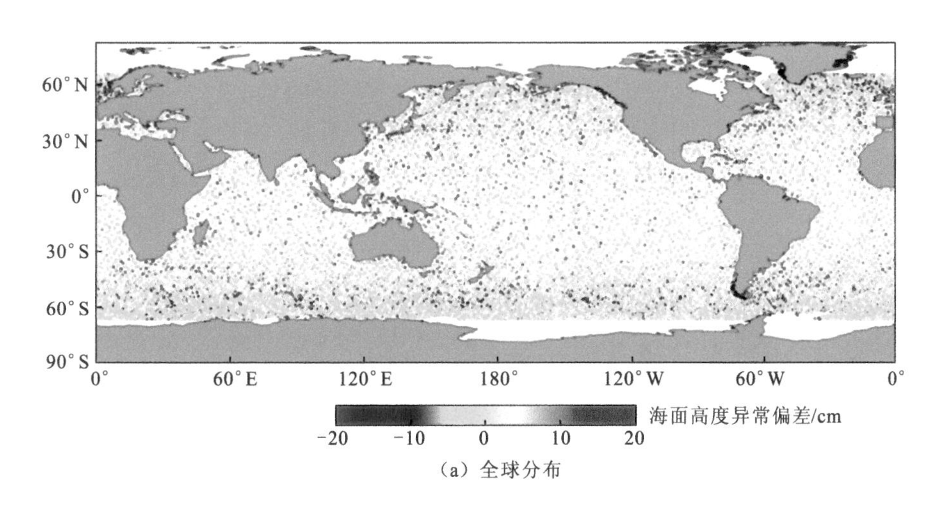

（a）全球分布

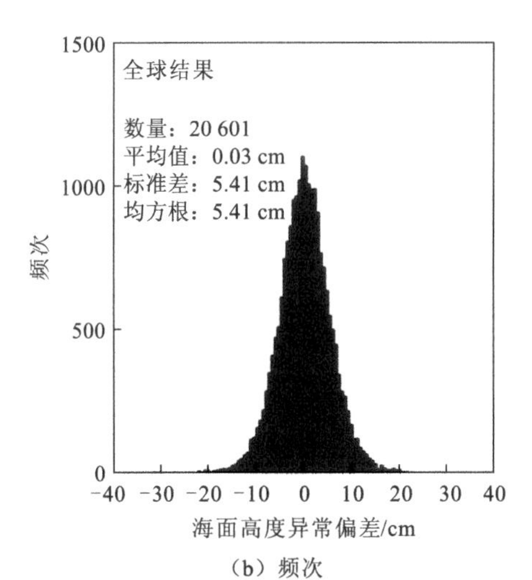

（b）频次

图 2.28 HY-2A 高度计的 cycle 63 轨道误差校正后与 Jason-2 高度计的互交叉点海面高度异常偏差全球分布与频次

4. 数据融合

针对高度计沿轨观测数据的时空不规则性，通常采用时空客观分析法进行多源高度计海面高度异常数据的融合。时空客观分析法是将不同时刻分布于不同空间位置的数据进行网格化处理的一种方法，具体流程如下。

设 $h(\boldsymbol{x})$ 是待估计的网格点位置 $\boldsymbol{x}$ 处的海面高度异常数据，$H_{\mathrm{obs}}^{i}(\boldsymbol{x}_i)$ 为高度计轨道位置 $\boldsymbol{x}_i$ 处的观测值。基于 N 个观测值，利用高斯–马尔可夫（Gauss-Markov）理论的最小二乘最优线性估计，则有

$$h(\boldsymbol{x})=\sum_{j=1}^{N}\boldsymbol{C}_{xj}\left(\sum_{i=1}^{N}\boldsymbol{A}_{ij}^{-1}H_{\mathrm{obs}}^{i}\right) \tag{2-15}$$

式中：$\boldsymbol{A}$ 为观测协方差矩阵；$\boldsymbol{C}$ 为观测值与估计值之间的协方差矩阵；观测值 H_{obs}^{i} 可看作真实值 H^{i} 与观测误差 ε_i 之和：

$$H_{\mathrm{obs}}^{i}=H^{i}+\varepsilon_i \tag{2-16}$$

协方差矩阵 $\boldsymbol{A}$ 和 $\boldsymbol{C}$ 的计算公式为

$$\boldsymbol{A}_{ij}=\langle H_{\mathrm{obs}}^{i}H_{\mathrm{obs}}^{j}\rangle=F(\boldsymbol{x}_i-\boldsymbol{x}_j)+\langle\varepsilon_i\varepsilon_j\rangle \tag{2-17}$$

$$\boldsymbol{C}_{xj}=\langle h(\boldsymbol{x})H_{\mathrm{obs}}^{i}\rangle=\langle h(\boldsymbol{x})H^{i}\rangle=F(\boldsymbol{x}-\boldsymbol{x}_i) \tag{2-18}$$

式中：F 为时空相关函数；$\langle\cdot\rangle$ 为两个数据的相关系数。由此可以得到关联误差协方差为

$$e^2=\boldsymbol{C}_{xx}-\sum_{i=1}^{N}\sum_{j=1}^{N}\boldsymbol{C}_{xi}\boldsymbol{C}_{xj}\boldsymbol{A}_{j}^{-1} \tag{2-19}$$

将高度计测量误差看作一种噪声，给定一个周期，仅考虑沿轨的测量误差相关性，通过调整误差方差 $\langle\varepsilon_i\varepsilon_j\rangle$ 可以消除长波误差：

$$\langle\varepsilon_i\varepsilon_j\rangle=\begin{cases}\delta_{ij}b^2, & \text{当}\,i\,\text{和}\,j\,\text{不在同一轨道或同一周期}\\ \delta_{ij}b^2+E_{\mathrm{LW}}, & \text{当}\,i\,\text{和}\,j\,\text{在同一轨道和同一周期}\end{cases} \tag{2-20}$$

式中：b^2 为白噪声的方差；E_{LW} 为长波误差的方差，一般取为高度计信号方差的百分比；δ_{ij} 为狄拉克函数。

时空相关函数 F 通常可表示为

$$F(r,t)=\left[1+ar+\frac{(ar)^2}{6}-\frac{(ar)^3}{6}\right]\exp(-ar)\exp(-t^2/T^2) \tag{2-21}$$

式中：r 为距离；t 为时间；a=3.34/L，L 为空间相关尺度；T 为时间相关尺度，其选取一般与研究对象时空尺度有关。图 2.29 给出了基于 Jason-2、Jason-3 和 Sentinel-3 高度计数据融合得到的 2017 年 4 月 10 日全球海面高度异常。

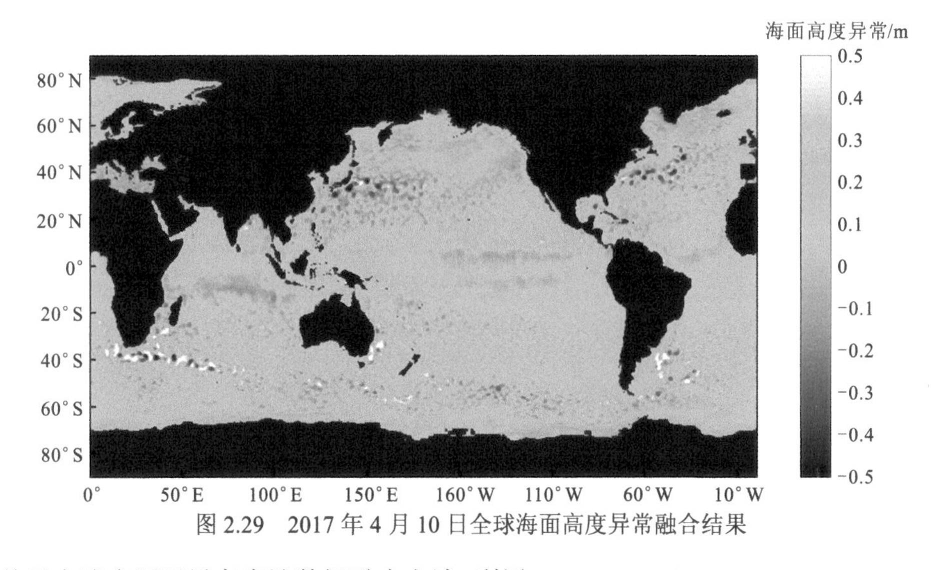

图 2.29　2017 年 4 月 10 日全球海面高度异常融合结果

基于上述多源卫星高度计数据融合方法，利用 T/P、Jason-1/2/3、ERS-1/2、Envisat RA-2、GFO、SARAL、Sentinel-3、Cryosat-2 和 HY-2 等卫星高度计数据，可以制作全球海洋 0.25°×0.25° 分辨率的长时序海面高度异常网格数据。图 2.30 给出了 1993～2020 年融合数据相对于 AVISO/CMEMS 同类数据的年平均相对误差。从图中可以看出，平均相对误差为 3.12%，说明融合产品的精度较高。

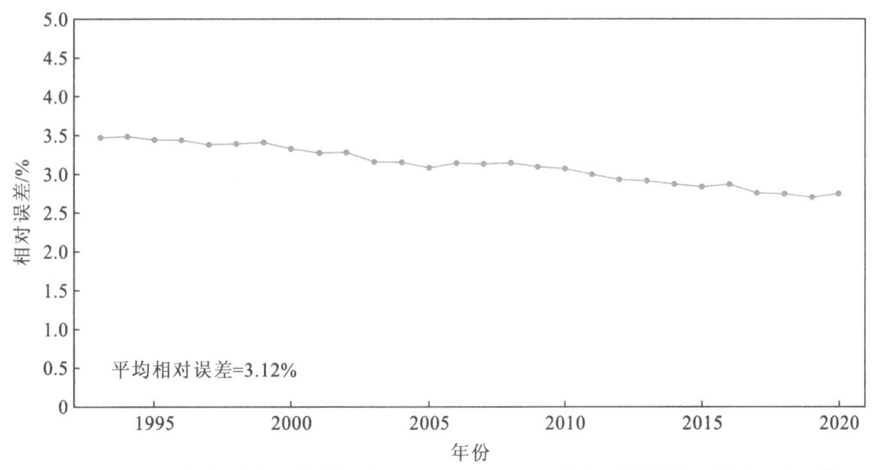

图 2.30　海面高度异常网格数据与 AVISO/CMEMS 数据比较的年平均相对误差

2.2.2 潮汐信息

基于卫星高度计观测还可以提取潮汐信息。本小节主要介绍基于 T/P 卫星高度计、Jason-1/2/3 系列卫星高度计和 ERS-1/2、Envisat 系列卫星高度计的测高数据，提取 M_2、S_2、N_2、K_2、K_1、O_1、P_1 和 Q_1 8 个主要潮汐分潮的潮汐信息的方法。

1. 卫星高度计数据预处理

卫星高度计原始数据来自 T/P 卫星高度计、Jason-1/2/3 系列卫星高度计和 ERS-1/2、Envisat 系列卫星高度计的测高数据，其中 T/P 卫星高度计包括变轨前和变轨后两种轨道数据。变轨前数据的时间跨度为 1992 年 9 月 25 日～2019 年 6 月 30 日，变轨后数据的时间跨度为 2002 年 9 月 16 日～2017 年 5 月 17 日。使用的 T/P 和 Jason 系列卫星高度计变轨前后数据基本情况见表 2-3 和表 2-4。

表 2-3　T/P 和 Jason-1/2/3 系列高度计变轨前数据信息表

高度计	数据周期/cycle	时间范围	时段长度/年
T/P	1～365	1992.9.25～2002.8.21	9.9
Jason-1	1～259	2002.1.15～2009.1.26	7.1
Jason-2	0～303	2008.7.4～2016.10.2	8.2
Jason-3	0～124	2016.2.12～2019.6.30	3.3

表 2-4　T/P 和 Jason-1/2/3 系列高度计变轨后数据信息表

高度计	数据周期/cycle	时间范围	时段长度/年
T/P	368～481	2002.9.16～2005.10.11	3.1
Jason-1	262～374	2009.2.10～2012.3.3	3.1
Jason-2	305～327	2016.10.13～2017.5.17	0.6

ERS 系列高度计采用 35 天周期的数据，覆盖范围为（82°S～82°N，0°～360°E），时间跨度为 1992 年 5 月 1 日～2010 年 10 月 18 日。使用的 ERS 系列高度计数据基本信息见表 2-5。

表 2-5　ERS-1/2、Envisat 系列高度计数据信息表

高度计	数据周期/cycle	时间范围	时段长度/年
ERS-1	84～100	1992.5.1～1993.12.17	1.8
	144～156	1995.3.24～1996.5.17	1.2
ERS-2	11～85	1996.5.14～2003.7.2	7.2
Envisat	6～93	2002.5.14～2010.10.18	8.5

高度计测高数据的预处理主要包括基于数据编辑准则的高度计数据质量控制、卫星高度计参考轨道选取，长时间序列包含潮汐信息的海面高度计算和同系列不同任务高度计海面高度数据的统一。

基于高度计不同周期数据量的统计，分别选取数据量最多的一个周期的轨道作为参考轨道，将其他周期的数据通过共线处理得到该参考轨道上不同观测点的长时间序列测高数据。基于高度计海面高度观测数据计算包含潮汐信息的沿轨海面高度数据，利用线性插值方法得到高度计不同周期参考轨道正常观测点的长时间序列海面高度数据。不同高度计测高数据因计算海面高度所用的电离层、干湿对流层、海况偏差、固体潮、负荷潮、极潮、大气逆压、高频振荡等校正模型与方法不同可能存在差异，在对长时间序列数据进行调和分析前须对非时变部分进行统一，以提高潮汐提取精度。

2. 潮汐信息提取方法

基于高度计参考轨道正常点的长时间序列海面高度数据，采用调和分析方法提取潮汐调和常数：

$$h = H_0 + \sum_{i=1}^{8} f_i H_i \cos[\omega_i t + (V_{0i} + u_i) - g_i] \tag{2-22}$$

式中：h 为 t 时刻包含潮汐信息的海面高度；H_0 为平均水位；i 为分潮索引；f_i 和 u_i 为交点因子和交点订正角；H_i 为振幅；ω_i 为角速度；$(V_{0i}+u_i)$ 为标准子午线处的平衡分潮初相位；g_i 为分潮格林尼治迟角。8 个主要潮汐分潮的天文初相角 V_0 和分潮角速度 ω 见表 2-6。

表 2-6　8 个主要潮汐分潮的天文初相角和角速度

分潮	天文初相角 V_0/（°）	分潮角速度 ω/（°/h）
M_2	$V_0 = 30t + 2\times180 - 2s + 2h$	28.984 104 22
S_2	$V_0 = 30t + 2\times180$	30.000 000 00
N_2	$V_0 = 30t + 2\times180 - 3s + 2h + p$	28.439 729 52
K_2	$V_0 = 30t + 2\times180 + 2h$	30.082 137 28
K_1	$V_0 = 15t + 180 + h - 90$	15.041 068 64
O_1	$V_0 = 15t + 180 - 2s + h + 90$	13.943 035 58
P_1	$V_0 = 15t + 180 - h + 90$	14.958 931 36
Q_1	$V_0 = 15t + 180 - 3s + h + p + 90$	13.398 660 88

表 2-6 中，基本天文元素 s、h、p，以及下文将用到的 N 和 p_1 的求解公式为

$$\begin{cases} s = 277.025^\circ + 129.384\,81^\circ(y-1900) + 13.176\,40^\circ\left(D + Y + \dfrac{t}{24}\right) \\ h = 280.190^\circ - 0.238\,72^\circ(y-1900) + 0.985\,65^\circ\left(D + Y + \dfrac{t}{24}\right) \\ p = 334.385^\circ + 40.662\,49^\circ(y-1900) + 0.985\,65^\circ\left(D + Y + \dfrac{t}{24}\right) \\ N = 259.157^\circ - 19.328\,18^\circ(y-1900) - 0.052\,95^\circ\left(D + Y + \dfrac{t}{24}\right) \\ p_1 = 281.221^\circ + 0.017\,18^\circ(y-1900) + 0.000\,0471^\circ\left(D + Y + \dfrac{t}{24}\right) \end{cases} \tag{2-23}$$

式中：y 为年份；D 为从 y 年 1 月 1 日起算的天数（如 1 月 1 日，D=0）；Y 为 1900 年至第 y 年的闰年数，即（Y−1901）/4 的整数部分；t 为小时数；等号右端第一项为基准时刻 1900

年 1 月 1 日的量值；第二项为以平年为单位得到的 y 年 1 月 1 日的订正值；最后一项为订正到该年某月某日某时刻的值。

8 个分潮的振幅订正值交点因子 f 和迟角订正值交点订正角 u 由基本天文元素计算得到。

（1）M_2 分潮：

$$\begin{cases} f_{M_2}\cos u_{M_2} = 1 + 0.000\,52\cos(2N) - 0.037\,33\cos N + 0.000\,58\cos(2p) + 0.000\,21\cos(2p-N) \\ f_{M_2}\sin u_{M_2} = 0.000\,52\sin(2N) - 0.037\,33\sin N + 0.000\,58\sin(2p) + 0.000\,21\sin(2p-N) \end{cases} \tag{2-24}$$

（2）S_2 分潮：

$$\begin{cases} f_{S_2}\cos u_{S_2} = 1 + 0.002\,25\cos N + 0.000\,14\cos(2p) \\ f_{S_2}\sin u_{S_2} = 0.002\,25\sin N + 0.000\,14\sin(2p) \end{cases} \tag{2-25}$$

（3）K_2 分潮：

$$\begin{cases} f_{K_2}\cos u_{K_2} = 1 + 0.285\,18\cos N + 0.032\,35\cos(2N) \\ f_{K_2}\sin u_{K_2} = -0.310\,74\sin N - 0.032\,35\sin(2N) \end{cases} \tag{2-26}$$

（4）N_2 分潮：

$$\begin{cases} f_{N_2}\cos u_{N_2} = 1 + 0.000\,52\cos(2N) - 0.037\,33\cos N \\ \qquad + 0.000\,81\cos(p-p_1) - 0.003\,85\cos(2p-2N) \\ f_{N_2}\sin u_{N_2} = 0.000\,52\sin(2N) - 0.037\,33\sin N \\ \qquad + 0.000\,81\sin(p-p_1) + 0.003\,85\sin(2p-2N) \end{cases} \tag{2-27}$$

（5）K_1 分潮：

$$\begin{cases} f_{K_1}\cos u_{K_1} = 1 + 0.000\,19\cos(2p-N) + 0.115\,73\cos N - 0.002\,81\cos(2N) \\ f_{K_1}\sin u_{K_1} = 0.000\,19\sin(2p-N) - 0.115\,39\sin N + 0.003\,03\sin(2N) \end{cases} \tag{2-28}$$

（6）O_1 分潮：

$$\begin{cases} f_{O_1}\cos u_{O_1} = 1 - 0.005\,78\cos(2N) + 0.188\,52\cos N - 0.001\,03\cos(2p-N) \\ \qquad - 0.006\,45\cos(2p) + 0.000\,19\cos(2p+N) \\ f_{O_1}\sin u_{O_1} = -0.005\,78\sin(2N) + 0.188\,52\sin N - 0.001\,03\sin(2p-N) \\ \qquad - 0.006\,45\sin(2p) + 0.000\,19\sin(2p+N) \end{cases} \tag{2-29}$$

（7）P_1 分潮：

$$\begin{cases} f_{P_1}\cos u_{P_1} = 1 + 0.000\,8\cos(2N) - 0.001\,5\cos(2p) \\ \qquad - 0.011\,23\cos N - 0.000\,3\cos(2p-N) - 0.000\,4\cos(2p) \\ f_{P_1}\sin u_{P_1} = 0.000\,8\sin(2N) - 0.001\,5\sin(2p) \\ \qquad - 0.011\,23\sin N - 0.000\,3\sin(2p-N) - 0.000\,4\sin(2p) \end{cases} \tag{2-30}$$

（8）Q_1 分潮：

$$\begin{cases} f_{Q_1}\cos u_{Q_1} = 1 + 0.188\,44\cos N - 0.005\,68\cos(2N) - 0.002\,77\cos(2p) \\ \qquad - 0.003\,88\cos(2p-2N) + 0.000\,83\cos(p-p_1) - 0.000\,69\cos(2p-3N) \\ f_{Q_1}\sin u_{Q_1} = 0.188\,44\sin N - 0.005\,68\sin(2N) - 0.002\,77\sin(2p) \\ \qquad - 0.003\,88\sin(2p-2N) + 0.000\,83\sin(p-p_1) + 0.000\,69\sin(2p-3N) \end{cases} \tag{2-31}$$

调和分析表达式可进一步表示为

$$h = H_0 + \sum_{i=1}^{8}\{H_i \cos(g_i f_i)\cos[\omega_i t + (V_{0i} + u_i)] + H_i \sin(g_i f_i)\sin[\omega_i t + (V_{0i} + u_i)]\} \quad (2\text{-}32)$$

式中：H_i 和 g_i 为待计算的分潮调和常数。基于长时间序列海面高度和调和分析方法可以得到多个方程，结合最小二乘法解超定线性方程组即可得到参考轨道正常点上的全球海洋 8 个主要潮汐分潮的调和常数。

为了求解分潮调和常数 H_i 和 g_i，在 $t=t_1, \cdots, t_n$ 时刻，对应有 n 个潮高观测值 $h=h_1, \cdots, h_n$，通过最小二乘法求解方程组。设

$$\begin{cases} fH = R \\ V_0 + u - g = -\theta \\ h(t) = \sum_{i=0}^{m} R\cos(\omega_i t - \theta_i) \end{cases} \quad (2\text{-}33)$$

令
$$\begin{cases} A_i = H_i \cos g_i \\ B_i = H_i \sin g_i \end{cases} \quad (2\text{-}34)$$

则调和分析表达式转化为

$$h(t) = \sum_{i=0}^{m}(A_i \cos\omega_i t + B_i \sin\omega_i t) \quad (2\text{-}35)$$

通过最小二乘法求解各个分潮的 A、B：

$$D = \sum_{t=-N}^{N}\left[h(t) - \sum_{i=0}^{m}(A_i\cos\omega_i t + B_i\sin\omega_i t)\right]^2 \quad (2\text{-}36)$$

取

$$\frac{\partial D}{\partial A_j} = 0, \quad i = 0,1,\cdots,m \quad (2\text{-}37)$$

$$\frac{\partial D}{\partial B_j} = 0, \quad i = 0,1,\cdots,m \quad (2\text{-}38)$$

有
$$\frac{1}{N+\frac{1}{2}}\sum_{t=-N}^{N}\left(\sum_{i=1}^{m} A_i \cos\omega_i t + B_i \sin\omega_i t\right)\cos\omega_i t = \frac{1}{N+\frac{1}{2}}\sum_{t=-N}^{N} h(t)\cos\omega_i t \quad (2\text{-}39)$$

$$\sum_{i=0}^{m} A_i \left[\frac{\sin(\omega_i - \omega_j)\left(N+\frac{1}{2}\right)}{(2N+1)\sin\frac{1}{2}(\omega_i - \omega_j)} + \frac{\sin(\omega_i + \omega_j)\left(N+\frac{1}{2}\right)}{(2N+1)\sin\frac{1}{2}(\omega_i + \omega_j)}\right] = N + \frac{1}{2}\sum_{t=-N}^{N} h(t)\cos\omega_i t \quad (2\text{-}40)$$

式中：$i, j = 0,1,\cdots,m$。求解各个分潮 A 的线性方程组为

$$\sum_{i=0}^{m} A_i F_{j,i} = C_j \quad (2\text{-}41)$$

式中

$$C_j = \frac{1}{N+\frac{1}{2}}\sum_{t=-N}^{N} h(t)\cos\omega_i t \quad (2\text{-}42)$$

$$
\begin{cases}
F_{\substack{i,j\\(i\neq j)}}=\dfrac{\sin(\omega_i-\omega_j)\left(N+\dfrac{1}{2}\right)}{(2N+1)\sin\dfrac{1}{2}(\omega_i-\omega_j)}+\dfrac{\sin(\omega_i+\omega_j)\left(N+\dfrac{1}{2}\right)}{(2N+1)\sin\dfrac{1}{2}(\omega_i+\omega_j)}\\
F_{\substack{i,j\\(i=j)}}=\lim\limits_{(\omega_i-\omega_j)\to 0}\dfrac{\left[\cos(\omega_i-\omega_j)\left(N+\dfrac{1}{2}\right)\right]\left(N+\dfrac{1}{2}\right)}{\dfrac{1}{2}\left[(2N+1)\cos\dfrac{1}{2}(\omega_i-\omega_j)\right]}+\dfrac{\sin(\omega_i+\omega_j)\left(N+\dfrac{1}{2}\right)}{(2N+1)\sin\dfrac{1}{2}(\omega_i+\omega_j)}\\
\quad =1+\dfrac{\sin(2N+1)\omega_i}{(2N+1)\sin\omega_i}\\
F_{0,0}=1+\lim\limits_{\omega_i\to 0}\dfrac{[\cos(2N+1)\omega_i](2N+1)}{(2N+1)\cos\omega_i}=2
\end{cases}
\tag{2-43}
$$

同理，求解各分潮 B 的线性方程组为

$$
\sum_{i=0}^{m}B_iG_{i,j}=D_j,\quad j=0,1,\cdots,m \tag{2-44}
$$

式中

$$
D_j=\frac{1}{2N+1}\sum_{t=-N}^{N}h(t)\sin\omega_i t \tag{2-45}
$$

$$
\begin{cases}
G_{i,j(i\neq j)}=\dfrac{\sin(\omega_i-\omega_j)\left(N+\dfrac{1}{2}\right)}{(2N+1)\sin\dfrac{1}{2}(\omega_i-\omega_j)}-\dfrac{\sin(\omega_i+\omega_j)\left(N+\dfrac{1}{2}\right)}{(2N+1)\sin\dfrac{1}{2}(\omega_i+\omega_j)}\\
G_{i,j(i=j)}=1-\dfrac{\sin(2N+1)\omega_i}{(2N+1)\sin\omega_i}
\end{cases}
\tag{2-46}
$$

通过上述计算，可得到各个分潮的 A、B 值，由式（2-47）得到各分潮的振幅 R 和初相 θ，最后由式（2-48）求得调和常数：

$$
\begin{cases}
R=(A^2+B^2)^{\frac{1}{2}}\\
\theta=\arctan\dfrac{B}{A}
\end{cases}
\tag{2-47}
$$

$$
\begin{cases}
H=\dfrac{R}{f}\\
g=(V_0+u)+\theta
\end{cases}
\tag{2-48}
$$

3. 潮汐信息提取结果

基于 T/P 高度计、Jason-1/2/3 系列卫星高度计和 ERS-1/2、Envisat 系列卫星高度计的测高数据，经潮汐调和分析计算得到各参考轨道上观测点的 8 个分潮调和常数，然后基于克里金插值方法得到全球海洋 0.25°×0.25° 的调和常数网格数据。图 2.31 给出了 7 个分潮的同潮图。需要说明的是，针对 ERS-1/2、Envisat 系列卫星高度计太阳同步轨道观测数据无法分辨 S_2 分潮的问题，可采用 TPXO9.2 模型数据先去掉高度计海面高度数据中的 S_2 分潮，然后利用调和分析方法提取潮汐分潮调和常数。

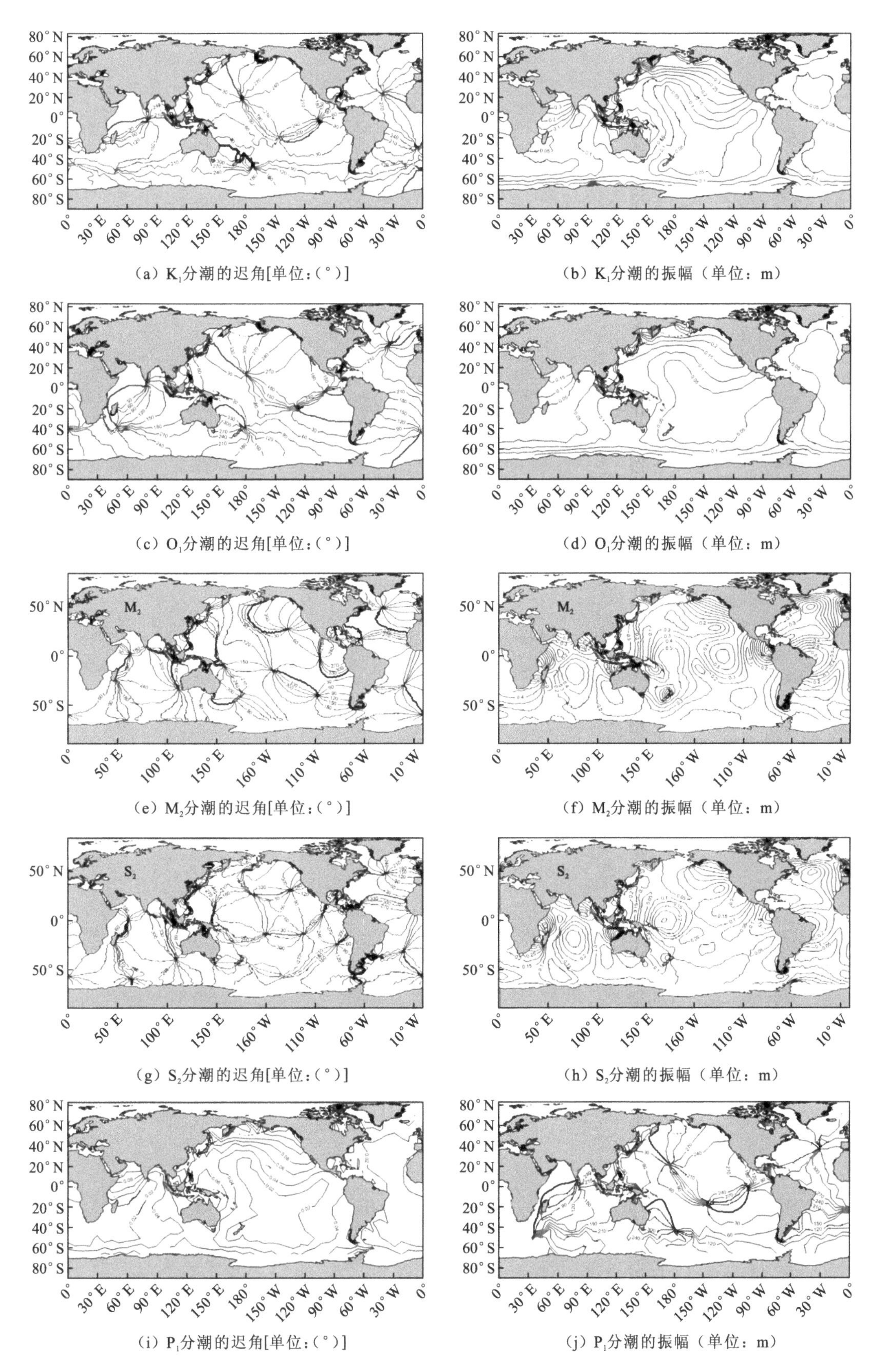

(a) K_1分潮的迟角[单位:(°)]

(b) K_1分潮的振幅（单位：m）

(c) O_1分潮的迟角[单位:(°)]

(d) O_1分潮的振幅（单位：m）

(e) M_2分潮的迟角[单位:(°)]

(f) M_2分潮的振幅（单位：m）

(g) S_2分潮的迟角[单位:(°)]

(h) S_2分潮的振幅（单位：m）

(i) P_1分潮的迟角[单位:(°)]

(j) P_1分潮的振幅（单位：m）

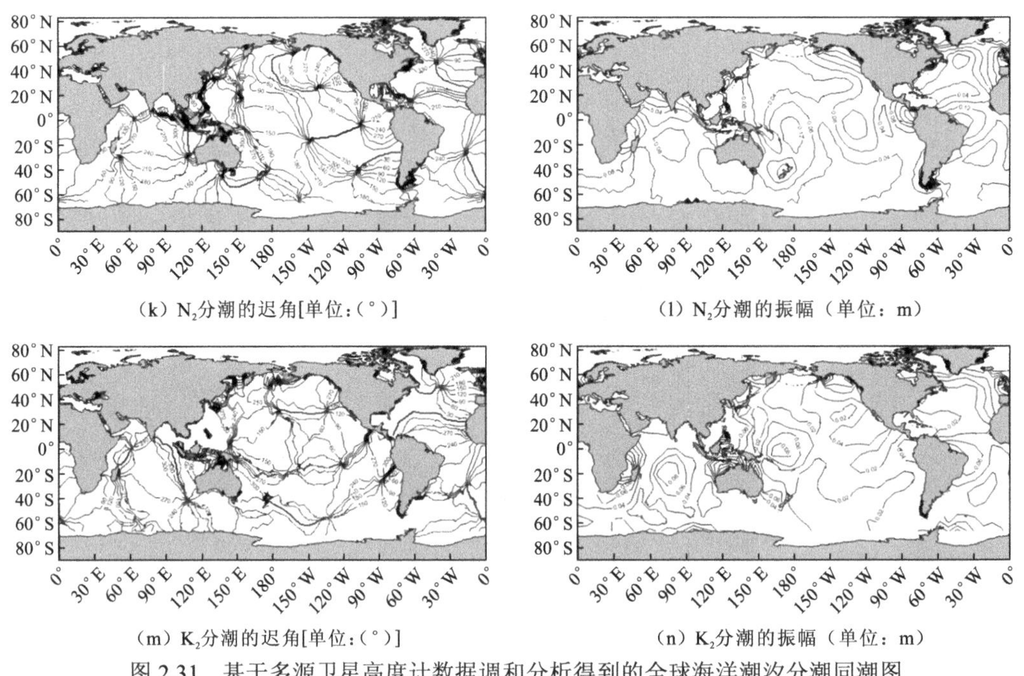

（k）N_2分潮的迟角[单位：(°)]　　（l）N_2分潮的振幅（单位：m）

（m）K_2分潮的迟角[单位：(°)]　　（n）K_2分潮的振幅（单位：m）

图 2.31　基于多源卫星高度计数据调和分析得到的全球海洋潮汐分潮同潮图

4. 精度分析

利用验潮站和 TPXO9.2 潮汐模型数据，对基于卫星高度计提取的潮汐分潮调和常数数据进行验证。TPXO 系列潮汐模型是美国俄勒冈州立大学建立的全球海洋潮汐模型。该模型基于二维正压水动力学方程，同化了多源卫星测高数据（T/P、Topex Tandem、ERS、GFO 等）和实测数据。TPXO9.2 空间分辨率为 1/6°，包含 15 个潮汐分潮调和常数。验潮站数据包括英国海洋数据中心网站提供的 WOCE“延时模式”的海平面数据、平均海平面永久服务（permanent service for mean sea level，PSMSL）验潮站、我国近海验潮站数据和南极洲附近海洋潮汐调和常数数据。验潮站位置分布如图 2.32 所示。

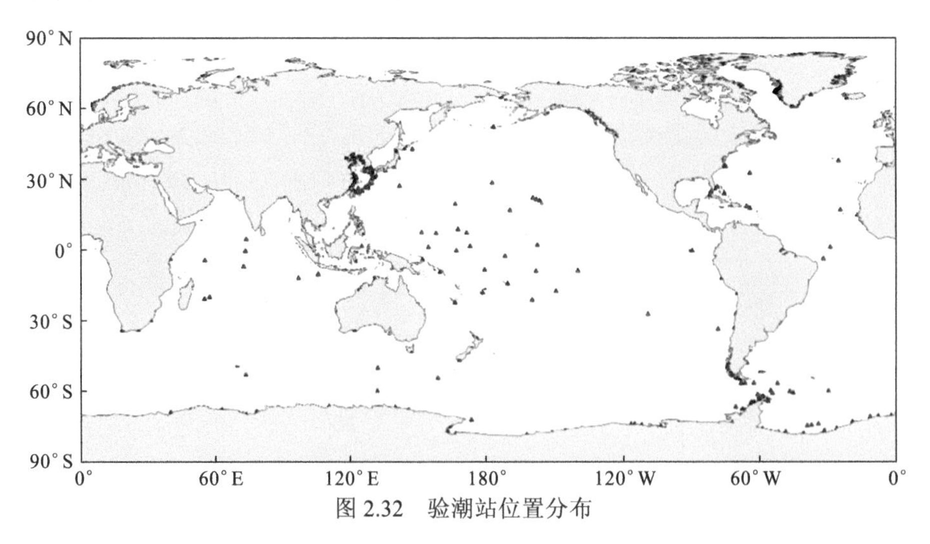

图 2.32　验潮站位置分布

将验潮站的潮汐分潮调和常数与距离最近的高度计提取的潮汐分潮调和常数进行匹配（距离小于 10 km），基于匹配的数据计算高度计提取的潮汐调和常数的均方根误差。8 个主要分潮的比较结果如图 2.33 所示，由于不同验潮站数据包含的潮汐分潮不同，不同分潮的匹配结果数量可能会不一致。

基于验潮站数据的高度计提取分潮调和常数的均方根误差（root mean square error，RMSE）如表 2-7 所示。从表中可以看出，M_2、S_2、N_2、K_2、K_1、O_1、P_1 和 Q_1 的振幅均方根误差为 0.70～4.55 cm，迟角均方根误差为 5.52°～7.76°。

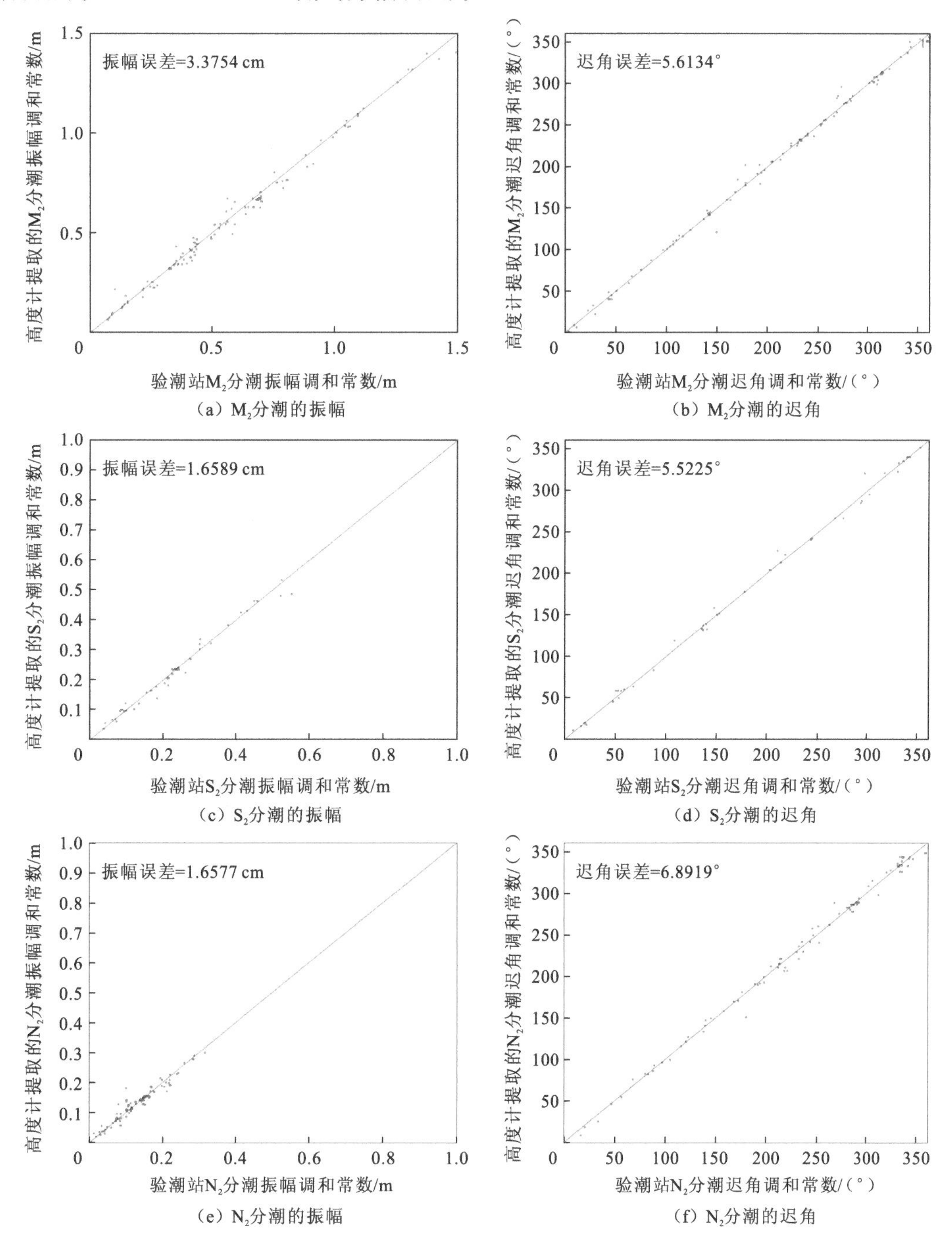

（a）M_2分潮的振幅　（b）M_2分潮的迟角

（c）S_2分潮的振幅　（d）S_2分潮的迟角

（e）N_2分潮的振幅　（f）N_2分潮的迟角

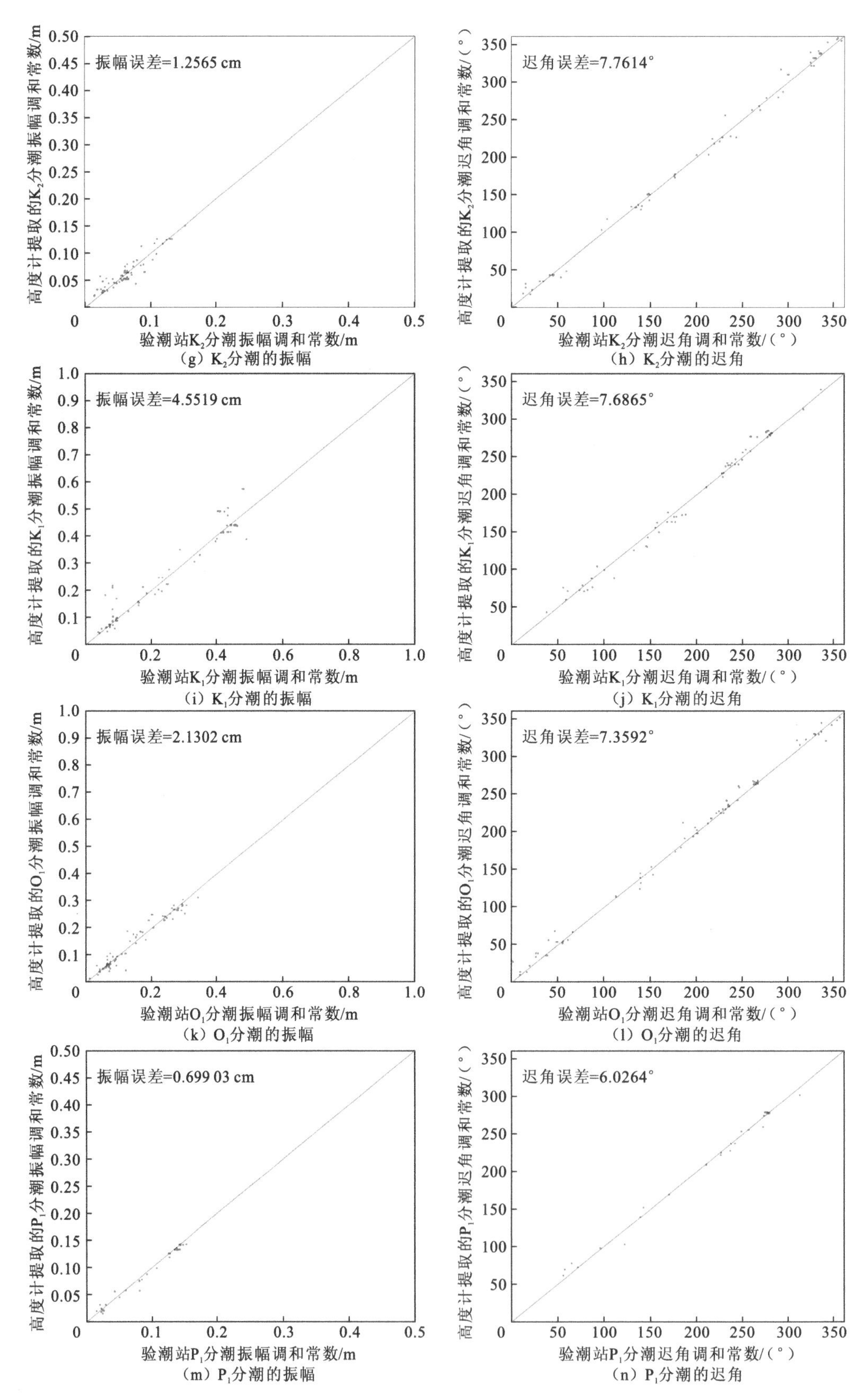

(g) K_2分潮的振幅

(h) K_2分潮的迟角

(i) K_1分潮的振幅

(j) K_1分潮的迟角

(k) O_1分潮的振幅

(l) O_1分潮的迟角

(m) P_1分潮的振幅

(n) P_1分潮的迟角

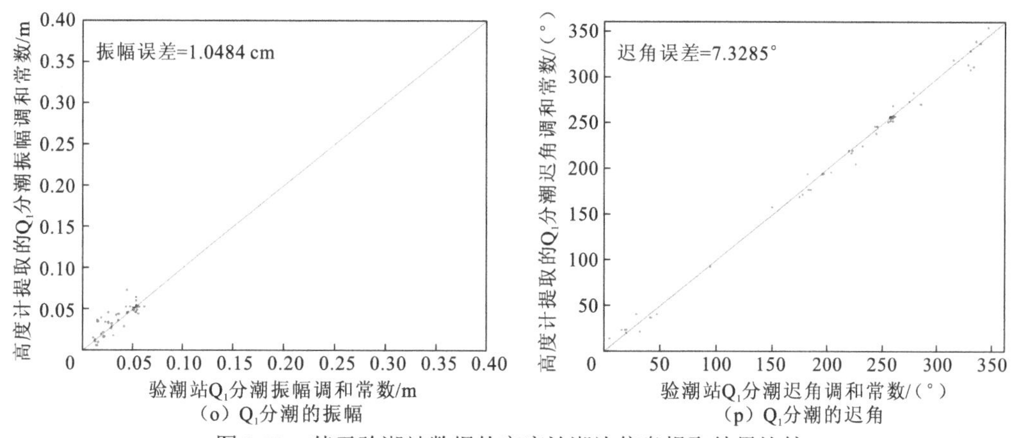

(o) Q_1分潮的振幅　　(p) Q_1分潮的迟角

图 2.33　基于验潮站数据的高度计潮汐信息提取结果比较

表 2-7　基于验潮站数据的高度计潮汐提取结果均方根误差

项目	M_2	S_2	N_2	K_2	K_1	O_1	P_1	Q_1
振幅 RMSE/cm	3.38	1.66	1.66	1.26	4.55	2.13	0.70	1.05
迟角 RMSE/(°)	5.61	5.52	6.89	7.76	7.69	7.36	6.03	7.33

为了进一步分析基于验潮站数据的高度计提取的潮汐调和常数精度，将提取结果与TPXO9.2模型潮汐分潮调和常数进行比较。将高度计提取的潮汐分潮调和常数与距离最近的TPXO9.2模型潮汐分潮调和常数进行匹配，4个主要分潮的匹配数据比较如图3.34所示。

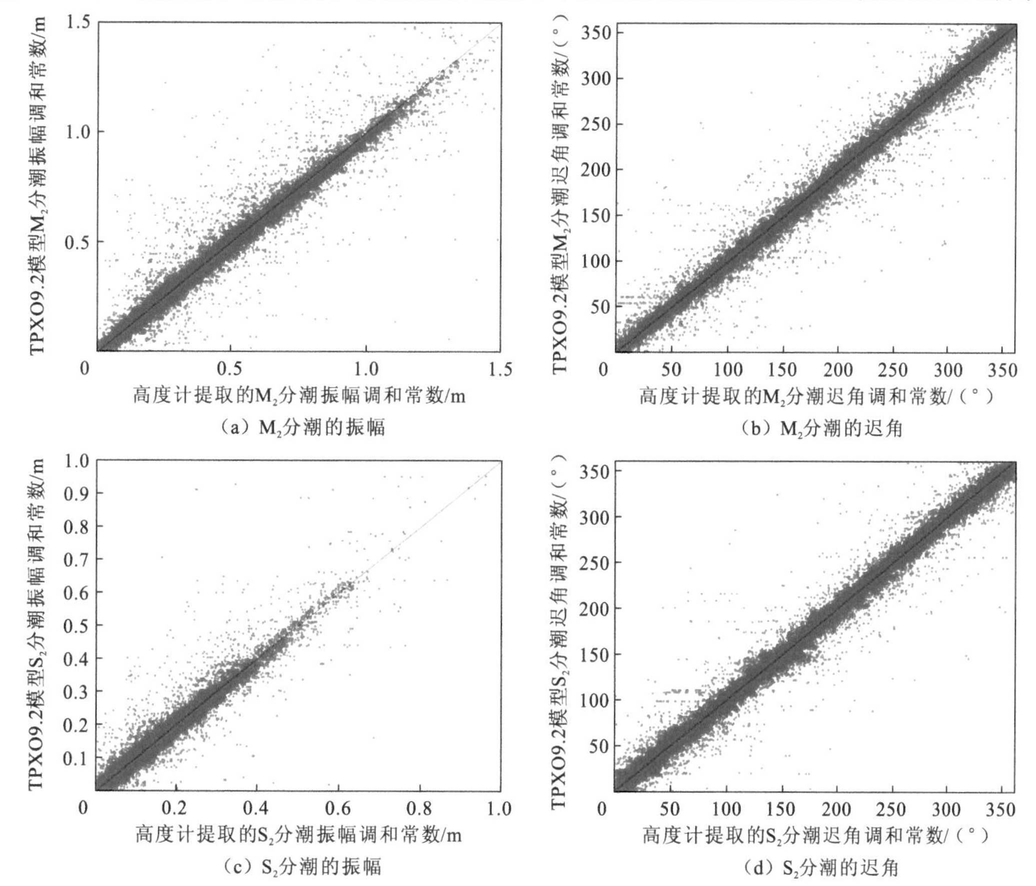

(a) M_2分潮的振幅　　(b) M_2分潮的迟角

(c) S_2分潮的振幅　　(d) S_2分潮的迟角

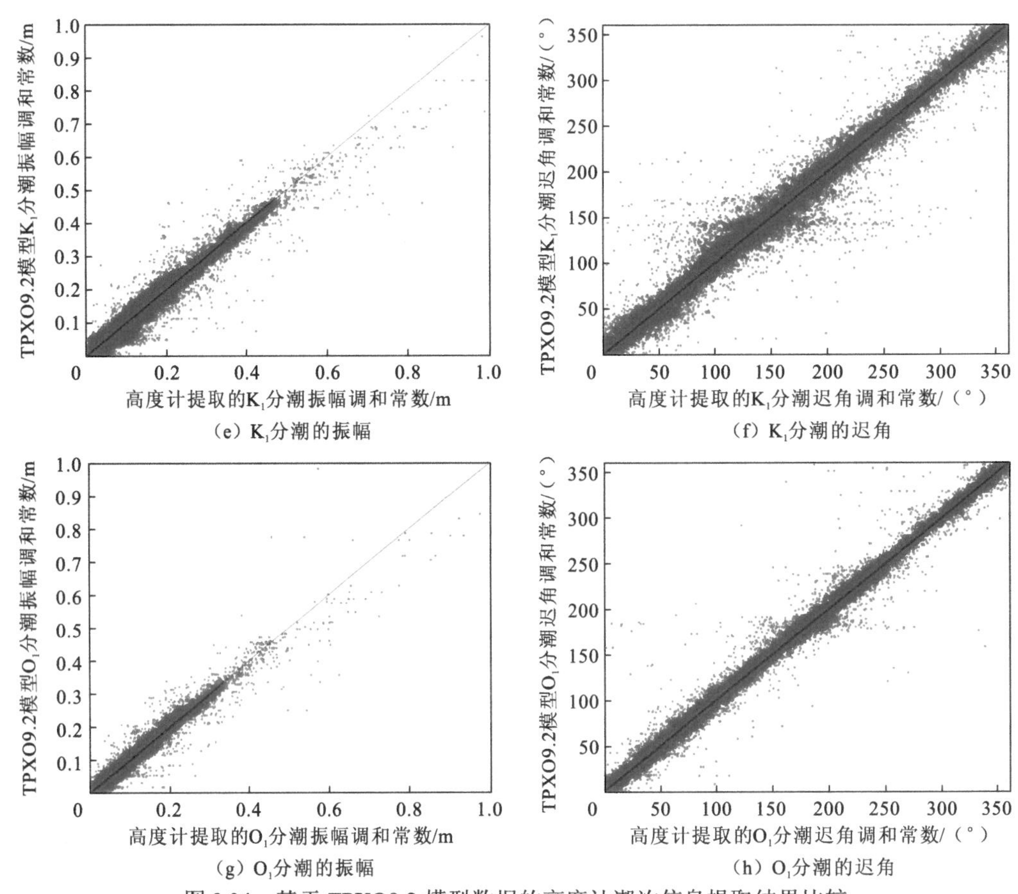

(e) K_1分潮的振幅　(f) K_1分潮的迟角

(g) O_1分潮的振幅　(h) O_1分潮的迟角

图 2.34　基于 TPXO9.2 模型数据的高度计潮汐信息提取结果比较

基于高度计提取结果与 TPXO9.2 模型的匹配数据，计算高度计提取分潮调和常数的均方根误差，结果如表 2-8 所示。

表 2-8　基于 TPXO9.2 模型数据的高度计潮汐提取结果均方根误差

项目	M_2	S_2	N_2	K_2	K_1	O_1	P_1	Q_1
振幅 RMSE/cm	3.71	1.23	1.20	1.15	3.71	2.06	0.75	1.09
迟角 RMSE/(°)	4.59	3.85	4.81	5.22	4.79	4.60	4.87	5.46

从表中可以看出，M_2、S_2、N_2、K_2、K_1、O_1、P_1 和 Q_1 分潮的振幅均方根误差为 0.75～3.71 cm，迟角均方根误差为 3.85°～5.46°。与 TPXO9.2 模型的比较结果优于与验潮站的比较结果，这可能是验潮站数据大部分分布在高度计数据精度偏低的近岸和大洋岛屿附近，因此高度计提取的潮汐信息精度相较于与 TPXO9.2 模型比较的大洋区域偏低。

2.2.3　海冰数据

卫星遥感海冰观测资料主要来源于 NOAA 国家冰雪数据中心（National Snow and Ice Data Center，NSIDC）数据集、ESA 全球气候变化计划（climate change initiative，CCI）的海冰密集度（sea ice concentration，SIC）数据集（简称为 SICCI 数据集）和德国不来梅大

学的全球海洋海冰密集度遥感数据集（简称BLM数据集）。本小节主要介绍多源卫星遥感海冰观测资料的比对分析。

1. 数据收集

使用的海冰遥感数据基本信息见表2-9。

表2-9 海冰密集度遥感数据集基本信息表

数据集名称	时间范围	空间范围	时空分辨率/（km/天）	数据源
NSIDC数据集	1978.10.26～2020.12.31	南北极	25	SMMR、SSM/I和SSMIS
SICCI数据集	1987.7.9～2018.12.31	南北极	25	SSM/I和AMSR-E/AMSR2
BLM数据集	2002.3.1～2018.12.31	南北极	6.25	AMSR-E和AMSR2

（1）NSIDC数据集。NSIDC数据集是基于被动微波遥感技术，采用极地赤平投影获取的南北极地区25 km×25 km的海冰密集度网格数据。早期主要使用Nimbus-7卫星搭载的扫描式多通道微波辐射计（scanning mulit-channel microwave radiometer，SMMR），该传感器工作至1987年7月8日。SMMR停止运行后使用美国国防卫星计划（defense meteorological satellite program，DMSP）的DMSP-F8、DMSP-F11和DMSP-F13上的SSM/I传感器及DMSP-F17上的微波成像专用传感器（special sensor microwave imager/ sounder，SSMIS）。NSIDC数据集包含日平均和月平均海冰密集度数据。

（2）SICCI数据集。该数据集来自DMSP-F10、F11、F13、F14、F15上的SSMI/I和AMSR-E等微波辐射计收集的数据，覆盖南北半球极地区域，空间分辨率为25 km，数据类型为netCDF。

（3）BLM数据集。该数据集由德国不来梅大学提供，是目前空间分辨率最高的海冰密集度遥感数据。该数据集由两部分组成：一部分基于AMSR-E微波辐射计收集的数据，使用ARTIST Sea Ice（ASI）算法得到的空间分辨率为6.25 km、时间跨度为2002年6月1日～2011年10月4日的数据；另一部分是AMSR-E微波辐射计停止工作后，基于2012年5月18日发射的全球变化观测任务卫星（JAXA GCOM-W1）上搭载的改进型微波辐射扫描仪（AMSR2）收集的数据，同样采用ASI算法得到空间分辨率为6.25 km的海冰密集度数据。

2. 数据比较分析

海冰密集度指某海域内海冰面积占海域总面积的百分数，是海冰的重要特征参量之一。海冰密集度的比较分析通常是通过比较海冰面积来进行，海冰面积的计算过程是先根据海冰密集度确定海冰范围，然后计算海冰面积。对于海冰范围的界定，一般采用15%的海冰密集度值作为阈值来区分有冰区和无冰区。海冰面积的计算公式为

$$S=\sum\left\{N_i[\text{value(SIC)}=i]\times\frac{i}{100}\right\}\times M^2,\ i\in[15,100] \tag{2-49}$$

式中：N为像素数，海冰密集度范围为0～100%，对应数值为0～100；M为空间分辨率。基于每日的海冰面积，可以计算月平均海冰面积和年平均海冰面积。

基于BLM数据集，对NSIDC和SICCI两类数据集进行比较分析，采用平均偏差(bias)、

均方根误差（RMSE）和正偏差占比（r）进行分析，具体计算式如下：

$$\text{bias} = \sum_{i=1}^{n} (\text{SIC}_{\text{NSIDC/SICCI}} - \text{SIC}_{\text{BLM}})/n \tag{2-50}$$

$$\text{RMSE} = \sqrt{\sum_{i=1}^{n} (\text{SIC}_{\text{NSIDC/SICCI}} - \text{SIC}_{\text{BLM}})^2/n} \tag{2-51}$$

$$r = \text{num}_{\text{偏差}>0}/n \tag{2-52}$$

针对 NSIDC、SICCI 和 BLM 数据集海冰密集度遥感数据地理经度表示方式和空间范围的差异，将三类数据统一到相同区域范围进行比较分析，范围为 32° N～87° N 和 -180° E～180° E。选取分辨率与精度更好的 BLM 数据为基准，开展 NSIDC 和 SICCI 数据的比对分析。将 2002～2015 年 NSIDC 和 SICCI 数据与 BLM 数据进行匹配，选取与 NSIDC 或 SICCI 网格点距离最近的 BLM 网格点数据作为匹配数据。

1）海冰面积比较分析

为了能直观地比较不同海冰密集度数据，首先基于三类数据计算日海冰面积、月海冰面积和年海冰面积，南北极海冰面积如图 2.35～图 2.37 所示。

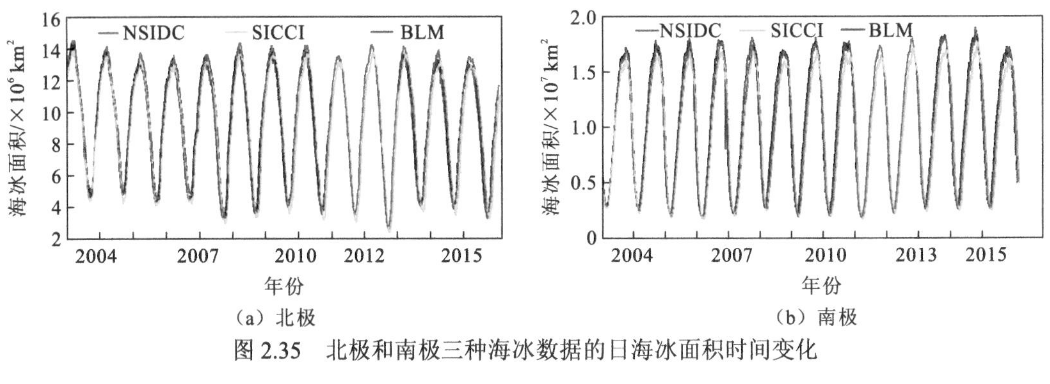

（a）北极　　（b）南极

图 2.35　北极和南极三种海冰数据的日海冰面积时间变化

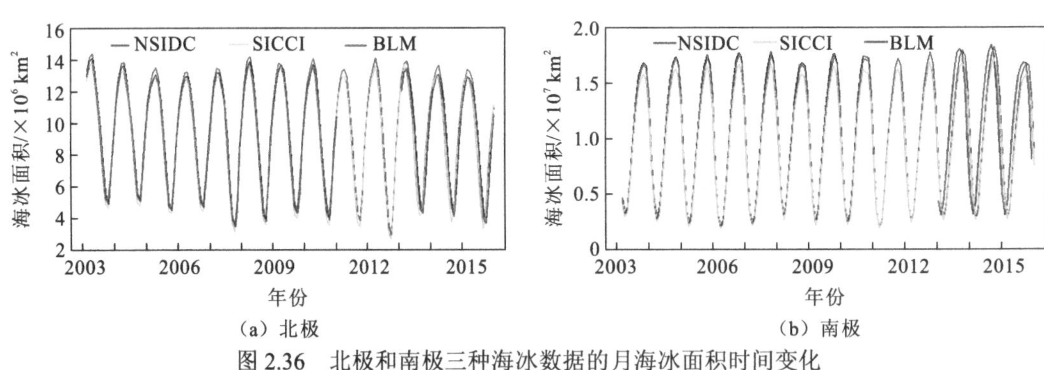

（a）北极　　（b）南极

图 2.36　北极和南极三种海冰数据的月海冰面积时间变化

从图 2.37 中可以看出，北极海冰面积呈周期性变化且具有逐步减少的趋势，SICCI 数据的结果整体上小于 BLM 数据的结果，在海冰面积最小时二者差异最为明显。NSIDC 数据的结果整体上大于 BLM 数据的结果，在海冰面积最大时二者差异最为明显。在南极，三类数据的海冰面积均呈周期性变化且具有增大的趋势，NSIDC 和 SICCI 数据整体上都小于 BLM 数据，但 NSIDC 与 BLM 数据的偏差明显小于 SICCI 数据。

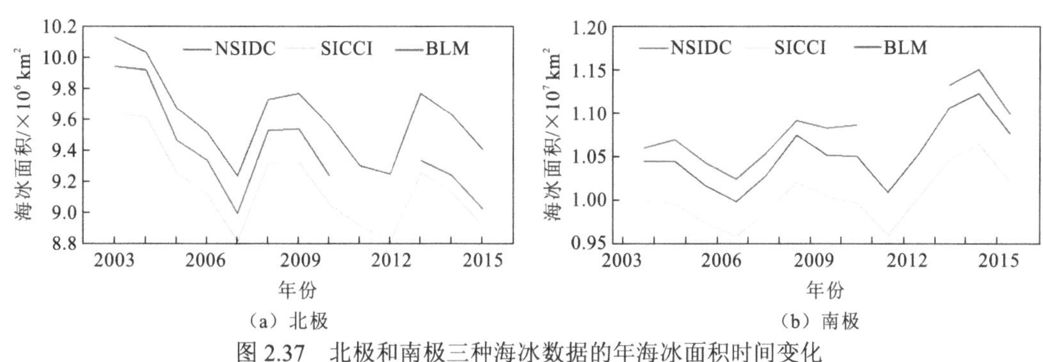

（a）北极　　（b）南极

图 2.37　北极和南极三种海冰数据的年海冰面积时间变化

2）海冰密集度总体比较分析

在北极，NSIDC 数据匹配的网格点共 3917 个，基于与 BLM 匹配数据的比较，计算得到 NSIDC 数据海冰密集度的平均偏差为 4.48，均方根误差为 16.4，正偏差占比为 75.4%。SICCI 数据匹配的网格点共 3774 个，平均偏差为-3.28，均方根误差为 15，正偏差占比为 36.7%。

由图 2.38 和图 2.39 可以看出，在北极 SICCI 海冰密集度数据略优于 NSIDC 数据，SICCI 数据负偏差居多，NSIDC 数据正偏差居多。月均数据和年均数据比较结果表明，NSIDC 数据无论是最大偏差、平均偏差还是均方根误差均大于 SICCI 数据。

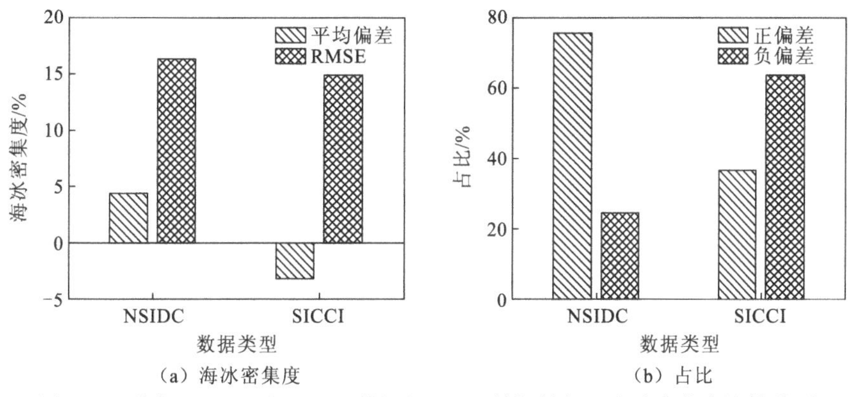

（a）海冰密集度　　（b）占比

图 2.38　北极 NSIDC 和 SICCI 数据与 BLM 数据的每日海冰密集度比较结果

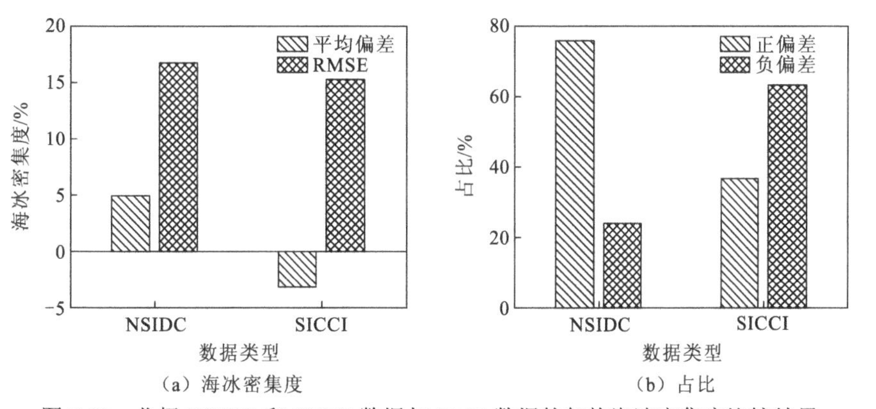

（a）海冰密集度　　（b）占比

图 2.39　北极 NSIDC 和 SICCI 数据与 BLM 数据的年均海冰密集度比较结果

在南极，NSIDC 数据匹配的网格点共 4648 个，基于与 BLM 匹配数据的比较，计算得到 NSIDC 海冰密集度的平均偏差为-2.12，均方根误差为 15.4，正偏差占比为 50.12%。SICCI 数据匹配的网格点共 4657 个，平均偏差为-5.18，均方根误差为 16.57，正偏差占比为 36.41%。

由图 2.40 和图 2.41 可以看出，在南极，NSIDC 数据的平均偏差和均方根误差都低于 SICCI 数据。通过观察两种数据的正偏差占比可以发现，相较于负偏差占比居高的 SICCI 数据，NSIDC 数据的正负偏差占比很均衡。因此，对于南极区域，NSIDC 海冰密集度数据优于 SICCI 数据。

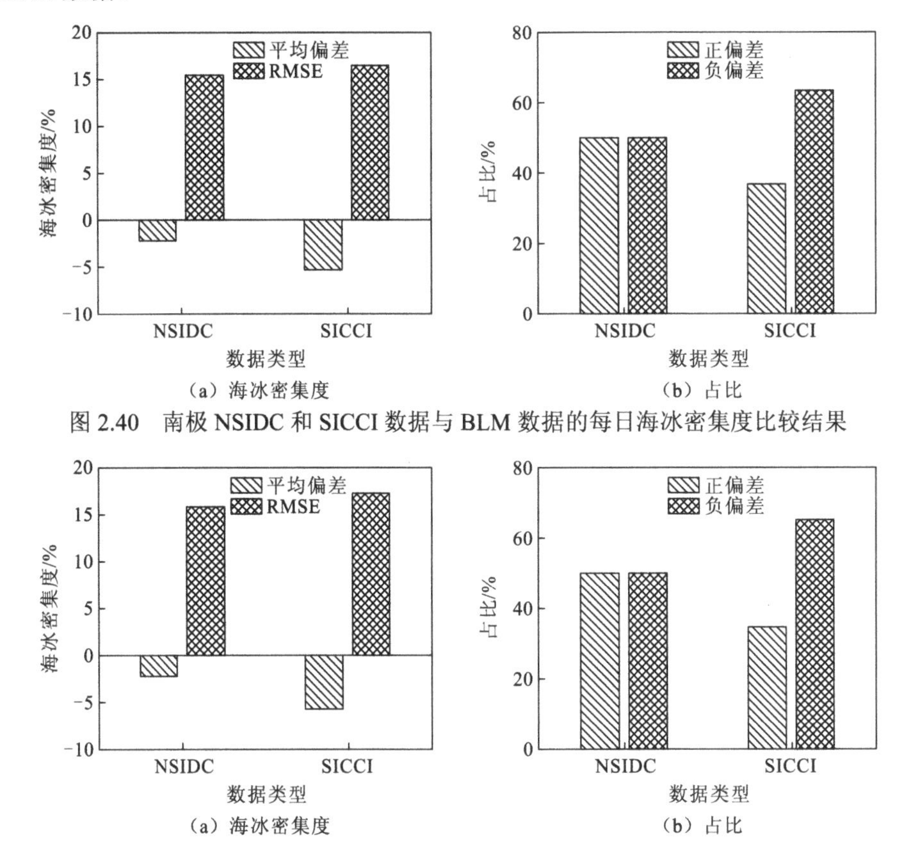

图 2.40　南极 NSIDC 和 SICCI 数据与 BLM 数据的每日海冰密集度比较结果

图 2.41　南极 NSIDC 和 SICCI 数据与 BLM 数据的年均海冰密集度比较结果

3）海冰密集度分区域比较分析

基于 BLM 海冰密集度数据，将北极区域分为低纬（32° N～70° N）、中纬（70° N～80° N）和高纬（80° N～87° N）三个区域，开展 NSIDC 和 SICCI 海冰密集度数据比较分析。计算得到 NSIDC 海冰密集度数据在三个区域的平均偏差分别为 10.11、2.79 和 1.08，均方根偏差分别为 24.34、13.65 和 7.76，正偏差占比分别为 75%、76%和 80%。SICCI 海冰密集度数据在三个区域的平均偏差分别为 0.05、-3.26 和-3.9，均方根误差分别为 20.27、13.76 和 9.43，正偏差占比分别为 43.95%、39.24%和 35.21%。

从图 2.42 可以看出，NSIDC 数据在低纬区域不如 SICCI 数据准确，中纬区域略优于 SICCI 数据，高纬区域优于 SICCI 数据。随着纬度增加，NSIDC 数据正偏差占比越来越大，平均偏差和均方根误差越来越小，与 BLM 数据的符合程度也越来越高，SICCI 数据则是负偏差占比越来越大。

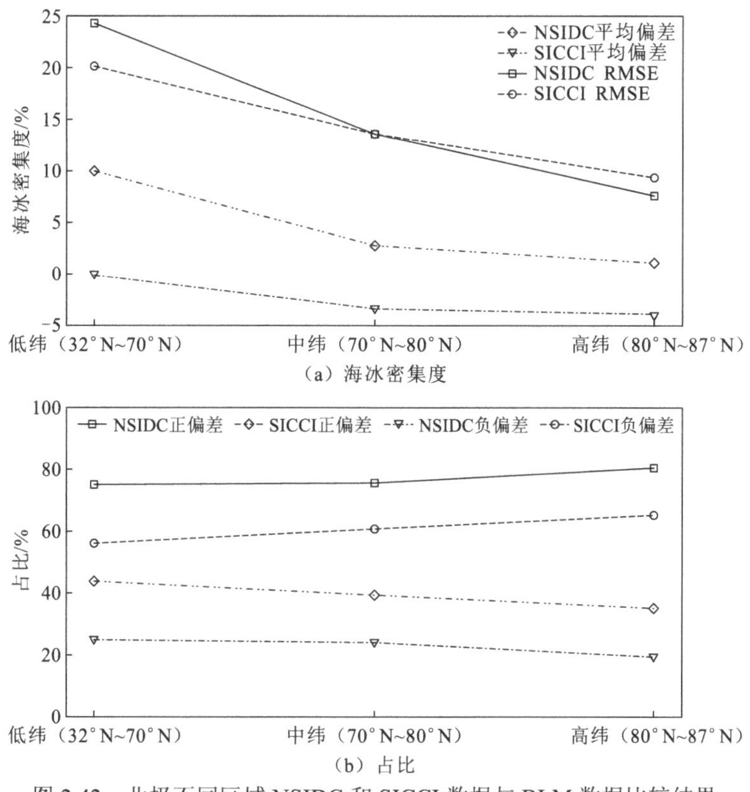

图 2.42　北极不同区域 NSIDC 和 SICCI 数据与 BLM 数据比较结果

类似地，将南极分为低纬（30° S～60° S）、中纬（60° S～70° S）和高纬（70° S～90° S）三个区域，开展 NSIDC 和 SICCI 海冰密集度数据比较分析。计算得到 NSIDC 海冰密集度数据在三个区域的平均偏差分别为-5.54、-1.82 和-0.31，均方根误差分别为 19.13、14.55 和 11.75，正偏差占比分别为 39%、50%和 58%。SICCI 海冰密集度数据在三个区域的平均偏差分别为-7.36、-4.61 和-3.3，均方根误差分别为 20、15.64 和 12.95，正偏差占比分别为 32%、36%和 41%。从图 2.43 可以看出，NSIDC 数据的平均偏差和均方根误差在三个区域均明显优于 SICCI 数据。

4）海冰密集度分段比较分析

对于北极，按海冰密集度值分段进行 NSIDC 和 SICCI 数据与 BLM 数据的比较分析，如图 2.44 所示。从图中可以发现：NSIDC 数据在低密集度区域（SIC<30）的平均偏差为 13.13，均方根误差为 19.25，正偏差占比为 87%；在中等密集度区域（30<SIC<60）的平均偏差为 15.62，均方根误差为 29.92，正偏差占比为 74%；在高密集度区域（SIC>60）的平均偏差为 2.98，均方根误差为 13.96，正偏差占比为 77%。SICCI 数据在三个区域的平均偏差分别为 0.44、0.66 和-3.21，均方根误差分别为 21.87、30 和 11.09，正偏差占比分别为 64.54%、52.92% 和 11.09%。从图 2.44 可以看出，低密集度区域和中等密集度区域内 SICCI 数据优于 NSIDC 数据，NSIDC 数据在高密集度区域优于 SICCI 数据，整体上 SICCI 数据更稳定。

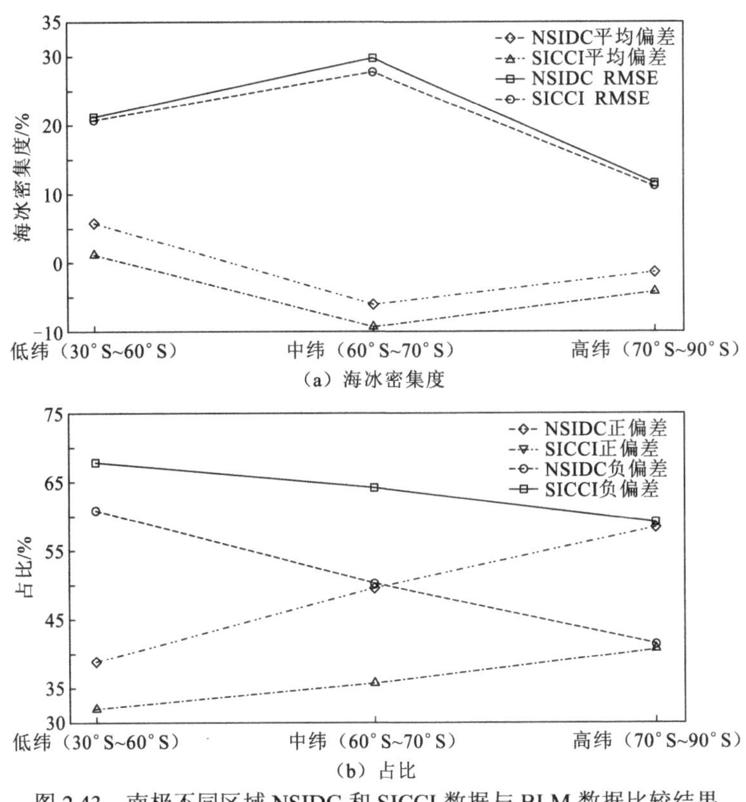

图 2.43　南极不同区域 NSIDC 和 SICCI 数据与 BLM 数据比较结果

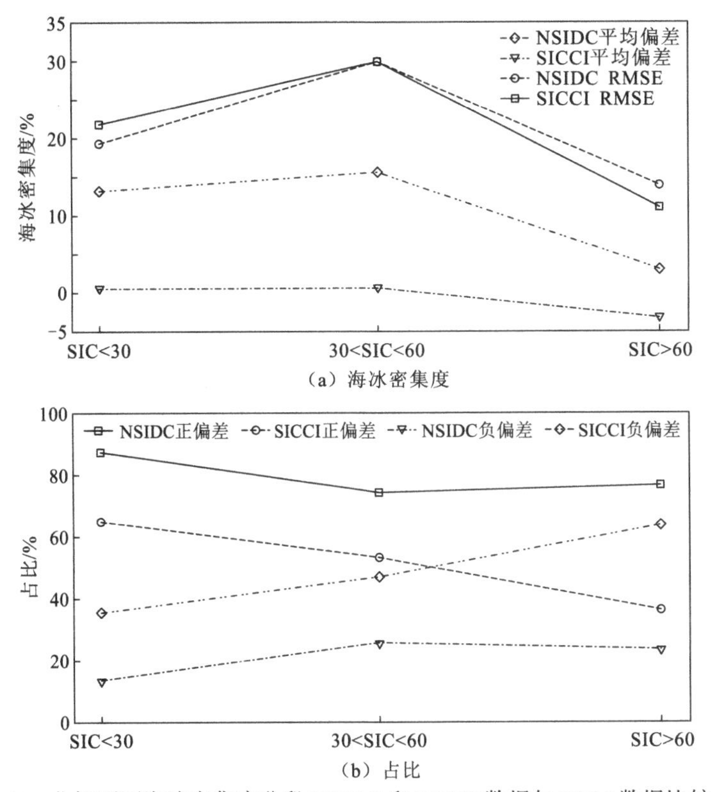

图 2.44　北极不同海冰密集度分段 NSIDC 和 SICCI 数据与 BLM 数据比较结果

同样地，对南极区域按海冰密集度分段进行 NSIDC 和 SICCI 数据与 BLM 数据的比较分析，如图 2.45 所示。从图中可以发现：NSIDC 数据在低密集度区域的平均偏差为 5.69，均方根误差为 20.82，正偏差占比为 72%；在中等密集度区域的平均偏差为-5.93，均方根误差为 27.89，正偏差占比为 47.75%；在高密集度区域平均偏差为-1.44，均方根误差为 11.19，正偏差占比为 51.28%。SICCI 数据在三个区域的平均偏差分别为 1.23、-9.27 和-4.25，均方根误差分别为 21.27、29.73 和 11.52，正偏差占比分别为 67.05%、38.47%和 34.24%。从图 2.45 可以看出：在低密集度区域，SICCI 数据优于 NSIDC 数据；在中等密集度区域和高密集度区域，NSIDC 数据优于 SICCI 数据。

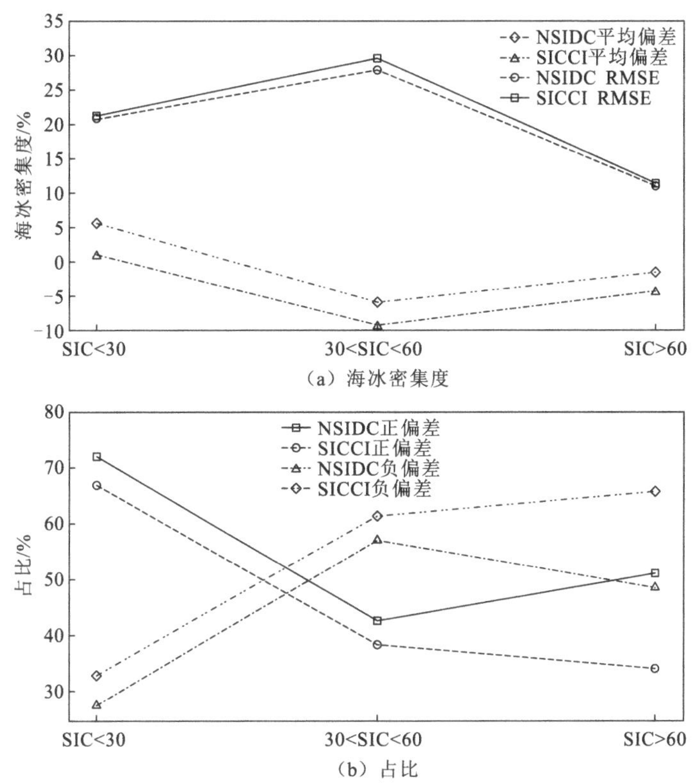

图 2.45　南极不同海冰密集度分段 NSIDC 和 SICCI 数据与 BLM 数据比较结果图

参 考 文 献

纪风颖, 林绍花, 万芳芳, 等, 2016. Argo、GTSPP 与 WOD 数据集及其应用中需注意的若干问题. 海洋通报(2): 140-148.

BÖHME L, SEND U, 2005. Objective analyses of hydrographic data for referencing profiling float salinities in highly variable environments. Deep-Sea Research Part II: Topical Studies in Oceanography, 52: 651-664.

CABANES C, THIERRY V, LAGADEC C, 2016. Improvement of bias detection in Argo float conductivity sensors and its application in the North Atlantic. Deep-Sea Research Part I: Oceanographic Research Papers, 114: 128-136.

CHENG L, ZHU J, FRANCO R, et al., 2011. A new method to estimate the systematical biases of expendable bathythermograph. Journal of Atmospheric and Oceanic Technology, 28(2): 244-265.

CHENG L, ZHU J, COWLEY R, et al., 2014. Time, probe type and temperature variable bias corrections on historical expendable bathythermograph observations. Journal of Atmospheric and Oceanic Technology, 31(8): 1793-1825.

GARCIA H E, BOYER T P, LOCARNINI R A, et al., 2018. World Ocean Database 2018: User's Manual (prerelease), NOAA, Silver Spring.

GOURETSKI V, RESEGHETTI F, 2010. On depth and temperature biases in bathy thermograph data: Development of a new correction scheme based on analysis of a global ocean database. Deep-Sea Research Part I: Oceanographic Research Papers, 57: 812-833.

ISHII M, KIMOTO M, 2009. Reevaluation of historical ocean heat content variations with time-varying XBT and MBT depth bias corrections. Journal of Oceanography, 65: 287299.

LEVITUS S, ANTONOV J I, BOYER T P, et al., 2009. Global ocean heat content 1955–2008 in light of recently revealed instrumentation problems. Geophysical Research Letters, 36: L07608.

OWENS W B, WONG A P S, 2009. An improved calibration method for the drift of the conductivity sensor on autonomous CTD profiling floats by theta-S climatology. Deep-Sea Research Part I: Oceanographic Research Papers, 56: 450-457.

WONG A P S, JOHNSON G C, OWENS W B, 2003. Delayed-Mode calibration of autonomous CTD profiling float salinity data by θ-S climatology. Journal of Atmospheric and Oceanic Technology, 20(2): 308-318.

WONG A P S, KEELEY R, CARVAL T, et al., 2019. Argo quality control manual for CTD and trajectory data. doi: 10. 13155/33951.

第 3 章　全球海洋再分析数值模式

目前国际上流行的，可用于全球海洋数值模拟、分析和预报的海洋模式包括 MITgcm、NEMO、HYCOM、MOM4 等。在全球范围内，海冰对气候变化的影响已经越来越显著。海冰数值模式主要包括 CICE、LIM、SIS 等，这些模式的物理框架和数值建模的基本思想、方案构造是基本一致的，但又有各自的性能特点。本章对海洋和海冰数值模式的主要特点和重要的参数化方案进行概括性的介绍，并以 MITgcm 冰-海耦合模式为例进行数值积分试验和结果评估。

3.1　海洋数值模式

3.1.1　MITgcm

MITgcm 海洋模式是由麻省理工学院开发设计的大气-海洋通用环流模式，可用于研究从几千公里大尺度到几百公里中尺度，甚至几公里小尺度的多尺度大气和海洋现象。MITgcm 海洋模式以静力近似和布西内斯克（Boussinesq）近似下的自由表面方程为基础，其控制方程为

$$\frac{\mathrm{d}\boldsymbol{v}_{\mathrm{h}}}{\mathrm{d}t}+f\boldsymbol{k}\times\boldsymbol{v}_{\mathrm{h}}+\frac{1}{\rho_0}\nabla_z p'=\boldsymbol{F} \tag{3-1}$$

$$\frac{\partial p'}{\partial z}=-\rho' g \tag{3-2}$$

$$\nabla_z\boldsymbol{v}_{\mathrm{h}}+\frac{\partial w}{\partial z}=0 \tag{3-3}$$

$$\rho'=\rho[\theta,S,p_0(z)]-\rho_0 \tag{3-4}$$

$$\frac{\mathrm{d}\theta}{\mathrm{d}t}=Q_\theta \tag{3-5}$$

$$\frac{\mathrm{d}S}{\mathrm{d}t}=Q_s \tag{3-6}$$

式中：$\boldsymbol{v}_{\mathrm{h}}=\{u,v\}=\left\{r\cos\varphi\frac{\mathrm{d}\lambda}{\mathrm{d}t},r\frac{\mathrm{d}\varphi}{\mathrm{d}t}\right\}$，$r$ 为距地心的径向距离，φ 和 λ 分别为纬度和经度；$w=\frac{\mathrm{d}r}{\mathrm{d}t}$；$f=2\omega\sin\varphi$ 为科氏参数，ω 为地球自转角速度；z 为垂向深度；$\frac{\mathrm{d}}{\mathrm{d}t}=\frac{\partial}{\partial t}+\boldsymbol{v}\nabla$ 为全局导数；∇_z 为水平哈密顿算子，代表对 z 坐标系中水平方向求导，与压力坐标系对应；$\boldsymbol{k}$ 为垂向单位矢量；t 为时间变量；g 为重力加速度；θ 为海水位温；S 为海水盐度；p' 为压强扰动；ρ' 为密度扰动；ρ为海水密度变量；ρ_0 为海水参考密度；p_0 为海水压力；$\boldsymbol{F}$、Q_θ

和 Q_s 分别为 $\boldsymbol{v}_{\text{h}}$ 、θ 和 S 的外力项和扩散/耗散项。

依据静力近似，任意点的压强等于海面大气压强与该点以上水柱重力造成的压强之和，即 $p = p_a + \int_r^{R_{\text{moving}}} \rho \mathrm{d}r$。将压强分为 p_0 和 p' 两部分，即 $p = p_0 + p'$。$p_0(z) = p_0(r) = \int_r^{R_0} \rho_0 \mathrm{d}r$ 为与海水参考密度 ρ_0 相关的压力项，R_0 为海洋静止时的自由表面的位置（即大地水准面）。水深数据是相对大地水准面的，因此 $R_0 = Z_0 = 0$，在海洋底部有 $R_{\text{fixed}}(x,y) = -H(x,y)$，在海洋表面有 $R_{\text{moving}} = \eta = R_{\text{moving}} - R_0$。将海洋表面高度多年平均后得到平均海平面，卫星遥感观测的海面高度异常是海洋表面高度与平均海平面的差值。$p' = g\int_{R_0}^{R_{\text{moving}}} \rho_0 \mathrm{d}r + g\int_r^{R_{\text{moving}}} (\rho - \rho_0)\mathrm{d}r = g\rho_0\eta + g\int_r^{R_{\text{moving}}} \rho' \mathrm{d}r$ 为小扰动压力。

将 p' 代入式（3-1）后，水平动量方程变为

$$\frac{\mathrm{d}\boldsymbol{v}_{\text{h}}}{\mathrm{d}t} + f\boldsymbol{k} \times \boldsymbol{v}_{\text{h}} + \nabla_{\text{h}}(g\eta) + \nabla_{\text{h}}\left(g\int_r^{R_{\text{moving}}} \frac{\rho'}{\rho_0}\mathrm{d}r\right) = \boldsymbol{F} \tag{3-7}$$

对式（3-3）进行垂向积分后得

$$\int_{R_{\text{fixed}}}^{R_{\text{moving}}} \left(\nabla_{\text{h}}\boldsymbol{v}_{\text{h}} + \frac{\partial w}{\partial z}\right)\mathrm{d}r = \frac{\partial \eta}{\partial t} + \boldsymbol{v}\nabla\eta + \int_{R_{\text{fixed}}}^{R_{\text{moving}}} \nabla_{\text{h}}\boldsymbol{v}_{\text{h}}\mathrm{d}r = 0 \tag{3-8}$$

对式（3-8）使用莱布尼茨理论得

$$\frac{\partial \eta}{\partial t} + \nabla_{\text{h}}\int_{R_{\text{fixed}}}^{R_{\text{moving}}} \boldsymbol{v}_{\text{h}}\mathrm{d}r = \text{source} \tag{3-9}$$

式中：source 为源项。

基于式（3-4）～式（3-7）和式（3-9）得出动量方程为

$$\frac{\partial \theta}{\partial t} = G_\theta \tag{3-10}$$

$$\frac{\partial S}{\partial t} = G_s \tag{3-11}$$

$$\rho' = \rho(\theta, S, p_0(z)) - \rho_0 \tag{3-12}$$

$$\phi_{\text{hyd}} = g\int_r^{R_{\text{moving}}} \frac{\rho'}{\rho_0}\mathrm{d}r \tag{3-13}$$

$$\frac{\partial \boldsymbol{v}_{\text{h}}}{\partial t} + \nabla_{\text{h}}(g\eta) = \boldsymbol{G}_{\boldsymbol{v}_{\text{h}}} - \nabla_{\text{h}}\phi_{\text{hyd}} \tag{3-14}$$

$$\frac{\partial \eta}{\partial t} + \nabla_{\text{h}}\int_{R_{\text{fixed}}}^{R_{\text{moving}}} \boldsymbol{v}_{\text{h}}\mathrm{d}r = P - E + R \tag{3-15}$$

式中：ϕ_{hyd} 为流体静压；P、E、R 分别为降水、蒸发和径流；$\boldsymbol{G}_{\boldsymbol{v}_{\text{h}}} = (G_u, G_v)$ 为动量方程中除非定常项和压力项以外其他项的总和，即 $\boldsymbol{G}_{\boldsymbol{v}_{\text{h}}} = \boldsymbol{F} - f\boldsymbol{k} \times \boldsymbol{v}_{\text{h}} - \boldsymbol{v}\nabla(u,v)$；$G_{\theta,S} = (G_\theta, G_S)$ 为温盐方程中除非定常项之外其他项的总和，即 $G_{\theta,S} = Q_{\theta,S} - \boldsymbol{v}\nabla(\theta,S)$。动量方程的黏性耗散项 $D_v = A_{\text{h}}\nabla_{\text{h}}^2 v + A_{\text{v}}\frac{\partial^2 v}{\partial z^2} + A_4\nabla_{\text{h}}^4 v$，$A_{\text{h}}$ 和 A_{v} 分别为水平和垂直黏性系数，A_4 为水平双调和摩擦系数。盐度与温度的耗散项 $D(\theta,S) = \nabla[\boldsymbol{K}\nabla(\theta,S)] + K_4\nabla_{\text{h}}^4(\theta,S)$。

式中

$$\boldsymbol{K} = \begin{pmatrix} K_{\text{h}} & 0 & 0 \\ 0 & K_{\text{h}} & 0 \\ 0 & 0 & K_{\text{v}} \end{pmatrix}$$

K_h 和 K_v 分别为水平和垂直扩散系数；K_4 为双调和扩散系数。

MITgcm 模式的主要特点如下。

（1）既能用于模拟大气现象，又能用于模拟海洋现象，大气模式与海洋模式采用同一个流体动力学核心运行。

（2）拥有静力近似、准静力近似和非静力近似模拟的能力，既可以进行大尺度运动的模拟，也可以进行小尺度运动的模拟。

（3）采用有限体积法，可以进行直观的离散，在处理不规则地形时可以应用比较广泛的正交曲线坐标系和三角网格，从而使模式适用于各种地形情况。

（4）采用切削网格技术使模式通量保持守恒，保证模拟得到的结果不漂移，能够实现年际、年代际等大时间尺度过程的模拟。

3.1.2 NEMO

NEMO 模式是由法国麦卡托海洋预报中心、意大利欧洲地中海气候变化研究中心、英国气象局等机构主导开发的海洋数值模式，可进行区域至全球数值模拟，具备单双向嵌套功能，包含 LIM 海冰模式（Lourain-La-Neuve sea ice model）、湍动能（turbulent kinetic energy，TKE）、*K*-剖面参数化（*K*-profile parameterization，KPP）、潮汐耗散等参数化过程，具有 *Z*、*Z*-σ 等多种混合垂直坐标，已广泛应用于多个国家的海洋环境业务预报单位。NEMO 海洋模式采用纳维-斯托克斯（Navier-Stokes）方程组，并运用了以下假设。

（1）球面地球近似：位势面为球形，使重力方向与地球半径平行。

（2）薄层近似：与地球半径相比，海洋深度可忽略。

（3）湍闭合假设：湍通量（表示小尺度过程对大尺度的影响）可用大尺度特征进行参数化。

（4）Boussinesq 假设：除密度变化对浮力的影响外，密度变化可忽略。

（5）准静力近似：将垂向动量方程简化为垂向压强梯度力与浮力的平衡，这一简化过程去掉了 Navier-Stokes 方程中的对流过程，因此对流过程必须用合理的参数化过程进行代替。

（6）不可压近似：三维速度的散度为零。

在此基础上，运动方程组包括以下 6 个方程，即动量平衡方程、静力平衡方程、不可压方程、热力与盐度平衡方程及状态方程，在笛卡儿坐标系下表示为

$$\frac{\partial U_{\mathrm{h}}}{\partial t}=-\left[(\nabla\times U)U+\frac{1}{2}\nabla(U^2)\right]_{\mathrm{h}}-f\boldsymbol{k}U_{\mathrm{h}}-\frac{1}{\rho_0}\nabla_{\mathrm{h}}p+D^U+F^U \tag{3-16}$$

$$\frac{\partial p}{\partial z}=-\rho g \tag{3-17}$$

$$\nabla U=0 \tag{3-18}$$

$$\frac{\partial T}{\partial t}=-\nabla TU+D^T+F^T \tag{3-19}$$

$$\frac{\partial S}{\partial t}=-\nabla SU+D^S+F^S \tag{3-20}$$

$$\rho=\rho(T,S,p) \tag{3-21}$$

式中：∇为向量在(i,j,k)方向上的导数算子；t为时间；z为垂向坐标；$\boldsymbol{k}$为垂直单位矢量；ρ为状态方程给出的局地密度；ρ_0为参考密度；p为压力；$f=2\Omega k$为科里奥利力加速度；g为重力加速度；D^U、D^T和D^S分别为动量、温度和盐度的小尺度物理参量；F^U、F^T和F^S为表面强迫项；$U=U_{\mathrm{h}}+\omega k$为动量；$T$为位温；$S$为盐度；下标h为局地水平向量。

海洋的边界包括复杂的海岸线边界、海底地形边界、海-气边界和海-冰边界。这些边界可以划分为两个界面$z=-H(i,j)$和$z=\eta(i,j,k,t)$，其中H为海底深度，η为海面高度。H和η通常都是针对一个参考面的深度，此处参考面为$z=0$，即将平均海面高度设为0（图3.1）。通过这两个边界，海洋可以与地面、大陆边缘、海冰和大气进行热通量、淡水通量、盐度和动量的交换，下面对这些界面通量交换进行简述。

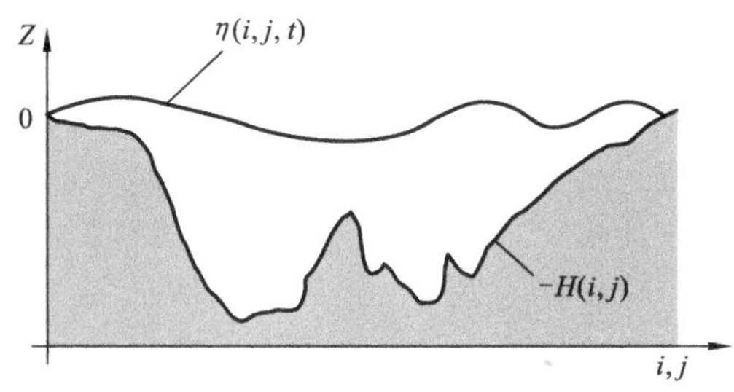

图3.1　海洋的两个边界面

（1）陆地-海洋界面。海洋与大陆架间的通量交换主要是由径流引起的淡水通量的交换，这些淡水通量对海水盐度的变化产生影响。淡水通量对短程的相互作用可以忽略，但对于长时间的相互作用，其可影响水团的特征（特别是高纬度），因此不可以忽略。为了实现气候系统水循环的闭合，这一项通常是需要的。在邻近河口处，该项可用海-气界面间的淡水通量来代替。

（2）固地-海洋界面。除少部分区域外，海底温度和盐度通量的交换较少，在模式中通常可被忽略。动量通量则不同，固壁边界没有流穿过，即对于海底及岸界，穿过它的速度设置为0。因此，运动学的边界条件可表示为

$$\omega=-U_{\mathrm{h}}\cdot\nabla_{\mathrm{h}}(H) \tag{3-22}$$

海洋与地球表面通过摩擦过程来传递动量。

（3）大气-海洋界面。运动学边界条件与淡水通量结合可得到大气-海洋界面的边界方程：

$$\omega=\frac{\partial\eta}{\partial t}+U_{\mathrm{h}}\big|_{z=\eta}\cdot\nabla_{\mathrm{h}}(\eta)+P-E \tag{3-23}$$

式中：P为降水量；E为蒸发量。该动力边界条件忽略了海表张力（即将系统中的毛细波去掉），使海表面压力连续。除此之外，海洋与大气间也进行水平动量（风应力）和热量的交换。

（4）海冰-海洋界面。海洋与海冰间进行热量、盐度、淡水通量和动量的交换。界面处的海水温度被设置为冰点温度。海冰的盐度与海洋盐度（约为34 PSU）相比非常低，约为4～6 PSU。冰冻和融化的循环过程与淡水通量和盐度通量有关，不可忽略。

NEMO模式可用于研究多时间和空间尺度上海洋与其他地球气候系统组成部分间的相互关系，预报变量包括三维速度场、线性或非线性海面高度、温度和盐度。水平方向上，模式使用曲线正交网格，垂向上可使用Z坐标、S坐标、Z与S混合坐标，变量的空间分布采用三维的Arakawa C网格。在描述海洋的物理过程时有多种参数化方案可供选择，包括TKE、通用长度尺度（generic length scale，GLS）、KPP等。NEMO模式包括动力与热

力并行海洋模式、海冰动力与热力模式 LIM 及海洋范式示踪剂模式（tracer in the ocean paradigm，TOP）。通过耦合器 OASIS，NEMO 可与多种大气环流模式耦合。通过 AGRIF 软件，NEMO 模式还支持双向网格嵌套。

3.1.3 HYCOM

HYCOM 模式是在 MICOM 模式的基础上发展起来的。该模式是原始方程全球海洋环流模式，在保留 MICOM 等密度面坐标优点的同时，采用垂向混合坐标（等密度坐标、S 和 Z 混合坐标），可以在开阔的层化海洋中采用等密度面坐标，然后平滑地过渡到浅海和陆架区域的随地坐标，在混合层或层化不明显的海域则采用 Z 坐标。混合坐标扩展了传统的等密度面坐标海洋模式的应用范围，弥补了等密度面坐标的不足。

HYCOM 模式原始方程包括 5 个预报方程组（Bleck，2002）：2 个水平运动方程、1 个质量连续方程和 2 个热力学守恒方程（包括两对热力学变量：温度和盐度、盐度和密度）。在(x, y, s)坐标系（其中 s 为任意垂直坐标）下，模式方程可表示为

$$\frac{\partial \boldsymbol{V}}{\partial t_s}+\nabla_s \frac{\boldsymbol{V}^2}{2}+(\xi+f)\boldsymbol{k}\times\boldsymbol{V}+\left(\dot{s}\frac{\partial p}{\partial s}\right)\frac{\partial \boldsymbol{V}}{\partial p}+\nabla_s M-p\nabla_s\alpha=-g\frac{\partial \boldsymbol{\tau}}{\partial p}+\left(\frac{\partial p}{\partial s}\right)^{-1}\nabla_s\left(\upsilon\frac{\partial p}{\partial s}\nabla_s\boldsymbol{V}\right) \tag{3-24}$$

$$\frac{\partial}{\partial t_s}\left(\frac{\partial p}{\partial s}\right)+\nabla_s\left(\boldsymbol{V}\frac{\partial p}{\partial s}\right)+\frac{\partial}{\partial s}\left(\dot{s}\frac{\partial p}{\partial s}\right)=0 \tag{3-25}$$

$$\frac{\partial}{\partial t_s}\left(\frac{\partial p}{\partial s}\theta\right)+\nabla_s\left(\boldsymbol{V}\frac{\partial p}{\partial s}\theta\right)+\frac{\partial}{\partial s}\left(\dot{s}\frac{\partial p}{\partial s}\theta\right)=\nabla_s\left(\upsilon\frac{\partial p}{\partial s}\nabla_s\theta\right)+H_\theta \tag{3-26}$$

式中：$\boldsymbol{V}=(u, v)$为水平矢量速度；p 为压力；θ 为模式热力学变量；$\alpha=\rho_{\text{pot}}^{-1}$ 为位势比容；$\xi\equiv\partial v/\partial x_s-\partial u/\partial y_s$ 为相对涡度；$M\equiv gz+p\alpha$ 为蒙哥马利势能，其中 $gz=\varphi$ 为位势能；f 为科氏参数；$\boldsymbol{k}$ 为垂直单位矢量；υ 为可变的涡旋黏性（或扩散）系数；$\boldsymbol{\tau}$ 为风或底层拖曳引起的切应力矢量；H_θ 为非绝热项，包括作用于 θ 穿过等密度面的混合。

经过从 s_{top} 至 s_{bot} 的垂向积分后，连续方程可以转变为单位面积上模式层厚度的预报方程：

$$\frac{\partial}{\partial t_s}\Delta p+\nabla_s V\Delta p+\left(\dot{s}\frac{\partial p}{\partial s}\right)_{\text{bot}}-\left(\dot{s}\frac{\partial p}{\partial s}\right)_{\text{top}}=0 \tag{3-27}$$

式中：$\Delta p=p_{\text{bot}}-p_{\text{top}}$；$\dot{s}\partial p/\partial s$ 为垂直通过 s 面的质量通量，向下为正。经过从 s_{top} 至 s_{bot} 的垂向积分后，式（3-24）变为

$$\frac{\partial V}{\partial t}+\nabla_s\frac{\boldsymbol{V}^2}{2}+(\xi+f)\boldsymbol{k}\times\boldsymbol{V}=-\nabla_s M-\frac{1}{\Delta p}[g(\boldsymbol{\tau}_{\text{top}}-\boldsymbol{\tau}_{\text{bot}})+\nabla_s(\upsilon\Delta p\nabla_s V)] \tag{3-28}$$

式（3-26）变为

$$\frac{\partial}{\partial t}(\theta\Delta p)+\nabla_s(\boldsymbol{V}\theta\Delta p)+\left(\dot{s}\frac{\partial p}{\partial s}\theta\right)_{\text{bot}}-\left(\dot{s}\frac{\partial p}{\partial s}\theta\right)_{\text{top}}=\nabla_s(\upsilon\Delta p\nabla_s\theta)+H_\theta \tag{3-29}$$

上述推导中还用到了如下诊断方程。

（1）静力学方程：$\partial M/\partial\alpha=p$。

（2）位温 θ、盐度 S 和压力 p 的状态方程：

$$\sigma(\theta,S,p)=C_1+C_2\theta+C_3S+C_4\theta^2+C_5\theta S+C_6\theta^3+C_7S\theta^2 \tag{3-30}$$

式中：C_1～C_7为状态参数。

（3）垂直通过 s 面的质量通量方程：$M_s=\dot{s}\partial p/\partial s$。

在垂直坐标方面，HYCOM 模式采用广义垂直坐标，结合了等密度面坐标、Z 坐标和地形延展坐标，能够根据不同海区的特性选取适合的垂直坐标。垂直坐标的变化主要由连续方程控制，质量通量可以控制层厚的变化。垂直坐标的选择基于模式设定的等密度坐标，当密度层厚等于 0 时，模式使用 Z 坐标。Z 坐标的分布则是由最小层厚 $\delta_{\mathrm{p}}^{\min}$、最大层厚 $\delta_{\mathrm{p}}^{\max}$ 和拉伸系数 f_{p} 控制，第 k 层的层厚为

$$\delta_n(k)=\min(\delta_{\mathrm{p}}^{\max},\delta_{\mathrm{p}}^{\min}f_{\mathrm{p}}^{k-1}) \tag{3-31}$$

在浅水区域，HYCOM 模式使用σ坐标，主要由设定的σ坐标层数 N_σ 和最小厚度控制，σ坐标的第 k 层厚度为

$$\delta_n'(k)=\max\left[\delta_{\mathrm{s}}^{\min},\min\left(\delta_n,\frac{D}{N_\sigma}\right)\right] \tag{3-32}$$

式中：D 为水深，当水深足够浅且满足 $D/N_\sigma<\delta_n$ 时，转换为σ坐标。

在海洋表面的垂向边界带，HYCOM 模式采用牛顿张弛边界条件。在上层的非等密度坐标面，温度和盐度都进行张弛运算；在下层仅对盐度进行张弛运算；对于压强变量，则在整个垂直层均进行张弛运算。

HYCOM 模式的垂直坐标可以根据不同海区和不同海洋层结进行变换，在层结稳定的大洋内部采用等密度面坐标，在弱层结的混合层使用 Z 坐标，在浅水区域过渡到地形延展σ坐标（Chassignet et al.，2003）。HYCOM 模式结合了等密度坐标、Z 坐标及σ坐标的特点，在开放、层结的海洋中能够较长时间保留水团的特性，在混合层内也能更好地研究海水的热动力和生物化学等性质。HYCOM 模式提供了多种垂直混合方案，包括 KT（Kraus-Turner）混合层模型、PWP 动力不稳定模型（dynamical instability model）、Mellor-Yamada 2.5 阶湍流闭合方案、戈达德空间研究所（Goddard Institute for Space Studies，GISS）混合层模型和 KPP 参数化方案等。

3.1.4 MOM

MOM 模式（Griffies et al.，2004）由 NOAA/GFDL 开发。随着美国洛斯阿拉莫斯国家实验室（Los Alamos National Laboratory）的 POP 模式和英国海洋环流与气候高级模式（Ocean Circulation and Climate Advanced Modelling，OCCAM）成功地应用并行计算的理念，GFDL 研究团队从 1999 年开始使用并行计算模式研发了第四代海洋模式 MOM4。该模式主要采用广义正交水平坐标系，也可采用球面曲线正交坐标系作为特例，同时支持三极坐标。

在流体力学中，质量守恒与流体运动学有关，动量守恒与流体动力学相关。对流体微团来说，质量守恒阐述了速度和局地密度之间的关系，即

$$\rho_t+\nabla(\rho \boldsymbol{v})=0 \tag{3-33}$$

在静力平衡近似下，动量守恒可以导出速度的诊断方程：

$$(\rho \boldsymbol{u})_t + \nabla \cdot (\rho \boldsymbol{v} \boldsymbol{u}) = -(f+M)\hat{z}\Lambda \rho \boldsymbol{u} - \nabla p + \rho \boldsymbol{F}^{(\boldsymbol{u})} \tag{3-34}$$

$$\rho_z = -pg \tag{3-35}$$

式中：ρ 为局地密度；$\boldsymbol{v} = (\boldsymbol{u}, w)$ 为三维速度流场；p 为压强；$M = \boldsymbol{v}\partial_x \ln dy - u\partial_y \ln dx$ 为非标准欧氏空间引起的平流度量频率；$\boldsymbol{F}^{(\boldsymbol{u})}$ 为由分子黏性引起的摩擦项。

示踪物主要有三种：被动示踪物，如某些特定的生物成分；主动示踪物温度和盐度；动力示踪物，如位涡。主动和被动主要指它们对密度的影响，通过压强影响动力学过程。MOM4 模式的主动和被动示踪物演变方程为

$$(\rho T)_t + \nabla(\rho T \boldsymbol{v}) = -\nabla(\rho \boldsymbol{F}) + \rho S \tag{3-36}$$

式中：T 为单位质量海水中示踪物质量（示踪物浓度）；通量 $\boldsymbol{F}$ 为次网格物理过程引起的分子扩散和混合等；S 为与示踪物本身相关的内部源汇项。

采用内外模态分离方法，将连续方程沿着垂向 $D = H + \eta$ 进行积分可得

$$(\bar{\rho}^z D)_t = -\rho_0 \nabla \tilde{U} + \rho_{\mathrm{w}} q_{\mathrm{w}} \tag{3-37}$$

海表和海底运动边界条件为

$$\rho(\partial_t + \boldsymbol{u}\nabla)\eta = \rho_{\mathrm{w}} q_{\mathrm{w}} + \rho w, \qquad z = \eta \tag{3-38}$$

$$\boldsymbol{u}\nabla H + w = 0, \qquad z = -H \tag{3-39}$$

式中：水平动量密度的垂直积分为

$$\rho_0 \tilde{U} = \int_{-H}^{\eta} \mathrm{d}z \rho \boldsymbol{u} \tag{3-40}$$

密度的垂向平均为

$$\bar{\rho}^z = D^{-1} \int_{-H}^{\eta} \mathrm{d}z \rho \tag{3-41}$$

式中：常数密度值 $\rho_0 = 1035\ \mathrm{kg/m^3}$；$\rho_{\mathrm{w}} q_{\mathrm{w}}$ 为单位时间单位面积上穿过海表面的淡水输运。为研究自由海面高度 η 的趋势变化，将式（3-37）展开可得

$$\bar{\rho}^z \eta_t = -\rho_0 \nabla \tilde{U} + \rho_{\mathrm{w}} q_{\mathrm{w}} - D\partial_t \bar{\rho}^z \tag{3-42}$$

由此可得，影响海面高度主要有三个物理过程：动量垂直积分的辐合、穿越海表的质量输运及由垂直积分密度变化引起的水柱伸缩（位阻效应）。

MOM4 模式利用非 Boussinesq 方法（Greatbatch et al.，2001），保证了运动学、动力学和物理上的质量守恒。非 Boussinesq 方法能够模拟出更为准确的自由表面。为了便于比较，体积守恒的 Boussinesq 方法仍保留了下来。中性示踪物扩散采用 Gent-McWilliams 斜扩散方法（Gent et al.，1990）。流切变扩散依赖于涡旋增长率和罗斯贝变形半径积分的深度。垂直混合方案有整体深度廓线方案（Bryan et al.，1979）、依赖里查森数的 PP 垂直混合方案（Pacanowski et al.，1981）和 KPP 垂直混合方案（Large et al.，1994）。连续混合层方案应用了 K 理论和湍流闭合方法，能够描述混合层中的垂直结构。水平扩散方案包括与网格相关的 Smagorinsky、Large 等各向异性扩散方案，以及 Smith 等（2003）扩散方案。MOM4 模式利用σ示踪物沿地形扩散的方案，增加了大陆架及海洋底部的混合，同时考虑了月球潮汐强迫的影响。

3.2 海冰数值模式

3.2.1 CICE

CICE 海冰模式由美国洛斯阿拉莫斯国家实验室于 20 世纪 90 年代中期研发（Hunke et al.，2010）。该模式是一个动力-热力学海冰模式。通过广泛的海冰模式研发国际协作，CICE 模式不断得到改进、更新和修正。最新的版本是 CICE6，其动力模型具有两种流变学选择：弹-黏-塑性（elastic-viscous-plastic，EVP）和弹性各向异性塑性（elastic-anisotropic-plastic，EAP），用于计算冰的运动和形变。运输模型用于计算海冰密集度、体积和其他状态变量的平流过程。热力学模型具有两种方案选择：Bitz-Lipscomb 和 Mushy layer，用于计算由于生长和融化导致的冰雪变化，以及由辐射、湍流和传导等通量引起的垂直温度分布变化（其中有两个参数化方案用来计算积雪、裸冰和融池冰的表面反照率及短波辐射通量的吸收和传输，三个参数化方案用来计算融池）。次网格尺度冰厚分布用于计算热力和动力特性在不同类型间的重新分配。CICE 是目前国际上考虑物理过程较完善的海冰模式。

CICE 的动量方程假定海冰在水平方向上连续：

$$\bar{m}\frac{D\boldsymbol{u}}{Dt} = -\bar{m}f\boldsymbol{k}\times\boldsymbol{u} + \boldsymbol{\tau}_{\mathrm{a}} + \boldsymbol{\tau}_{\mathrm{o}} - \bar{m}g\nabla_H p(0) + \nabla\boldsymbol{\sigma} \tag{3-43}$$

式中：$\bar{m} = \rho_s V_s + \rho_i V$ 为单位面积海冰及其上部积雪的质量；$\boldsymbol{u}$ 为海冰速度；f 为科氏参数；$\boldsymbol{k}$ 为单位垂直向量；$\boldsymbol{\tau}_{\mathrm{a}}$ 和 $\boldsymbol{\tau}_{\mathrm{o}}$ 分别为风应力和海水应力；$p(0)$为海面动力高度；$\nabla\boldsymbol{\sigma}$ 为海冰内部应力作用，σ 为各向同性的应力张量。风应力、海水应力和应力张量分别可表示为

$$\boldsymbol{\tau}_{\mathrm{a}} = \rho_{\mathrm{a}} C_{\mathrm{a}} |\boldsymbol{U}_{\mathrm{w}}| (\boldsymbol{U}_{\mathrm{w}}\cos\varphi + \boldsymbol{k}\times\boldsymbol{U}_{\mathrm{w}}\sin\varphi) \tag{3-44}$$

$$\boldsymbol{\tau}_{\mathrm{o}} = \rho_{\mathrm{o}} C_{\mathrm{o}} |\boldsymbol{U}_{\mathrm{o}} - \boldsymbol{u}| [(\boldsymbol{U}_{\mathrm{o}} - \boldsymbol{u})\cos\theta + \boldsymbol{k}\times(\boldsymbol{U}_{\mathrm{o}} - \boldsymbol{u})\sin\theta] \tag{3-45}$$

$$\sigma_{ij} = 2\eta(\dot{\varepsilon}_{ij}, P)\dot{\varepsilon}_{ij} + [\varsigma(\dot{\varepsilon}_{ij}, P) - \eta(\dot{\varepsilon}_{ij}, P)]\dot{\varepsilon}_{kk}\delta_{ij} - \frac{P}{2}\delta_{ij} \tag{3-46}$$

式中：i、j 和 k 分别为 x、y 和 z 方向的单位矢量；$\boldsymbol{U}_{\mathrm{w}}$ 为风速；$\boldsymbol{U}_{\mathrm{o}}$ 为海流；C_{a} 和 C_{o} 分别为空气和海水的拖曳系数；ρ_{a} 和 ρ_{o} 分别为大气和海水的密度；φ 和 θ 分别为空气和海水的旋转角度；P 为海冰的压缩强度，是海冰密集度和厚度的函数；$\dot{\varepsilon}_{ij} = 1/2[\partial u_i/\partial x_j + \partial u_j/\partial x_i]$ 为海冰应力比率；η 和 ς 分别为块体和剪切黏性力，是海冰应力比率和海冰强度的函数，一般使用椭圆弯曲曲线，使这两个非线性黏性力是不相同的，即 $\eta = \varsigma/4$，ς 可表示为

$$\varsigma = 0.5P[(\dot{\varepsilon}_{11}^2 + \dot{\varepsilon}_{22}^2)(1+\mathrm{e}^{-2}) + 4\mathrm{e}^{-2}\dot{\varepsilon}_{12}^2 + 2\dot{\varepsilon}_{11}\dot{\varepsilon}_{12}(1-\mathrm{e}^{-2})]^{-1/2} \tag{3-47}$$

海冰厚度特征通过一个海冰厚度分布函数 $g(h,x,t)$ 来描述，其中 h 为海冰厚度。$g(h,x,t)\mathrm{d}h$ 表示在 x 位置 t 时刻被厚度在 h 和 $h+\mathrm{d}h$ 之间的海冰所覆盖的面积百分比。由定义可知 $\int_0^\infty g(h)\mathrm{d}h = 1$，即海冰面积守恒。总海冰密集度为 $A = \int_{0^+}^\infty g(h)\mathrm{d}h$，水道面积为 $A_0 = g(h=0) = 1 - A$，海冰厚度分布函数的控制方程为

$$\frac{\partial g}{\partial t} = -\frac{\partial}{\partial h}(\dot{h}g) + L(h,g) - \nabla(\boldsymbol{u}g) + R(h,g,\boldsymbol{u}) \tag{3-48}$$

式中：$\dot{h}$ 为由热力过程引起的海冰厚度变化率；$-\frac{\partial}{\partial h}(\dot{h}g)$ 为由海冰在厚度空间上传输引起的厚度分布变化；$L(h,g)$ 为海冰侧向融化/冻结的作用；$\boldsymbol{u}$ 为海冰的运动速度；$-\nabla(\boldsymbol{u}g)$ 为水平输送作用；$R(h,g,\boldsymbol{u})$ 为冰块之间的机械作用（如冰脊参数化等）。为了求解式（3-48），将海冰的厚度离散化为 N 级，各级的海冰厚度边界以 $\{h_n^*, n=0,1,\cdots,N\}$ 表示，其中 $h_0^*=0$。每一级海冰对应的海冰密集度为 $A_n=\int_{h_{n-1}^*}^{h_n^*} g(h)\mathrm{d}h$，总海冰密集度为 $A=\sum_{n=1}^{N} A_n$，海冰体积为 $V_n=\int_{h_{n-1}^*}^{h_n^*} hg(h)\mathrm{d}h$。不同级别的海冰密集度和体积变化为

$$\frac{\partial A_n}{\partial t}=S_{\mathrm{T}A_n}-\nabla(\boldsymbol{u}A_n)+S_{\mathrm{M}A_n} \tag{3-49}$$

$$\frac{\partial V_n}{\partial t}=S_{\mathrm{T}V_n}-\nabla(\boldsymbol{u}V_n)+S_{\mathrm{M}V_n} \tag{3-50}$$

式中：S_{T} 为由热力过程造成的海冰在不同厚度级别之间的转化；S_{M} 为海冰动力作用。

海冰厚度为海冰体积与面积之比，即 $h_n=V_n/A_n$。为了计算海冰厚度的变化率 $\dot{h}$，首先根据海冰表面热量平衡方程计算出海冰表面温度 T_{i}，即

$$(1-\alpha)F_{\mathrm{S}}+F_{\mathrm{L}}+D_1|\boldsymbol{U}_{\mathrm{w}}|(T_{\mathrm{a}}-T_{\mathrm{i}})+D_2|\boldsymbol{U}_{\mathrm{w}}|[q_{\mathrm{a}}(T_{\mathrm{a}})-q_{\mathrm{i}}(T_{\mathrm{i}})]-D_3T_{\mathrm{i}}^4+\frac{K}{H}(T_{\mathrm{o}}-T_{\mathrm{i}})=0 \tag{3-51}$$

式中：α 为海冰表面反照率；T_{i} 为海冰表面温度；T_{a} 为气温；K 为海冰热传导率；H 为海冰厚度；T_{o} 为海水温度；$\boldsymbol{U}_{\mathrm{w}}$ 为风速；$q_{\mathrm{a}}(T_{\mathrm{a}})$ 为空气比湿；$q_{\mathrm{i}}(T_{\mathrm{i}})$ 为海冰表面比湿；F_{S} 和 F_{L} 分别为向下的短波和长波辐射；D_1 和 D_2 分别为块体感热和潜热系数；D_3 为斯特藩-玻尔兹曼（Stenfan-Boltzmann）常数。式中等号左边前 4 项总和为海冰表面的总净热通量 F_{net}，依据海冰上下表面总热量收支等于结冰潜热，可得出海冰底部厚度变化率为

$$\dot{h}=-(F_{\mathrm{net}}+F_0)/Q_{\mathrm{i}} \tag{3-52}$$

式中：$Q_{\mathrm{i}}=3.02\times10^8\mathrm{J/m^3}$ 为融化单位体积的海冰所需要的能量；F_0 为深层海洋到混合层的热通量，一般取常数。当存在雪层时，$K=K_s/(h_s/H+K_s/K)$。由侧向热效应造成海冰厚度或面积变化 $L(h,g)$ 的计算方案，以及由海冰运动产生的挤压和拉伸导致海冰厚度重新分布 $R(h,g,\boldsymbol{u})$ 的计算方案，请参考（Hibler，1980）。

3.2.2 LIM

LIM 海冰模式最初包括基于 EVP 流变学的动力学、三层热力学、二阶守恒矩平流方案和其他海冰物理参数化(Fichefet et al.,1997)。后来 LIM 被改写成 LIM2,并被整合进 NEMO 海洋模式中（Timmermann et al.，2005）。21 世纪初，LIM2 得到了改进，最新版本的 LIM3.6 能更好地描述次网格尺度的物理过程，包括冰厚分布、卤水动力学及其对热力学性质的影响、改良的 EVP 流变学方案（Bouillon et al.，2013）等。LIM3.6 在热力参数化和实现细节方面与 CICE6 存在很大不同。

海冰的厚度和覆盖率密切相关。海冰厚度的变化在空间尺度上远小于典型的模式网格尺度。为了计算海冰厚度(h)次网格尺度的变化，引入海冰厚度分布函数 g(Thorndike et al.,

1975）。$g(t,x,h)\mathrm{d}h$ 表示在空间网格 x 处，给定区域 R，t 时刻厚度在 h 和 $h+\mathrm{d}h$ 之间的海冰的相对覆盖面积：

$$\int_{h_1}^{h_2} g(t,x,h)\mathrm{d}h = \frac{S(h_1,h_2)}{R} \tag{3-53}$$

式中：$S(h_1,h_2)$ 为区域 R 内厚度在 h_1 和 h_2 之间的海冰覆盖面积。海冰厚度 h 是一个独立随机变量。区域 R 内的海冰厚度 H 和海冰密集度 A 可根据 g 计算得到：

$$A(t,x) = \int_{0^+}^{\infty} g(t,x,h)\mathrm{d}h \tag{3-54}$$

$$H(t,x) = \int_{0^+}^{\infty} g(t,x,h)h\mathrm{d}h \tag{3-55}$$

式中：积分下界 0^+ 为除开阔水域外的海冰厚度平均值。LIM 海冰模式尝试在整个海洋区域内计算 g 的时间演化。为了数值计算，海冰分布被划分到几个海冰厚度组中。海冰面积的演化可表示为

$$\frac{\partial g}{\partial t} = -\nabla(g\boldsymbol{U}) - \frac{\partial}{\partial h}(fg) + \psi^g \tag{3-56}$$

式中：等号右侧三项分别表示由速度场引起的水平输运、由热动力过程引起的厚度空间的垂向变化和由堆积与漂移过程引起的机械再分布；$\boldsymbol{U}$ 为水平速度向量；f 为热动力垂向增长率；ψ^g 为机械再分布函数。

除了海冰厚度和密集度，LIM 海冰模式还可对其他的热动力状态量 $X(t,x,h)$ 进行预报，X 随着海冰厚度分布而变化（Bitz et al.，2001）：

$$\frac{\partial X}{\partial t} = -\nabla(UX) + D\nabla^2 X + \psi^X + \Theta^X - \frac{\partial}{\partial h}(fX) \tag{3-57}$$

式中：Θ^X 和 ψ^X 分别为热动力过程和机械分布过程对 X 的影响；D 为水平扩散率。扩散主要被用于平滑场和防止不稳定。此外，随机运动和天气尺度系统的过境都会产生扩散影响（Thorndike，1986）。横向融化受海冰尺寸的影响（Steele，1992），不是模式变量。

LIM 海冰模式的全球海冰热动力状态变量包括海冰密集度、海冰体积、雪体积、海冰焓、雪焓、海冰盐含量、冰龄和海冰速度。海冰热动力学包括所有能量传输入海冰的过程，会引起海冰的增长和消融。海冰的热动力状态通过温度（T）和盐度（S）被定义在每个深度、每个网格和每个厚度集上。LIM 海冰模式的热动力过程包括开阔水域新冰的生成、海冰底部冰的冻结、海冰上边界层和底边界层冰的融化、海冰表层雪向冰的转化。计算这些项包括界面的能量收支和热量扩散、辐射传输和海冰的脱盐化过程，这些过程仅计算垂向。

内能的定义对海冰成分中能量向质量的转化十分重要。Bitz 等（1999）定义内能为融化能量 q，该能量为单位体积的海冰变热、融化至 0 ℃时所需的能量：

$$q(S,T) = \rho_{\mathrm{i}} c_0(-\mu S - T) + \rho_{\mathrm{i}} L_0 \left(1 + \frac{\mu S}{T}\right) + c_{\mathrm{w}} \mu S \tag{3-58}$$

式中：ρ_{i}、c_0 和 L_0 分别为新冰的密度、融合比热和融合潜热；μ 为经验常数；c_{w} 为海水的比热。对于雪，其融化比热为 $-\rho_{\mathrm{s}}(c_0 T + L_0)$，其中 ρ_{s} 为雪的密度。在一个给定网格上海冰的焓为

$$Q(t,x)=\int_{0^+}^{\infty}\mathrm{d}hg(t,x,h)\int_0^h\mathrm{d}zq(t,x,h) \tag{3-59}$$

当海水温度为 0℃或海表持续失热时，海表网格将会被海冰覆盖。每个单元新海冰的体积根据海表损失的热量进行计算。海冰生成地的初始厚度需要提前设定。海冰的生成和消亡率由外部的热通量和内部的传导通量共同决定。海冰-雪垂向热量传导和储存由热量扩散方程计算：

$$\rho_i c\frac{\partial T}{\partial t}=-\frac{\partial}{\partial z}(F_c+F_r) \tag{3-60}$$

式中：F_c和F_r分别为传导热通量和辐射热通量；$c=c(S,T)$为海冰比热。传导热通量和辐射热通量分别依据傅里叶定律和比尔定律进行计算。热量扩散方程采用雪中垂向一层计算，海冰中垂向N层计算。

热量扩散方程在海-气界面处的边界条件表达了内部热传导和外部热通量的平衡。任何热通量的不平衡都会转化成海冰的生成和消亡。在雪-气或冰-气界面，能量的平衡方程可表示为

$$F^{\mathrm{net}}(T_{\mathrm{su}})=F^{\mathrm{sw}}(1-\alpha)(1-i_0)+F^{\downarrow\mathrm{lw}}-\varepsilon\sigma T_{\mathrm{su}}^4-F^{\mathrm{sh}}-F^{\mathrm{lh}}+F_c \tag{3-61}$$

式中：T_{su}为海表温度；F^{sw}为到达海冰表面的向下短波辐射（向下为正）；α为海表反照率；i_0为穿过海冰的太阳辐射部分；$F^{\downarrow\mathrm{lw}}$为向下的长波辐射（向下为正）；$\varepsilon$为海表的发射率；$\sigma$为斯特藩-玻尔兹曼常数；$F^{\mathrm{sh}}$和$F^{\mathrm{lh}}$分别为湍流感热通量和潜热通量；$F_c$为从海冰或雪的内部向表层的传导通量。如果$F^{\mathrm{net}}\geqslant 0$，那么冰表面的温度就固定在融点（0℃），消融可依据式（3-62）计算：

$$F^{\mathrm{net}}(T)=-q\frac{\mathrm{d}h_x}{\mathrm{d}t} \tag{3-62}$$

式中：q为融化所需的海冰能量（即单位体积的海冰融化所需的能量）；下标x为雪或冰。海冰底部的温度等于海水的冰点温度，因此在海冰底部，能量的平衡方程为

$$F_w-F_c=-q\frac{\mathrm{d}h_i}{\mathrm{d}t} \tag{3-63}$$

式中：F_w为海水的热通量；F_c为海冰底部到内部的传导通量。为了计算辐射传输，需要考虑海冰和雪中辐射的指数衰减。

在冰雪模拟方面，冰雪形成于冰的表层，通常假设冰雪是由浸入海水上层的雪层中的海水冰冻形成，在这个过程中热量和盐度守恒。在海冰盐度方面，LIM 海冰模式包括两方面的盐度。第一，为了计算由海冰盐度引起的内部相态改变所带来的影响，热量属性依赖于海冰的盐度和温度。第二，基于海冰盐度的垂向平均方程，对海冰盐度的时间变化进行了参数化。

在运动学方面，海冰在风和海流的影响下运动和变形。海冰速度U由动量守恒决定：

$$m\frac{\partial U}{\partial t}=\nabla\boldsymbol{\sigma}+A(\boldsymbol{\tau}_a+\boldsymbol{\tau}_w)-mf\boldsymbol{k}\times U-mg\nabla\eta \tag{3-64}$$

式中：m为单位面积的海冰质量；$\boldsymbol{\sigma}$为内部应力张量；A为海冰密集度；$\boldsymbol{\tau}_a$和$\boldsymbol{\tau}_w$分别为大气和海洋应力；f为科氏参数；$\boldsymbol{k}$为垂直单位矢量；g为重力加速度；η为海面高度。假设海冰满足连续黏塑性条件，LIM 海冰模式可通过 EVP 方程（Bouilllon et al.，2009）进行求解。

LIM 是一个 C 网格的热动力海冰模式，参数有海冰厚度、焓、盐度和冰龄分布，包含的过程为热动力、动力、对流及海冰的堆积和漂流过程。流冰群为一系列特定区域、厚度和状态变量的海冰集合，用来表示海冰厚度中未解决的次网格尺度的变化。冰和雪的热动力过程基于短波辐射和湍流热通量，用来计算局地海冰的生长和融化率、垂向温度和盐度。海冰动力过程基于风、海洋和内部应力函数，用来计算海冰漂移。平流过程用来计算状态量（面积、体积、能量、盐度等）的输送率。海冰的堆积和漂移过程则作为海冰速度场的函数，用来计算状态变量的机械再分配。

3.2.3 SIS

SIS（sea ice simulator）是美国 GFDL 开发的一个动力-热力学海冰模式（Winton，2000），最新的版本是 SIS2（Adcroft et al.，2019）。SIS 海冰模式能够计算任意数量的海冰厚度类别的密集度、厚度、温度、盐水含量和雪盖，以及整个冰群的运动。SIS 还可以计算海冰-海洋通量，并在全球范围内传递海洋和大气之间的通量。SIS2 海冰模式中的热力学模型与 CICE4 相似，采用类似 Semtner 的三层热力学模型，动力学模型采用 Bouillon 等（2013）发展的 EVP 流变学方案，厚度分布模型采用基于拉格朗日方案的 5 类海冰厚度。

海冰的垂直热力学具有与 Semtner 模型类似的三层结构。该模型有 4 个预测量：雪层厚度 h_s、冰层厚度 h_i、两个冰层温度 T_1（上半部分冰温）和 T_2（下半部分冰温）。当没有雪覆盖时，一部分未被反射的短波辐射会穿透冰层，被上层海冰或冰层下的海洋混合层吸收，而下层海冰不吸收太阳辐射。该模型采用 CSIM4（Briegleb et al.，2002）表面反照率方案的简化版，近红外和可见光反照率的权重分别为 0.47 和 0.53。冰的反照率随雪深度的增加而减少，融雪的反照率随表面温度增加而减少，开放水域的反照率随冰的厚度增加而减少。

具有可变热容量形式的上层温度方程为

$$\frac{\rho_i h_i}{2}\left(C+\frac{L\mu S}{T_1^2}\right)\frac{\mathrm{d}T_1}{\mathrm{d}t}=K_{1/2}(T_s-T_1)+K_{3/2}(T_2-T_1)+I \tag{3-65}$$

式中：ρ_i 为冰的密度；h_i 为雪层厚度；C 为冰的热容量；L 为融化潜热；μ 为冻结温度与盐度的相关系数；S 为海冰盐度；$K_{1/2}$ 为表面与上层冰之间的传导耦合；T_s 为由表面能量平衡决定的冰顶或雪顶的温度；I 为被海冰吸收穿透冰面的太阳辐射；$K_{3/2}\equiv 2K_i/h_i$ 为两个海冰温度点之间的传导耦合，K_i 为海冰导热系数。热容量固定的冰下层冰温方程为

$$\frac{\rho_i h_i}{2}C\frac{\mathrm{d}T_2}{\mathrm{d}t}=K_{3/2}(T_1-T_2)+2K_{3/2}(T_f-T_2) \tag{3-66}$$

式中：T_f 为海冰-海洋界面的温度，设为海水冻结温度。

如果表面温度大于雪或海冰的冻结温度，表面温度就被设定为雪或海冰的融化温度。能量通量可表示为

$$M_s=K_{1/2}(T_1-T_s)-(A+BT_s) \tag{3-67}$$

用于表面融化。底部融化（或冻结）能量可表示为

$$M_b=F_b-4K_i(T_f-T_2)/h_i \tag{3-68}$$

用于平衡海洋对冰底的热通量 F_b 和从底部向上的传导性热通量之间的差异。其中 F_b 为海

冰-海洋温差的线性函数：

$$F_b = K_o(T_o - T_f) \tag{3-69}$$

式中：T_o为海表温度。

海冰的动量方程可表示为

$$m\left\{\frac{\partial \boldsymbol{v}}{\partial t} + f\boldsymbol{k}\times\boldsymbol{v} + g\nabla\eta\right\} = \nabla\boldsymbol{\sigma} + \sum_k c_k(\boldsymbol{\tau}_a + \boldsymbol{\tau}_w) \tag{3-70}$$

式中：m为单位面积的海冰质量；η为海面高度；$\boldsymbol{\sigma}$为冰的内部应力张量；$\boldsymbol{k}$为垂向单位矢量；$\boldsymbol{\tau}_a$和$\boldsymbol{\tau}_w$分别为大气和海洋对海冰的表面应力；$\sum_k c_k$为各类海冰密集度之和。海洋对海冰的表面应力根据拖曳定律计算：

$$\boldsymbol{\tau}_w = c_w\rho_w|\boldsymbol{v}_w - \boldsymbol{v}|[(\boldsymbol{v}_w - \boldsymbol{v})\cos\theta + \boldsymbol{k}\times(\boldsymbol{v}_w - \boldsymbol{v})\sin\theta] \tag{3-71}$$

式中：c_w为拖曳系数；ρ_w为海水密度；$\boldsymbol{v}_w$为海流速度；θ为海水的旋转角度；$\boldsymbol{v}$为海冰速度。

3.3 参数化方案

地球流体运动原始方程可以描述一定时空范围内的流体运动，其求解时往往需要借助数值方式，即根据某种差分方案对时间和空间进行离散，通过迭代运算得到数值最优解，实现数值模式的积分。但是受计算资源的限制，在数值计算中，往往需要在更大时空尺度上求解流体运动方程。因此，对次网格尺度的物理过程就需要利用大尺度变量的参数化以闭合运动方程。本节介绍海洋模式和海冰模式中几个主要的参数化方案，包括海洋中的垂直混合和海气湍通量，以及海冰中的融池和反照率。

3.3.1 海洋垂直混合

海洋垂直混合参数化方案根据混合系数的选取方式分为常混合系数方案、Richardson数（简称Ri数）决定的混合方案、湍流闭合模型等，下面分别加以介绍。

（1）常混合系数方案：动量垂直黏性和示踪物垂直扩散系数在整个海洋设定为常数。

（2）Richardson 数决定的混合方案：利用观测资料寻找垂直湍流活动和大尺度海洋结构之间的联系，通过模型诊断出垂直混合系数与大尺度变量之间的关系。

（3）湍流闭合模型：是一种基于湍流动能诊断方程和湍流特征长度闭合假设的模型（汪雷 等，2014）。湍流闭合模型通过估算垂向混合系数，将湍流输送项表征为平均量梯度与垂向混合系数的乘积，主要包括KPP（Large et al.，1994）、MY2.5（Mellor et al.，1982）等混合方案。

KPP方案是一阶湍流闭合模型，考虑了逆梯度扩散的非局地作用，湍流可表示为

$$-\overline{w'X'} = K\left(\frac{\partial\bar{X}}{\partial z} - \gamma\right) \tag{3-72}$$

式中：γ为非局地项；$\bar{X}$为温、盐、流变量；z为深度；K为垂向扩散系数，依赖于边界层厚度h、湍流速度尺度w和型函数G：

$$K(\sigma) = hw(\sigma)G(\sigma) \tag{3-73}$$

式中：σ 为标准化的垂直坐标（z/h）；边界层厚度 h 定义为 Ri 数达到临界值时的深度。型函数依赖浮力通量的垂直分布，通常采用三次多项式形式 $G(\sigma)=a_0+a_1\sigma+a_2\sigma^2+a_3\sigma^3$，其中 a_0～a_3 4 个系数可以通过边界层上下边界条件获得。在稳定情况下，非局地项 γ 为零。不稳定条件下，γ的计算公式为

$$\begin{cases}\gamma_{\rm s}=C\dfrac{\overline{ws_0}}{w_{\rm s}(\sigma)h}\\ \gamma_{\rm T}=C\dfrac{\overline{wT_0}+\overline{wT_{\rm R}}}{w_{\rm s}(\sigma)h}\end{cases} \tag{3-74}$$

式中：$\gamma_{\rm T}$ 和 $\gamma_{\rm s}$ 分别为温度和盐度的非局地项；$\overline{ws_0}$ 为表面盐通量；$\overline{wT_0}$ 为表面热通量；$w_{\rm s}(\sigma)$ 为标量的湍流速度尺度；C 为常数；$\overline{wT_{\rm R}}$ 为太阳短波穿透加热对非局地项的贡献。KPP 方案同时考虑了边界层以下，海洋内部垂直混合的参数化形式，其中流剪切的参数化形式为

$$v_x^{\rm s}/v_0=\begin{cases}1, & {\rm Ri}\leqslant 0\\ [1-({\rm Ri}/0.7)^2]^3, & 0<{\rm Ri}\leqslant 0.7\\ 0, & {\rm Ri}>0.7\end{cases} \tag{3-75}$$

式中：$v_0=5\times10^{-3}{\rm m}^2/{\rm s}$。根据 Ledwell 等（1993）的观测结果，KPP 方案中内波破碎的垂直混合系数可用常值表示：

$$\begin{aligned}v_m^w&=1.0\times10^{-4}\ {\rm m}^2/{\rm s}\\ v_s^w&=1.0\times10^{-5}\ {\rm m}^2/{\rm s}\end{aligned} \tag{3-76}$$

但上述取值高估了赤道附近海洋内部的跨等密度面混合（Liu et al.，2017；Whalen et al.，2015；Cheng et al.，2014），可能造成海洋环流模式的系统性误差（Zhu et al.，2018；Harrison et al.，2008）。

盐指现象的参数化方案依赖于盐度与温度的梯度比 $R_\rho=\alpha\partial_z T/(\beta\partial_z S)$：

$$\begin{gathered}v_{\rm s}^{\rm d}(R_\rho)/v_{\rm f}=\begin{cases}[1-(R_\rho-1)^2/(R_\rho^0-1)^2]^3, & 1.0<R_\rho<R_\rho^0\\ 0, & R_\rho\geqslant R_\rho^0\end{cases}\\ v_\theta^{\rm d}(R_\rho)=0.7v_{\rm s}^{\rm d}(R_\rho)\end{gathered} \tag{3-77}$$

式中：$R_\rho^0=1.9$；$v_{\rm f}=10^{-3}\ {\rm m}^2/{\rm s}$。在对流扩散现象中，温度扩散系数为

$$v_\theta^{\rm d}=1.36\times10^{-6}\exp\{4.6\exp[-0.54(R_\rho^{-1}-1)]\}$$

KPP 方案的应用十分广泛，是海洋环流模式中常备方案之一，但边界层厚度是通过诊断方法获得，不利于与大气强迫场建立直接的联系。朱聿超（2018）利用流剪切不稳定模型（Peters et al.，1988）代替 KPP 方案中的原始模型，使“冷舌”的模拟偏差降低约 30%，且不会引起对次表层温度的负面影响。

MY2.5 方案的湍动能和湍混合长度方程为

$$\frac{\partial q^2}{\partial t}=\frac{\partial}{\partial z}\left(K_{\rm q}\frac{\partial q^2}{\partial z}\right)+2P_{\rm s}+2P_{\rm b}-2\varepsilon \tag{3-78}$$

$$\frac{\partial q^2 l}{\partial t}=\frac{\partial}{\partial z}\left(K_{\rm q}\frac{\partial q^2 l}{\partial z}\right)+E_1 l(P_{\rm s}+E_3P_{\rm b})-\tilde{W}l\varepsilon \tag{3-79}$$

式中：q^2 为湍动能的 2 倍；l 为湍流混合长度；$K_{\rm q}$ 为垂向湍流扩散系数；E_1 和 E_3 为模式

常数；$\tilde{W}$ 为迫近函数，是水深和湍流混合长度的函数；式（3-78）等号右端第一项为垂向扩散项，第 2～4 项分别为剪切生成项、浮力生成项和耗散项，计算公式分别为

$$P_s = K_M\left[\left(\frac{\partial u}{\partial z}\right)^2 + \left(\frac{\partial v}{\partial z}\right)^2\right] \tag{3-80}$$

$$P_b = K_H\frac{g}{\rho_0}\left(\frac{\partial \rho}{\partial z} - c_s^{-2}\frac{\partial p}{\partial z}\right) \tag{3-81}$$

$$\varepsilon = \frac{q^3}{B_1 l} \tag{3-82}$$

式中：ρ_0 为平均海水密度；c_s 为海水声速；B_1 为湍流闭合模式中的常数；K_M、K_H 和 K_q 的计算公式为

$$\begin{cases} K_M = qlS_M \\ K_H = qlS_H \\ K_q = qlS_q \end{cases} \tag{3-83}$$

式中：S_M、S_H、S_q 为稳定函数。

3.3.2 海气湍通量

海上大气边界层的形成是海面与大气相互作用的结果，海气界面动量通量交换是海气相互作用的关键环节，直接影响大气边界层结构。随着观测手段和理论方法的发展，Fairall 等（2003，1996）给出国际上常用的计算海气通量的块体模型 COARE。该模型分为 COARE2.6 和 COARE3.0 两个版本。其中，COARE2.6 版本块体通量算法拟合了耦合海洋大气实验（coupled ocean-atmosphere experiment）的巡航测量，未考虑海洋飞沫的效应（未考虑海洋飞沫效应的海气通量称为界面通量，考虑海洋飞沫效应的通量称为总通量）。理论研究表明，COARE2.6 可用于高风速下计算海气间的界面通量（Andreas，2010）。

1）块体模型 COARE2.6

该模型依据莫宁-奥布霍夫（Monin-Obukhov）相似理论，计算海气间的感热通量 H_S、潜热通量 H_L 和动量通量 $\boldsymbol{\tau}$：

$$\begin{cases} H_S = \rho_a c_{pa}\overline{w'\theta'} = -\rho_a c_{pa} u_* T_* \\ H_L = \rho_a L_e \overline{w'q'} = -\rho_a L_e u_* q_* \\ \boldsymbol{\tau} = \rho_a \overline{w'u'} = -\rho_a u_*^2 \end{cases} \tag{3-84}$$

式中：c_{pa} 为大气在常压下的比热；ρ_a 为大气密度；L_e 为水蒸发的潜热；w'、θ' 和 q'分别为垂直风速、温度和水蒸气混合比的湍动量；T_*、q_*和 u_*为 Monin-Obukhov 相似性的相关缩放参数，变量上的一横代表平均值。H_S、H_L 和 $\boldsymbol{\tau}$ 的标准块体表达式为

$$\begin{cases} H_S = \rho_a c_{pa} C_h S(T_s - T) \\ H_L = \rho_a L_e C_k S(q_s - q) \\ \boldsymbol{\tau} = \rho_a C_d S(u_{si} - u_i) \end{cases} \tag{3-85}$$

式中：S 为风速相对于固定地面的平均值，对应大气的某个相对高度 z_r；T_s 为海表界面温度；T 为大气温度；q_s 为海洋界面水蒸发混合比；q 为大气的比湿；u_{si} 为海洋表层流速；u_i 为相对于海面高度 z_r 的水平风速分量。C_d、C_h 和 C_k 分别为动量通量、感热通量和潜热通量的传输系数（动量通量的传输系数也称拖曳系数），计算公式为

$$\begin{cases} C_h = c_T^{1/2} c_d^{1/2} \\ C_k = c_q^{1/2} c_d^{1/2} \\ C_d = c_d^{1/2} c_d^{1/2} \end{cases} \tag{3-86}$$

使用 MOS 表层理论描述这些通量的相关函数：

$$\begin{cases} c_T^{1/2} = c_{Tn}^{1/2} \bigg/ \left[1 - \dfrac{c_{Tn}^{1/2}}{a\kappa} \psi_h(\xi)\right] \\ c_q^{1/2} = c_{qn}^{1/2} \bigg/ \left[1 - \dfrac{c_{qn}^{1/2}}{a\kappa} \psi_h(\xi)\right] \\ c_d^{1/2} = c_{dn}^{1/2} \bigg/ \left[1 - \dfrac{c_{dn}^{1/2}}{a\kappa} \psi_u(\xi)\right] \end{cases} \tag{3-87}$$

式中：κ 为冯·卡门（von Kármán）常数；ψ 为 MOS 廓线函数（对于温度和湿度，廓线函数相同）；$\xi = z_r / L$，$L^{-1} = \dfrac{\kappa g}{T}(T_* + 0.61Tq_*) / u_*^2$；$a$ 为考虑了不同标量和速度的冯·卡门常数。n 为中性条件下的数值（即 $\xi = 0$，$\psi = 0$）。中性传输系数（c_{Tn}、c_{qn}、c_{dn}）与海面粗糙度长度相关，海面粗糙度长度定义为温度、湿度和速度的对数部分的外推值与表面值相交的高度。中性传输系数可表示为

$$\begin{cases} c_{Tn}^{1/2} = \dfrac{a\kappa}{\ln(z_r / z_{ot})} \\ c_{qn}^{1/2} = \dfrac{a\kappa}{\ln(z_r / z_{oq})} \\ c_{dn}^{1/2} = \dfrac{\kappa}{\ln(z_r / z_o)} \end{cases} \tag{3-88}$$

式中：z_o、z_{ot} 和 z_{oq} 分别为速度、温度和湿度的海面粗糙度长度。

研究表明，速度粗糙度的雷诺数 R_r 可以刻画海表速度：

$$R_r = \frac{u_* z_o}{\nu} \tag{3-89}$$

式中：ν 是大气运动学黏性系数。温度粗糙度长度 z_{ot} 和湿度粗糙度长度 z_{oq} 可以分别通过温度粗糙度雷诺数 R_t 和湿度粗糙度雷诺数 R_q 求得：

$$z_{ot} = \frac{R_t \nu}{u_*} \tag{3-90}$$

$$z_{oq} = \frac{R_q \nu}{u_*} \tag{3-91}$$

R_t 和 R_q 是 R_r 的相关函数，二者又通过 Liu-Katsaros-Businger（LKB）法则相联系。

2）波浪对海面动力粗糙度长度的影响

Charnock（1955）最初认为无量纲海面粗糙度长度 gz_0/u_*^2（Charnock 参数）为常数。随着理论方法和观测手段的不断发展，人们发现海面粗糙度长度并不是一个常数，而是与风速和波浪状态相关的量。基于“相似性”（所有纯风浪谱应具有相似的形状），可以得到海面波浪粗糙度主要是谱峰相速 c_p 的函数，同时遵循一般形式的波依赖无因次粗糙度长度α。α可表示为波龄（c_p/u_*，无量纲相速）的函数：

$$\alpha \equiv gz_0 / u_*^2 = f(c_p / u_*) \tag{3-92}$$

假定深水波的特性波存在线性频散关系，即波龄的倒数等于风浪的无量纲角谱峰频率：$\omega_p^* = \omega_p u_*/g$，其中 ω_p 是角谱峰频率。可以得到波依赖无因次粗糙度长度α 与波龄 β_* 之间的关系：

$$\alpha = n\beta_*^m \tag{3-93}$$

式中：n 与 m 为常数值，其取值见表 3-1。n 的分布范围为 0.0129～2.90，m 的负值（正值）代表海面动力粗糙度长度随着波龄的减小而增大（减小）。海面动力粗糙度长度与波龄存在相关关系,不同学者给出的结果相差较大可能是所使用的数据类型不一致造成的。Donelan（1990）和 Donelan 等（1993）认为，对于相同的波龄，实验室的数据不能够代表现场的数据，在现场年轻的波通常比成熟的波更粗糙，该特点不一定符合实验室的数据。

表 3-1　海面粗糙度长度中常数 n 与 m 的取值

参考文献	n	m
Toba 等（1986）	0.025	1.00
Masuda 等（1987）	0.0129	−1.10
Donelan（1990）	0.420（现场）	−1.03（现场）
	0.047（实验室）	−0.68（实验室）
Toba 等（1990）	0.02	0.50
Maat 等（1991）	0.80	−1.00
Smith 等（1992）	0.48	−1.00
Monbaliu（1994）	2.87	−1.69
Vickers 等（1997）	2.90	−2.00
Johnson 等（1998）	1.89	−1.59
Sugimori 等（2000）	0.02	0.70
Drennan 等（2003）	1.70	−1.70

3）飞沫效应对海面动力粗糙度长度的影响

当风速达到高风速条件（台风或飓风）时，强的波浪破碎在海气界面产生大量的海洋飞沫，同时在海气界面逐渐形成“润滑”层，最终使海面拖曳系数变平稳或者减小（Powell et al.，2003）。Makin（2005）指出，高风速下海面飞沫滴在海气表面层形成深厚的悬浮层，可根据台风条件下观测的风廓线推导出高风速下含海洋飞沫效应的海面动力粗糙度长度 z_{0s}：

$$z_{0s}=c_1^{1-1/\omega}\alpha^{1/\omega}\frac{u_*^2}{g} \tag{3-94}$$

式中：ω 为海洋飞沫对对数风廓线影响的修正参量，其计算公式为

$$\omega=\min(1,a_{cr}/\kappa u_*) \tag{3-95}$$

式中：a_{cr} 为海洋飞沫影响拖曳系数的临界速度，依观测取为 0.64 m/s，对应半径为 80 μm 的海洋飞沫滴，这种大小的海洋飞沫滴主要影响海气界面；c_1 为海洋飞沫滴悬浮层的无量纲高度：

$$c_1=gh_1/u_*^2 \tag{3-96}$$

式中：h_1 为海洋飞沫滴悬浮层的高度。Makin（2005）指出，海洋飞沫悬浮层的高度 h_1 大于破碎波高度，小于有效波高 H，进而假定 h_1 为有效波高 H 的 1/10，此时式（3-96）可表示为

$$c_1=\frac{1}{10}\frac{gH}{u_*^2} \tag{3-97}$$

由高风速下 z_{0s} 的表现形式[式（3-94）]可知，海洋飞沫的效应隐含在海洋飞沫对对数风廓线影响的修正参量 ω 和海洋飞沫滴悬浮层的无量纲高度 c_1 这两个参量中。为了得到适用于全风速下含波浪和飞沫效应的海面动力粗糙度长度，引入 Toba（1972）的 3/2 指数律：

$$\frac{gH}{u_*^2}=0.062\left(\frac{gT}{u_*}\right)^{3/2} \tag{3-98}$$

式中：T 为有效周期。引入深水情况下谱峰周期 T_p 与有效周期 T 的关系式，得到高风速下海面动力粗糙度长度（Zhang et al.，2021，2017）：

$$z_0 g/u_*^2=0.0847^{(1-1/\omega)}0.42^{1/\omega}\beta_*^{\left(\frac{3}{2}-\frac{253}{100\omega}\right)} \tag{3-99}$$

式中：z_0 为海面动力粗糙度长度；β_* 为波龄。

在中低风速情况下，海洋飞沫效应不足以影响海面动力粗糙度长度（$\omega=1$），因此全风速下的海面动力粗糙度长度[式（3-99）]将退化为中低风速下的海面动力粗糙度长度[式（3-92）]。在高风速情况下，海洋飞沫使海面粗糙度长度减小，进而影响海面拖曳系数。含海洋飞沫效应的拖曳系数随着海表 10 m 风速和波龄的变化而变化（图 3.2）。含海洋飞沫效应的拖曳系数先随着风速的增强而增大。当海表 10 m 风速达到约 33 m/s 时，拖曳系数随着风速的进一步增大而减小，符合“观测值”的分布特征（Jarosz et al.，2007；Powell et al.，2003）。当海表 10 m 风速恒定时，含飞沫效应的拖曳系数随着波龄的增大而减小，即波浪越年轻拖曳系数越大。但未含飞沫效应的拖曳系数随着风速的增强持续增大，并未随波龄变化。

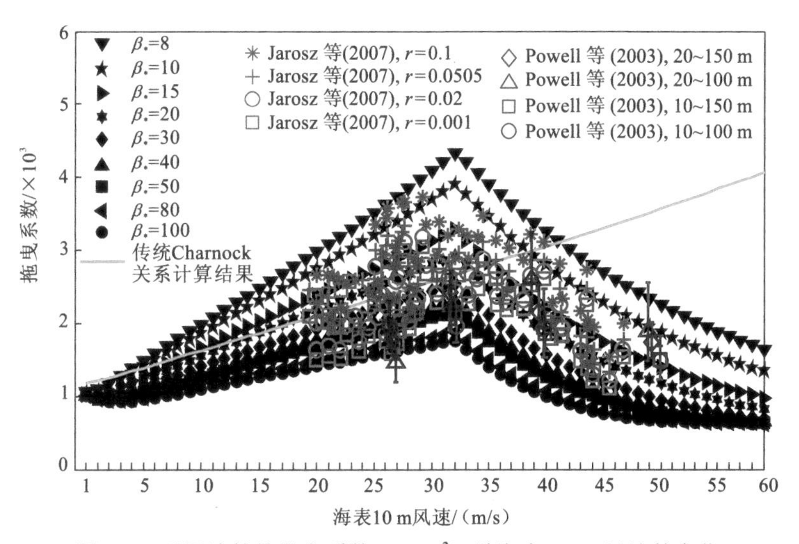

图 3.2　不同波龄的拖曳系数（$\times 10^3$）随海表 10 m 风速的变化

黑点线表示含海洋飞沫影响，绿线表示未含海洋飞沫影响，红色代表 Jarosz 等（2007）根据不同阻力系数（r）观测的拖曳系数，蓝色代表 Powell 等（2003）根据不同平均边界层风的高度观测的拖曳系数

3.3.3　海冰融池

随着夏季太阳辐射的增强，积雪和海冰开始融化，一部分融水留在冰面形成融池，融池的反照率介于海冰和海水之间，融池覆盖面积所占网格面积的比例称为融池覆盖率（王传印 等，2015）。融池参数化主要包括隐式方案、简单半经验式方案、地形方案和平整冰方案 4 种。其中，隐式方案根据表面温度、冰厚等直接指定相应反照率的值，不能计算融池覆盖率、融池深度等。后三种方案在短波辐射 Delta-Eddington 近似的框架下更符合物理过程，下面对这三种方案进行介绍。

1）简单半经验式方案

在简单半经验式方案中，融池水来自融雪、融冰和液态降水，其中融冰期液态降水较融雪和融冰小一个量级（Roeckner et al.，2012）。当积雪厚度大于 3 cm（临界值）时，融水对短波辐射作用较小，冰面反照率仍为积雪的反照率，有效融池覆盖率为 0；当积雪厚度小于 3 cm 时，融水的存在影响短波辐射，反照率表现为融池的特性，有效融池覆盖率按雪厚相对于临界值的权重计算。积雪越厚，有效融池覆盖率越小，该过程称为浸雪效应。判断融池是否冻结的条件为网格里各冰厚种类的冰温低于−2 ℃。

融池的形成和变化不受地形等其他因素的影响，仅取决于给定的融池纵横比，即通过总融水量 $v_{\mathrm{p}} = f_{\mathrm{p}} h_{\mathrm{p}}$ 可直接计算融池覆盖率 f_{p} 和融池深度 $h_{\mathrm{p}} = \min(0.8 f_{\mathrm{p}}, 0.9 h_{\mathrm{i}})$，其中 h_{i} 为融池覆盖海冰的厚度。

2）地形方案

地形方案先根据模拟的冰厚确定冰面地形，然后按照“水往低处流”的理念让融水先覆盖在冰面最低处，即在每个时间步上，计算 $\{v_{p,1}, v_{p,2}, \cdots, v_{p,k-1}, v_{p,k}, v_{p,k+1}\}$，其中

$$v_{p,k} = \sum_{m=0}^{k} \alpha_{im}(h_{top,k+1} - h_{top,k}) - \alpha_{sk}\alpha_{ik}\alpha_{sk}h_{sk}(1 - v_{sw}) + \sum_{m=0}^{k-1} v_{p,m} \tag{3-100}$$

为覆盖第 k 类海冰厚度所需融水的体积。α_{im} 和 α_{ik} 为第 m 类和第 k 类冰厚的覆盖率；$h_{top,k+1}$ 和 $h_{top,k}$ 分别为第 $k+1$ 和第 k 类冰厚上融池的深度；α_{sk} 为第 k 类冰上积雪的覆盖率；h_{sk} 为第 k 类冰厚上积雪的厚度；v_{sw} 为积雪中空隙的体积。最后一项表示覆盖第 $k-1$ 类冰厚所需融水的体积。判断融池冻结的条件为网格里各冰厚种类的加权平均冰温低于−0.15℃。

根据模式计算的融水量可得出融池覆盖率和深度。对于融池上再结冰的情况，当冰厚大于 1 cm 时，融池的存在对短波辐射不再起作用，冰面反照率表现为海冰的特性，有效融池覆盖率为 0。

3）平整冰方案

平整冰方案包含比简单半经验式方案更加复杂的浸雪效应。融水必须先填满积雪里的空隙，然后才会表现出融池反照率的特性。浸透雪之前，融池对短波辐射不起作用，有效融池覆盖率为 0。规定融池只存在于平整冰上，根据每个时间步的融水增量 ΔV_{melt} 和给定的融池变化纵横比计算融池覆盖率的增量，即 $\delta_p = \Delta h_p / \Delta a_p$，其中 δ_p 为融池变化纵横比，Δa_p 和 Δh_p 分别为融池覆盖率的增量和对应的深度。判断融池冻结的条件为网格气温低于−2℃。

3.3.4 海冰反照率

海冰是全球气候系统的重要组成部分，在驱动海冰-反照率反馈过程中起核心作用。气候模式只有准确模拟出表面反照率，才能更好地反映雪、海冰反照率的反馈机制。根据复杂程度，可将海冰反照率参数化方案分成如下 4 类。

1）常数值的参数化方案

Perovich 等（2009）考虑融化状态，给出干雪、融雪、冷冰、融冰 4 种表面类型的反照率分别为 0.80、0.77、0.57 和 0.51。Weatherly 等（1998）也考虑了这 4 种表面类型，给出的反照率分别为 0.82、0.75、0.65 和 0.50。常数值的参数化方案可给出合理的反照率年平均值，但无法反映季节变化和年循环情况（杨清华 等，2010）。

2）考虑表面温度变化的参数化方案

在考虑表面温度变化的参数化方案中，表面反照率参数 α 取决于模拟的表面温度 T_s：

$$\alpha = \begin{cases} 0.7, & T_s \leqslant 261.2\ \text{K} \\ 0.7 - 0.03(T_s - 261.2), & 261.2\ \text{K} < T_s < 271.2\ \text{K} \\ 0.4, & T_s = 271.2\ \text{K} \end{cases} \tag{3-101}$$

该参数化方案给出了表面增暖对反照率的影响。当 261.2 K<T_s<271.2 K 时，反照率与表面温度呈线性关系，以捕捉到雪龄的影响；当表面温度处于融点时，0.4 的低反照率考虑了融池的影响。Ross 等（1987）指出，当温度接近融点时，反照率随温度线性减小。雪

的表面反照率 α_s 和冰的表面反照率 α_i 依赖于表面温度 T_s 和气温 T_a：

$$\alpha_s=\begin{cases}0.8, & T_s\leqslant 268\,\text{K}\\ 0.65-0.03T_a, & 268\,\text{K}<T_s<273\,\text{K}\\ 0.65, & T_s=273\,\text{K}\end{cases} \tag{3-102}$$

$$\alpha_i=\begin{cases}0.65, & T_s\leqslant 273\,\text{K}\\ 0.45+0.04T_a, & 273\,\text{K}<T_s<278\,\text{K}\\ 0.45, & T_s=278\,\text{K}\end{cases} \tag{3-103}$$

该参数化方案限定表面温度不能超过融点，通过调整气温使海冰反照率低于融雪值。

3）考虑表面温度、雪厚和冰厚变化的参数化方案

考虑表面温度、雪厚和冰厚变化的参数化方案中使用的参数化考虑了冰厚（h）的影响：

$$\alpha=\begin{cases}\alpha^*, & h\geqslant 1\\ \sqrt{h}(\alpha^*-\alpha_o)+\alpha_o, & h<1\end{cases} \tag{3-104}$$

式中

$$\alpha^*=\begin{cases}\alpha_i, & T_s\geqslant T_m\\ \alpha_i+0.025(T_m-T_s), & T_m-10<T_s<T_m\\ \alpha_s, & T_s\leqslant T_m-10\end{cases} \tag{3-105}$$

其中：T_m 为融点温度；下标 o 和 i 分别代表海洋和海冰。

Flato 等（1996）发展了一个固定冰表面反照率参数化方法，可普遍应用于海冰和气候模式中：

$$\alpha=\begin{cases}\alpha_o, & h_i\leqslant h_{min}\\ \min[\alpha_s\alpha_i+h_s(\alpha_s-\alpha_i)/c_{10}], & h_i>h_{min},\ h_s\leqslant c_{10}\\ \alpha_s, & h_i\geqslant h_{min},\ h_s>c_{10}\end{cases} \tag{3-106}$$

$$\alpha_i=\begin{cases}\max(\alpha_o,c_{11}h_i^{0.28}+0.08), & T\leqslant T_m\\ \min(\alpha_m,c_{12}h_i^2+\alpha_o), & T=T_m\end{cases} \tag{3-107}$$

$$\alpha_s=\begin{cases}0.75, & T<T_m\\ 0.65, & T=T_m\end{cases} \tag{3-108}$$

式中：h_s 和 h_i 分别为雪厚和冰厚；c_{11}、c_{12} 和 c_{10} 分别为 0.55 $m^{-0.28}$、0.075 m^{-2} 和 0.1 m；h_{min}=0.001 m；T 为雪与冰的温度比。

4）考虑温度、雪厚、冰厚、光学波段、太阳高度角及大气属性的参数化方案

该方案考虑了温度、雪厚、冰厚、光学波段、太阳高度角及大气属性，是目前为止最复杂的表面反照率方案（Briegleb et al.，2004；Schramm et al.，1997）。该方案考虑了反照率随光学波长的变化及其对太阳高度角的依赖，将太阳光谱分为[0.25，0.69）lm、[0.69，1.19）lm、[1.19，2.38）lm、[2.38，4.00] lm 4 个波段，并将表面类型分为新雪、融雪、裸冰、融池及开阔水 5 种。雪和裸冰反照率参数化取决于雪厚和冰厚。融池反照率为冰龄、融池深度和冰厚的函数，净反照率由网格上的各表面类型按面积权重求平均值。Cheng 等（2008）使用一维高分辨热力学雪/冰模式对常用的 9 种反照率参数化方案进行了评估研究，发现最复杂的 CCSM3 方案能够较好地体现出夏季融池的影响。Liu 等（2007）发现，依赖雪厚和光学波长变化的参数化方案能够得到更真实的反照率变化，特别是在夏季融化时期。

3.4 全球冰-海耦合数值模拟

本节基于全球 9 km 水平分辨率冰-海耦合数值模拟系统，定性和定量地分析气候态数值模拟效果。该数值模拟系统使用的海洋模式为 MITgcm，海冰模式为有限体积海冰模式，垂直湍混合采用 KPP 方案。MITgcm 采用立方球体水平网格、*Z* 坐标垂直网格和 NRL DBDB2 地形。立方球体水平网格将全球分为 6 个面（图 3.3），每个面有 1 020×1 020 个网格点，平均水平分辨率为 9 km，垂向分为 50 层，深度范围为海面至 5 906 m，其中 0～120 m 包含 12 层，层厚为 10 m，底部最大层厚接近 500 m。

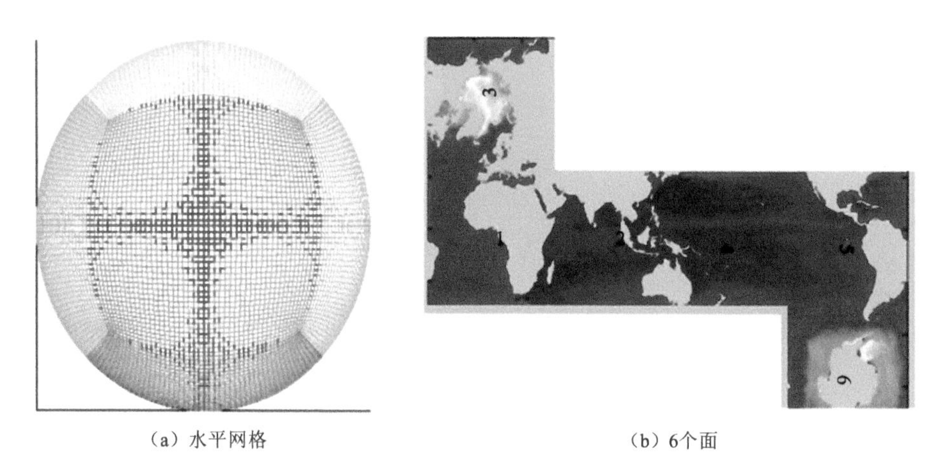

（a）水平网格　　（b）6个面

图 3.3　立方球体水平网格及其 6 个面

3.4.1 海洋模拟

在海表温度方面，采用卫星遥感 SST 资料对 MITgcm 模拟的海表温度进行检验。图 3.4 给出了卫星 SST 观测的气候态温度、MITgcm 海洋模式的气候态 SST 及其平均偏差和均方根误差。从图中可以看出，MITgcm 海洋模式能较好地刻画表层海温的水平分布特征。受地理位置、大洋形状等因素的影响，各大洋表层海温存在明显差异，年平均值太平洋最高，印度洋次之，大西洋最低。中低纬度和北半球高纬度区域的海温模拟较好，强流区（黑潮、湾流、南极绕极流等）的海温模拟均存在一定偏差。这些区域的非线性作用很强，是模式偏差的主要来源之一。在北半球高纬度海、陆和冰交界处，如格陵兰岛、白令海峡及欧亚大陆以北新地岛附近海域，海温模拟也存在一定偏差，这可能与冰-海耦合的强非线性作用有关。

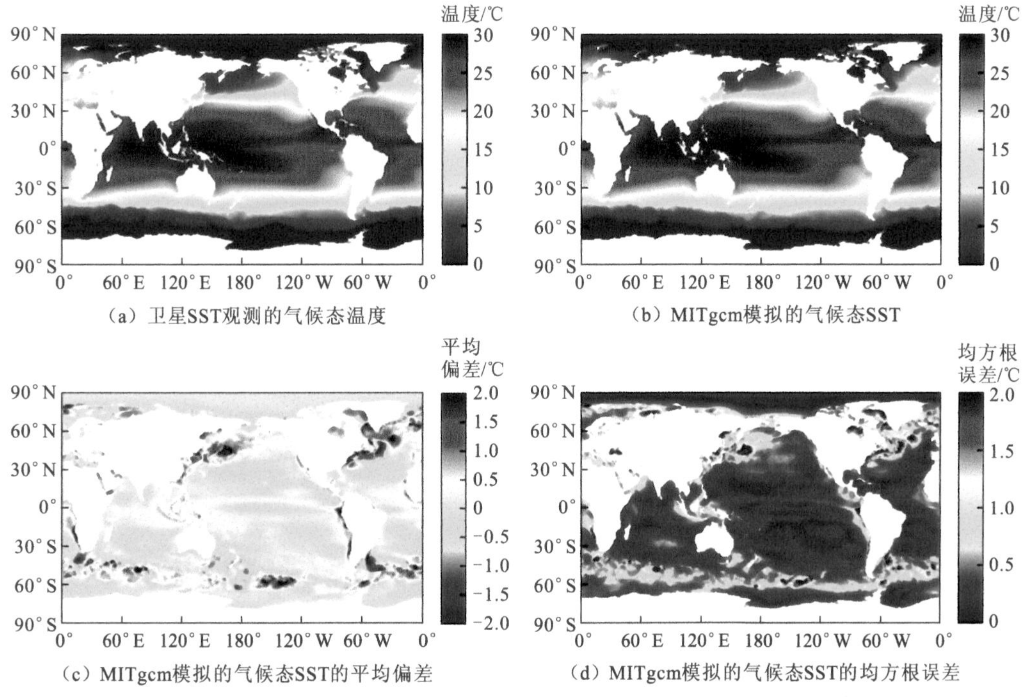

图 3.4 卫星 SST 观测的气候态温度、MITgcm 模拟的气候态 SST 及其平均偏差和均方根误差

在次表层海温方面，采用 EN4 客观分析数据和 Argo 观测资料对 MITgcm 次表层（120 m 深度）海温模拟结果进行检验。图 3.5 给出了 EN4 和 Argo 次表层气候态温度，以及 MITgcm 相对 EN4 和 Argo 的均方根误差。在大洋次表层，太阳辐射的影响迅速减弱，水温分布与表层存在较大差异，经线方向梯度明显减小，赤道太平洋和大西洋西边界流区域有明显的

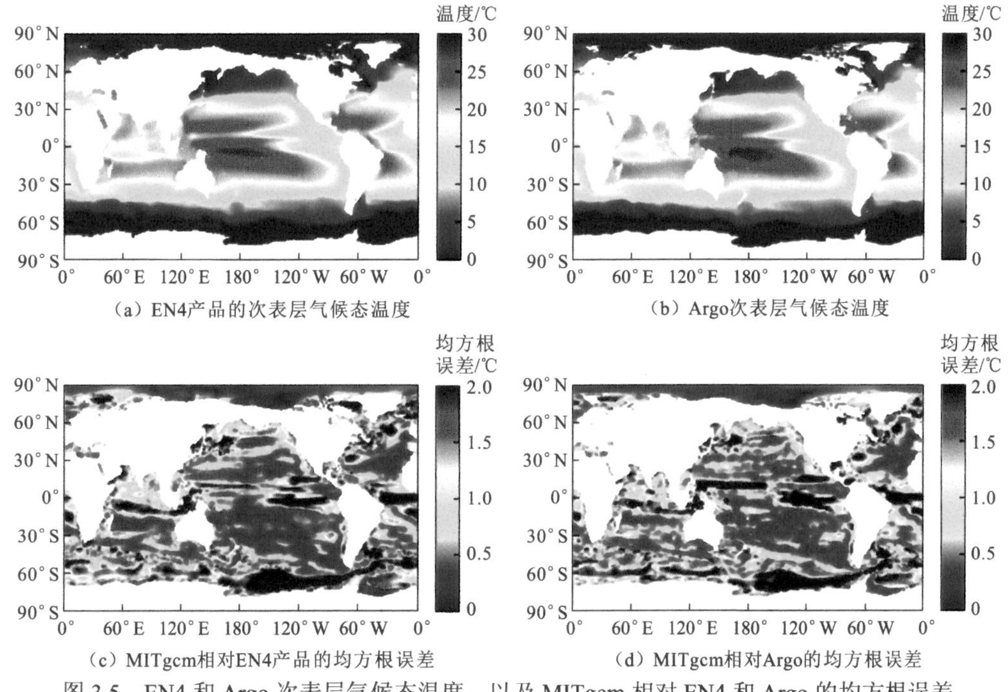

图 3.5 EN4 和 Argo 次表层气候态温度，以及 MITgcm 相对 EN4 和 Argo 的均方根误差

高温。MITgcm在中低纬度的大洋中部和北半球高纬度区域的海温模拟较好，在北太平洋、北大西洋、南大洋、赤道低纬度等海域的次表层海温模拟均存在一定误差，这些海域都是次表层强流区，非线性作用很强。

整体上，MITgcm的海温均方根误差在0.5℃以内，次表层海温的模拟误差也在1℃以内，中低纬度和北半球高纬度海域的海温模拟较好，尤其是西北太平洋区域的模拟误差最小。

在盐度方面，从平面分布来看，世界大洋盐度平均值以大西洋最高，印度洋次之，太平洋最小（图3.6）。与温度的分布类似，盐度上也具有纬向的带状分布特征，但从赤道向两极却呈马鞍形的双峰分布。MITgcm在热带太平洋和北太平洋模拟效果较好，但北极附近的海表盐度偏差较大，达到2 PSU以上。MITgcm次表层盐度的均方根误差均小于0.4 PSU，印度洋、北大西洋等海域误差较小，北冰洋局部、南大洋及南大西洋局部误差较大（图3.7）。

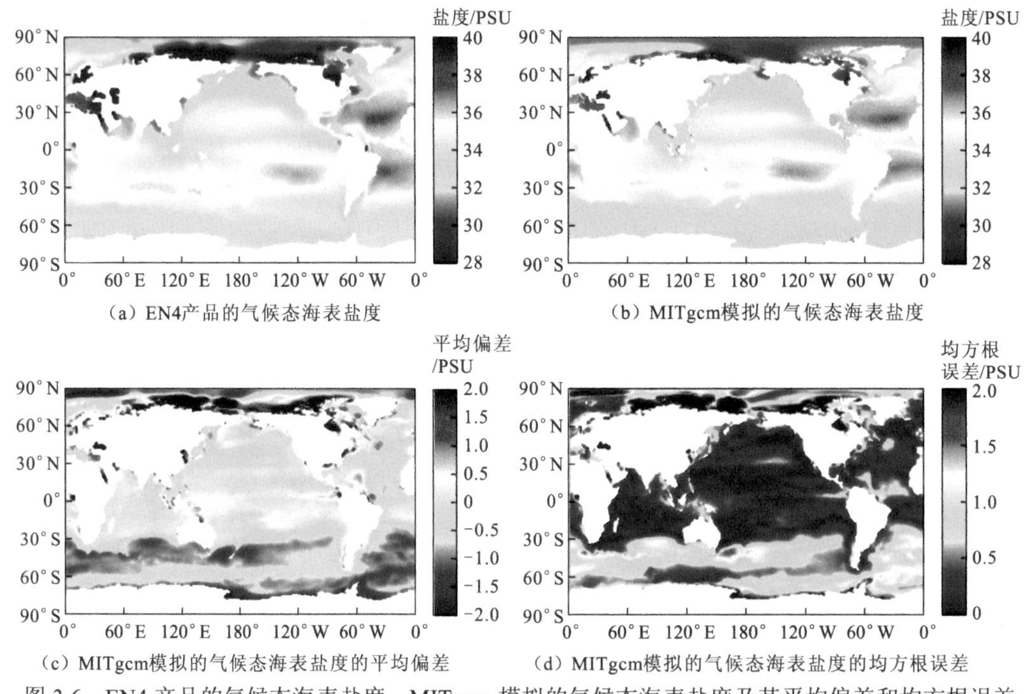

（a）EN4产品的气候态海表盐度　（b）MITgcm模拟的气候态海表盐度

（c）MITgcm模拟的气候态海表盐度的平均偏差　（d）MITgcm模拟的气候态海表盐度的均方根误差

图3.6　EN4产品的气候态海表盐度、MITgcm模拟的气候态海表盐度及其平均偏差和均方根误差

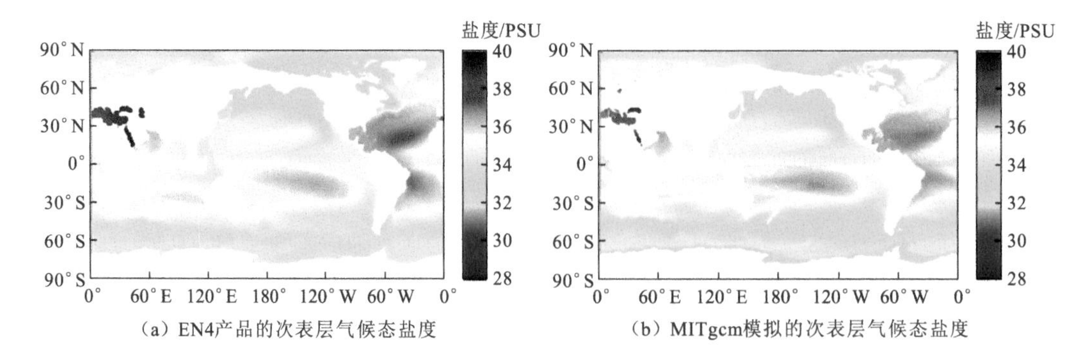

（a）EN4产品的次表层气候态盐度　（b）MITgcm模拟的次表层气候态盐度

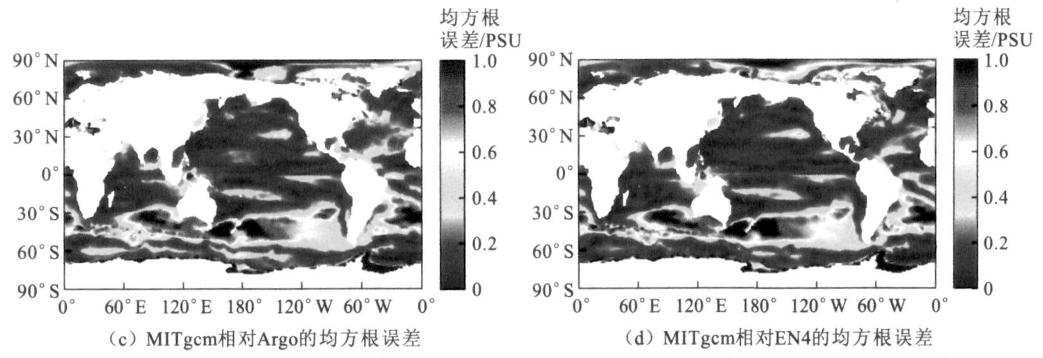

（c）MITgcm相对Argo的均方根误差　（d）MITgcm相对EN4的均方根误差

图 3.7　EN4 产品和 MITgcm 模拟的次表层气候态盐度，以及 MITgcm 相对 Argo 和 EN4 的均方根误差

在海面高度方面，采用 AVISO 卫星观测的海面高度异常对 MITgcm 模拟的海面高度异常进行检验。图 3.8 给出了卫星观测的 1 月和 7 月海面高度异常，以及 MITgcm 模拟的 1 月和 7 月海面高度异常偏差。从图中可以看出，MITgcm 能较好地刻画海面高度异常的时空分布特征，大部分海域平均误差在±0.1 m 以内，而印度洋、黑潮及湾流区域误差较大。

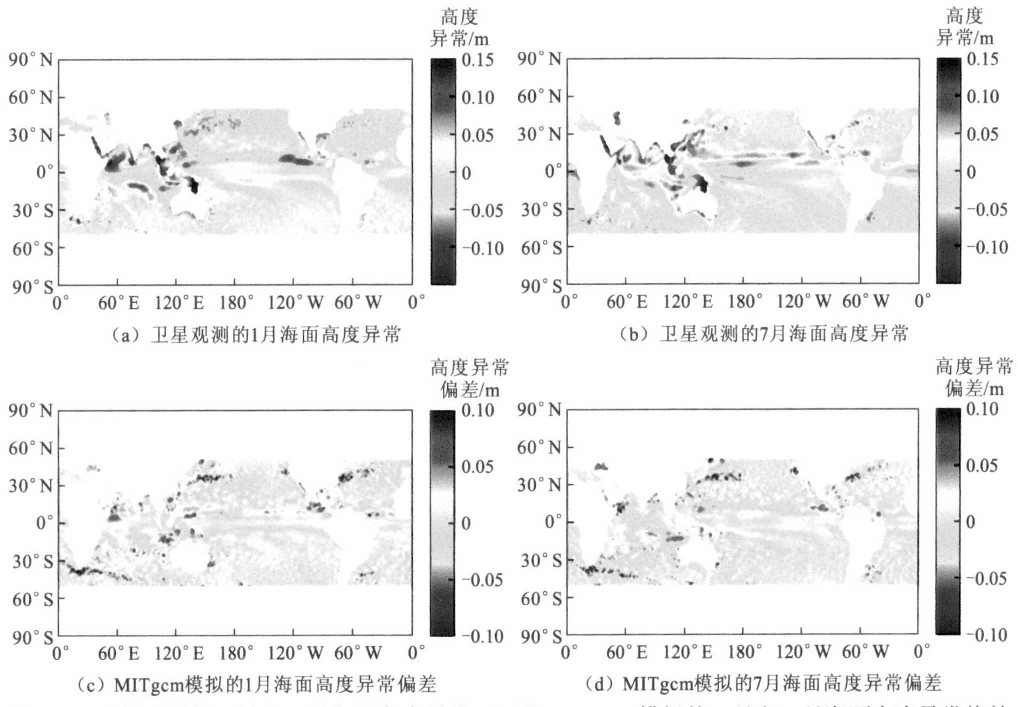

（a）卫星观测的1月海面高度异常　（b）卫星观测的7月海面高度异常

（c）MITgcm模拟的1月海面高度异常偏差　（d）MITgcm模拟的7月海面高度异常偏差

图 3.8　卫星观测的 1 月和 7 月海面高度异常，以及 MITgcm 模拟的 1 月和 7 月海面高度异常偏差

在海流流速方面，采用 SODA3 海洋再分析产品对 MITgcm 模拟的气候态海流进行交叉比较。图 3.9 给出了 SODA3 和 MITgcm 模拟的气候态年平均表层海流，以及 MITgcm 模拟的平均偏差和均方根误差。MITgcm 模拟的表层海洋环流空间分布与 SODA3 再分析结果类似。太平洋与大西洋的环流在南北半球都存在一个与副热带高压对应的巨大反气旋式大环流（北半球为顺时针方向，南半球为逆时针方向），二者之间为赤道逆流。两大洋北半球的西边界流（湾流和黑潮）较强，南半球的西边界流（巴西海流与东澳海流）较弱。MITgcm 模拟结果与 SODA3 再分析结果的最大差异位于热带太平洋，其次是印度

洋和热带大西洋。次表层海流方面，MITgcm 模拟结果与 SODA3 再分析结果之间的差异与表层流类似，但在南大洋和热带太平洋的差异稍大（图 3.10）。MITgcm 的流向与 SODA3 基本一致（图 3.11）。

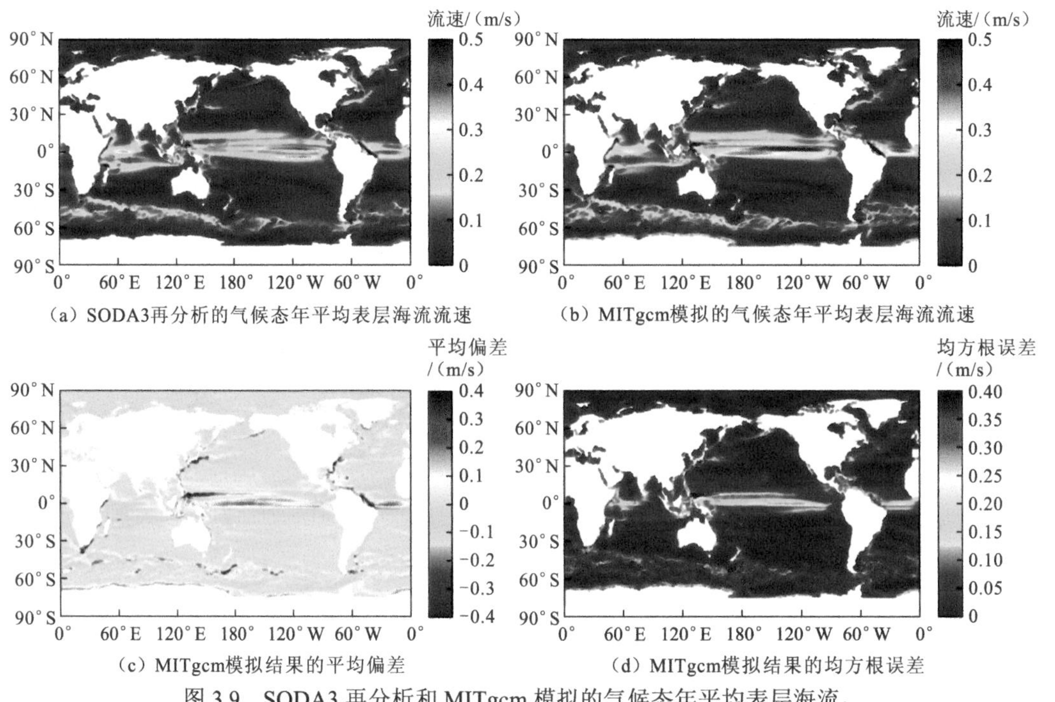

（a）SODA3再分析的气候态年平均表层海流流速　（b）MITgcm模拟的气候态年平均表层海流流速

（c）MITgcm模拟结果的平均偏差　（d）MITgcm模拟结果的均方根误差

图 3.9　SODA3 再分析和 MITgcm 模拟的气候态年平均表层海流，以及 MITgcm 模拟结果的平均偏差和均方根误差

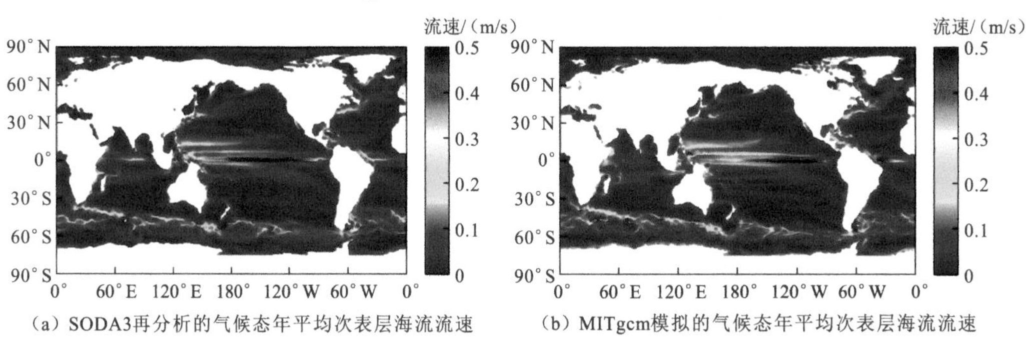

（a）SODA3再分析的气候态年平均次表层海流流速　（b）MITgcm模拟的气候态年平均次表层海流流速

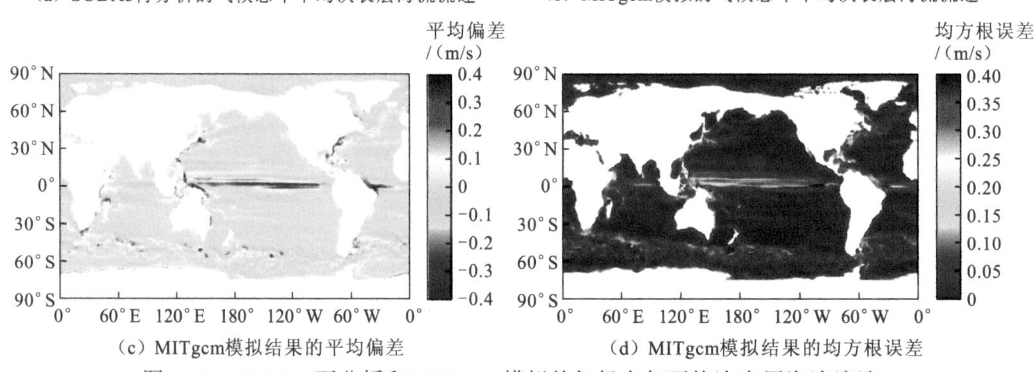

（c）MITgcm模拟结果的平均偏差　（d）MITgcm模拟结果的均方根误差

图 3.10　SODA3 再分析和 MITgcm 模拟的气候态年平均次表层海流流速，以及 MITgcm 模拟结果的平均偏差和均方根误差

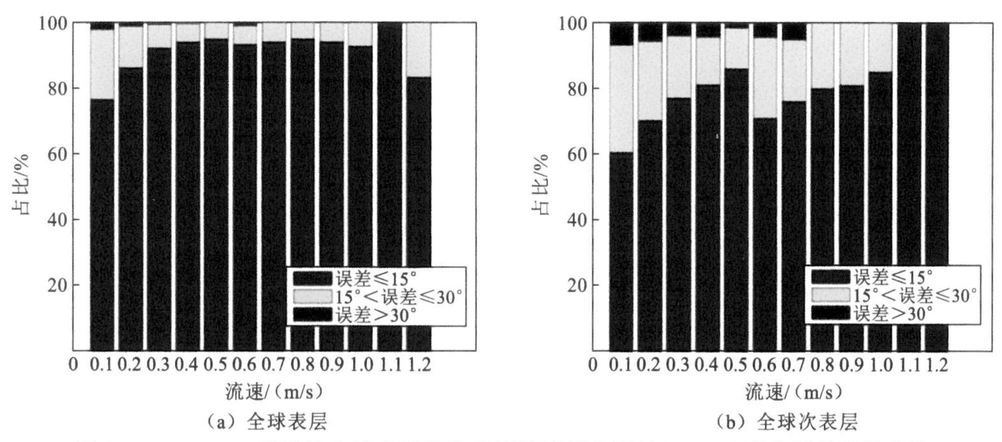

图 3.11　MITgcm 模拟的全球表层和次表层海流流向相对 SODA3 再分析的误差统计

选取 180° 经线断面，采用 EN4 客观分析产品和 SODA3 再分析产品评估 MITgcm 对垂向温度、盐度和流速的模拟效果（图 3.12～图 3.14）。从图中可以看出，MITgcm 能较好地刻画 180° 经线断面温度、盐度和流速的垂直分布特征。整体上，大洋主温跃层在赤道海域，深度约为 300 m，往副热带海域逐渐加深，在北大西洋海域（约 30° N）扩展到 800 m 附近，南大西洋（约 20° S）大约为 600 m，由副热带海域往高纬度海域又逐渐上升，至亚极地可抬升至海面，大体呈“W”形状分布。与 EN4 客观分析产品相比，MITgcm 模拟的温度平均误差为 0.5℃，最大值达到 3.02℃，位于主温跃层。南半球高纬度的海温模拟偏差稍大，这可能与表层南极绕极流的强混合作用有关。MITgcm 模拟的气候态盐度与 EN4

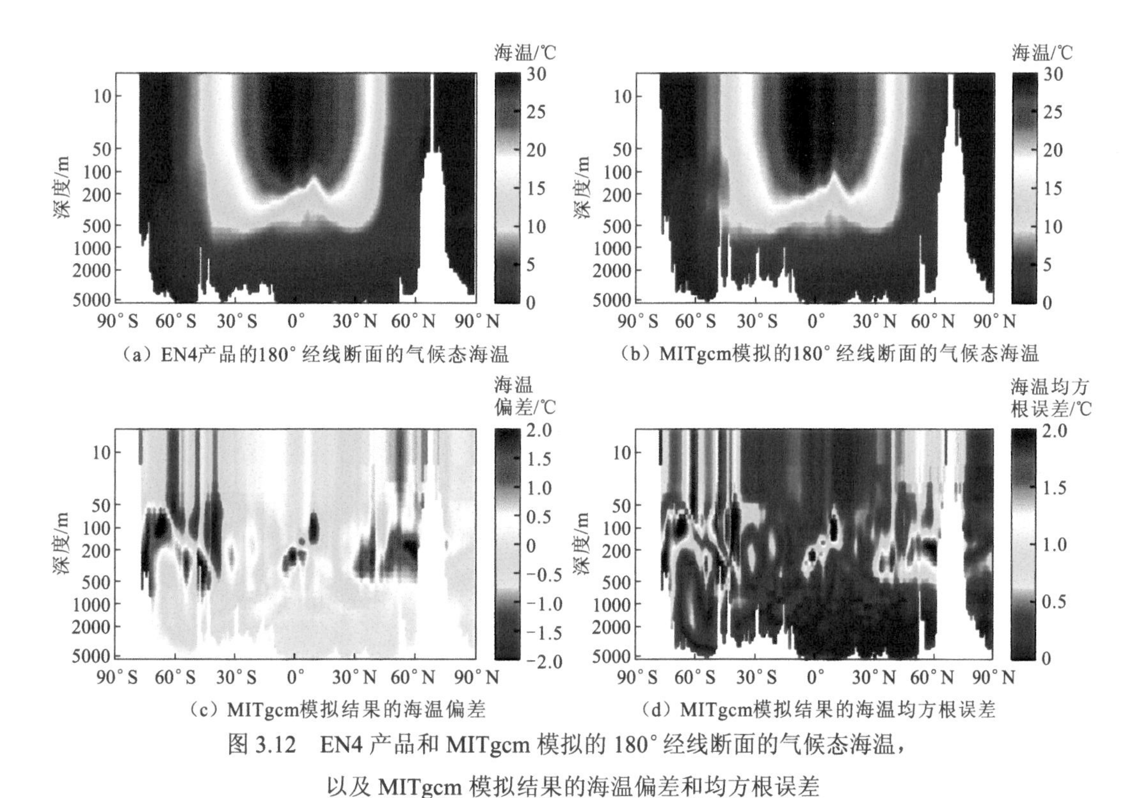

图 3.12　EN4 产品和 MITgcm 模拟的 180° 经线断面的气候态海温，以及 MITgcm 模拟结果的海温偏差和均方根误差

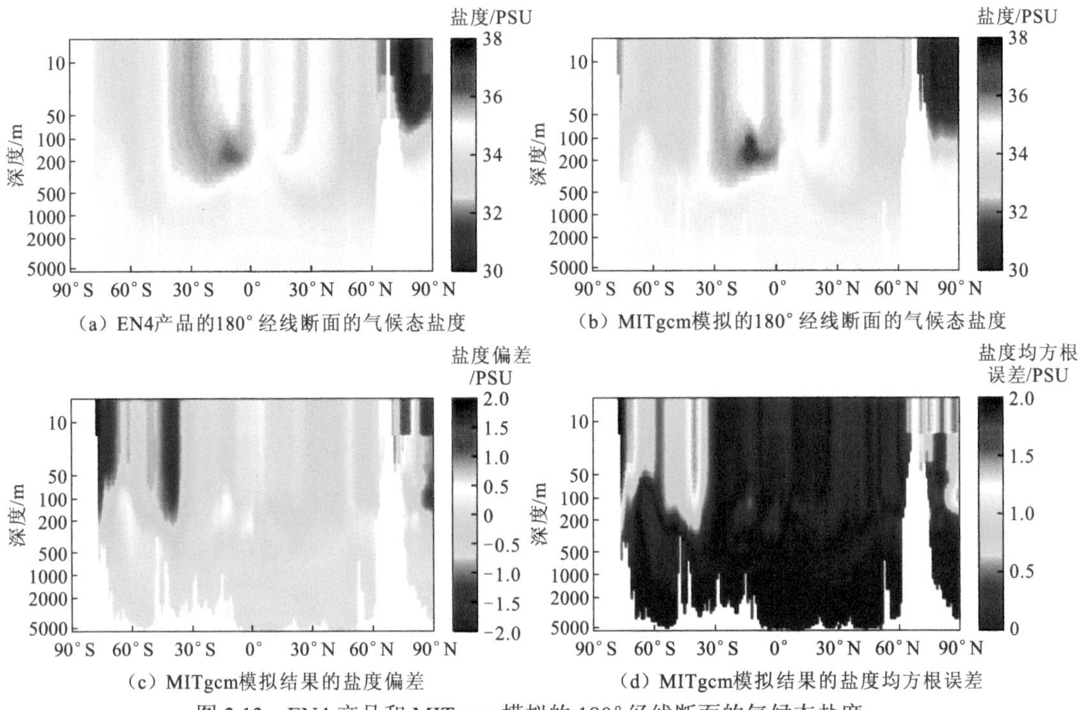

(a) EN4产品的180°经线断面的气候态盐度

(b) MITgcm模拟的180°经线断面的气候态盐度

(c) MITgcm模拟结果的盐度偏差

(d) MITgcm模拟结果的盐度均方根误差

图 3.13　EN4 产品和 MITgcm 模拟的 180° 经线断面的气候态盐度，以及 MITgcm 模拟结果的盐度偏差和均方根误差

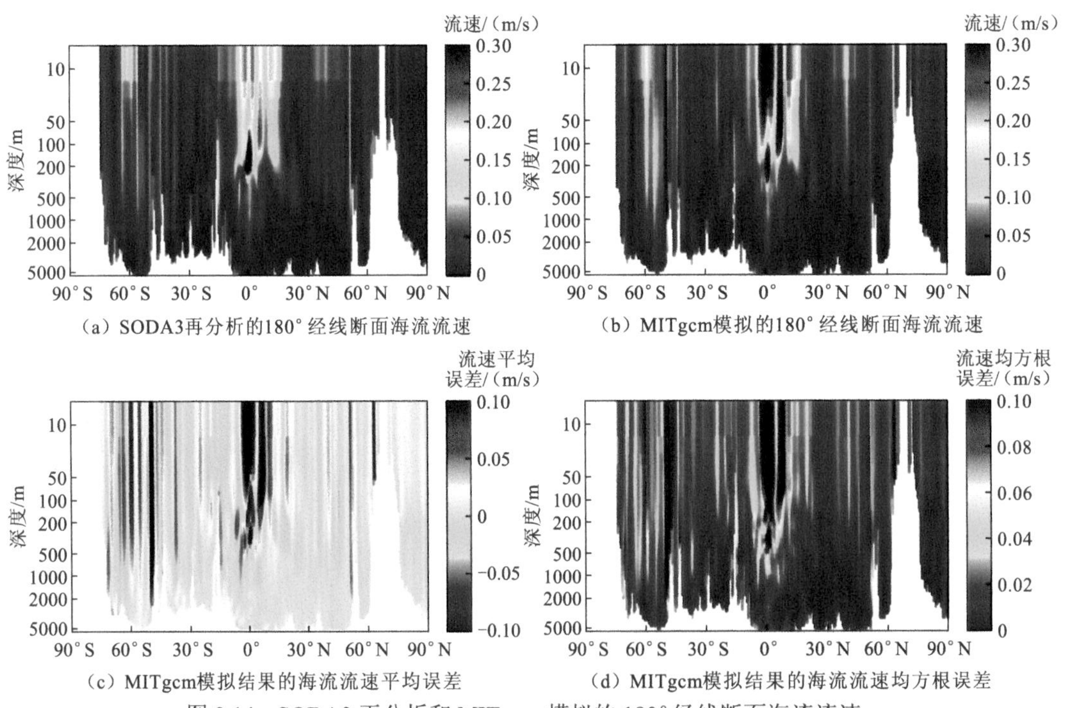

(a) SODA3再分析的180°经线断面海流流速

(b) MITgcm模拟的180°经线断面海流流速

(c) MITgcm模拟结果的海流流速平均误差

(d) MITgcm模拟结果的海流流速均方根误差

图 3.14　SODA3 再分析和 MITgcm 模拟的 180° 经线断面海流流速，以及 MITgcm 模拟结果的海流流速平均误差和均方根误差

客观分析产品一致性较好，均方根误差的平均值约为 0.24 PSU，北冰洋误差较大，这可能与冰-海耦合的强非线性作用有关。副热带大部分区域误差较小，30° S 以南的 0～200 m 层存在较为明显的负偏差。MITgcm 模拟的断面流速与 SODA3 再分析结果相似，但在赤道海域 0～200 m 的流速比 SODA3 再分析结果大。

3.4.2 海冰模拟

采用 NSDIC 海冰观测资料对 MITgcm 模拟的海冰外缘线进行检验，将海冰密集度为 0.15 的等值线作为海冰外缘线的位置。一般南极海冰覆盖面积在 3 月最小、9 月最大。图 3.15 给出了 NSDIC 观测数据和 MITgcm 模拟的南极 3 月和 9 月海冰外缘线。MITgcm 模拟的海冰覆盖范围在空间形态上与 NSDIC 的观测结果基本一致，海冰密集度等值线与纬线基本平行呈环带状分布。MITgcm 模拟结果与 NSDIC 观测数据在时间变化趋势上基本一致，在 2～10 月存在负偏差，相对误差在 20%以内，其他月份相对误差较小。

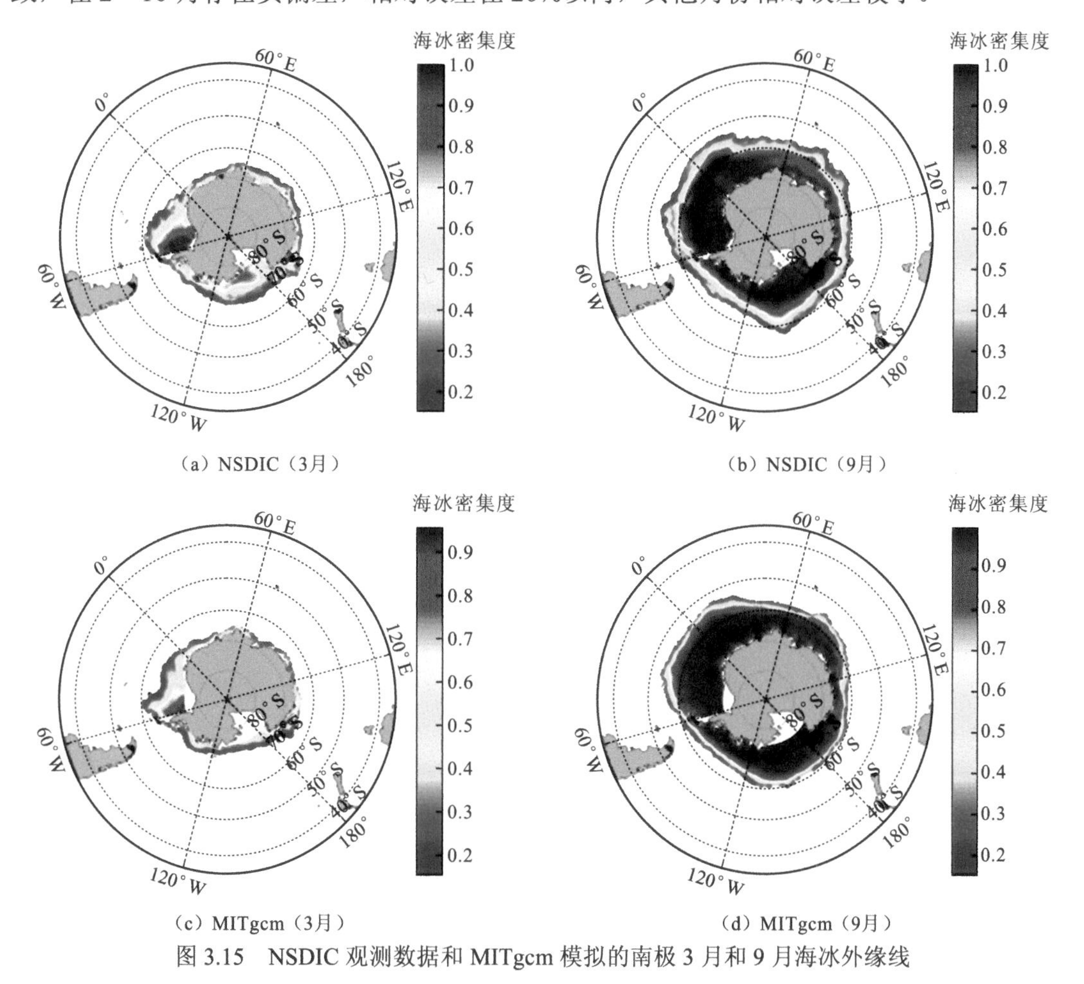

(a) NSDIC（3月） (b) NSDIC（9月）

(c) MITgcm（3月） (d) MITgcm（9月）

图 3.15 NSDIC 观测数据和 MITgcm 模拟的南极 3 月和 9 月海冰外缘线

图 3.16 给出了 NSDIC 观测数据和 MITgcm 模拟的北极 3 月和 9 月海冰外缘线。MITgcm 模拟的海冰覆盖范围在空间形态上与 NSDIC 基本一致。MITgcm 模拟的海冰外缘线覆盖面积在全年均存在负偏差，冬季和春季偏差较大，夏季和秋季偏差较小，相对误差基本在 20%以内。

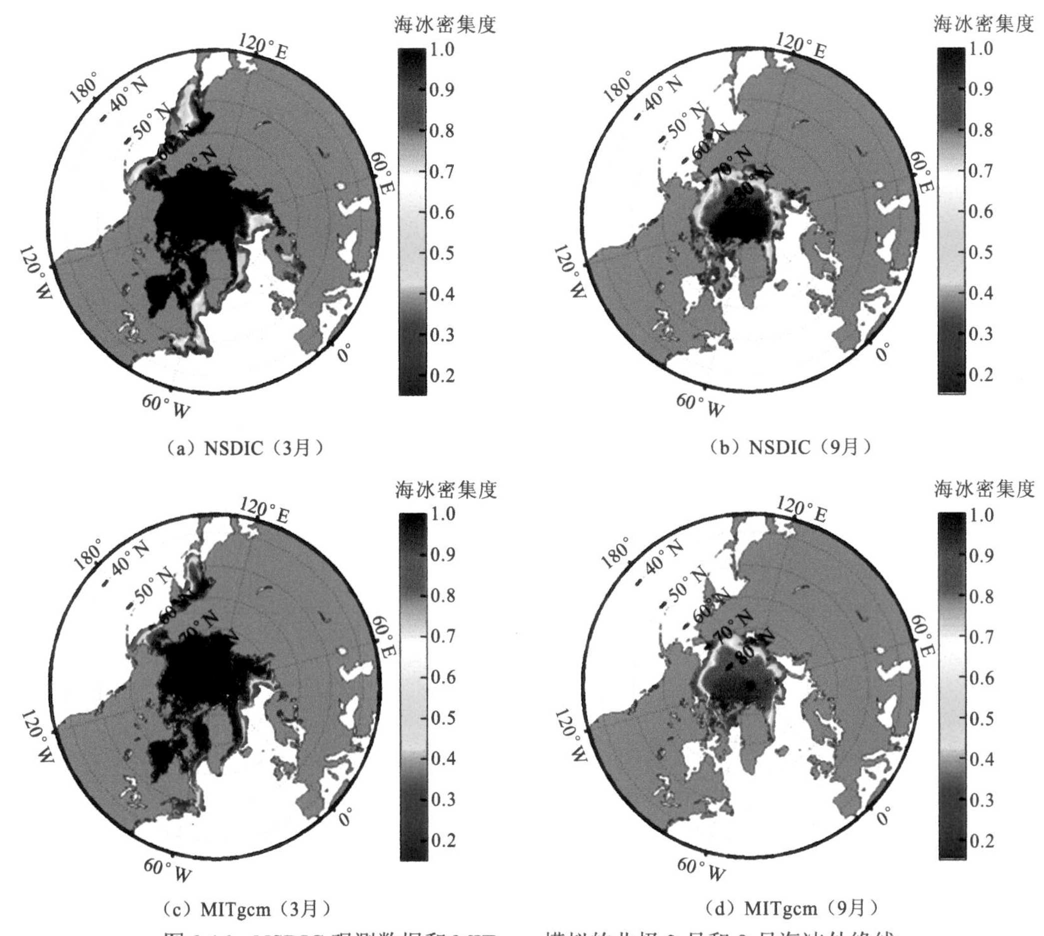

（a）NSDIC（3月）　（b）NSDIC（9月）

（c）MITgcm（3月）　（d）MITgcm（9月）

图 3.16　NSDIC 观测数据和 MITgcm 模拟的北极 3 月和 9 月海冰外缘线

参 考 文 献

王传印, 苏洁, 2015. CICE 海冰模式中融池参数化方案的比较研究. 海洋学报, 37(11): 41-56.

汪雷, 王彰贵, 凌铁军, 等, 2014. 海洋模式中垂直混合参数化方案介绍. 海洋学报, 31(5): 93-104.

杨清华, 张占海, 刘骥平, 等, 2010. 海冰反照率参数化方案的研究回顾. 地球科学进展, 25(1): 14-21.

朱聿超, 2018. 海洋垂向混合参数化方案及对海洋环流和气候模式的改进. 北京: 中国科学院大学.

ADCROFT A, ANDERSON W, BALAJI V, et al., 2019. The GFDL global ocean and sea ice model OM4.0: Model description and simulation features. Journal of Advances in Modeling Earth Systems, 11: 3167-3211.

ANDREAS E L, 2010. Spray-mediated enthalpy flux to the atmosphere and salt flux to the ocean in high winds. Journal of Physical Oceanography, 40: 608-619.

BITZ C, LIPSCOMB W, 1999. An energy-conserving thermodynamic model of sea ice. Journal of Geophysical Research, 104 (C7): 15669-15677.

BITZ C M, HOLLAND M M, WEAVER A J, et al., 2001. Simulating the ice-thickness distribution in a coupled climate model. Journal of Geophysical Research, 106: 2441-2463.

BLECK R, 2002. An oceanic general circulation model framed in hybrid isopycnic-cartesian coordinates. Ocean

Modelling, 4(1): 55-88.

BOUILLON S, FICHEFET T, LEGAT V, et al., 2013. The elastic-viscous-plastic method revisited. Ocean Modelling, 71: 2-12.

BOUILLON S, MAQUEDA M, LEGAT V, et al., 2009. An elastic-viscous-plastic sea ice model formulated on Arakawa B and C grids. Ocean Modelling, 27: 174-184.

BRIEGLEB B P, BITZ C M, HUNKE E C, et al., 2002. Description of the Community Climate System Model Version 2 Sea Ice Model. NCAR Tech Note: 62.

BRIEGLEB B P, HUNKE C M, BITZ C M, 2004. The sea ice simulation of the Community Climate System Model, version 2. NCAR Tech Note NCAR/TN-451STR: 34.

BRYAN K, LEWIS L J, 1979. A water mass model of the world ocean. Journal of Geophysical Research Oceans, 84(C5): 2503-2517.

CHARNOCK H, 1955. Wind stress on a water surface. Quarterly Journal of The Royal Meteorological Society, 81: 639-640.

CHASSIGNET E, SMITH P, LINDA T, et al., 2003. North atlantic simulations with the hybrid coordinate ocean model (HYCOM): Impact of the vertical coordinate choice, reference pressure, and thermobaricity. Journal of Physical Oceanography, 33: 2504-2526.

CHENG B, ZHANG Z H, VIHMA T, et al., 2008. Model experiments on snow and ice thermodynamics in the Arctic Ocean with CHINARE 2003 dat. Journal of Geophysical Research, 113(C9): C09020.

CHENG L, KITADE Y, 2014. Quantitative evaluation of turbulent mixing in the Central Equatorial Pacific. Journal of Oceanography, 70: 63-79.

DONELAN M A, 1990. Air-sea interaction. //LEMEHAUTE B, HANES D M, 1990. The Sea Ocean Engineering Science. New York: Wiley and Sons Inc: 239-292.

DONELAN M A, DOBSON F W, SMITH S D, et al., 1993. On the dependence of sea surface roughness on wave development. Journal of Physical Oceanography, 23: 2143-2149.

DRENNAN W M, GRABER H C, HAUSER D, et al., 2003. On the wave age dependence of wind stress over pure wind seas. Journal of Geophysical Research,. doi: 10. 1029/2000JC000715.

FAIRALL C W, BRADLEY E F, HARE J E, et al., 2003. Bulk parameterization on air-sea fluxes: Updates and verification for the COARE algorithm. Journal of Climate, 16: 571-591.

FAIRALL C W, BRADLEY E F, ROGERS D P, et al., 1996. Bulk parameterization of air-sea fluxes for tropical ocean-global atmosphere coupled-ocean-atmosphere experiment. Journal of Geophysical Research, 101: 3747-3764.

FICHEFET T, MAQUEDA M, 1997. Sensitivity of a global sea ice model to the treatment of ice thermodynamics and dynamics. Journal of Geophysical Research, 102: 12609-12646.

FLATO G M AND, BROWN R D, 1996. Variability and climate sensitivity of landfast Arctic sea ice. Journal of Geophysical Research, doi: 10. 1029/96JC02431.

GENT P R, MCWILLIAMS J C, 1990. Isopycnal mixing in ocean circulation models. Journal of Physical Oceanograph, 20(1): 150-155.

GREATBATCH R J, LU Y, CAI Y, 2001. Relaxing the boussinesq approximation in ocean circulation models. Journal of Atmospheric and Oceanic Technology, 18(11): 1911-1923.

GRIFFIES S M, HARRISON M J, PACANOWSKI R C, et al., 2004. A technical guide to mom4. GFDL ocean group, Bouder.

HARRISON M J, HALLBERG R, 2008. Pacific subtropical cell response to reduced equatorial dissipation. Journal of Physical Oceanography, 38(9): 1894-1912.

HIBLER W D, 1980. Sea ice growth, drift and decay. Dynamics of Snow and Ice Masses, New York: Academic Press: 141-209.

HUNKE E C, LIPSCOMB W H, TURNER A K, 2010. Sea-ice models for climate study: Retrospective and new directions. Journal of Glaciology, 56: 1162-1172.

JAROSZ E, MITCHELL D A, WANG D W, et al., 2007. Bottom-up determination of air-sea momentum exchange under a major tropical cyclone. Science, 315: 1707-1709.

JOHNSON H K, HOJSTRUP J, VESTED H J, et al., 1998. On the dependence of sea surface roughness on wind waves. Journal of Physical Oceanography, 28: 1702-1716.

LARGE W G, MCWILLIAMS J C, DONEY S C, 1994. Oceanic vertical mixing: A review and a model with a nonlocal boundary layer parameterization. Reviews of Geophysics, 32: 363-403.

LIU J P, ZHANG Z H, INOUE J, et al., 2007. Evaluation of snow/ice albedo parameterizations and their impacts on sea ice simulations. International Journal of Climatology, 27: 91.

LIU Z, LIAN Q, ZHANG F, et al., 2017. Weak thermocline mixing in the north pacific low-latitude western boundary current system. Geophysical Research Letter, 44(20): 10530-10539.

MAAT N, KRAAN C, OOST W A, 1991. The roughness of wind waves. Boundary-Layer Meteorology, 54: 89-103.

MAKIN V K, 2005. A note on the drag of the sea surface at hurricane winds. Boundary-Layer Meteorology, 115(1): 169-176.

MASUDA A, KUSABA T, 1987. On the equilibrium of winds and wind～waves in relation to surface drag. Journal of the Oceanographical Society of Japan. 43: 28-36.

MELLOR G L, YAMADA T, 1982. Development of a turbulence closure model for geophysical fluid problems. Reviews of Geophysics, 20: 851-875.

MONBALIU J, 1994. On the use of the Donelan wave spectral parameter as a measure for the roughness of wind waves. Boundary-Layer Meteorology, 67: 277-291.

PACANOWSKI R C, PHILANDER S G, 1981. Parameterization of vertical mixing in numerical models of tropical oceans. Journal of Physical Oceanography, 11(11): 1443-1451.

PEROVICH D K, RICHTER-MENGE J A, 2009. Loss of sea ice in the Arctic. Annual Review of Materials Science, 1: 417-419.

PETERS H, GREGG M C, TOOLE J M, 1988. On the parameterization of equatorial turbulence. Journal of Geophysical Research: Oceans, 93(C2): 1199-1218.

POWELL M D, VICKERY P J, REINHOLD T A, 2003. Reduced drag coefficient for high wind speeds in tropical cyclones. Nature, 422(6929): 279-283.

ROECKNER E, MAURITSEN T, ESCH M, et al., 2012. Impact of melt ponds on Arctic sea ice in past and future climates as simulated by MPI-ESM. Journal of Advances in Modeling Earth Systems, 4.

ROSS B R, WALSH J E, 1987. A comparison of simulated and observed Fluctuations in summer time Arctic surface albedo. Journal of Geophysical Research, 92: 13115-13125.

SCHRAMM J L, HOLLAND M, CURRY J A, et al., 1997. Modeling the thermo-dynamics of a distribution of sea ice thicknesses, PartI: Sensitivity to ice thickness resolution. Journal of Geophysical Research, 102: 23079-23092.

SMITH J A, 1992. Observed growth of Langmuir circulation. Journal of Geophysical Research. 97: 5651-5664.

SMITH R D, MCWILLIAMS J C, 2003. Anisotropic horizontal viscosity for ocean models. Ocean Modelling, 5: 129-156.

STEELE M, 1992. Sea ice melting and floe geometry in a simple ice-ocean model. Journal of Geophysical Research, 97: 17729-17738.

SUGIMORI Y, AKIYAMA M, SUZUKI N, 2000. Ocean measurement and climate prediction: Expectation for signal processing. Journal of Signal Process, 4: 209-222.

THORNDIKE A S, 1986. Diffusion of sea ice. Journal of Geophysical Research Oceans, 91(C6): 7691-7696.

THORNDIKE A S, ROTHROCK D A, MAYKUT G A, et al., 1975. The thickness distribution of sea ice. Journal of Geophysical Research, 80(33): 4501-4513.

TIMMERMANN R, GOOSSE H, MADEC G, et al., 2005. On the representation of high latitude processes in the orca-lim global coupled sea ice-ocean model. Ocean Modelling, 8: 175-201.

TOBA Y, 1972. Local balance in the air-sea boundary process, I. On the growth process of wind waves. Journal of the Oceanographical Society of Japan, 28: 109-120.

TOBA Y, KOGA M, 1986. A parameter describing overall conditions of wave breaking, white capping, sea-spray production and wind stress. //MONAHAN E C, NIO-CAILL G, Oceanic whitecaps and their role in air-sea exchange processes: 37-47.

TOBA Y, IIDA N, KAWAMURA H, et al., 1990. Wave dependence of sea surface wind stress. Journal of Physical Oceanography, 20: 705-721.

VICKERS D, MAHRT L, 1997. Fetch limited drag coefficients. Boundary-Layer Meteorology, 83: 53-79.

WEATHERLY J W, BRIEGLEB B P, LARGE W G, et al., 1998. Sea ice and polar climate in the NCAR CSM. Journal of Climate, 11: 1472-1486.

WHALEN C B, MACKINNON J A, TALLEY L D, et al., 2015. Estimating the mean diapycnal mixing using a fine scale strainparameterization. Journal of Physical Oceanography, 45: 1174-1188.

WINTON M, 2000. A reformulated three-layer sea ice model. Journal of Atmospheric and Oceanic Technology, 17(4): 525-531.

ZHANG L, ZHANG X, CHU P, et al., 2017. Impact of sea spray on the Yellow and East China Seas thermal structure during the passage of typhoon Rammasun (2002). Journal of Geophysical Research: Oceans, 122: 7783-7802.

ZHANG L, ZHANG X, WILLIAM P, et al., 2021. Impact of sea spray and sea surface roughness on the upper ocean response to super typhoon Haitang (2005). Journal of Physical Oceanography, 51(6): 1929-1945.

ZHU Y, ZHANG R H, 2018. An Argo-derived background diffusivity parameterization for improved ocean simulations in the tropical pacific. Geophysical Research Letters, 45(3): 1509-1517.

第 4 章　数据同化技术

数据同化将数值模拟结果与观测资料最优结合，是制作再分析产品的核心技术之一。海洋再分析需要充分利用能够获取的各种来源的历史资料，包括卫星遥感观测、现场观测等。这些观测资料在观测要素、时空尺度、抽样频率等方面有各自的特点。同时，全球高分辨率冰-海耦合模式能够模拟出时空尺度更小的物理过程，如何将模式模拟的多尺度结果与观测资料的多尺度信息有机结合，是海洋再分析中的数据同化需要解决的重要问题。此外，全球高分辨率海洋再分析对数据同化的计算效率提出了很高的要求。因此，高效同化和并行同化也是需要解决的关键技术之一。本章主要围绕海洋再分析中的基础同化、温盐一致性调整、卫星测高数据同化、潮汐数据同化、海冰数据同化、高分辨率数据同化、并行同化、同化试验和结果检验等方面进行介绍。

4.1　基础同化

本节对全球海洋再分析中使用的主要基础同化方法进行介绍，包括最优插值、三维变分、四维变分、卡尔曼滤波、集合卡尔曼滤波和混合同化。

4.1.1　最优插值

最优插值（optimal interpolation，OI）方法基于统计估计理论，考虑背景误差和观测误差的统计特征，给出分析场的最佳线性无偏估计。OI 方法的分析场计算公式为

$$\boldsymbol{X}_{\mathrm{a}} = \boldsymbol{X}_{\mathrm{b}} + \boldsymbol{K}(\boldsymbol{Y} - \boldsymbol{H}\boldsymbol{X}_{\mathrm{b}}) \tag{4-1}$$

式中：$\boldsymbol{X}_{\mathrm{b}}$ 为模式背景场（预报场）向量；$\boldsymbol{Y}$ 为观测向量；$\boldsymbol{H}$ 为从模式空间到观测空间的投影算符；$\boldsymbol{K} = \boldsymbol{B}\boldsymbol{H}^{\mathrm{T}}(\boldsymbol{H}\boldsymbol{B}\boldsymbol{H}^{\mathrm{T}} + \boldsymbol{R})^{-1}$ 为卡尔曼增益矩阵，$\boldsymbol{B}$ 为背景误差协方差矩阵，$\boldsymbol{R}$ 为观测误差协方差矩阵。OI 方法起源于 20 世纪 90 年代，用于卫星高度计（Dombrowski et al.，1992）和常规温度（朱江 等，1995）的同化。在业务化海洋环境分析和预报中，OI 方法也有广泛应用。美国国家科学基金会和 NOAA 基于 MOM2 模式，利用 OI 方法建立了 SODA 海洋再分析系统（Carton et al.，2008）。巴西海军水文中心基于 HYCOM 和 ROMS 模式，利用多变量 OI 方法建立了区域海洋预报系统（Cooper et al.，1996）。

OI 方法的一个缺点是 $\boldsymbol{B}$ 矩阵为静态。为了得到动态的 $\boldsymbol{B}$ 矩阵，Evensen（2003）提出了集合最优插值（ensemble optimal interpolation，EnOI）同化方法，该方法在进行同化分析前利用模式积分得到一组集合样本来模拟分析时刻的 $\boldsymbol{B}$ 矩阵，在进行模式积分时则采用

单一样本。

4.1.2 三维变分

三维变分（3D-Var）是一种经济高效的同化方法，常被用于海洋再分析产品制作。3D-Var的背景误差协方差矩阵不随时间变化。对于满足高斯分布的背景误差，3D-Var的分析结果相当于后验概率的极大似然估计值。3D-Var方法通过最小化如下目标函数求得分析解：

$$J(\boldsymbol{X})=\frac{1}{2}(\boldsymbol{X}-\boldsymbol{X}_{\mathrm{b}})^{\mathrm{T}}\boldsymbol{B}^{-1}(\boldsymbol{X}-\boldsymbol{X}_{\mathrm{b}})+\frac{1}{2}(\boldsymbol{Y}-\boldsymbol{HX})^{\mathrm{T}}\boldsymbol{R}^{-1}(\boldsymbol{Y}-\boldsymbol{HX}) \tag{4-2}$$

式中：$\boldsymbol{X}-\boldsymbol{X}_{\mathrm{b}}$ 为分析场相对背景场的修正向量；$\boldsymbol{Y}-\boldsymbol{HX}$ 为观测场与分析场插值到观测位置处的差值向量。3D-Var方法的一个主要问题是获得一个合理的背景误差协方差矩阵 $\boldsymbol{B}$。Derber等（1989）使用经验公式来描述矩阵 $\boldsymbol{B}$，其中相关尺度依赖于纬度。Behringer等（1998）对该经验公式进行了修正，考虑了经向和纬向相关尺度的各向异性。Gaspari等（1999）系统地阐述了各种协方差函数的建立过程。Weaver等（2001）阐述了在球面上建立协方差函数的算法。

3D-Var方法求解的核心是计算目标函数关于控制变量的梯度，即

$$\nabla J(\boldsymbol{X})=\boldsymbol{B}^{-1}(\boldsymbol{X}-\boldsymbol{X}_{\mathrm{b}})-\boldsymbol{H}^{\mathrm{T}}\boldsymbol{R}^{-1}(\boldsymbol{Y}-\boldsymbol{HX}) \tag{4-3}$$

基于控制变量的初猜值、梯度值和目标函数值，可利用适当的最优化算法，通过迭代计算可以得到同化分析场。

3D-Var方法兼顾了计算量与精度的平衡，被广泛应用于各种海洋同化的研究与业务系统中。加拿大基于NEMO模式，利用3D-Var方法建立了全球冰-海耦合预报系统（Smith et al.，2016）。英国气象局基于NEMO模式，利用3D-Var方法建立了全球、北大西洋、印度洋和地中海海洋预报系统（Blockley et al.，2013）。美国NOAA基于HYCOM模式，利用3D-Var方法建立了全球和大西洋海洋预报系统和海-气耦合实时预报系统（Garraffo et al.，2020）。美国海军基于HYCOM模式，利用多变量最优插值和3D-Var方法建立了全球海洋预报和再分析系统（Metzger et al.，2014）。ECMWF基于NEMO模式，利用3D-Var方法建立了第五代全球海洋再分析系统（Zuo et al.，2019）。美国NCEP基于MOM3模式，利用3D-Var方法建立了全球海洋数据同化系统（global ocean data assimilation system，GODAS）（Behringer，2007）。美国NCAR基于MOM4模式，利用GODAS建立了全球气候预测系统再分析（climate forecast system reanalysis，CFSR）（Saha et al.，2014，2010）。国家海洋环境预报中心基于多种海洋模式，利用集合最优插值和3D-Var方法建立了全球海洋预报系统（王辉 等，2016）。

在传统3D-Var数据同化方法中，背景场误差协方差矩阵通常采用高斯型的函数来描述，使用纬向和经向的相关尺度来构造e-折尺度：

$$\boldsymbol{B}_{ij}=a_{\mathrm{h}}\exp\left(-\frac{\Delta x_{ij}^{2}}{L_x^2}-\frac{\Delta y_{ij}^{2}}{L_y^2}\right) \tag{4-4}$$

式中：L_x^2 和 L_y^2 分别为纬向和经向的相关尺度；x 和 y 为模式坐标；a_{h} 为背景误差的方差；i 和 j 为转换为列向量后的模式网格点；Δx_{ij} 和 Δy_{ij} 分别为第 i 个网格和第 j 个网格之间的纬

向和经向距离。

海洋中的观测数据是非常不均匀的，不准确的相关尺度会在观测点稀疏的区域产生较大的分析误差。对于给定的观测系统，数据稀疏的地区只能提供长波信息，而数据密集的地区既能提供长波信息又能提供短波信息。理想的数据同化系统应该既能够提取整个地区的长波信息，也能提取数据密集区域的短波信息。一种实现方法是获得随空间和时间变化的准确背景场误差协方差矩阵，这实际上是不太可能的。另一种实现方法是使用一系列的三维变分依次提取长波和短波信息，然后将每一次的分析结果叠加起来。分析的顺序必须是从长波到短波，如果先提取短波，那么短波的提取会破坏长波的提取。例如，考虑一个温度场，根据傅里叶（Fourier）理论，可以分为长波和短波：

$$\boldsymbol{X}_{\mathrm{b}}=\boldsymbol{X}_{\mathrm{b}}^{\mathrm{L}}+\boldsymbol{X}_{\mathrm{b}}^{\mathrm{S}} \tag{4-5}$$

式中：上标 L 为长波，S 为短波；下标 b 为背景场。如以下标 a 代表分析场，则对模式背景场的长波修正为

$$\boldsymbol{X}^{\mathrm{L}}=\boldsymbol{X}_{\mathrm{a}}^{\mathrm{L}}-\boldsymbol{X}_{\mathrm{b}}^{\mathrm{L}} \tag{4-6}$$

构造长波信息的目标泛函为

$$J=\frac{1}{2}(\boldsymbol{X}^{\mathrm{L}})^{\mathrm{T}}(\boldsymbol{B}^{\mathrm{L}})^{-1}\boldsymbol{X}^{\mathrm{L}}+\frac{1}{2}(\boldsymbol{H}\boldsymbol{X}^{\mathrm{L}}-\boldsymbol{Y}^{\mathrm{L}})^{\mathrm{T}}(\boldsymbol{R}^{\mathrm{L}})^{-1}(\boldsymbol{H}\boldsymbol{X}^{\mathrm{L}}-\boldsymbol{Y}^{\mathrm{L}}) \tag{4-7}$$

分析场为

$$\boldsymbol{X}_{\mathrm{a}}=\boldsymbol{X}_{\mathrm{b}}+\boldsymbol{X}^{\mathrm{L}}=\boldsymbol{X}_{\mathrm{b}}^{\mathrm{L}}+\boldsymbol{X}_{\mathrm{b}}^{\mathrm{S}}+\boldsymbol{X}_{\mathrm{a}}^{\mathrm{L}}-\boldsymbol{X}_{\mathrm{b}}^{\mathrm{L}}=\boldsymbol{X}_{\mathrm{a}}^{\mathrm{L}}+\boldsymbol{X}_{\mathrm{b}}^{\mathrm{S}} \tag{4-8}$$

可见分析场包含分析得到的长波和背景场的短波。保持长波 $\boldsymbol{X}^{\mathrm{L}}$ 不变，构造短波的目标泛函，依次对长波和短波的目标泛函进行最小化，从而达到对长波和短波信息依次提取的目的。多尺度三维变分有很多种，包括顺次递归滤波多尺度三维变分（He et al.，2008）、多尺度同化（Li et al.，2015）、多重网格三维变分（Li et al.，2008）等，这里以多重网格三维变分为例，介绍其多尺度同化思想。

在数据同化过程中，利用多重网格法求解微分方程时，解的高频振荡模态（短波）比低频振荡模态（长波）收敛得快的特点，可以使用粗网格的目标泛函对长波信息进行分析，使用细网格的目标泛函对短波信息进行分析。多重网格三维变分第 n 重网格的目标泛函为

$$J^{(n)}(\delta\boldsymbol{X}^{(n)})=\frac{1}{2}(\delta\boldsymbol{X}^{(n)})^{\mathrm{T}}\delta\boldsymbol{X}^{(n)}+\frac{1}{2}[\boldsymbol{H}^{(n)}(\delta\boldsymbol{X}^{(n)})-\boldsymbol{d}^{(n)}]^{\mathrm{T}}(R^{(n)})^{-1}[\boldsymbol{H}^{(n)}(\delta\boldsymbol{X}^{(n)})-\boldsymbol{d}^{(n)}] \tag{4-9}$$

式中：$\delta\boldsymbol{X}^{(n)}$ 为第 n 重网格的分析增量；

$$\boldsymbol{d}^{(n)}=\begin{cases}\boldsymbol{Y}-\boldsymbol{H}^{(0)}\boldsymbol{X}_{\mathrm{b}}, & n=1\\ \boldsymbol{d}^{(n-1)}-\boldsymbol{H}^{(n-1)}(\delta\boldsymbol{X}_{\mathrm{a}}^{(n-1)}), & n=2,\cdots,N\end{cases} \tag{4-10}$$

为观测的新息向量，$\boldsymbol{H}^{(n-1)}$ 为将第 n-1 重网格的分析场投影到第 n 重网格上的分析结果。可以看出，多重网格三维变分仅对状态增量进行分析，且背景误差协方差矩阵使用单位矩阵。在一组由粗到细的网格上依次对观测场相对于背景场的增量进行三维变分分析，每次分析的增量是相对上次较粗网格的分析场的增量。将各重网格的分析结果叠加即得到最终的分析结果：

$$\boldsymbol{X}_{\mathrm{a}}=\boldsymbol{X}_{\mathrm{b}}+\sum_{n=1}^{N}\delta\boldsymbol{X}^{(n)} \tag{4-11}$$

多重网格三维变分的主要特点是空间多尺度和计算效率高，适用于业务化系统。国家

海洋信息中心基于 POMgcs 和 MITgcm 海洋模式，利用多重网格三维变分方法建立了我国近海及邻近海域海洋再分析系统（Han et al.，2013a，2011）和全球海洋再分析系统（Han et al.，2013b）。

4.1.3 四维变分

四维变分（4D-Var）是 3D-Var 的推广，其利用时间连续的观测资料来优化初始时刻的模式状态场，并引入模式方程的动力约束。4D-Var 的目标函数为

$$J(\boldsymbol{X}_0)=\frac{1}{2}(\boldsymbol{X}_0-\boldsymbol{X}_\mathrm{b})^\mathrm{T}\boldsymbol{B}^{-1}(\boldsymbol{X}_0-\boldsymbol{X}_\mathrm{b})+\frac{1}{2}\sum_{i=0}^{n}(\boldsymbol{Y}_i-\boldsymbol{H}_i\boldsymbol{X}_i)^\mathrm{T}\boldsymbol{R}_i^{-1}(\boldsymbol{Y}_i-\boldsymbol{H}_i\boldsymbol{X}_i) \tag{4-12}$$

式中：i 为观测时刻；n 为同化窗口内的时间维总观测次数；$\boldsymbol{X}_i$ 满足方程 $\boldsymbol{X}_i=\boldsymbol{M}_i(\boldsymbol{X}_{i-1})$，$\boldsymbol{M}_i$ 为 i-1 时刻到 i 时刻的模式预报算子。

目标函数的梯度为

$$\nabla J(\boldsymbol{X}_0)=\boldsymbol{B}^{-1}(\boldsymbol{X}_0-\boldsymbol{X}_\mathrm{b})-\sum_{i=0}^{n}\boldsymbol{H}_i{}^\mathrm{T}\boldsymbol{R}_i^{-1}(\boldsymbol{Y}_i-\boldsymbol{H}_i\boldsymbol{X}_i) \tag{4-13}$$

4D-Var 方法重要的环节是伴随模型的建立，通常采用“差分的伴随”法，即由离散的正模型直接导出离散的伴随模型及目标泛函的梯度表达式。利用 4D-Var 方法进行最优估计有诸多优点：①可以选择不同的控制变量；②可同化多时刻的资料；③$\boldsymbol{B}$ 矩阵在同化窗口是隐式发展的；④可在目标函数中加上其他的弱约束。

随着高性能计算机的不断发展，4D-Var 方法也逐渐应用到业务化海洋再分析和数值预报系统中。美国海军基于 HYCOM 模式，利用 4D-Var 方法建立了全球海洋预报和再分析系统（Burnett et al.，2014）。ECMWF 基于 NEMO 模式，利用最优插值和 4D-Var 方法建立了全球海洋再分析和预报系统（Mogensen et al.，2009）。日本气象研究所联合多家单位利用 3D-Var 方法建立了全球和西北太平洋海洋预报系统（Usui et al.，2006），并于 2015 年将同化方法升级为 4D-Var（Usui et al.，2015）。

4.1.4 卡尔曼滤波

卡尔曼滤波（Kalman filter，KF）最初由 Kalman（1960）提出，其在线性系统、高斯白噪声及高斯先验分布的假定条件下，通过最小化分析误差得到最优解。在 KF 理论框架下，背景误差协方差矩阵和分析误差协方差矩阵通常以 $\boldsymbol{P}_\mathrm{f}$ 和 $\boldsymbol{P}_\mathrm{a}$ 来表示。模型误差的协方差矩阵为 $\boldsymbol{Q}$，KF 假定模型误差与观测误差均满足正态分布且彼此是不相关的。KF 的计算步骤如下。

（1）计算第 i 时刻 Kalman 增益矩阵：

$$\boldsymbol{K}_i=\boldsymbol{P}_{\mathrm{f},i}\boldsymbol{H}_i^\mathrm{T}(\boldsymbol{H}_i\boldsymbol{P}_{\mathrm{f},i}\boldsymbol{H}_i^\mathrm{T}+\boldsymbol{R}_i)^{-1} \tag{4-14}$$

（2）变量分析：

$$\boldsymbol{X}_{\mathrm{a},i}=\boldsymbol{X}_{\mathrm{f},i}+\boldsymbol{K}_i(\boldsymbol{Y}_i-\boldsymbol{H}_i\boldsymbol{X}_{\mathrm{f},i}) \tag{4-15}$$

（3）误差分析：

$$\boldsymbol{P}_{\mathrm{a},i}=(\boldsymbol{I}-\boldsymbol{K}_i\boldsymbol{H}_i)\boldsymbol{P}_{\mathrm{f},i} \tag{4-16}$$

（4）变量预报：

$$X_{\mathrm{f},i+1}=M_{i+1}(X_{\mathrm{a},i}) \tag{4-17}$$

（5）误差预报：

$$P_{\mathrm{f},i+1}=M_{i+1}P_{\mathrm{a},i}M_{i+1}^{\mathrm{T}}+Q_i \tag{4-18}$$

式中：$\boldsymbol{I}$ 为单位矩阵。

与变分方法相比，KF 的优点在于：①$\boldsymbol{P}_{\mathrm{f}}$的流依赖性；②无须模式的伴随。KF 的缺点在于：①需要存储高维背景误差协方差矩阵；②模型误差的准确估计。对于非线性预报算子，将$\boldsymbol{M}$视为其切线性算子，可以将KF方法演变为扩展卡尔曼滤波（extended Kalman filter，EKF）方法，该方法适用于弱非线性系统，例如海洋动力系统。KF 方法在业务化海洋分析预报中也有一些应用。法国基于 NEMO 模式，利用奇异演化扩展卡尔曼滤波（singular evolutive extended Kalman filter，SEEK）和 3D-Var 方法建立了全球海洋监测预报及再分析系统。

4.1.5 集合卡尔曼滤波

集合卡尔曼滤波（ensemble Kalman filter，EnKF）方法的特点是利用有限个随机样本估计背景误差协方差，是 KF 方法的一种近似，解决了强非线性系统中背景误差协方差矩阵的预报问题，适用于非线性集合预报。在一个集合预报或者再分析系统中，传统 EnKF（Evensen，1994）的同化步骤主要分为以下三个步骤。

（1）假设集合成员数量为 K，$X_{\mathrm{a},n-1}^{(k)}$是长度为 N 的列向量，N 为模式状态向量的维数。从 t_{n-1} 时刻的集合分析值 $X_{\mathrm{a},n-1}^{(k)}$ 出发，对集合预报系统进行积分直到下一个同化时刻 t_n，得到模式背景场 $X_{\mathrm{f},n}^{(k)}$，其中 k 表示集合成员。

（2）对每个集合成员，在 t_n 时刻观测向量的每个观测上添加 K 个相互独立且服从正态分布的随机扰动 δ，得到用于同化的观测矩阵 Y_n。

（3）根据式（4-19）计算出 t_n 时刻第 k 个状态集合的分析值：

$$X_{\mathrm{a},n}^{(k)}=X_{\mathrm{f},n}^{(k)}+K_n(Y_n^{(k)}-H_nX_{\mathrm{f},n}^{(k)}) \tag{4-19}$$

式中

$$K_n=P_nH_n^{\mathrm{T}}(H_nP_nH_n^{\mathrm{T}}+P_n)^{-1} \tag{4-20}$$

为卡尔曼增益矩阵，背景误差协方差矩阵 P_n 由集合预报样本计算得到：

$$P_n=\frac{1}{K-1}\sum_{k=1}^{K}(X_{\mathrm{f},n}^{(k)}-\bar{X}_{\mathrm{f},n})^{\mathrm{T}}(X_{\mathrm{f},n}^{(k)}-\bar{X}_{\mathrm{f},n}) \tag{4-21}$$

式中

$$\bar{X}_{\mathrm{f},n}=\frac{1}{K}\sum_{k=1}^{K}X_{\mathrm{f},n}^{(k)} \tag{4-22}$$

为集合平均。

传统的 EnKF 方法会引入随机扰动，增加同化结果的不确定性。很多学者发展出了多种确定性 EnKF 方法，例如集合调整卡尔曼滤波（ensemble adjustment Kalman filter，EAKF）（Anderson，2001）、集合转换卡尔曼滤波（ensemble transform Kalman filter，ETKF）（Bishop et al.，2001）、局地集合转换卡尔曼滤波（local ensemble transform Kalman filter，LETKF）（Hunt et al.，2007）、集合均方根滤波（ensemble square root filter，EnSRF）（Whitaker et al.，2002）等，这些方法不需要引入随机扰动。

EnKF 方法在实际应用中会出现滤波发散的问题：随着同化的进行，状态变量的方差（集合离散度）会逐渐损失，即集合逐渐聚集到一起，使观测无法对模式集合进行有效校正。同时，有限的集合样本也会带来抽样误差，导致长距离伪相关等问题。解决上述问题的方法主要有方差膨胀和协方差局地化两种。方差膨胀方法通常包括静态乘法膨胀（Anderson et al.，1999）、静态加法膨胀（Houtekamer et al.，2009）、自适应膨胀（Miyoshi，2011；Anderson，2008）等。协方差局地化方法通常包括距离因子法（Hamill et al.，2001）、自适应法（Bishop et al.，2009a，2009b）等。

EnKF 方法的主要优势在于：①流依赖的 $\boldsymbol{B}$ 矩阵；②不需要伴随模型；③易并行化。EnKF 方法的主要缺点在于：背景误差协方差的准确估计需要匹配与模式有效维度相当的集合样本量，这对实际大洋环流模式而言是不实际的，而较小的集合样本会引入较大的抽样误差。EnKF 方法在业务系统中有着广泛的应用。Haugen 等（2002）应用 EnKF 方法建立了印度洋海面高度异常和海面水温的短期预报系统。挪威基于 HYCOM 海洋模式，利用 EnKF 方法建立了北大西洋海洋预报系统（Simon et al.，2009）。Hoteit 等（2013）利用 MITgcm 海洋模式和 DART 系统搭建了一套墨西哥湾流预报系统。美国 NOAA/GFDL 基于 MOM 模式，利用 EnKF 方法建立了全球气候分析与预报系统（Saha et al.，2014，2010）。澳大利亚基于 MOM 模式，利用 EnOI/EnKF 方法建立了全球海洋数据同化系统 BODAS（Oke et al.，2008）和 BRAN2020（Chamberlain et al.，2021）。自然资源部第一海洋研究所基于 EAKF 方法和 FIO-COM 模式，搭建了一套海洋再分析系统（Sun et al.，2020）。

4.1.6 混合同化

除了单一同化方法，混合同化方法也有较好的应用潜力。混合同化主要包括 EnKF 与 3D-Var 的混合（Wang et al.，2008）、集合 4D-Var（Massart，2018；Berre et al.，2015；Bishop et al.，2011）、四维集合变分（Bowler et al.，2017；Wang et al.，2014）等。本小节介绍一种 EnKF 与多重网格分析（multi-grid analysis，MGA）混合同化方法（Wu et al.，2015，2014）。

MGA 是多重网格三维变分的一个变种，以一个平滑算子代替目标函数中的背景项，第 n 重网格的目标函数为

$$J^{(n)}(\delta \boldsymbol{X}^{(n)})=\frac{1}{2}[\boldsymbol{H}^{(n)}\delta \boldsymbol{X}^{(n)}-\boldsymbol{d}^{(n)}]^{\mathrm{T}}[\boldsymbol{R}^{(n)}]^{-1}[\boldsymbol{H}^{(n)}\delta \boldsymbol{X}^{(n)}-\boldsymbol{d}^{(n)}]+\frac{1}{2}[\delta \boldsymbol{X}^{(n)}]^{\mathrm{T}}\boldsymbol{S}^{(n)}\delta \boldsymbol{X}^{(n)} \tag{4-23}$$

式中：$\boldsymbol{S}$ 为平滑算子；其他变量的定义与式（4-9）相同。平滑算子的主要作用是对分析结果进行平滑，避免出现局部的小尺度噪声，通常采用相邻网格状态变化之差的平方的形式。

EnKF-MGA 混合同化方法的主要思想是：利用 MGA 提取 EnKF 的集合平均分析场未包含的多尺度观测信息，然后将其分析结果叠加至 EnKF 的集合分析场，并得到最终的同化结果。同化分析步的主要流程如下。

（1）利用不带方差膨胀的 EnKF 对观测资料进行同化，得到集合平均分析场 $\bar{\boldsymbol{X}}_{\mathrm{a}}^{\mathrm{EnKF}}$ 和集合扰动分析场 $\boldsymbol{X}_{\mathrm{a}}^{\mathrm{EnKF}}-\bar{\boldsymbol{X}}_{\mathrm{a}}^{\mathrm{EnKF}}$。

（2）计算观测余量：

$$Y^{\mathrm{res}} = Y - H\bar{X}_{\mathrm{a}}^{\mathrm{EnKF}} \tag{4-24}$$

式中：$\boldsymbol{Y}$为原始观测向量。

（3）计算$\boldsymbol{Y}$与$H\bar{X}_{\mathrm{a}}^{\mathrm{EnKF}}$之间差异的均方根偏差（root mean square deviation，RMSD）及阈值θ:

$$\begin{cases} \mathrm{RMSD} = \sqrt{\dfrac{1}{K}\sum_{k=1}^{K}(y_k^{\mathrm{o}} - H_k\bar{X}_{\mathrm{a}}^{\mathrm{EnKF}})^2} \\ \theta(\alpha, K, r) = r\sqrt{\dfrac{\chi_{1-\alpha}^2(K)}{K}} \end{cases} \tag{4-25}$$

式中：K为当前同化时刻观测资料的数量；r为观测误差标准差；α为显著性水平（通常取0.01或者0.05）；$\chi_{1-\alpha}^2(K)$为自由度等于K的χ^2分布$(1-\alpha)$上侧分位数。如果RMSD小于或等于阈值θ，则将EnKF的分析结果作为最终的同化结果。如果RMSD大于阈值θ，则使用MGA提取$\boldsymbol{Y}^{\mathrm{res}}$的多尺度信息，得到分析解$\boldsymbol{X}_{\mathrm{a}}^{\mathrm{MGA}}$，将其叠加至EnKF的集合平均分析解，得到最终的集合平均分析解：

$$\bar{X}_{\mathrm{a}} = \bar{X}_{\mathrm{a}}^{\mathrm{EnKF}} + X_{\mathrm{a}}^{\mathrm{MGA}} \tag{4-26}$$

在上述集合平均分析解基础上，叠加EnKF的集合扰动分析场，即可得到最终的集合分析解。

EnKF-MGA混合同化方法不需要在EnKF中引入方差膨胀因子，且对协方差局地化因子的敏感性较弱，适合于业务化应用。该混合同化方法已应用至ENSO预测（Wu，2016）和两洋一海多圈层延伸期预测。

4.2 温盐一致性调整

早期的海洋观测资料以温度为主，数据同化主要考虑单变量，即海温的同化问题，而盐度在同化中保持不变，仅仅是通过动力模式来调整。研究发现盐度对密度场的影响是不可忽略的，且盐度的垂直结构对热量的再分布具有重要影响。在某些海区，由盐度控制的热传输是影响热收支的重要因子。实际上，为保持海洋模式状态场的一致性，温度和盐度应该在数据同化过程中同时被订正。研究表明，单变量（海温）的同化系统可能会恶化密度场，导致模式计算的流场比没有数据同化时还要差（Cooper et al.，1996；Cooper，1988）。Troccoli等（2002）发现，当只同化温度时，要得到一个较好的温度分析场，就必须相应地调整盐度。其他许多研究工作也指出在海洋数据同化中盐度订正的重要性。

进入21世纪后，虽然Argo提供了丰富的、时空较均匀的温盐剖面观测，但仍然有一部分观测资料仅有温度观测（如 XBT），并且海洋再分析的主要目的是客观准确地再现历史上长时段时空连续的海洋状态，因此有必要对仅有温度观测的资料进行温盐一致性调整。一种实现手段为利用模式模拟结果或者历史观测资料等建立温度和盐度之间的相关关系，当同化完温度观测后，利用温盐关系对盐度模拟结果进行调整。本节对几种主要的温盐一致性调整方法进行介绍。

4.2.1 TH99

Troccoli 等（1999）提出了一种温盐一致性调整方法（简称 TH99 方法）。该方法在保持水体质量守恒的前提下，对盐度进行局地垂向平移以达到响应温度变化的目的。盐度调整的表达式为（Ricci et al.，2005）

$$\delta S_{\mathrm{B}} = \gamma_S^{\mathrm{b}} \left(\frac{\partial S}{\partial z} \right)^{\mathrm{b}} \delta z \tag{4-27}$$

$$\delta z = \left(\frac{\partial z}{\partial T} \right)^{\mathrm{b}} \delta T \tag{4-28}$$

式中：上标 b 为变量采用未同化的背景场做计算；S 为盐度；T 为温度；z 为深度；系数 γ_S^{b} 由式（4-29）计算：

$$\gamma_S^{\mathrm{b}} = \begin{cases} 0, & z < -D_{\mathrm{ml}}^{\mathrm{b}} \\ 0, & \left|(\partial S / \partial z)^{\mathrm{b}}\right| > \left|(\partial T / \partial z)^{\mathrm{b}}\right| \\ 0, & (\partial S / \partial z)^{\mathrm{b}} < 0.001 \\ 1, & \text{其他} \end{cases} \tag{4-29}$$

式中：$D_{\mathrm{ml}}^{\mathrm{b}}$ 为由密度计算的混合层深度；第一个条件表示混合层内不对盐度进行调整；第二个条件表示存在盐度障碍层，即盐度分层明显而温度正常混合时，不对盐度进行调整；第三个条件表示盐度层化较弱时不对盐度进行调整。

4.2.2 EOF 重构

经验正交函数（empirical orthogonal function，EOF）重构方法的主要思想为利用 EOF 提取温盐历史观测资料中温盐关系的主要模态，将其应用至盐度剖面的重构中，实现温盐一致性调整。因此，EOF 重构方法可以使温盐一致性调整后的温度和盐度保持历史观测资料所隐含的二者之间的关系，具体步骤如下。

（1）基于温盐历史观测资料，利用 EOF 方法提取温度和盐度的垂直特征结构。Maes 等（1999）使用 CTD 温盐观测，计算每个 TAO 浮标系泊位置的温度和盐度耦合 EOF 模态，利用 CTD 剖面数据偏离于均值的偏差量来计算 EOF 模态。图 4.1 给出了（165° E，2° S）处温度和盐度垂向结构的前 6 个 EOF 模态（Maes et al.，1999）。从图中可以看出，温度和盐度各自的第一模和第二模在垂向存在类似对称的结构，且前 5 个模态的累积贡献率超过了 80%，可用于盐度剖面的重构。

（2）在只有温盐 EOF 模态与温度观测资料可用时，反演盐度剖面。盐度和温度场通过以下主要模态的线性组合来进行重建或估计：

$$\begin{cases} T(k) = \sum\limits_n c_n \mathrm{EOF\_}T_n(k) \\ S(k) = \sum\limits_n c_n \mathrm{EOF\_}S_n(k) \end{cases} \tag{4-30}$$

式中：k 为垂向第 k 层；n 为第 n 个 EOF 模态；$\mathrm{EOF\_}T_n(k)$ 和 $\mathrm{EOF\_}S_n(k)$ 分别为温度与盐度在 k 层的第 n 个模态；c_n 为模态系数，使用加权最小二乘法最小化下述目标函数进行求解：

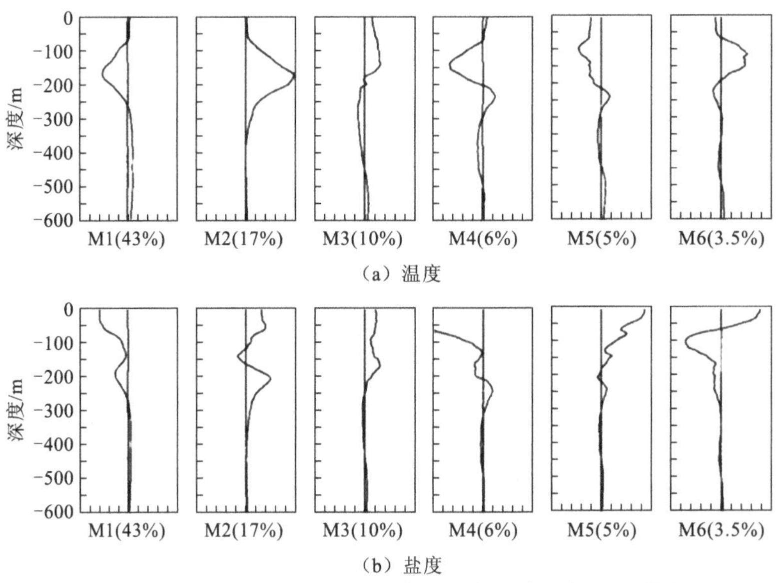

图 4.1 （165° E，2° S）处温度和盐度的前 6 个 EOF 模态

M1～M6 表示前 6 个模态，括号内的数值表示解释方差百分比

$$F=\sum_{k} wt(k)\left[\sum_{n} c_n\alpha(k)\mathrm{EOF}\_T_n(k)-\alpha(k)T'_{\mathrm{TAO}}(k)\right]^2+\sum_{k} ws(k)\left[\sum_{n} c_n\beta(k)\mathrm{EOF}\_S_n(k)\right]^2 \quad (4\text{-}31)$$

式中：$T'_{\mathrm{TAO}}(k)$ 为温度观测值偏离均值的量；$\alpha(k)$ 和 $\beta(k)$ 分别为各层热膨胀系数和盐收缩系数；$wt(k)$ 和 $ws(k)$ 分别为人为给定的温度项和盐度项的经验参数，$wt(k)$ 反映温度观测的不确定性，通常设为观测误差方差的倒数，$ws(k)$ 反映盐度标准差的变率，通常设为盐度误差方差的倒数。等号右侧第一项表示加权的温度 EOF 模态相对于温度观测的偏差量，第二项表示重构的盐度剖面的振幅。在没有观测到盐度剖面的情况下，第二项可以防止重构盐度的变率超出合理范围。在实际应用中，EOF 重构方法需要先基于温盐历史观测资料构建出主要 EOF 模态的参数库，然后利用观测的温度剖面重构标准层的温度和盐度剖面。

4.2.3 数据表一一对应

针对温盐存在一一对应关系且比较稳定的情况，一种简单直接的办法是在进行同化分析时利用模式积分结果或同化背景场的温度和盐度数据，建立温度和盐度之间的一一对应关系。海洋的上混合层由于受海面气象等因素影响较大，温度和盐度之间的关系不稳定，不适宜采用上述方法对盐度进行调整。高纬度海区温度垂向均一化情况较为严重，也不适合采用上述方法对盐度进行调整。因此，该方法通常应用于中低纬度混合层以深的海域。

数据表一一对应方法的具体步骤是：针对某一水平网格点上模式温盐输出结果，首先将其插值到 2 m 间隔的垂向层次上，然后将这组温盐数据按照温度的升序进行排列，建立温盐关系数据库。同化新的温度数据后，由温盐关系数据库搜索并插值得到对应的盐度，将其替换或与盐度模拟结果进行加权即完成了温盐一致性调整。可以看出，这种方法可使调整后的温盐关系满足模式模拟的温盐关系。

4.3 卫星测高数据同化

海洋观测资料大致可以分为卫星遥感和现场观测两类。现场观测资料的特点是稀疏且时空不均匀。相比之下，卫星遥感资料的特点是时空高覆盖且连续，要素主要包括海表温度、海面高度、海表盐度等。海表温度和海表盐度反映的是海表的热盐状况，而海面高度则是次表层温盐偏离年平均气候态在海表的反映。因此，海面高与次表层温盐存在动力学关系，导致卫星观测海面高度的同化与海表温度和盐度的同化存在一定差异，这也是海洋环境再分析数据同化领域的前沿热点问题。本节分两大类介绍海洋再分析中卫星测高同化方法，即直接同化法和间接同化法。

4.3.1 直接同化

直接同化法是利用最优插值、三维变分、卡尔曼滤波等基础同化方法，同化卫星观测的海面高度，对数值模拟的海面高度进行订正。平均动力地形（mean dynamic topography，MDT）是连接卫星观测的海面高度异常和数值模式的海面高度的桥梁，是卫星测高直接同化中的关键因素之一，显著影响卫星测高的同化精度（Yan et al.，2015）。

MDT 通常根据数值模拟的长期平均海面高度计算得到，也可以根据重力卫星数据得到。在卫星高度计观测中，将 MDT 视为卫星观测的海面高度长期平均值，海面高度异常（SLA）是海面高度相对于该值的偏差。受不同模式的配置条件、强迫场、开边界等因素的影响，卫星 MDT 通常与数值模拟的长期平均海面高度并不相等。

总的来说，卫星测高直接同化主要有两种实现手段。第一种是利用卫星观测的绝对动力地形（absolute dynamic topography，ADT，为 MDT 和卫星观测 SLA 的和）直接调整数值模拟的海面高度。这种方法的优点是将数值模拟的海面高度整体往观测值上调整，但也隐含着强制将数值模拟的长期平均海面高度约束到卫星 MDT 上，当将同化结果代入数值模式时，模式偏差有可能导致数值积分的不稳定。第二种是利用卫星观测的 SLA 调整相对于数值模拟的长期平均态的模式海面高度异常，同化完后再将数值模拟的长期平均海面高度反加回来，从而完成卫星 SLA 的同化。这种方法的优点是同化前后长期平均海面高度不发生改变，不影响数值积分的稳定性，缺点是长期平均海面高度始终与卫星 MDT 存在不一致，可能会导致数值模拟的海面高度与卫星 ADT 间存在系统性偏差。直接同化法仅修正模式的海面高度信息，这种海表信号可能被模式误差很快地耗散掉。事实上，卫星观测的 SLA 包含正压效应和斜压效应，正压效应主要为海水质量变化和海面压力变化所引起的海面高度起伏，斜压效应为次表层温盐偏离长期平均态的程度在海表的反映。研究表明，在 60° S～60° N 的大洋海域，斜压分量（即海面动力高度异常，dynamic height anomaly，DHA）与卫星 SLA 的相关程度很高。基于上述理论基础，一些学者将卫星 SLA 垂向映射为次表层温度和盐度“伪观测”，并将其同化进数值模式，以实现卫星 SLA 的间接同化。间接同化的优点是利用卫星 SLA 对三维温度和盐度进行约束，有效抑制模式误差。在实时或单时刻海洋现场观测资料较稀少的情况，卫星 SLA 的间接同化尤其适用于海洋数值预报初始化和海洋再分析。

4.3.2 间接同化

1. 三维变分垂向映射法

三维变分垂向映射法的主要思路是对每个水平网格点，构建由温盐垂向积分得到的动力高度异常（DHA）与卫星观测的海面高度异常（SLA）之间差异，以及温盐背景约束的目标泛函，从而优化温盐剖面：

$$J(T,S)=\frac{1}{2}(T-T_\mathrm{b})^\mathrm{T}\boldsymbol{B}_T^{-1}(T-T_\mathrm{b})+\frac{1}{2}(S-S_\mathrm{b})^\mathrm{T}\boldsymbol{B}_S^{-1}(S-S_\mathrm{b}) \\ +\frac{1}{2}[h(T,S)-\mathrm{SLA}]^\mathrm{T}\boldsymbol{R}_\mathrm{SLA}^{-1}[h(T,S)-\mathrm{SLA}] \tag{4-32}$$

式中

$$h(T,S)=\int_0^{\mathrm{ref}}\frac{\rho(0,35,p)-\rho(T,S,p)}{\rho(T,S,p)}\mathrm{d}z \tag{4-33}$$

为由温盐垂向积分得到的动力高度异常，p 为海水压力，$\rho(0,35,p)$ 为海水温度为 0、盐度为 35 PSU、压力为 p 时的密度，$\rho(T,S,p)$ 为海水温度为 T、盐度为 S、压力为 p 时的密度，ref 为参考面（通常取 1000 m），z 为垂向深度；T_b 和 S_b 为温度和盐度剖面的背景场；$\boldsymbol{R}_\mathrm{SLA}$ 为卫星观测 SLA 的误差协方差矩阵（通常假设为单位矩阵乘以一个常数）；$\boldsymbol{B}_T$ 和 $\boldsymbol{B}_S$ 分别为温度和盐度的背景误差协方差矩阵，通常采用如下形式表示：

$$(\boldsymbol{B}_F)_{i,j}=\sigma_{\mathrm{F}i}\sigma_{\mathrm{F}j}\exp\left(-\frac{(z_i-z_j)^2}{L_{Fz}^2}-\frac{(F_i-F_j)^2}{L_F^2}\right) \tag{4-34}$$

式中：F 为温度（T）或盐度（S）；i 和 j 为垂向第 i 和第 j 层；$\sigma_{\mathrm{F}i}$ 为第 i 层的背景场误差标准差；L_{Fz} 为温度或盐度的垂向相关尺度；L_F 为温度或盐度的相关尺度。

利用目标泛函式（4-32），可以由卫星观测 SLA 反演出温度和盐度剖面，该剖面满足背景场和卫星观测 SLA 的约束，但由于未考虑温盐关系约束，优化出的结果很可能破坏模式模拟或者实际观测的温盐关系。

为了引入温盐关系约束，首先要建立温度和盐度之间的非线性关系，通常使用分段拟合法或曲线拟合法基于模式模拟结果建立温盐关系。式（4-32）忽略了盐度背景项，温盐关系的引入采用如下目标泛函：

$$J(T)=\frac{1}{2}(T-T_\mathrm{b})^\mathrm{T}\boldsymbol{B}_T^{-1}(T-T_\mathrm{b})+\frac{1}{2}[h(T,S(T))-\mathrm{SLA}]^\mathrm{T}\boldsymbol{R}_\mathrm{SLA}^{-1}[h(T,S(T))-\mathrm{SLA}] \tag{4-35}$$

式中：$S(T)$为根据温盐关系计算得到的盐度。上述目标泛函仅为温度的函数，盐度的分析结果由温度的分析结果根据温盐关系计算得到。

三维变分垂向映射方法考虑了温度背景场误差的垂直相关性和非线性的温盐关系，但其有如下缺点：①目标泛函中背景误差协方差矩阵需要经验地确定且为静态；②很多海区不存在稳定的非线性温盐关系；③目标泛函卫星观测 SLA 约束项中动力高度异常与卫星 SLA 在物理意义上不完全等价，存在物理不一致性；④单个水平点进行温盐剖面垂向映射有可能导致水平方向上存在虚假梯度。

2. 水柱调整法

Cooper 等（1996）提出了基于垂向平移水柱的海面压力数据同化方法。该方法的主要思路是根据卫星观测 SLA 和数值模拟的海面高度异常分别计算各自海面压力及二者之间的差异，然后在保证反演前后海底压力不变的情况下，根据上述差异垂向平移密度，最后根据调整后的密度剖面反演温度和盐度剖面。水柱调整法具体步骤如下。

（1）根据卫星观测 SLA、海水密度和重力加速度计算海面压力“观测值” $p_{\mathrm{s}}^{\mathrm{obs}}$，同理由模式模拟的海面高度异常计算模式海面压力 $p_{\mathrm{s}}^{\mathrm{priori}}$。令 $\Delta p_{\mathrm{s}} = p_{\mathrm{s}}^{\mathrm{obs}} - p_{\mathrm{s}}^{\mathrm{priori}}$，由此造成的其他深度层上的压力异常为

$$\Delta p(z) = \Delta p_{\mathrm{s}} + g\int_{z}^{0}\Delta\rho \mathrm{d}z \tag{4-36}$$

式中：g 为重力加速度；ρ 为海水密度；z 为垂向深度。要使调整前后海底压力变化为 0，则要求 $\Delta p(-H) = 0$，其中 H 为海底水深，Δ表示调整前后的变化量，即

$$g\int_{0}^{-H}\Delta\rho \mathrm{d}z = \Delta p_{\mathrm{s}} \tag{4-37}$$

（2）根据式（4-38）计算水柱整体垂向移动的距离：

$$\Delta h = \frac{\Delta p_{\mathrm{s}}}{g[\rho(0) - \rho(-H)]} \tag{4-38}$$

式中：$\rho(0)$ 和 $\rho(-H)$ 分别表示海表海水和海底海水的密度。

水柱调整法将整层的水柱垂向平移，对于正（负）的海面压力异常，向下（上）平移水柱以使整层水体密度减小（增大），从而可以补偿海面压力异常。因此，该方法具有海底压力同化前后保持不变的特点。此外，整体平移水柱使位势涡度在调整前后保持不变，温盐关系也自然保持不变。值得注意的是，Cooper 等（1996）采用该方法时使用的 Cox 模式是刚盖近似模式，且海水状态方程只是温度的函数，因此垂向移动温度，密度也会相应移动。实际上，密度同时是压力、温度和盐度的函数，单纯移动温度会破坏温盐关系，同时移动温度和盐度也无法得到预期的密度（因为还有压力的影响）。为了将该调整方案应用于自由表面模式和通用海水状态方程，需要对其进行适应性改进。具体方法是垂向平移密度，在上述移动距离的基础上继续在同一方向上移动，直到垂向移动密度后水柱积分得到的压力变化能够补偿海面压力异常为止。

3. 模块化海洋数据同化系统

模块化海洋数据同化系统（modular ocean data assimilation system，MODAS）是美国海军提出的一种利用卫星海表信息反演水下三维温盐的方法（Fox et al.，2002）。该系统主要包括温盐关系模型、SST 反演温度剖面模型、SLA 反演温度剖面模型、SST 和 SLA 联合反演温度剖面模型等。

1）温盐关系模型

利用经严格质量控制、精细化和标准化处理后温度和盐度均有的历史剖面观测资料，针对不同水平网格和不同时段，采用回归分析方法建立由温度反演盐度的经验回归模型：

$$S_{i,k}(T) = \overline{S_{i,k}} + a_{i,k}^{S1}(T - \overline{T_{i,k}}) \tag{4-39}$$

式中

$$\overline{T_{i,k}} = \frac{\sum_{j=1}^{N^{\mathrm{TS}}} b_{i,j} T_{j,k}^{o}}{\sum_{j=1}^{N^{\mathrm{TS}}} b_{i,j}} \tag{4-40}$$

和

$$\overline{S_{i,k}} = \frac{\sum_{j=1}^{N^{\mathrm{TS}}} b_{i,j} S_{j,k}^{o}}{\sum_{j=1}^{N^{\mathrm{TS}}} b_{i,j}} \tag{4-41}$$

为格点 i、深度 k 处根据历史温度和盐度观测加权计算的平均值，权重计算公式为

$$b_{i,j} = \exp\{-[(x_i - x_j / L_x)]^2 - [(y_i - y_j / L_y)]^2 - [(t_i - t_j / L_t)]^2\} \tag{4-42}$$

式中：x 和 y 分别为东西向和南北向的位置；t 为时间；L_x、L_y 和 L_t 分别为 x、y 和 t 的相关尺度。式（4-39）中回归系数使用最小二乘法计算得到：

$$a_{i,k}^{S1} = \frac{\sum_{j=1}^{N^{\mathrm{TS}}} b_{i,j}(S_{j,k}^{o} - \overline{S_{i,k}})(T_{j,k}^{o} - \overline{T_{i,k}})}{\sum_{j=1}^{N^{\mathrm{TS}}} b_{i,j}(T_{j,k}^{o} - \overline{T_{i,k}})^2} \tag{4-43}$$

2）SST 反演温度剖面

利用历史温度剖面资料，建立由 SST 反演温度剖面的经验回归模型：

$$T_{i,k}(\mathrm{sst}) = \overline{T_{i,k}} + a_{i,k}^{T1}(\mathrm{SST} - \overline{T_{i,1}}) \tag{4-44}$$

式中：$T_{i,k}(\mathrm{sst})$ 为由海表温度（SST）反演的格点 i、深度 k 处的温度值；$\overline{T_{i,k}}$ 为温度剖面历史平均值；$a_{i,k}^{T1}$ 为 SST 反演回归系数。

3）SLA 反演温度剖面

利用历史温盐均有的剖面资料，建立由动力高度异常反演温度剖面的经验回归模型：

$$T_{i,k}(h) = \overline{T_{i,k}} + a_{i,k}^{T2}(h - \overline{h_i}) \tag{4-45}$$

式中：$T_{i,k}(h)$ 为由动力高度异常反演的格点 i、深度 k 处的温度值；$a_{i,k}^{T2}$ 为 SLA 反演回归系数，可根据最小二乘法计算得到；h、$\overline{h_i}$ 为动力高度异常及其平均值，可根据历史温盐剖面垂向积分得到。需要注意的是，在建模的过程中，式（4-45）输入的是温盐垂向积分得到的动力高度异常，而在实际使用时将卫星观测的 SLA 输入即可反演得到温度剖面。

4）SST 和 SLA 反演温度剖面

利用历史温盐均有的剖面资料，建立由 SST 和 SLA 联合反演温度剖面的经验回归模型：

$$\begin{aligned} T_{i,k}(\mathrm{sst}, h) = {} & \overline{T_{i,k}} + a_{i,k}^{T3}(\mathrm{SST} - \overline{T_{i,1}}) + a_{i,k}^{T4}(h - \overline{h_i}) \\ & + a_{i,k}^{T5}[(\mathrm{SST} - \overline{T_{i,1}})(h - \overline{h_i}) - \overline{h\mathrm{SST}_i}] \end{aligned} \tag{4-46}$$

式中：$T_{i,k}(\mathrm{sst}, h)$ 为由 SST 和 SLA 反演的格点 i、深度 k 处的温度值；$a_{i,k}^{T3}$、$a_{i,k}^{T4}$ 和 $a_{i,k}^{T5}$ 为 SST

和 SLA 反演回归系数，可根据最小二乘法计算得到。

MODAS 在实际应用时的主要流程如下。根据可获取的卫星资料情况，自主选择相应模型进行温盐垂向反演。当仅能获取卫星观测 SST 时，则先利用式（4-44）反演温度剖面，然后利用温盐关系反演盐度剖面；当仅能获取卫星观测 SLA 时，则先利用式（4-45）反演温度剖面，然后利用温盐关系反演盐度剖面；当能同时获取卫星观测 SST 和 SLA 时，则先利用式（4-46）反演温度剖面，然后利用温盐关系反演盐度剖面。由于卫星观测的准实时可获取性，美国海军将 MODAS 作为三维温盐实况分析和海洋水文数值预报初始化的核心部件。对海洋再分析而言，MODAS 则是卫星测高间接同化的一种手段。

4. 改进的合成海洋剖面法

美国海军实际应用时发现，MODAS 反演的温盐剖面在跃层处误差较大，会影响声场分析精度。为了改进跃层处温盐反演精度，美国海军研制了改进的合成海洋剖面（improved synthetic ocean profile，ISOP）系统（Helber et al.，2013）。ISOP 系统将海洋垂向分为混合层、跃层和深层，对每个水平网格点分别进行建模。

1）混合层模型

混合层采用统计回归模型，将海表到混合层底分为 21 个正则化深度，利用历史温盐剖面资料计算出各个剖面混合层的深度（mixed layer depth，MLD）和混合层底的位势密度梯度（G_{MLD}），并建立位势密度异常与 MLD 和 G_{MLD} 之间的统计关系：

$$\begin{aligned}\Delta\sigma_\theta(z'_k,G_{\mathrm{MLD}},\mathrm{MLD}) &= a_{1,k}+a_{2,k}G_{\mathrm{MLD}}+a_{3,k}G_{\mathrm{MLD}}^2+a_{4,k}\mathrm{MLD}+a_{5,k}\mathrm{MLD}^2 \\ &\quad + a_{6,k}G_{\mathrm{MLD}}\mathrm{MLD}+a_{7,k}G_{\mathrm{MLD}}^2\mathrm{MLD}+a_{8,k}G_{\mathrm{MLD}}\mathrm{MLD}^2\end{aligned} \tag{4-47}$$

式中：k 为深度层；z'_k 为第 k 个正则化深度；$\Delta\sigma_\theta$ 为相对于混合层底的标准化位势密度异常；a_1～a_8 为拟合系数，可通过最小化式（4-48）获得：

$$\sum_{i=1}^{N}[\Delta\sigma_\theta(z'_k,G_{\mathrm{MLD},i},\mathrm{MLD}_i)-\Delta\tilde{\sigma}_{\theta,i}(z'_k)]^2 \tag{4-48}$$

式中：i 为第 i 个观测剖面；$\Delta\tilde{\sigma}_{\theta,i}$ 为根据第 i 个观测剖面计算的标准化位势密度异常。

建立混合层内各正则化层的位势温度和盐度与位势密度异常之间的回归关系：

$$\theta(z')=\theta(\mathrm{MLD})+a_T(z')[\hat{\sigma}_\theta(z')-\hat{\sigma}_\theta(\mathrm{MLD})] \tag{4-49}$$

$$S(z')=S(\mathrm{MLD})+a_S(z')[\hat{\sigma}_\theta(z')-\hat{\sigma}_\theta(\mathrm{MLD})] \tag{4-50}$$

式中：θ和 S 为位势温度和盐度；a_T 和 a_S 为拟合系数，由最小二乘法获得；$\hat{\sigma}_\theta$ 为反演的位势密度。

将 MLD 和 G_{MLD} 代入式（4-47）、式（4-49）和式（4-50），即可获得混合层内的温盐剖面。

2）温跃层模型

为简单起见，将 0～1000 m 深度统称为温跃层，利用变分法建立以温盐为控制变量的目标泛函，包括背景项、初猜项、温盐垂直梯度约束项、卫星海表温度和海面高度约束等，具体可表示为

$$
\begin{aligned}
J=&(\boldsymbol{x}-\boldsymbol{x}_{\mathrm{cl}})^{\mathrm{T}}\boldsymbol{B}^{-1}(\boldsymbol{x}-\boldsymbol{x}_{\mathrm{cl}})+(\boldsymbol{d}-\boldsymbol{d}_{\mathrm{cl}})^{\mathrm{T}}\boldsymbol{B}_{\mathrm{g}}^{-1}(\boldsymbol{d}-\boldsymbol{d}_{\mathrm{cl}})\\
&+(\boldsymbol{x}_{\mathrm{fg}}-\boldsymbol{x})^{\mathrm{T}}\boldsymbol{R}^{-1}(\boldsymbol{x}_{\mathrm{fg}}-\boldsymbol{x})+(\boldsymbol{d}_{\mathrm{fg}}-\boldsymbol{d})^{\mathrm{T}}\boldsymbol{R}_{\mathrm{g}}^{-1}(\boldsymbol{d}_{\mathrm{fg}}-\boldsymbol{d})\\
&+\sum_{i=1}^{N}\left(\frac{T_i'-\hat{T}_i'}{u_i}\right)^2+\sum_{i=1}^{N-1}\left(\frac{\Delta T_i'-(\hat{T}_{i+1}'-\hat{T}_i')}{w_i}\right)^2\\
&+\sum_{i=1}^{N}\left(\frac{S_i'-\hat{S}_i'}{u_{i+N}}\right)^2+\sum_{i=1}^{N-1}\left(\frac{\Delta S_i'-(\hat{S}_{i+1}'-\hat{S}_i')}{w_{i+N-1}}\right)^2\\
&+\frac{(\tilde{T}_{\mathrm{MLD}}'-\hat{T}_{\mathrm{MLD}}')^2}{\varepsilon_{\mathrm{SST}}^2}+\frac{(\tilde{h}_{\mathrm{MLD}}-\hat{h}_{\mathrm{MLD}})^2}{\varepsilon_h^2}
\end{aligned}
\tag{4-51}
$$

式中；$\boldsymbol{x}$ 为温度和盐度的联合分析向量；$\boldsymbol{x}_{\mathrm{cl}}$ 为联合向量的气候态；$\boldsymbol{B}$ 为温盐联合向量的背景误差协方差矩阵；$\boldsymbol{d}$ 为温度和盐度相邻深度层差异的联合分析向量；$\boldsymbol{d}_{\mathrm{cl}}$ 为垂向差异联合向量的气候态；$\boldsymbol{B}_{\mathrm{g}}$ 为温盐垂向差异联合向量的背景误差协方差矩阵；$\boldsymbol{x}_{\mathrm{fg}}$ 为联合向量的初猜场；$\boldsymbol{R}$ 为温盐联合向量的初猜误差协方差矩阵；$\boldsymbol{d}_{\mathrm{fg}}$ 为温盐垂向差异联合向量的初猜场；$\boldsymbol{R}_{\mathrm{g}}$ 为温盐垂向差异联合向量的初猜误差协方差矩阵；N 为分析剖面的垂向层数；$T_i'=T_i-T_{\mathrm{cl},i}$，由第 i 层前 m 个 EOF 模态计算的温度来近似，$T_{\mathrm{cl},i}$ 为第 i 层气候态温度；$\Delta T_i'=T_{i+1}'-T_i'$；$\hat{T}_i'=\hat{T}_i-T_{\mathrm{cl},i}$，其中 $\hat{T}$ 为第 i 层温度异常的分析结果；$S_i'=S_i-S_{\mathrm{cl},i}$，由第 i 层前 m 个 EOF 模态计算的盐度来近似，$S_{\mathrm{cl},i}$ 为第 i 层气候态盐度；$\Delta S_i'=S_{i+1}'-S_i'$；$\hat{S}_i'=\hat{S}_i-S_{\mathrm{cl},i}$，其中 $\hat{S}_i$ 为第 i 层盐度异常的分析结果；u 为温度异常和盐度异常的标准差，对应 $\boldsymbol{B}$ 矩阵对角元素的根号值；w 为温度垂向差异异常的标准差，对应 $\boldsymbol{B}_{\mathrm{g}}$ 矩阵对角元素的根号值；$\tilde{T}_{\mathrm{MLD}}'$ 为混合层底温度异常的观测值，实际应用时代入卫星观测的 SST；$\hat{T}_{\mathrm{MLD}}'$ 为混合层底温度异常的分析值；$\varepsilon_{\mathrm{SST}}$ 为 SST 的标准差；$\tilde{h}_{\mathrm{MLD}}$ 为从参考面垂向积分到混合层底的动力高度异常，实际应用时代入卫星观测的 SLA；$\hat{h}_{\mathrm{MLD}}$ 为对温盐分析剖面从参考面垂向积分到混合层底的动力高度异常，是控制变量的函数。

式（4-51）等号右侧的 1～4 项分别表示温盐剖面气候态约束、温盐垂向差异气候态约束、温盐剖面初猜场约束和温盐垂向差异初猜场约束，5～8 项表示温盐剖面和温盐垂向差异剖面的主模态约束，使其不偏离历史资料统计出的温盐关系，9～10 项表示混合层底温度和动力高度异常的约束。目标泛函中涉及复杂的参数计算，具体细节请参考 Helber 等（2013）。对目标泛函关于温盐控制变量求偏导，令其等于 0，可以得到控制变量的线性方程组，通过矩阵运算可以求得温盐剖面的分析解。

3）深层模型

将 1000～6600 m 定义为海洋深层，利用历史温盐剖面资料建立 1000 m 层温度和盐度与 1000 m 以下各层的线性回归关系：

$$T_{\mathrm{s}}(z)=T_{\mathrm{g}}(z)+[T_{\mathrm{s}}(1000)-T_{\mathrm{g}}(1000)]F_{\mathrm{T}}(z),\quad z>1000 \tag{4-52}$$

$$S_{\mathrm{s}}(z)=S_{\mathrm{g}}(z)+[S_{\mathrm{s}}(1000)-S_{\mathrm{g}}(1000)]F_{\mathrm{S}}(z),\quad z>1000 \tag{4-53}$$

式中：$T_{\mathrm{s}}(1000)$和 $S_{\mathrm{s}}(1000)$为 1000 m 层温度和盐度，代入跃层模型可得到在 1000 m 层的温盐分析结果；$T_{\mathrm{g}}(z)$和 $S_{\mathrm{g}}(z)$为气候态温盐剖面，通常采用通用数字环境模式（generalized digital environment model，GDEM）产品或 WOA18 产品；F_{T} 和 F_{S} 为衰减系数，在 1000 m 处为 1，

随着深度的增加逐渐减小。鉴于 Argo 等大部分常规观测的深度为 2000 m 左右，将海洋深层以 1800 m 为界分为上下两层。在 1000～1800 m 层，利用历史观测计算衰减系数：

$$F_{\mathrm{T}}(z)=C_{\mathrm{T}}(z)\left[\sigma_{\mathrm{T}}(z)/\sigma_{\mathrm{T}}(1000)\right],\quad 1000<z<1800 \tag{4-54}$$

$$F_{\mathrm{S}}(z)=C_{\mathrm{S}}(z)\left[\sigma_{\mathrm{S}}(z)/\sigma_{\mathrm{S}}(1000)\right],\quad 1000<z<1800 \tag{4-55}$$

式中：σ_{T} 和 σ_{S} 为由观测资料计算得到的温度和盐度在某一层的标准差；回归系数 $C_{\mathrm{T}}(z)$ 的计算式为

$$C_{\mathrm{T}}(z)=\frac{\sum_{i=1}^{N}\left[\Delta T_i(z)-\overline{\Delta T}(z)\right]\times\left[\Delta T_i(1000)-\overline{\Delta T}(1000)\right]}{\left\{\left[\sum_{i=1}^{N}\left[\Delta T_i(z)-\overline{\Delta T}(z)\right]^2\right]\times\left[\sum_{i=1}^{N}\left[\Delta T_i(1000)-\overline{\Delta T}(1000)\right]^2\right]\right\}^{1/2}} \tag{4-56}$$

式中

$$\Delta T_i(z)=\hat{T}_i(z)-T_{\mathrm{g}}(z) \tag{4-57}$$

$$\overline{\Delta T}(z)=\frac{1}{N}\sum_{i=1}^{N}\Delta T_i(z) \tag{4-58}$$

式中：N 为观测数量；$\hat{T}_i(z)$ 为深度 z 处第 i 个温度观测。式（4-55）中 $C_{\mathrm{S}}(z)$ 的计算与 $C_{\mathrm{T}}(z)$ 类似。1800 m 以下，由于观测较为稀疏，衰减系数由 1800 m 的系数值按照指数趋势往深层递减：

$$F_{\mathrm{T}}(z)=\operatorname{sign}[C_{\mathrm{T}}(1800)]\times\left[\exp\left(\frac{1000-z}{L_{\mathrm{Tv}}}\right)\right]\times\frac{\sigma_{\mathrm{T}}(z)}{\sigma_{\mathrm{T}}(1000)},\quad z\geqslant 1800 \tag{4-59}$$

$$F_{\mathrm{S}}(z)=\operatorname{sign}[C_{\mathrm{S}}(1800)]\times\left[\exp\left(\frac{1000-z}{L_{\mathrm{Sv}}}\right)\right]\times\frac{\sigma_{\mathrm{S}}(z)}{\sigma_{\mathrm{S}}(1000)},\quad z\geqslant 1800 \tag{4-60}$$

式中：sign 为正负号取值函数；深层 $\sigma_{\mathrm{T}}(z)$ 和 $\sigma_{\mathrm{S}}(z)$ 可以使用 GDEM 产品的计算值，也可以简化地使用 $\sigma_{\mathrm{T}}(1800)$ 和 $\sigma_{\mathrm{S}}(1800)$；温盐垂向相关尺度 L_{Tv} 和 L_{Sv} 的计算式为

$$L_{\mathrm{Tv}}=-800/\ln[|C_{\mathrm{T}}(1800)|] \tag{4-61}$$

$$L_{\mathrm{Sv}}=-800/\ln[|C_{\mathrm{S}}(1800)|] \tag{4-62}$$

4）模型集成

对混合层、跃层和深层模型进行集成，总体流程为：首先将卫星观测的海表温度和海面高度及温盐初猜场输入跃层模型，分析得到 0～1000 m 各层的温度和盐度，然后据此计算出混合层深度和混合层底的位势密度梯度，将其输入混合层模型，分析得到 0 至混合层底各层的温度和盐度；然后将其替换跃层模型得到的 0 至混合层底的温度和盐度，得到更新的 0～1000 m 各层温度和盐度；再将其作为跃层模型的温盐初猜场，重新分析 0～1000 m 各层温度和盐度，循环往复，直至相邻两次分析得到的 0～1000 m 温盐剖面之间的差异小于既定的阈值；最后，将跃层模型得到的 1000 m 层温度和盐度代入深层模型，得到 1000～6600 m 各层的温度和盐度，从而完成整个温盐垂向映射过程。

5）检验评估

国家海洋信息中心研制了西北太平洋水下温盐动态分析系统。本小节基于该系统，对

ISOP 系统进行检验评估。系统的海区范围为西北太平洋（99° E～170° E，20° S～66° N），利用 1900～2018 年 Argo、CTD 和 OSD 观测资料计算各层的参数库，使用的观测剖面数总计 994 894 个。

基于西北太平洋 ISOP 系统制作 2019 年三维温盐逐日网格化产品，利用同年 Argo 独立观测资料对其进行检验。图 4.2 给出了 2019 年各月温度和盐度的误差垂向分布。从图中可以看出，误差存在季节性分布，但垂向结构总体类似，温度误差最大发生在 100～200 m 的跃层附近，最大值为 1.38℃，盐度误差最大发生在海面，最大值为 0.28 PSU。

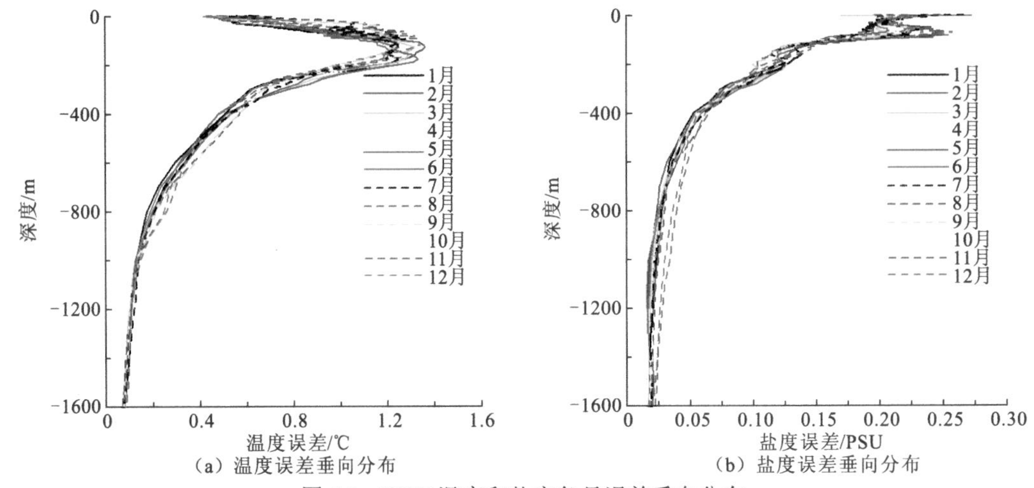

（a）温度误差垂向分布　（b）盐度误差垂向分布

图 4.2　ISOP 温度和盐度各月误差垂向分布

图 4.3 给出了 2019 年 1 月 Argo 观测位置上 WOA18、ISOP 和 MODAS 三种数据垂向误差的水平分布。从图中可以看出，三种数据在误差的水平分布上有类似的特征，即在二岛链以外的大洋海域误差较低，在近岸和中尺度涡活跃的海域误差较大，在赤道海域盐度的误差较大。ISOP 的误差小于 WOA18 和 MODAS，尤其是温度误差，这种优势尤其体现在海面高度变率较大的海域（即中尺度涡活跃的海域）。赤道区域盐度相对较大的误差可能与降雨有关。

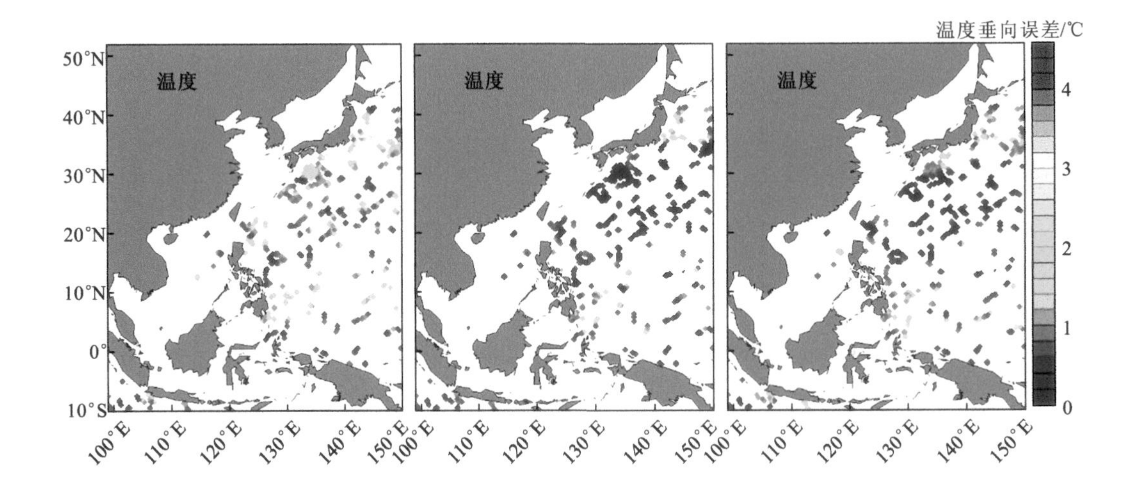

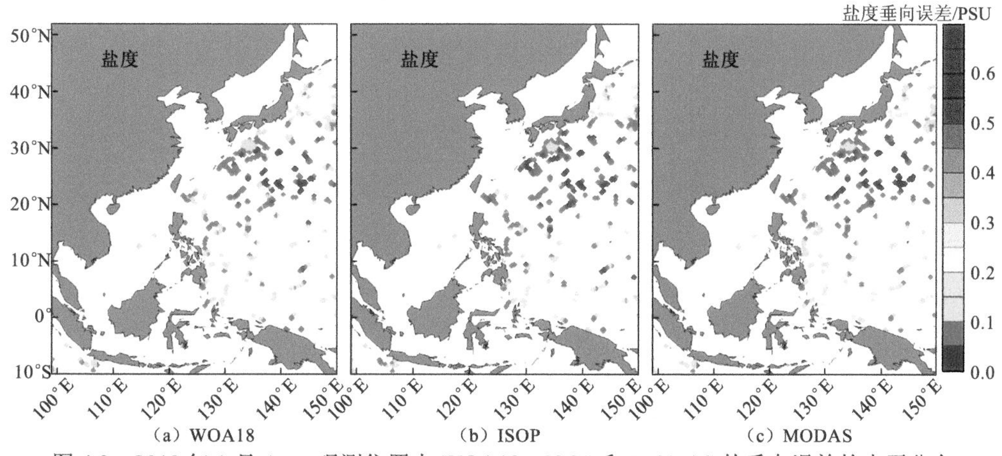

图 4.3　2019 年 1 月 Argo 观测位置上 WOA18、ISOP 和 MODAS 的垂向误差的水平分布

图 4.4 给出了 2019 年 1 月 ISOP 和 MODAS 重构的，以及 WOA18 的温度和盐度的误差垂向分布。可以看出，ISOP 温盐场精度相比 MODAS 在整层深度均有一定改进，尤其在温跃层。总体而言，ISOP 在西北太平洋将 MODAS 反演的海洋上层 1000 m 温度和盐度误差由 0.84 ℃和 0.101 PSU 降至 0.69 ℃和 0.091 PSU，分别降低了约 18%和 10%。

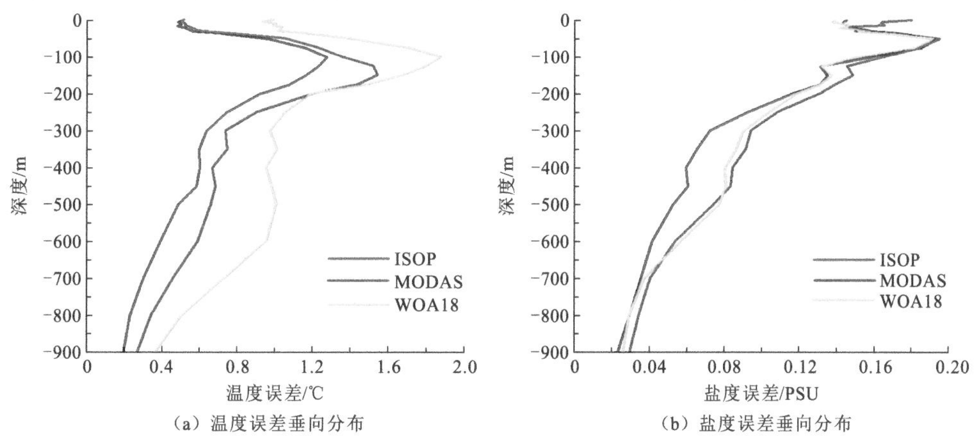

图 4.4　2019 年 1 月 ISOP 和 MODAS 重构的，以及 WOA18 的温度和盐度的误差垂向分布

选取 2019 年 7 月 12 日，日本海以东海域（145.25° E，35.5° N）位置处的温度观测进行比较。图 4.5 给出了 Argo 观测、MODAS 反演、ISOP 反演和 WOA18 的温度剖面。从图中可以发现，ISOP 重构的温度剖面与 Argo 观测最为接近，MODAS 温度有偏高趋势，而 WOA18 气候态则整体偏低。

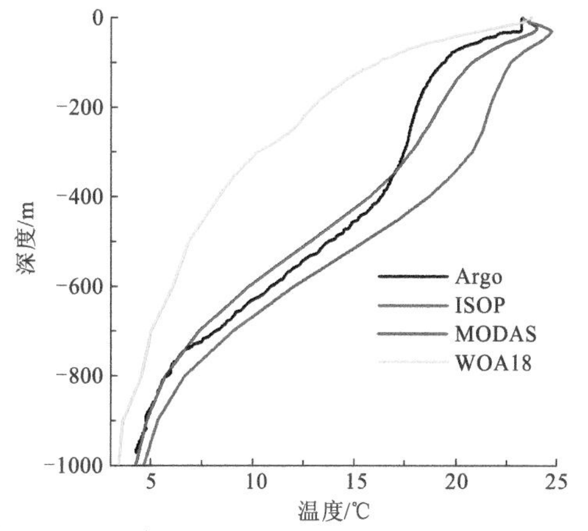

图 4.5　2019 年 7 月 12 日（145.25° E，35.5° N）处 Argo、ISOP、MODAS 和 WOA18 的温度剖面比较

4.4 潮汐数据同化

高分辨率（0.1° 以上）海洋再分析中的数值模式可以模拟内潮等中小尺度过程。为了提高正压潮和内潮模拟精度，一些高分辨率全球海洋环流模式引入天文引潮力（astronomical tidal forcing），这对理解海洋三维混合和发展内潮预报非常重要。然而，由于地形和衰减项的不确定性，以及海水自吸引作用和负荷潮汐的不合适表征，正压潮模拟结果往往不如数据约束的正压潮模式。为了弥补上述不确定性导致的模式误差，一些学者尝试用 TPXO 潮模式产品直接约束三维海洋环流模式中的潮信号（Fu et al.，2021；Ngodock et al.，2016）。本节以 Fu 等（2021）（简记为 F21 方法）发展的潮汐同化为例，介绍其同化思想和流程。

F21 方法在每个模式积分步，将由 TPXO8 潮汐调和常数计算的天文潮水位通过牛顿松弛逼近（Nudging）的方式引入水位的控制方程，使模式模拟的综合水位中的天文潮水位逐渐逼近“观测值”。以 MITgcm 全球冰-海耦合模式为例，F21 方法每个模式积分步的潮汐同化流程如下。

（1）通过当前时刻前后 12 h 的综合水位模拟结果，计算其平均水位，以滤除模式模拟的综合水位的潮汐信息。

（2）利用当前时刻的综合水位减去平均水位，得到天文潮水位模拟结果 $\eta_{\text{model-tide}}$。

（3）基于 TPXO8 正压潮汐调和常数，利用潮汐预报模型，计算天文潮水位“观测”结果 η_{TPXO}。

（4）将 $\eta_{\text{model-tide}}$ 和 η_{TPXO} 以 Nudging 的方式引入水位控制方程：

$$\frac{\partial \eta}{\partial t}+\nabla_{\text{h}}\cdot\int_{z_{\text{fixed}}}^{\eta}\boldsymbol{v}_{\text{h}}\text{d}z=P-E+R+\beta(\eta_{\text{TPXO}}-\eta_{\text{model-tide}}) \tag{4-63}$$

式中：η 为综合水位；t 为时间；∇_{h} 为水平梯度算子；z_{fixed} 为海底；$\boldsymbol{v}_{\text{h}}$ 为水平方向上的速度矢量；z 为深度（向上为正）；P、E 和 R 表示降雨、蒸发和径流；β 为松弛系数，控制着校正项的强弱，其值通过敏感性试验确定为 0.12。

（5）将式（4-63）与其他控制方程合并积分，即可达到潮汐同化的目的。

图 4.6 给出了 TPXO8、纯模拟试验和同化试验的 M_2 分潮振幅和迟角。从图中可以看出，相比模拟结果，同化结果得到的 M_2 分潮振幅和迟角更接近“观测值”（TPXO8）。同化结果空间结构与“观测值”一致，同时还保留了内潮引起的小扰动。在地形较为复杂南大洋海域，振幅与迟角也有显著改进。

图 4.7 给出了纯模拟试验、同化试验和 TPXO8 的水位在验潮站处与观测值的均方根误差。从图中可以看出，在模拟结果中，全球存在较强潮汐信号的海域往往存在较大的误差。引入潮汐同化后，大洋、近岸及大陆架上误差迅速减小，大体与 TPXO 产品相当。

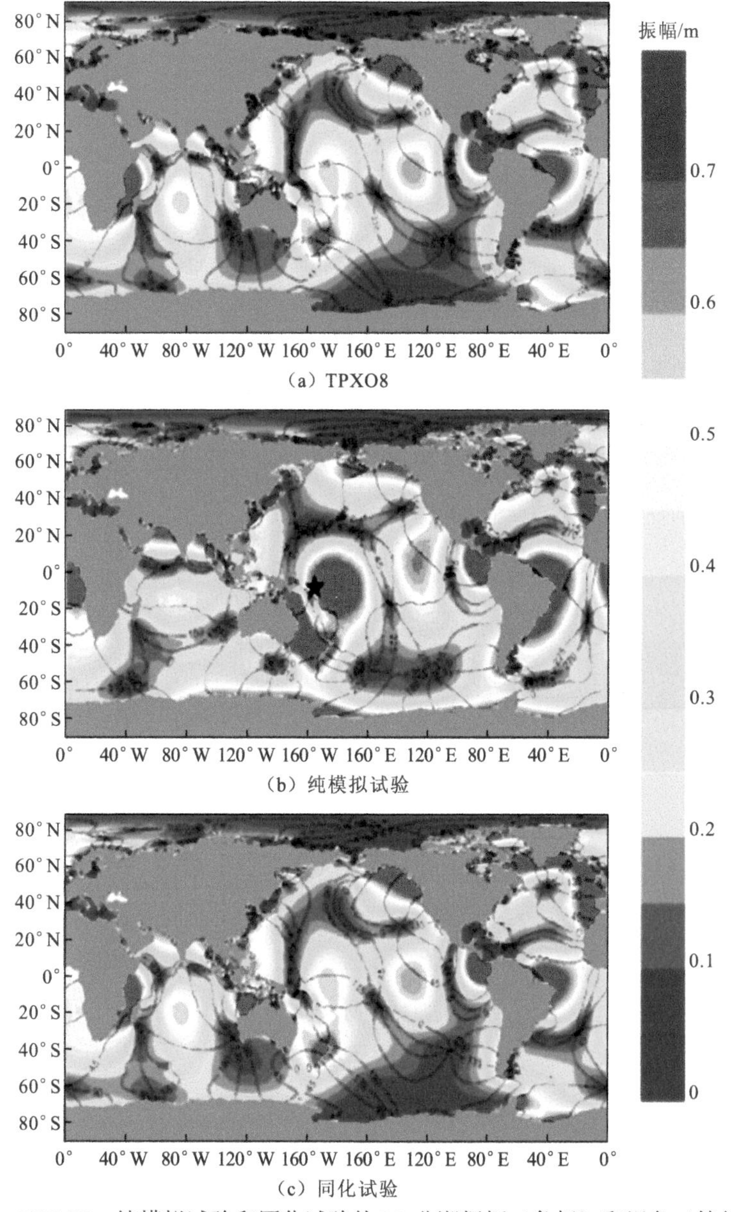

（a）TPXO8

（b）纯模拟试验

（c）同化试验

图 4.6 TPXO8、纯模拟试验和同化试验的 M_2 分潮振幅（色标）和迟角（等值线）

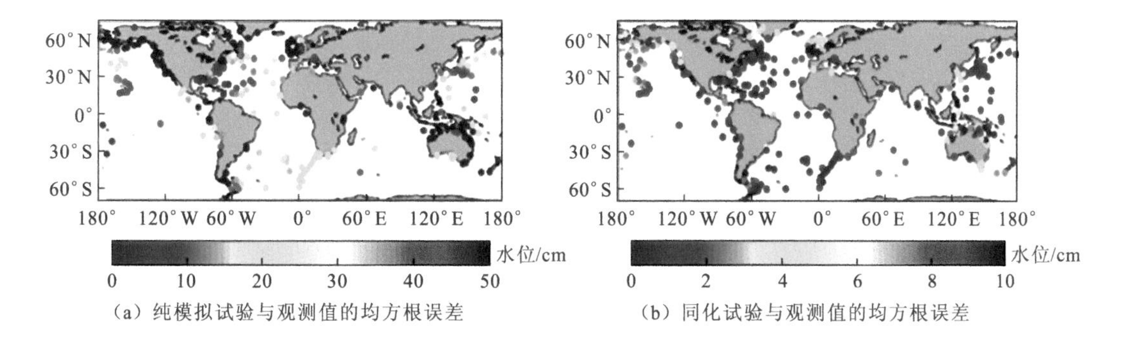

（a）纯模拟试验与观测值的均方根误差

（b）同化试验与观测值的均方根误差

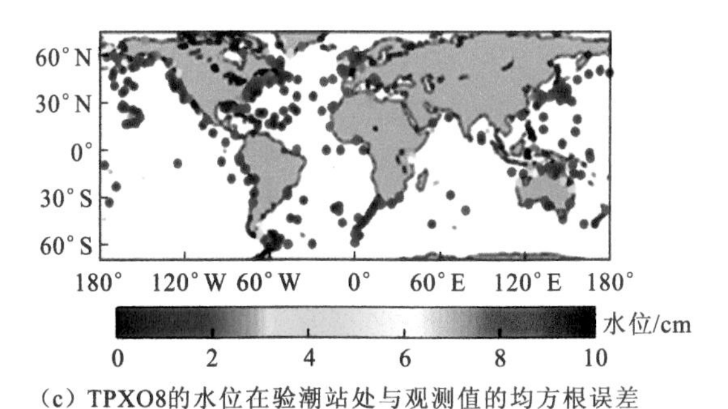

（c）TPXO8的水位在验潮站处与观测值的均方根误差

图 4.7 纯模拟试验、同化试验和 TPXO8 的水位在验潮站处与观测值的均方根误差

4.5 海冰数据同化

海冰是地球系统的重要组成部分，对全球气候变化有着重要影响。在海洋环境再分析中，海冰的数据同化是不可或缺的一部分。海冰数据同化方法主要包括牛顿松弛逼近（Nudging）、OI、3D-Var、EnKF 等。

Nudging 方法是早期常用的海冰同化方法（Lindasy et al.，2006）。该方法的主要思想是在数值模式的一个或多个控制方程中增加与模拟结果和实测的差值成比例的倾向项，随着模式的前向积分，模拟结果逐渐逼近实测值。Nugding 方法的主要同化参数为松弛系数，一般通过经验确定。赵杰臣等（2016）利用最优的松弛系数定量分析了北极海冰密集度预报结果的改进效果。Wang 等（2013）将 OI 与 Nudging 方法相结合用于海冰密集度的同化。

在海冰 OI 数据同化方面，Dulière 等（2007）利用 OI 方法，在孪生试验框架下将海冰密集度和海冰速度观测值同化进一个简化的北极海冰模式，发现海冰速度的同化可以改进模拟精度，而海冰密集度与海冰厚度密切相关，同化时需要小心处理。Stark 等（2008）基于英国气象局的预报海洋同化模式（forecasting ocean assimilation model，FOAM），使用 OI 方法同化了海冰密集度和海冰移动速度观测值，发现两个变量的模拟结果都得到了显著改进，但相互间的影响较小。

在海冰 3D-Var 数据同化方面，Toyoda 等（2015）基于全球冰-海耦合模式，利用 3D-Var 方法开展了多变量同化试验，发现利用海冰密集度观测对海冰密集度、海面气温和海洋上层温度同时进行调整时，得到的海冰密集度分析结果要优于仅调整海冰密集度的分析结果。

在海冰 EnKF 数据同化方面，Lisaeter 等（2003）利用 EnKF 方法将海冰密集度观测值同化进一个冰-海耦合数值模式，提高了夏季冰缘地区的海冰密集度预报精度。Fritzner 等（2019）利用 EnKF 方法，将海冰密集度和雪深观测值同化进一个冰-海耦合模式，发现海冰密集度的同化可以显著改进海冰密集度、海冰厚度和雪深，而雪深的同化效果相对较弱。Yang 等（2015）利用局部奇异进化插值卡尔曼滤波同化夏季海冰密集度观测值，发现海冰厚度的预报结果也会得到改进。Wu 等（2016）为了解决由海冰密集度的观测不连续性（即其观测值位于[0, 1]，在边界处不连续）导致的 EnKF 误差协方差不准确的问题，将海冰密集度的同化转化为具有连续分布特性的焓的同化，取得了较好的同化效果。Chen 等（2017）利用一个局地化的误差子空间转换 EnKF，将卫星遥感海冰密集度和海冰厚度观测值同化进 NCEP 的气候预测系统，结果表明两类观测的同化可以改进北极海冰预测精度。

4.6　高分辨率数据同化

数据同化过程中无法避免的是观测资料与数值模式在抽样密度和时空分辨率上存在不一致，当进行高分辨率海洋再分析时这种不一致性尤其明显。一方面，海洋遥感观测资料时常使用网格化日平均产品应用于海洋再分析，卫星观测 SST 和 SLA 的水平分辨率最高能到 4 km，虽然时空分布均匀，但与数值模式仍存在不一致。另一方面，海洋现场观测时空分布极不均匀，时间上是瞬时观测，空间上则疏密不一，当与数值模式结合时，对数据同化提出了巨大的挑战。高分辨率海洋再分析是再分析领域的发展趋势之一。高分辨率数值模式的优势是可以模拟中小尺度信号，而如何合理地将数值模拟的多尺度信号与多源观测的多尺度信号进行融合是高分辨率数据同化要解决的关键问题之一。本节针对高分辨率海洋再分析中的数据同化进行介绍，主要包括高斯滤波在高分辨率同化中的应用和高分辨率时空多尺度数据同化。

4.6.1　高斯滤波在高分辨率同化中的应用

高分辨率数值模式具备模拟大、中、小多尺度信息，在分辨率达到千米级时小尺度信息尤为明显。如果以包含诸多小尺度信号的模式结果作为背景场，同化只包含中尺度信号的卫星观测，模式的分析场将很容易损失小尺度信号。为了保留高分辨率数值模拟的中小尺度信息，在进行高分辨率数据同化时，可将模式背景场与中尺度卫星观测进行尺度对比，对模式背景场中尺度信息进行有效的分析，用于剥离中尺度信息。中尺度卫星观测仅对剥离出的数值模拟中尺度信息进行调整，这样既能保留模式背景场中的小尺度信号，又能保证中尺度信息得到了观测的订正。高斯滤波可以从高分辨率数据中剥离特定尺度信息，将其应用于高分辨率数值模拟结果，可以获取与中尺度对应的低分辨率模式背景场，从而用于同化卫星观测。作为一种零相移滤波方法，高斯滤波可通过一次有效滤波过程提取相关信息。高斯权函数定义为

$$g(\lambda)=\frac{1}{\alpha\lambda_{\mathrm{c}}}\exp\left[-\pi\left(\frac{\lambda}{\alpha\lambda_{\mathrm{c}}}\right)^{2}\right] \tag{4-64}$$

其傅里叶变换可表示为

$$G(\lambda)=\exp\left[-\pi\left(\frac{\lambda}{\alpha\lambda_{\mathrm{c}}}\right)^{2}\right] \tag{4-65}$$

式中：λ为波长；λ_{c}为滤波器的截止波长；α为常数。为了保证滤波器在截止波长处的通过率能够达到 50%，与零均值的高斯分布函数进行比较可以得到，$\lambda_{\mathrm{c}}=5.34\sigma$（$\sigma$为高斯分布的标准差），$\alpha=0.47$。

以西北太平洋 SST 的高斯滤波为例，图 4.8 给出了 1993 年 1 月 3 日 1/30° 数值模拟和高斯滤波后的日平均 SST，以及 1/4° 卫星观测结果。从图中可以看出，高分辨率数值模拟

结果包含了卫星无法观测到的小尺度信息。高斯滤波后保留了高分辨率数值模拟的中尺度信号，且尺度与卫星观测相当。因此，在高分辨率海洋再分析产品的制作过程中，高斯滤波可以作为卫星观测资料同化中对高分辨率数值模拟结果的精细化预处理过程。

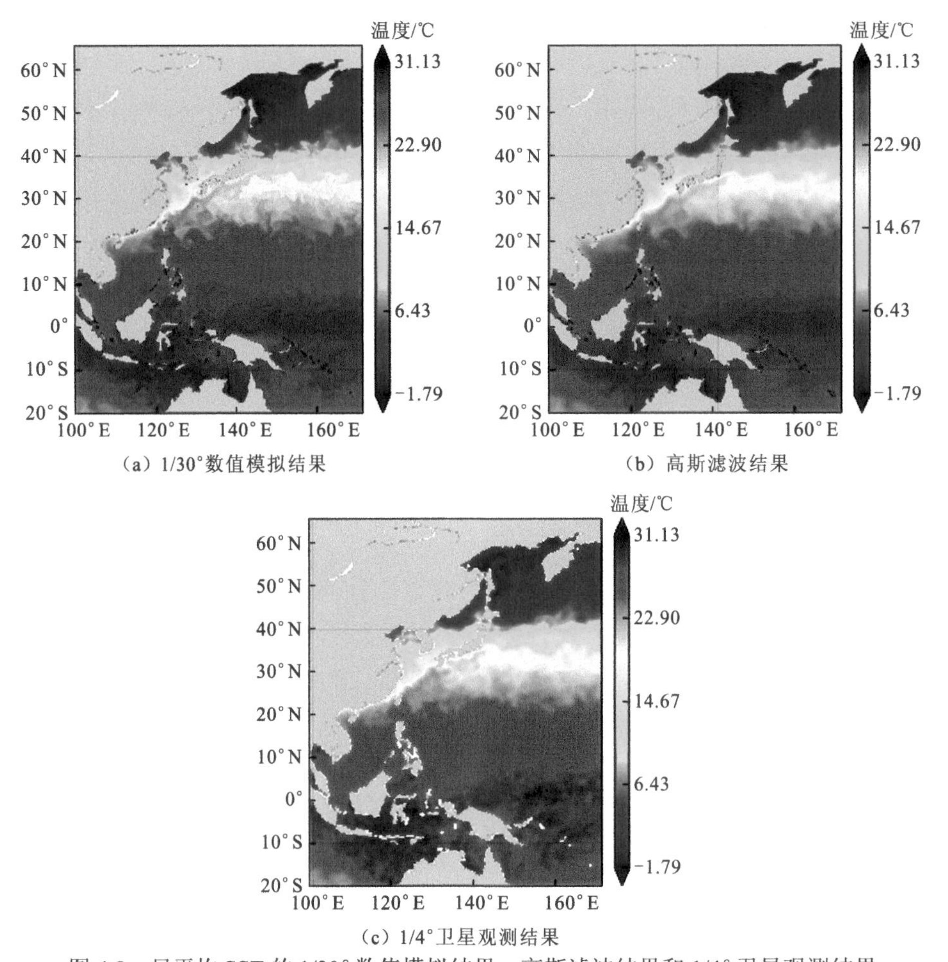

（a）1/30°数值模拟结果

（b）高斯滤波结果

（c）1/4°卫星观测结果

图 4.8　日平均 SST 的 1/30° 数值模拟结果、高斯滤波结果和 1/4° 卫星观测结果

4.6.2　高分辨率时空多尺度数据同化

海洋再分析需要尽可能多地同化多源海洋观测资料。用于海洋再分析的卫星观测资料多为日平均网格化产品，现场观测资料则为时空不均匀的瞬时值，而锚系浮标等时间分辨率达到分钟级的观测资料，则包含了内潮信息在内的日变化信号。为了将卫星资料、现场资料和数值模拟结果有机结合，充分发挥各自在中尺度信号、多尺度信号和小尺度信息方面的优势，有必要设计一种高分辨率时空多尺度数据同化方法。本小节以国家海洋信息中心在全球高分辨率（1/12° ）冰-海耦合再分析中使用的高分辨率时空多尺度多变量数据同化方法为例，介绍其主要思想和流程。

为了能够尽可能地保留现场观测中内潮等中小尺度信号，借鉴正确时刻初猜场（first

（1）利用 average_obs_inc 模块对分析时刻前后共 25 h 的模式结果进行平均，计算分析时刻前后 25 h 的模式平均场，各个模式时刻模式结果与模式平均场的差异，以及观测温盐与模式插值温盐的差异。

（2）通过 ostmas_sat 模块读取海面高度异常观测值，采用等密度面上位势涡度守恒的卫星测高数据垂向映射方法反演温盐剖面。利用多重网格三维方法，以模式日平均结果作为背景场同化反演的温盐剖面，得到温盐分析场。

（3）根据卫星资料同化对模式日平均场的调整，修改现场观测相对于模式结果的差异的日平均尺度信息，并将得到的差异场与卫星资料同化后得到的温盐场叠加，得到调整后分析时刻的温盐场。

（4）以尺度调整后的温盐场作为背景场，同化现场观测资料，得到最终的温盐分析场。

完成整个分析过程需要进行两次温盐同化：①反演海面高度异常，并同化带有中尺度信号的温盐剖面观测值，由 ostmas_sat 模块完成；②现场观测资料同化，由 ostmas_insitu 模块完成。以 2008 年 1 月 5 日海洋再分析过程为例进行分析，同化模型使用的海洋模式分辨率为 1/12°，同化过程中主要计算模块的运行时间见表 4-1 和图 4.10。

表 4-1　同化一天的温盐观测各模块及总的运行时间

项目	average_obs_inc	ostmas_sat	ostmas_insitu	change_obs	add_tide	总时间
时间/s	47	1916	750	5	8	2726

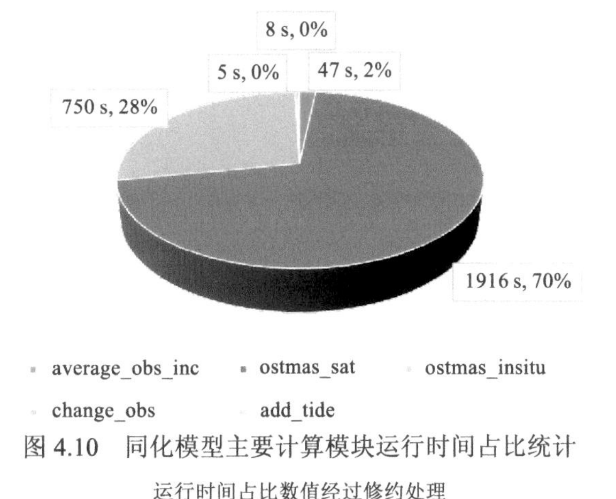

图 4.10　同化模型主要计算模块运行时间占比统计

运行时间占比数值经过修约处理

可以看出，在所有模块中，ostmas_sat 和 ostmsa_insitu 占用时间最长，分别约占总时间的 70%和 28%。从功能角度看，两者在同化部分主要过程一致，区别在于同化过程中的背景场生成及处理的观测资料量级有所不同。作为计算最耗时的模块，ostmas_sat 计算过程的计算时间见表 4-2，其中 MGANALYSS 表示多重网格分析，GTSBKGRND 表示温盐一致性调整。

表 4-2　ostmas_sat 模块运行时间

项目	MGANALYSS（温度）	GTSBKGRND	MGANALYSS（盐度）
时间/s	898	120	898

由表 4-2 可知，耗时最长的模块为同化温盐资料的过程，耗时占比约为 93.8%，温盐一致性调整时间总占比约为 6.2%。整个温盐同化过程采用的是多重网格三维变分方法，该方法基于三维变分的思想来构造代价函数，在实际构造过程中将分析网格进行分层，从粗网格到细网格分别提取信息量多尺度信息，在构建每一层网格的代价函数时，使用一个平滑项来替换三维变分中的背景项。因此，多重网格中没有背景误差协方差矩阵 $\boldsymbol{B}$，将观测误差协方差矩阵 $\boldsymbol{R}$ 设置为单位矩阵，其维度大小与平滑矩阵相同，网格层数设置为 7 层。与传统的三维变分方法相比，该方法不仅能提取多尺度的观测信息，同时能更快收敛。

经过分析，整个同化过程中多层网格计算和分析场输出耗时最长，二者是影响整个同化过程的两个重要计算热点。经过进一步测试发现，多重网格计算过程中最耗时的部分为每层网格的代价函数计算和梯度计算。由于不同层次网格分辨率的差异，当网格层数小于 5 时，不同网格层的计算代价几乎相同，当网格层数大于 5 时，计算网格的增加会使计算时间有所延长，但受迭代次数的限制，其增加的幅度在可控制的范围内。因此，并行框架主要考虑最小化过程的计算特点来进行设计。

4.7.2 并行算法设计

1. 总体框架设计

当前主流的高性能计算机依然多采用非统一存储器存取（non-uniform memory access，NUMA）构架。在这种架构下，处理器对本地存储的访问速度要远高于异地存储的访问速度。因此，基于这种架构完成并行框架设计，需要从模型的主要业务逻辑出发，在遵循提高计算通信比和负载均衡原则的基础上，对主要计算过程进行合理的任务分解，并将分解后的任务与物理处理器进行映射，同时考虑由任务分解带来的数据存储方式和维度的变化，完成包括任务分割、任务映射及消息通信等诸多方面的设计，使不同处理器在完成计算任务时尽可能使用本地数据，从而降低通信开销，获得较高的计算通信比。

同化模型的主要计算过程为卫星观测资料同化（ostmas_sat）和现场资料同化（ostmas_insitu）两个模块，因此并行框架主要基于这两个模块进行设计。ostmas_sat 模块中包含海面高度异常反演模块，其主程序为一个以卫星观测水平网格数为大小的循环过程，每次循环通过获取水平位置插值系数，对观测位置处的垂向层温盐进行插值，得到观测位置的模式日平均温盐和气候态温盐剖面，并结合当前卫星测高观测值，通过垂向涡度守恒原理反演出温盐剖面。主循环的多次循环之间无数据相关性，其任务分割主要以需要反演的观测数据为标准。

最小化求解过程是 otmas_sat 同化模块中的另一个主要计算过程，在多重网格三维同化算法框架下，该过程主要包括多层网格之间的代价函数（costfunct）及其梯度计算（costgradt），以及不同网格之间的数据插值，涉及数据观测、背景场、模式场等数据，需要对这些数据的分配、存储及传输方式进行合理设计。考虑计算代价函数及其梯度计算两个过程中的主体都是以同化的观测数作为循环控制变量，为保证整个并行框架任务划分的一致性，任务划分主要基于观测数据设计。鉴于整个并行过程中的逻辑控制相对简单，为了最大限度地发挥各个任务的作用，在并行模型的选择上采用等同模式的编程模型，即每个任务完成的功能基本一致，仅在计算预处理和输出过程中选择主进程充当临时的控制进程完成数据的分发和回收。为有效减少关于内存资源的使用，并最大化保证并行程序的可扩展性，并行实现采用消息通信与本地共享内存相结合的混合编程方式来完成，即在计算节点内部采用共享内存的方式来实现数据的交换，节点间则采用 MPI 的消息通信方式完成进程间数据的交换。ostmas_sat 模块并行基本流程如图 4.11 所示。

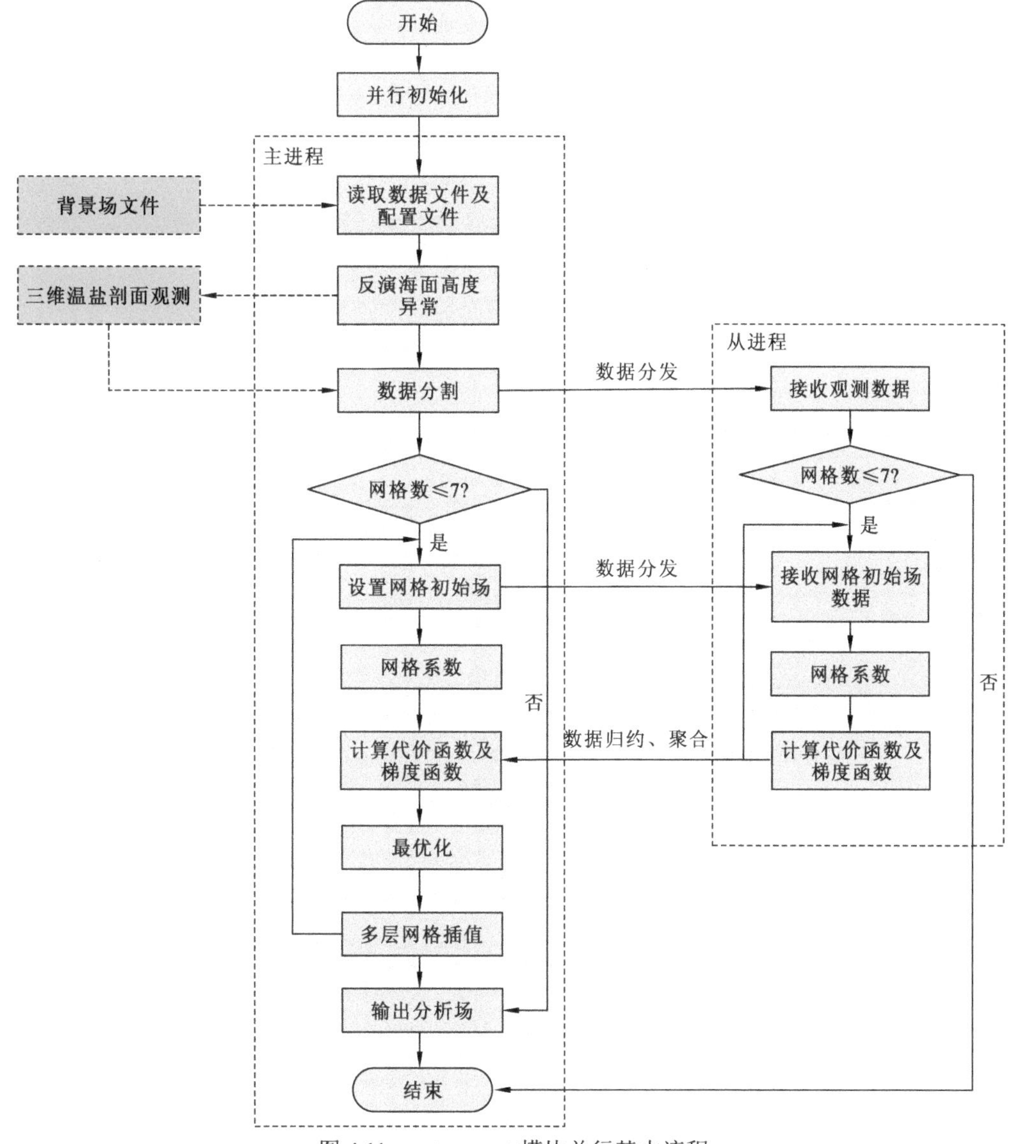

图 4.11　ostmas_sat 模块并行基本流程

2. 数据划分

从同化并行的整体设计来看，在算法实现过程中涉及多次数据分配，而观测数据是温盐场反演和卫星资料同化计算任务划分的主要依据，因此任务的分解必然伴随观测数据的划分。根据多重网格设计，分析场网格采用的是等经纬度网格，但海洋观测数据在地理空间分布极不均匀，单纯采用等经纬度网格划分的方式会导致各个数据区域所包含的观测数据极度失衡。在观测资料类型相同的情况下，同化的计算开销依赖于观测数据量级。因此，观测数据的负载不均衡将直接影响整个算法的计算效率。此外，计算过程中观测场、预报场和分析场之间需要完成各种空间插值计算，基于计算任务和相关数据尽量存储在同一个物理节点的原则，观测数据的划分将直接决定预报场和分析场的数据分布。因此，观测数据的划分需要兼顾数据均衡、区域规整（矩阵区域）、相邻区域的边界平滑等原则。基于上述考虑，在同化模型并行设计时，采用二维经纬度划分、自适应（adaptive）调整的基本策略。首先根据总任务数 P 决定纬圈及经圈分别需要划分的带数 m 和 n，且经纬圈划分应满足 $P=m\times n$。具体划分时先将地球从南至北均匀划分为 m 部分，再根据各个纬圈带中的观测数目调整确定新的纬圈带分割线。最后，用同样的方法将每个纬圈带划分为 n 个经向区域。通过这种方式进行观测数据分割，在网格划分为 2×3 时，不同进程需要同化的最大观测数据差异由原来的 2 098 799 下降为 8039。图 4.12 给出了采用等经纬度划分和自适应划分两种方式对观测划分后，各个区域所对应的观测数分布情况。从图中可以看到，自适应划分比等经纬度划分差异减少了 99.6%，有效地解决了观测数据划分不均匀带来的负载不均衡的问题。此外，为提高数据访问速度，在分配前先对观测数据进行排序，排序方式以经度为主要划分依据。

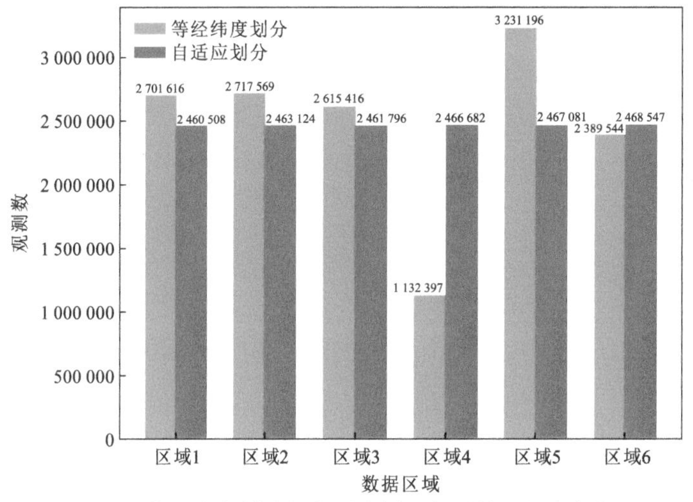

图 4.12　等经纬度划分与自适应划分得到的观测分布情况

除观测场数据划分外，相应的预报场和分析场数据也需要进行相应划分。由于计算过程的差异，ostmas_sat 模块在分析场和预报场的划分策略上也略有区别。在温盐反演过程中，仅需要考虑对预报场的数据划分。分析过程采用的模式场网格采用立方球体水平网格体系（采用的数值模式为六面体网格的 MITgcm 模式），将全球分为六个面，每个面有 1020×1020 个网格点，每个网格点由若干个三角网格组成。模型先将全球分成若干个 1°×1°方区，并记录每个 1°方区里三角网格的个数及编号。预报场数据划分以观测区域为基础向外延伸到达的最小方区边界，即为预报模式场对应的数据划分区间。分析场为等经纬度网格数据，其划分原则上也遵循以观测区域为基准、边界冗余的划分策略，以减少边界数据的交换。

3. 通信设计

根据数据划分策略，计算任务之间的信息通信主要包括两类：一是各任务之间的调度指令信息，这类信息往往内容简单，通信量小；二是计算任务之间的相关数据通信，通信次数多、通信量大，是并行算法重点关注的内容。

同化模块 ostmas_sat 涉及的信息通信主要包括观测、背景场、模式及中间分析数据。在同化过程进行之前的观测排序、模式及背景场数据划分由主进程完成。由于同化过程采用多重网格算法，计算时需要完成多次网格加密，为减少网格计算过程，在初次网格生成时以最密网格进行任务划分，从而完成相关背景场、模式等数据的构建和分配。

在通信实现时，调度指令类的数据包括任务进程的数据划分维度、观测区域经纬度划分区域数量等简单数据，采用全局广播的方式完成通信；涉及观测数据、模式数据、背景场及中间分析数据，由于数据维度随计算任务发生改变，采用散发和聚合的方式完成，目标函数值、梯度值等涉及计算的数据则采用归约方式完成通信。

4. 并行测试

为验证并行算法性能，对卫星反演观测、现场观测资料同化过程进行测试。测试平台为一套 24 个节点的计算集群，每个计算节点为双路 16 核（Intel Xeon E5-2670，2.60 GHz），内存大小为 64 GB。同化模型使用的模式分辨率为 1/12°，分析时刻为 2008 年 1 月 5 日 12 时，测试规模为 1、2、4、8、16、32、64CPU 核。每类测试均运行 3 次，取平均值作为最终的测试结果。ostmas_sat 及 ostmas_insitu 并行测试运行时间和加速比见表 4-3、图 4.13 和图 4.14。

表 4-3 ostmas_sat 和 ostmas_insitu 并行测试时间

CPU 核	并行测试时间/s	
	ostmas_sat	ostmas_insitu
1	1916	750
2	1114	447
4	731	291
8	497	190
16	378	149
32	311	120
64	287	102

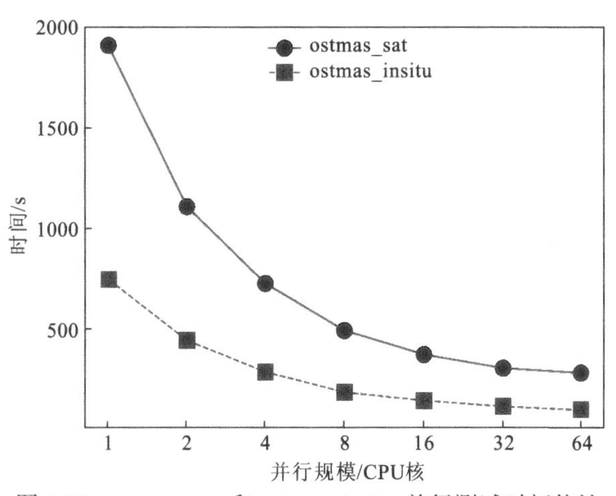

图 4.13 ostmas_sat 和 ostmas_insitu 并行测试时间统计

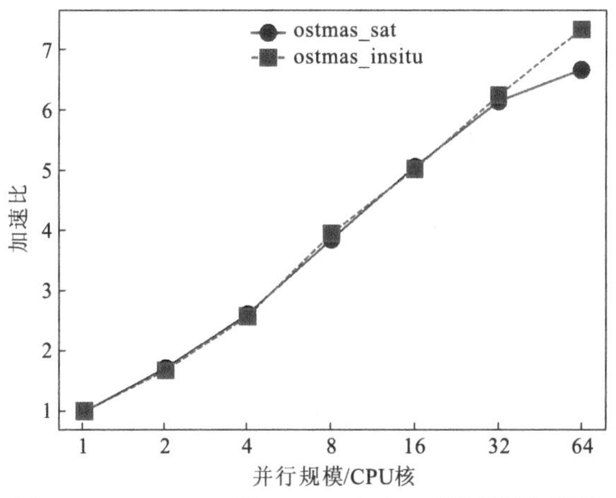

图 4.14 ostmas_sat 和 ostmas_insitu 并行测试加速比

可以看出，卫星资料同化（ostmas_sat）和现场资料同化（ostmas_insitu）运行时间都明显减少，随着并行规模的增加，ostmas_sat 和 ostmas_insitu 计算时间分别由原来的 1916 s 和 750 s，下降为 64CPU 核时的 287 s 和 102 s，加速效果非常明显。从加速比来看，两个模块在不同并行规模下的加速比趋于一致，但由于分析问题的规模限制，当 CPU 核规模大于 16CPU 核时，加速比虽然依然在增大，但增长趋势较为缓慢。因此，在实际分析过程中应根据分析问题的规模来确定并行规模，以达到最优的资源配置效果。

4.8 同化试验和结果检验

在将同化模型应用于海洋再分析产品的制作之前，需要进行个例试验和长时序试验，以检验其同化效果和精度。本节以前述经并行后的全球高分辨率时空多尺度多变量数据同化模型为例，开展同化试验和结果检验。

4.8.1 个例同化试验

为实现与用于研制全球高分辨率冰-海耦合再分析产品的 MITgcm 模式的无缝对接，同化模块的背景场采用 MITgcm 模式输出的分析时刻的瞬时结果。以 2008 年 1 月 5 日为例，为了最大限度地利用观测资料和模式结果的多尺度信息，在卫星资料的同化过程中，将多重网格三维变分的网格重数设为 7，x、y 和 z 方向上第一重和最后一重分析网格的维数分别设为(17, 9, 2)和(1025, 513, 65)，这兼顾了卫星反演的温盐剖面伪观测的维数(1441, 721, 50)（使用的网格化卫星测高资料的水平分辨率为 0.25°）、模式的维数(6120, 1020, 50)和高性能计算机的内存条件。在现场资料的同化过程中，由于每天的现场观测资料有限，将多重网格三维变分的网格重数也设为 7，但第一重和最后一重分析网格的维数分别设为(9, 5, 2)和(513, 257, 65)。此外，全球高分辨率时空多尺度多变量再分析数据同化模型仅同化上 1000 m 层的卫星反演温盐剖面伪观测和上 2000 m 层的现场温盐剖面观测。为了检验同化模型对多尺度信息的提取和同化效果，分以下三个方面进行评估。

1. 卫星测高反演温盐剖面结果检验

图 4.15 和图 4.16 分别给出了 2008 年 1 月 5 日的网格化（0.25°）卫星观测海面高度异常和海表温度。从图中可以看出卫星观测包含许多中尺度信息。

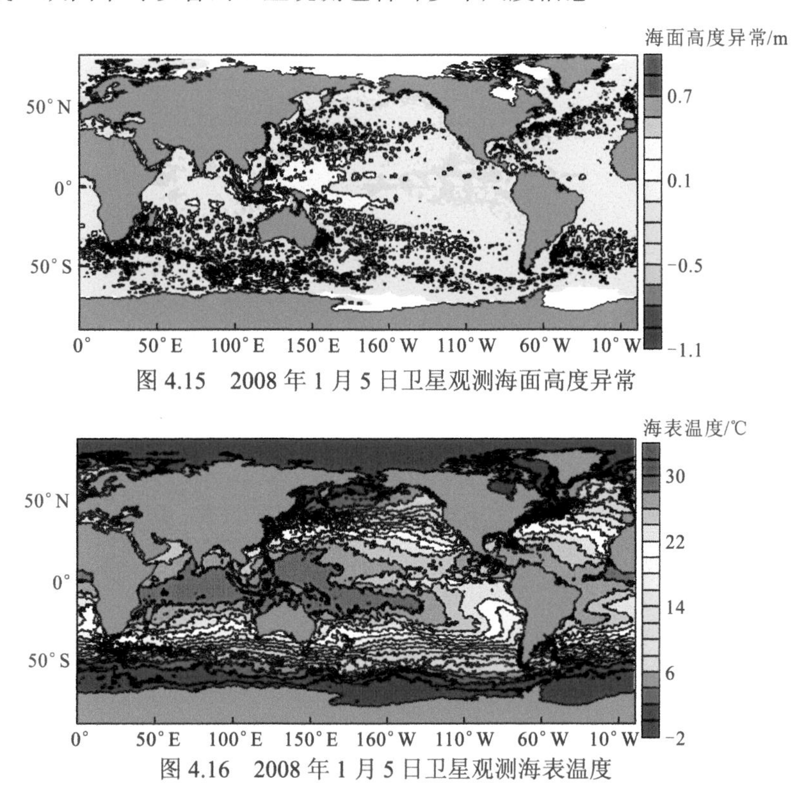

图 4.15　2008 年 1 月 5 日卫星观测海面高度异常

图 4.16　2008 年 1 月 5 日卫星观测海表温度

图 4.17 和图 4.18 给出了卫星测高反演的海表温度和海表盐度。从图中可以看到，虽然反演温盐剖面时未用到卫星观测 SST，但反演的 SST 与卫星观测的空间结构大致是一样的。

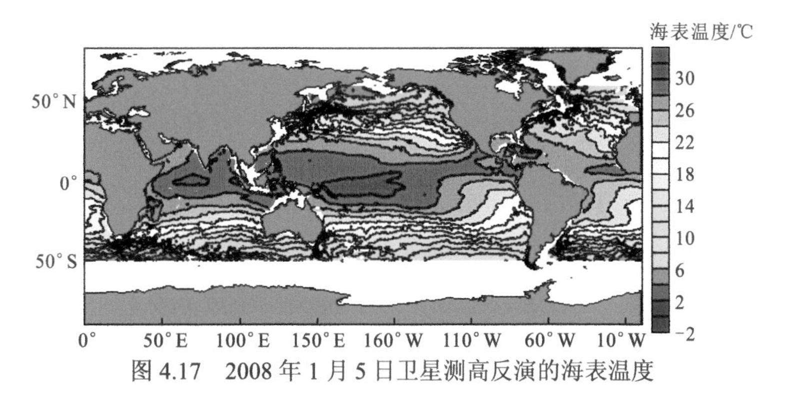

图 4.17　2008 年 1 月 5 日卫星测高反演的海表温度

图 4.19 和图 4.20 给出了卫星测高反演的 300 m 层的海水温度和盐度。从图中可以看到西边界流和一些中尺度信息。

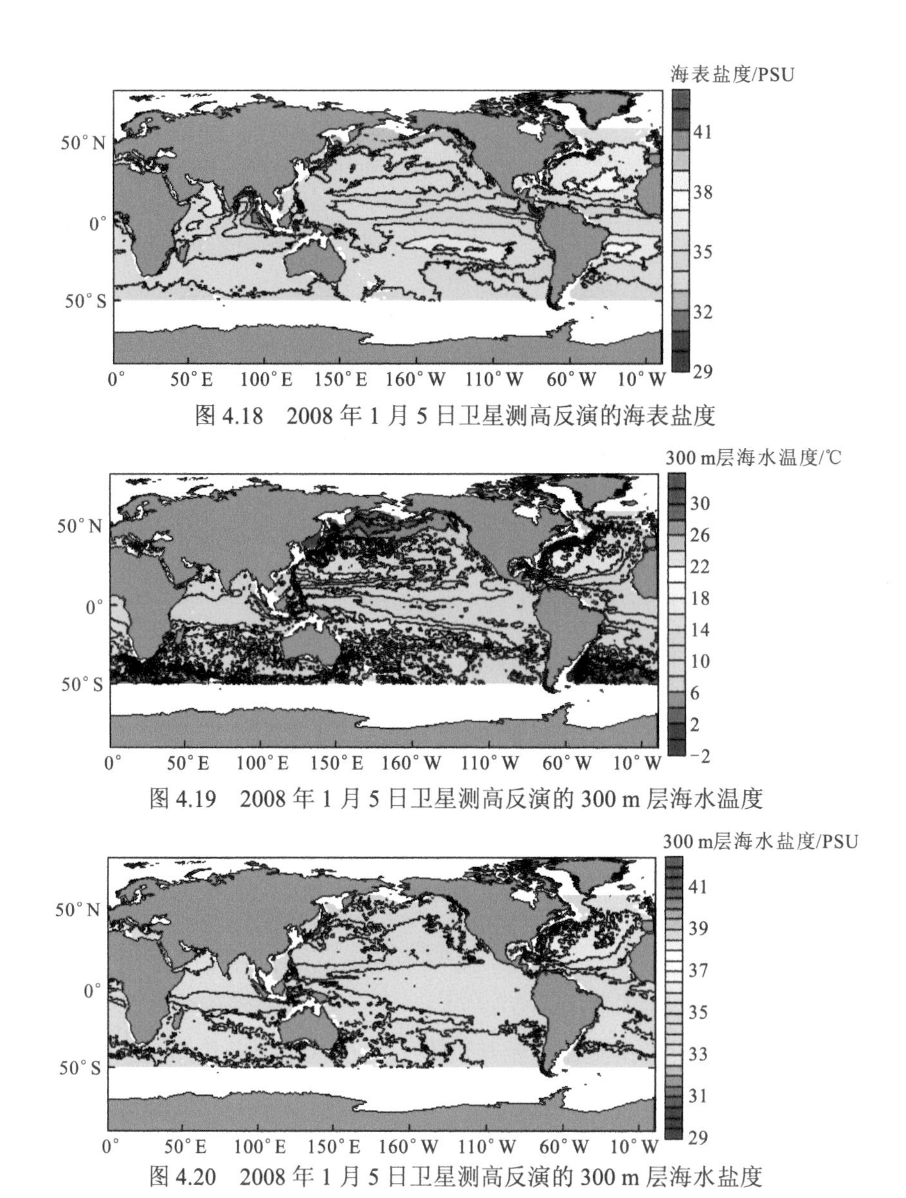

图 4.18　2008 年 1 月 5 日卫星测高反演的海表盐度

图 4.19　2008 年 1 月 5 日卫星测高反演的 300 m 层海水温度

图 4.20　2008 年 1 月 5 日卫星测高反演的 300 m 层海水盐度

图 4.21 和图 4.22 分别给出了由卫星测高反演的和模式背景的温盐剖面积分得到的海面动力高度异常。从图中可以看到，与模式背景的温盐剖面积分得到的海面动力高度异常相比，卫星测高反演的海面动力高度更接近观测，表明反演的温盐剖面动力上与观测更一致。

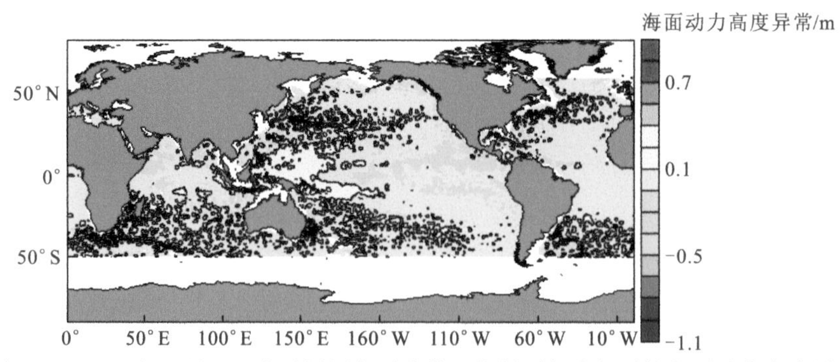

图 4.21　2008 年 1 月 5 日由卫星测高反演的温盐剖面积分得到的海面动力高度异常

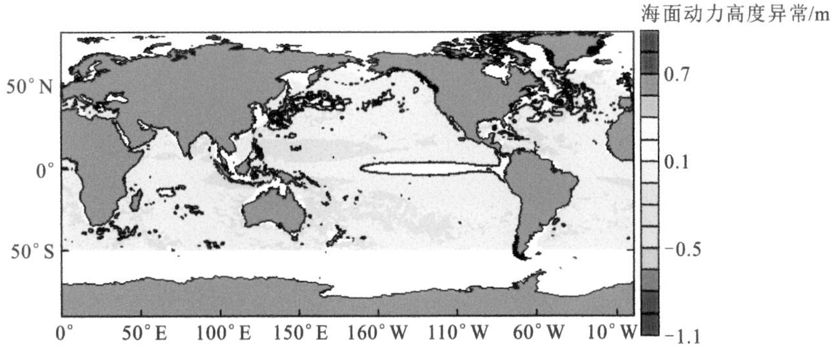

图 4.22　2008 年 1 月 5 日由模式背景的温盐剖面积分得到的海面动力高度异常

2. 卫星观测的同化检验

卫星观测的同化包括对由卫星测高反演的温盐剖面和卫星观测海表温度的同化，对结果的检验包括以下三个方面。

1）温度的同化检验

温度同化的资料包括由卫星测高反演的温度剖面和卫星观测海表温度。将温度分析场插值到卫星测高反演的温度剖面位置上，统计同化卫星测高反演的温度剖面的误差。图 4.23 和图 4.24 分别给出了该误差的垂向和水平分布。从图中可以看出，大部分海域的温度同化误差在 0.4 ℃以内，其中上混合层、跃层、近岸海域、西边界流和南极绕极流的同化误差较大。

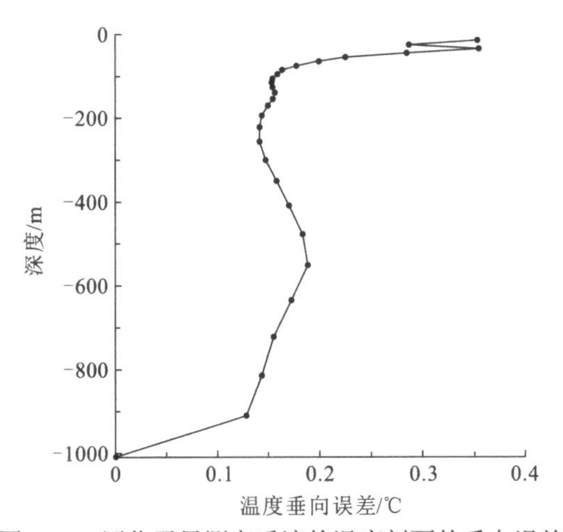

图 4.23　同化卫星测高反演的温度剖面的垂向误差

图 4.25 给出了同化卫星观测的海表温度的绝对误差。为了防止模式溢出，在同化观测资料时，对与模式结果差别较大的观测不进行同化。图中空白部分是因为卫星观测的 SST 与模式模拟的 SST 相差 5 ℃以上，没有同化进模式。从图中可以看到，卫星观测 SST 的同化误差绝对大部分在 0.4 ℃以下，大的同化误差主要发生在西边界流、南极绕极流和赤道中东太平洋海域。

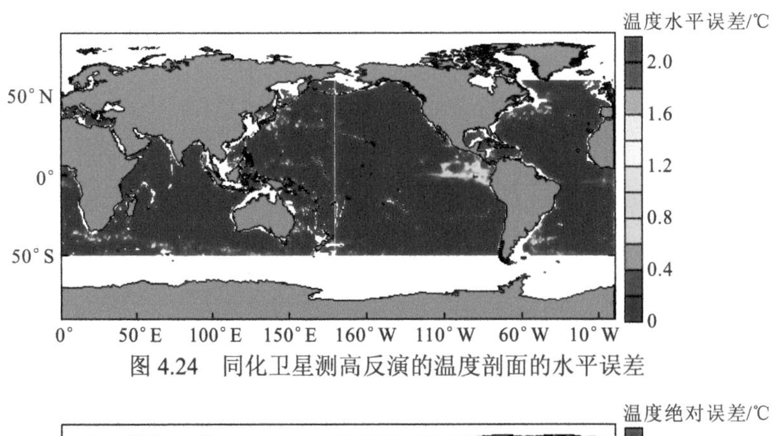

图 4.24　同化卫星测高反演的温度剖面的水平误差

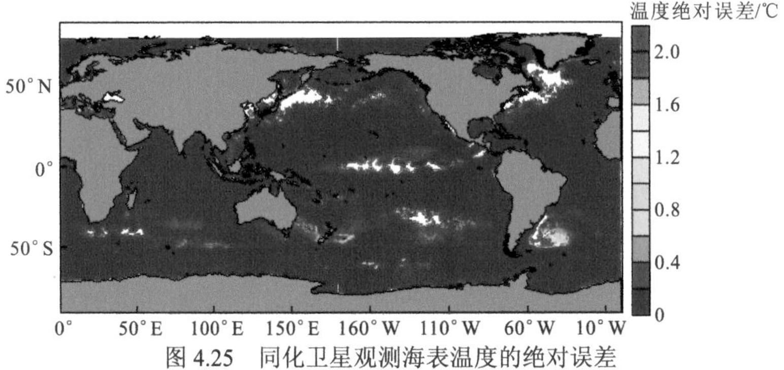

图 4.25　同化卫星观测海表温度的绝对误差

2）温盐一致性调整检验

在温度同化完成后，为了保持模式的天平均温盐关系不变，需要首先利用模式天平均结果建立温盐关系，然后根据温度的同化结果反演盐度场。温盐一致性调整仅对(60° S～60° N)海域的模式第 18 层（222.71 m）到 41 层（2729.3 m）的盐度进行调整。图 4.26 和图 4.27 分别给出了盐度调整量的垂向和水平分布。从图中可以看到，盐度调整主要发生在 350～650 m 垂向层，以及西边界流、南极绕极流和大西洋海域。

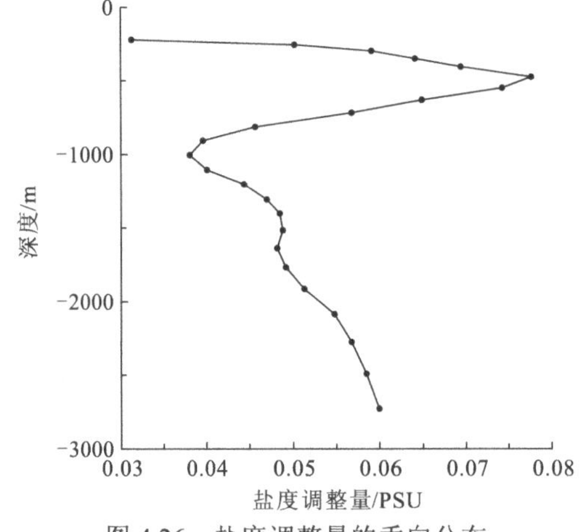

图 4.26　盐度调整量的垂向分布

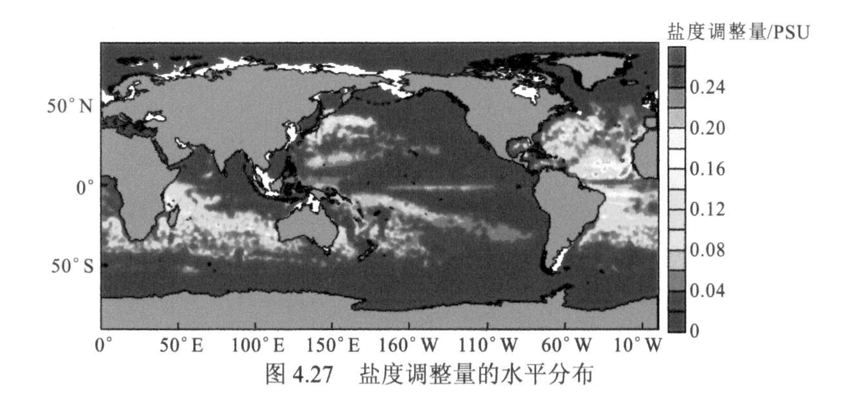

图 4.27　盐度调整量的水平分布

3）盐度同化检验

盐度同化是以温盐一致性调整后的盐度场为背景场，同化卫星测高反演的盐度剖面“伪观测”。图 4.28 和图 4.29 分别给出了盐度同化误差的垂向和水平分布。从图中可以看到，大部分海域的盐度同化误差在 0.08 PSU 以内，同化误差较大区域主要发生在 50 m 层附近。

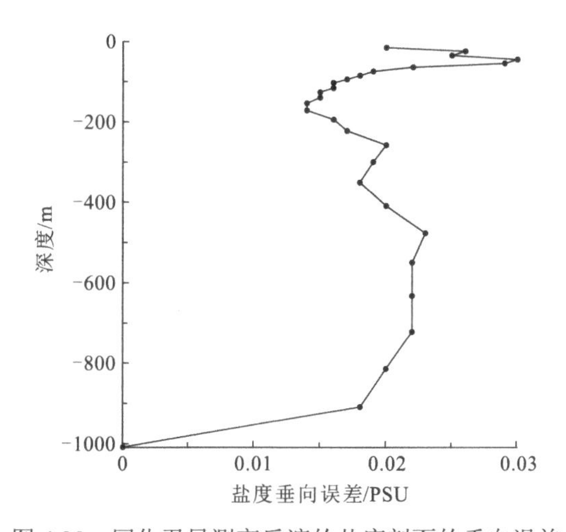

图 4.28　同化卫星测高反演的盐度剖面的垂向误差

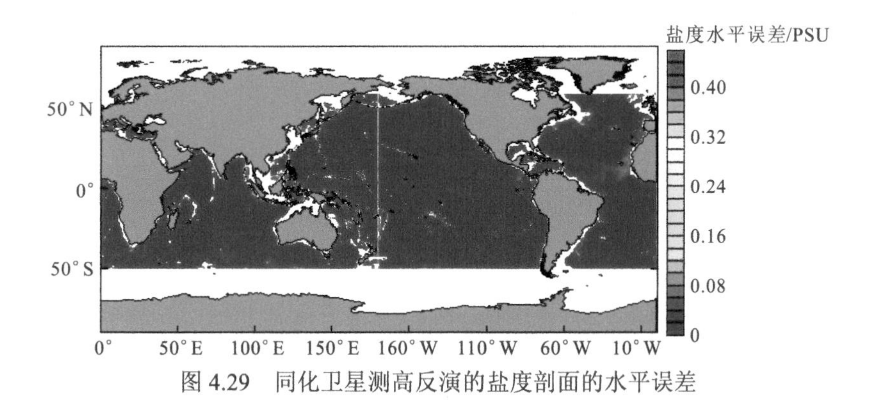

图 4.29　同化卫星测高反演的盐度剖面的水平误差

3. 现场观测的同化检验

1）现场温度同化

现场温度同化将分析时刻模式结果相对于天平均结果的差异，加上同化完卫星测高反演的温度剖面“伪观测”和卫星观测 SST 后的温度场作为背景场，以同化现场温度观测资料。图 4.30 和图 4.31 分别给出了温度的垂向和水平误差。总体而言，同化后温度误差由 1.4 ℃降至 0.64 ℃。在垂直方向上，所有模式层的温度都得到了显著改进，最大的同

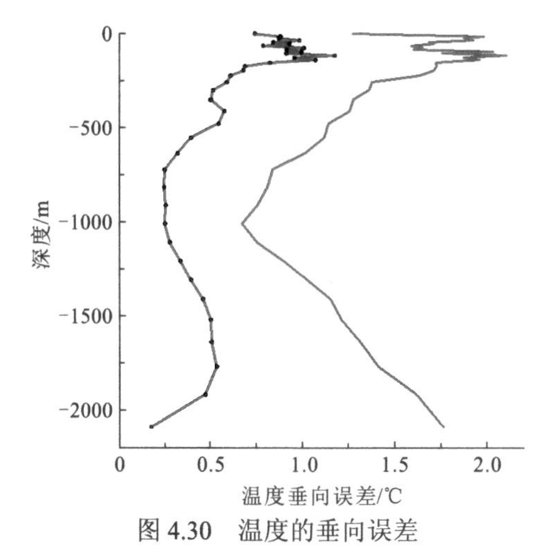

图 4.30 温度的垂向误差

红线和蓝线分别表示背景场和分析场的误差

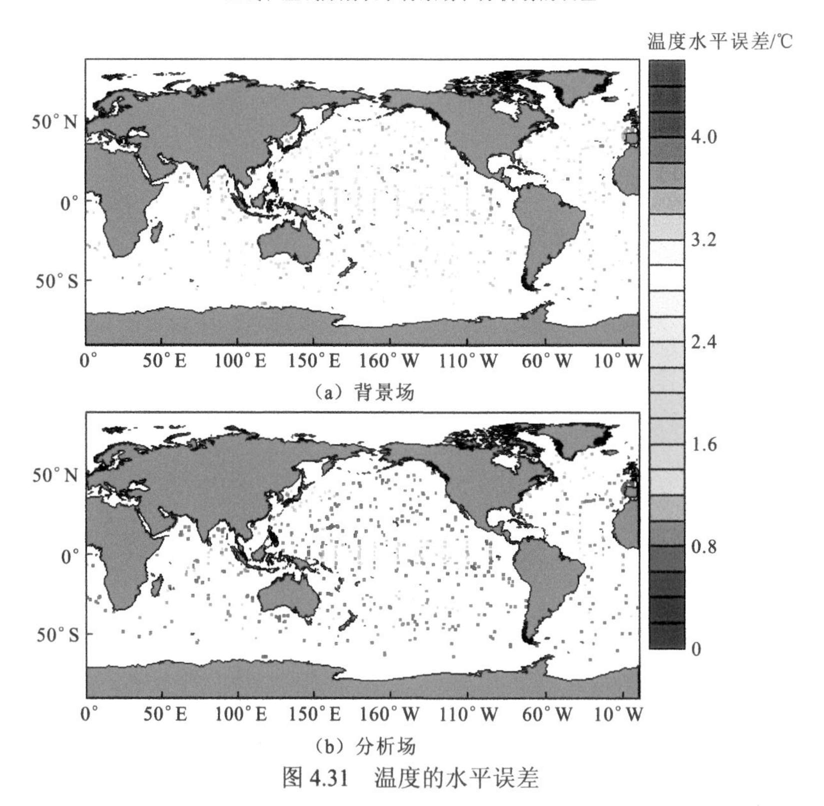

图 4.31 温度的水平误差

化误差发生在跃层附近，大约为 1℃。在水平方向上，绝大部分海域的温度都得到了改进，大的同化误差发生在西边界流（约为 2℃）和太平洋 TAO 浮标阵列处（约为 1.2℃）。西边界流处的大误差是由强温度锋面造成的，太平洋 TAO 浮标陈列处的大误差是由时间尺度的差异造成的。

2）温盐一致性调整检验

温度同化完成后，为了保持模式的分析时刻温盐关系不变，需要利用分析时刻模式结果建立温盐关系，根据温度的同化结果反演盐度场。图 4.32 和图 4.33 分别给出了盐度调整量的垂向和水平分布。从图中可以看到，盐度调整主要发生在 350～650 m 深度层，以及西边界流、南极绕极流和大西洋海域。

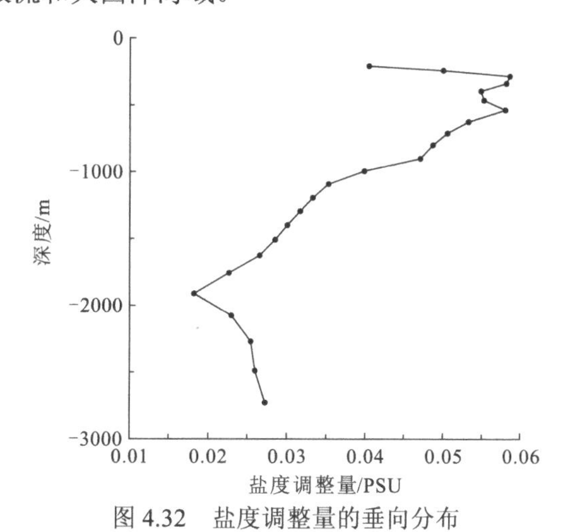

图 4.32　盐度调整量的垂向分布

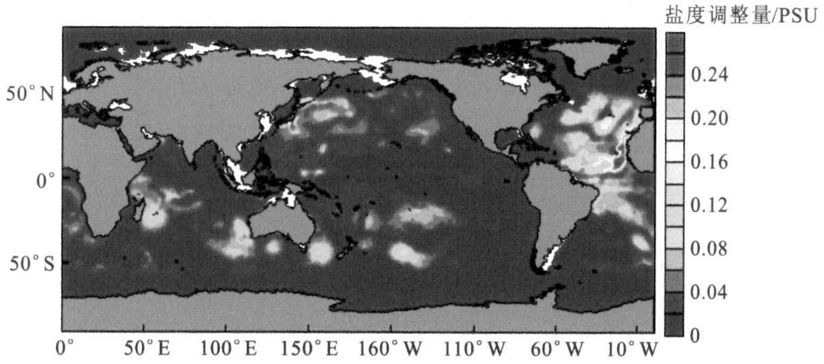

图 4.33　盐度调整量的水平分布

3）现场盐度同化

现场盐度同化是以温盐一致性调整后的盐度场为背景场，同化现场盐度剖面观测资料。图 4.34 和图 4.35 分别给出了盐度的垂向和水平误差。总体而言，同化后盐度误差由 0.24 PSU 降至 0.10 PSU。在垂直方向上，所有模式层的盐度都得到了显著改进，最大的同化误差发生在上混合层，大约为 0.2 PSU。在水平方向上，绝大部分海域的盐度都得到了改进，大的同化误差发生在太平洋和印度洋 TAO 浮标阵列处，这是由时间尺度的差异造成的。

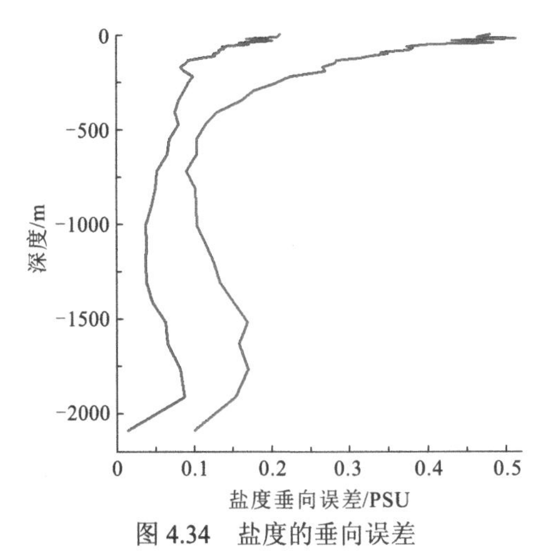

图 4.34　盐度的垂向误差

红线和蓝线分别表示背景场和分析场的误差

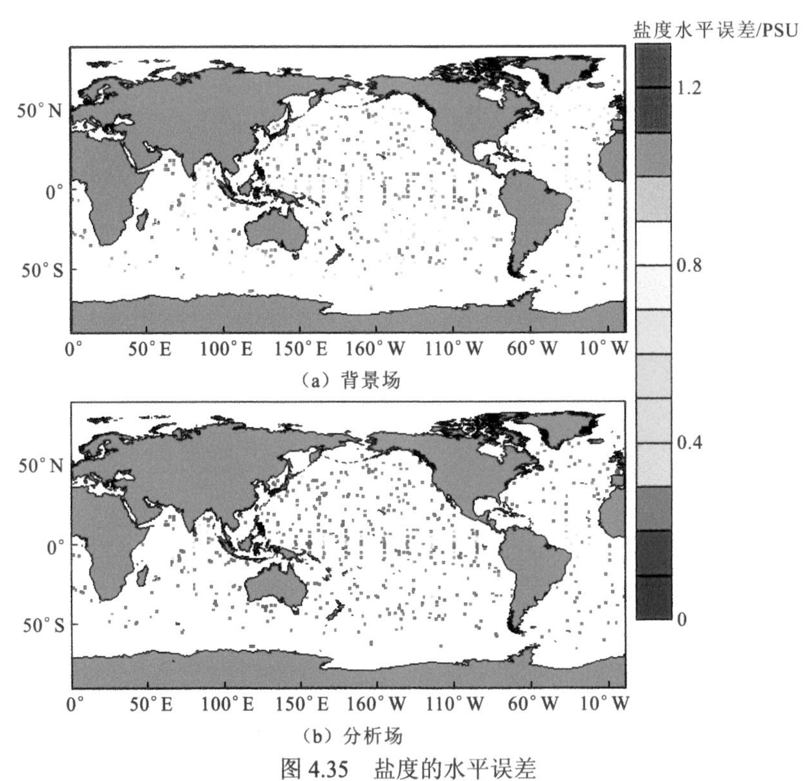

图 4.35　盐度的水平误差

4.8.2　卫星观测海表温度数据同化试验

1. 同化试验配置

开展 1986～1993 年的卫星观测海表温度同化试验，并同化温盐现场观测资料（WOD13 和 GTSPP）。其中，卫星观测海表温度的同化范围为 60° S～60° N，用于调整模式天平均的海表温度模拟结果，每天同化一次。

2. 同化结果

图 4.36 和图 4.37 分别给出了 1986 年 1 月 1 日和 1989 年 1 月 1 日卫星观测和同化结果的海表温度。从图中可以看出，1986 年 1 月 1 日虽然同化结果与观测在大尺度结构上相似，但一些小尺度观测信息还没吸收到同化结果中。这是由于 1986 年 1 月 1 日是刚开始同化观测，之前为模式模拟阶段。从图 4.37 可以看出，1989 年的同化结果基本能够反映观测的大中尺度信息，同化误差有了进一步降低。

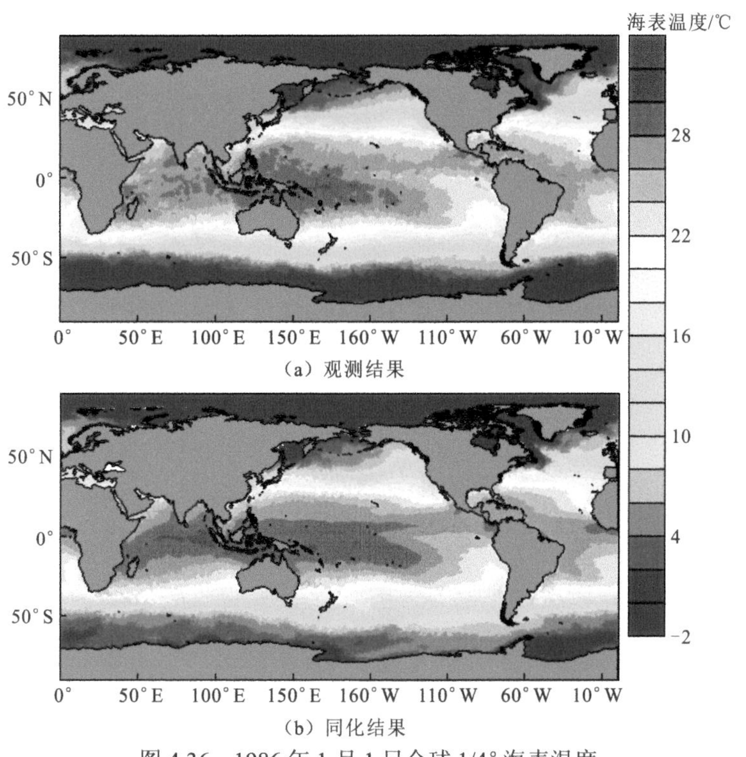

图 4.36　1986 年 1 月 1 日全球 1/4° 海表温度

3. 误差分析

为了定量评估海表温度的同化结果，从两个角度进行误差统计：一是统计均方根误差随时间的变化；二是统计均方根误差随空间的变化。其中，每个同化时刻（即每天）的均方根误差由海表温度的全球同化结果与全球卫星观测(60° S～60° N)之间的差异计算得到，而空间上每个水平网格点的均方根误差是根据该点的卫星观测时间序列与同化结果时间序列之间的差异计算得到。图 4.38 和图 4.39 分别给出了均方根误差的时间变化和空间变化。从图 4.38 可以看出，在 1986～1993 年，SST 的同化误差由初始的 1.55 ℃降低到约 0.35 ℃，并维持在稳定状态，同化的适应时间大约为 4 天。去除同化的适应时间，将图 4.38 中温度 RMSE 的时间序列再进行时间平均，得到温度 RMSE 时间序列的平均值为 0.35 ℃。将初始同化的误差 1.55 ℃粗略地视为模式的模拟误差，可以得到同化后 SST 的误差降低了约 77%。

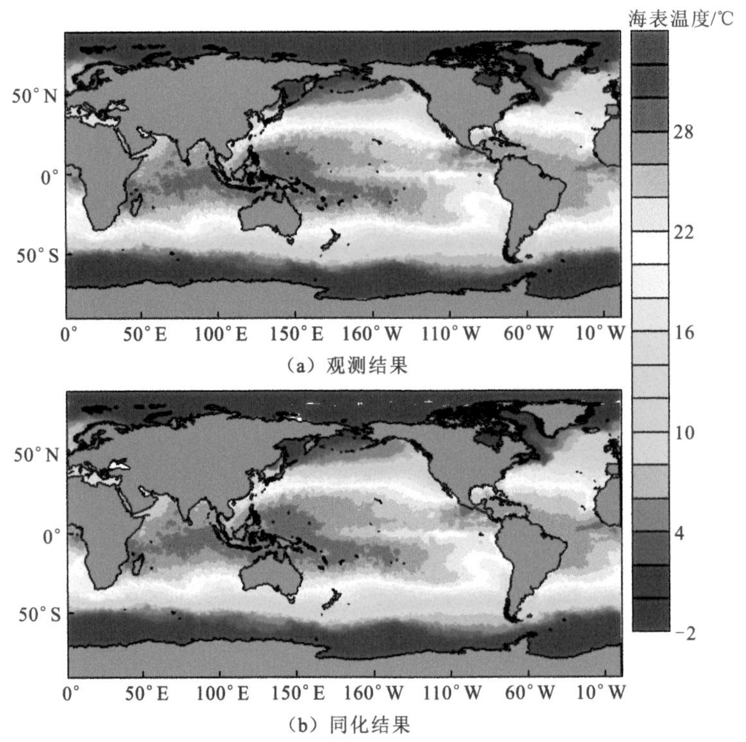

(a) 观测结果

(b) 同化结果

图 4.37　1989 年 1 月 1 日全球 1/4° 海表温度

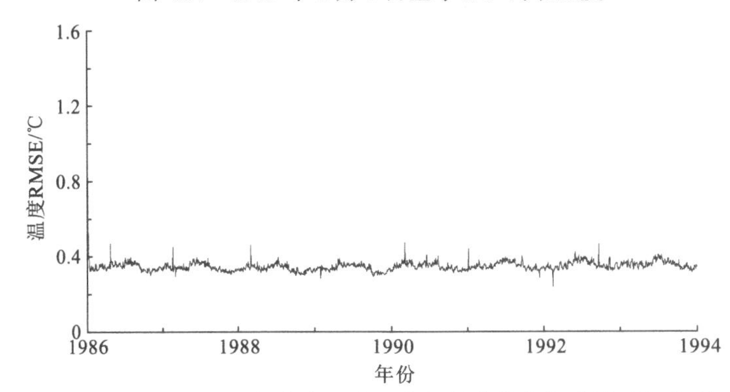

图 4.38　1986～1993 年海表温度同化结果的均方根误差时间序列

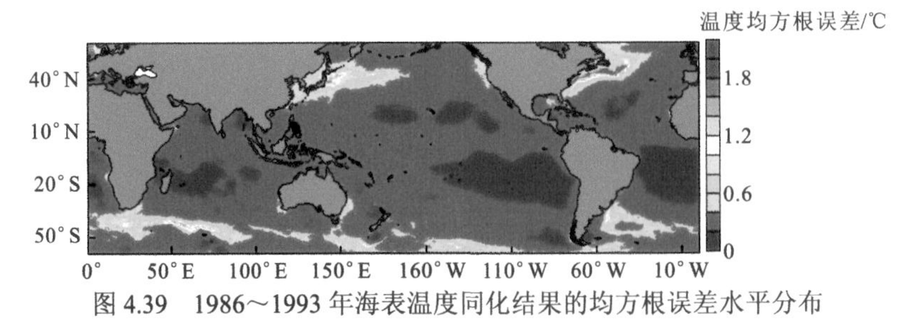

图 4.39　1986～1993 年海表温度同化结果的均方根误差水平分布

从图 4.39 的均方根误差水平分布可以看出，从全球范围来看，大部分海域的 SST 同化均方根误差均小于 0.4℃，均方根误差大的地方主要为西边界流（包括黑潮及其延伸体、湾流等）和南极绕极流区域。均方根误差最大的地方为大西洋湾流，超过了 1.5℃。西边界流区域模式模拟均方根误差相对较大，导致 SST 的同化均方根误差也相对较大。

为了进一步检验SST同化结果的空间结构，对每个同化步，计算SST同化结果与卫星观测结果的空间相关系数，然后检查相关系数随时间的变化，结果如图4.40所示。从图中可以看出，相关系数总体维持在0.999左右，说明SST同化结果在相位（空间结构，即相关系数）上与观测吻合得很好。

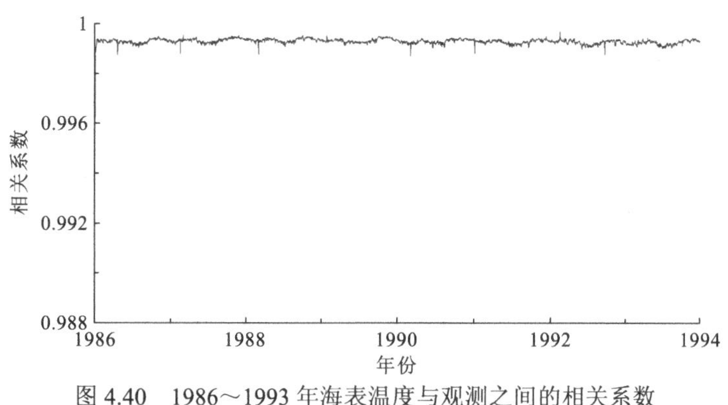

图4.40 1986～1993年海表温度与观测之间的相关系数

4.8.3 卫星和现场观测联合同化试验

1. 同化试验配置

开展2009年的卫星观测海面高度和海表温度，以及温盐现场观测资料（包括WOD13、Argo和GTSPP）同化试验。其中，卫星观测海表温度的同化范围为60° S～60° N，用于调整模式天平均的海表温度模拟结果，每天同化一次。卫星观测海面高度的同化流程是先利用等密度面上位势涡度守恒的卫星测高数据垂向映射方法，将其反演成三维网格化温盐剖面“伪观测”，然后将温盐“伪观测”同化进模式中，用于调整模式日平均的温盐场，同化范围为50° S～50° N。

2. 同化结果和误差分析

基于2009年Argo温盐剖面观测资料，统计2009年温度和盐度分析场的均方根误差，如图4.41所示。从图中可以看到：就水平分布而言，大多数区域温度误差小于1.0℃，盐度误差小于0.2 PSU；在沿岸、黑潮、湾流和大西洋区域误差较大。

为了评估卫星观测海面高度异常同化结果的合理性，将卫星观测海面高度异常同化结果与AVISO 2009年卫星遥感网格化海面高度异常数据进行比较。首先对温盐分析结果进行垂向积分得到比容海面高度，然后将其减去再分析温盐年平均气候态结果积分得到的年平均气候态比容海面高度，得到比容海面高度异常，最后计算其与卫星观测海面高度异常之间的空间相关系数（图 4.42）。结果显示，同化后海面高度异常与卫星观测海面高度异常的相关系数平均为0.87。图4.43给出了相关系数的空间分布。从图中可以看出，在南北纬50°范围内，大部分海域相关系数达到了0.7以上，说明卫星高度计的同化效果较好。

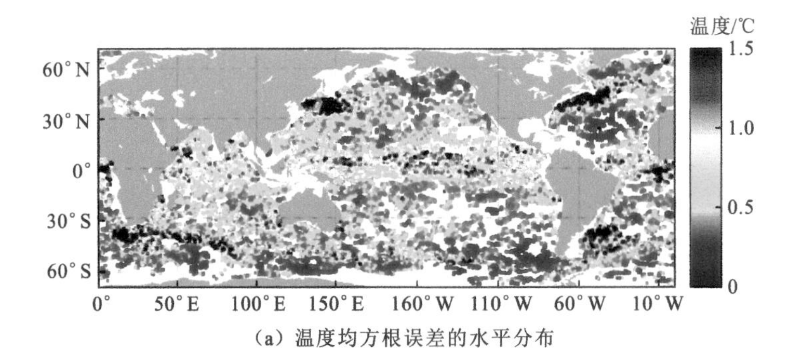

（a）温度均方根误差的水平分布

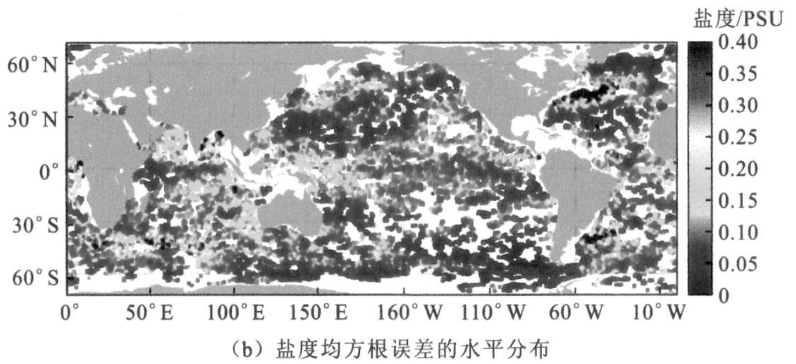

（b）盐度均方根误差的水平分布

图 4.41　2009 年温度和盐度均方根误差的水平分布

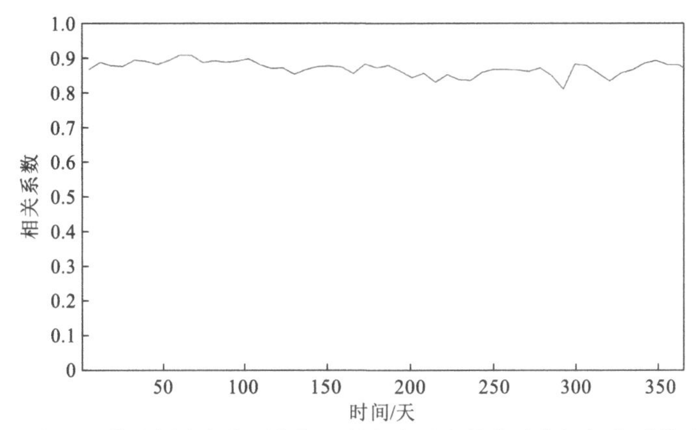

图 4.42　2009 年日平均分析比容海面高与卫星高度异常的全球空间相关系数随时间的变化

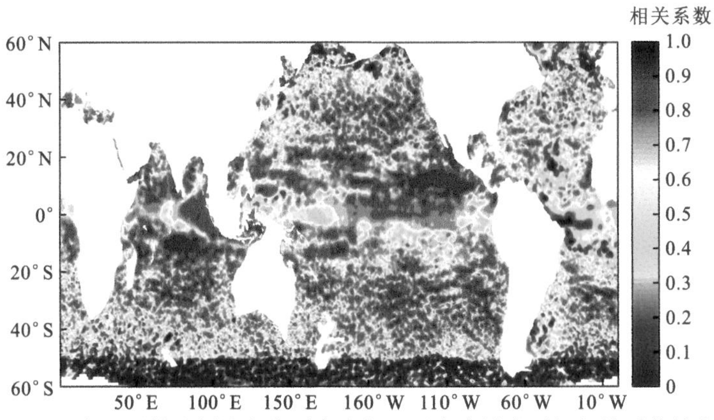

图 4.43　2009 年日平均分析比容海面高度与卫星高度异常时间相关系数的空间分布

参 考 文 献

王辉, 万莉颖, 秦英豪, 等, 2016. 中国全球业务化海洋学预报系统的发展和应用. 地球科学进展, 31(10): 1090-1104.

赵杰臣, 杨清华, 李明, 等, 2016. Nudging 资料同化对北极海冰密集度预报的改进. 海洋学报(5): 70-82.

朱江, 徐启春, 王赐震, 等, 1995. 海温数值预报资料同化试验: I. 客观分析的最优插值法试验. 海洋学报, 17(6): 9-20.

ANDERSON J L, 2001. An ensemble adjustment Kalman filter for data assimilation. Monthly Weather Review, 129(12): 2884-2903.

ANDERSON J L, 2009. Spatially and temporally varying adaptive covariance inflation for ensemble filters. Tellus A: Dynamic Meteorology and Oceanography, 61(1): 72-83.

ANDERSON J L, ANDERSON S L, 1999. A Monte Carlo implementation of the nonlinear filtering problem to produce ensemble assimilations and forecasts. Monthly Weather Review, 127(12): 2741-2758.

BEHRINGER D W, 2007. The Global Ocean Data Assimilation System (GODAS) at NCEP. Proceedings of the 11th Symposium on Integrated Observing and Assimilation Systems for the Atmosphere, Oceans, and Land Surface.

BEHRINGER D W, JI M, LEETMAA A, 1998. An improved coupled model for ENSO prediction and implications for ocean initialization. Part I: The ocean data assimilation system. Monthly Weather Review, 126(4): 1013-1021.

BERRE L, VARELLA H, DESROZIERS G, 2015. Modelling of flow-dependent ensemble-based background-error correlations using a wavelet formulation in 4D-Var at Météo-France. Quarterly Journal of the Royal Meteorological Society, 141(692): 2803-2812.

BISHOP C, HODYSS D, 2009a. Ensemble covariances adaptively localized with ECO-RAP. Part 1: Tests on simple error models. Tellus A: Dynamic Meteorology and Oceanography, 61(1): 84-96.

BISHOP C, HODYSS D, 2009b. Ensemble covariances adaptively localized with ECO-RAP. Part 2: A strategy for the atmosphere. Tellus A: Dynamic Meteorology and Oceanography, 61(1): 97-111.

BISHOP C, ETHERTON B J, MAJUMDAR S J, 2001. Adaptive sampling with the ensemble transform Kalman filter. Part I: Theoretical aspects. Monthly Weather Review, 129(3): 420-436.

BISHOP C, HODYSS D, 2011. Adaptive ensemble covariance localization in ensemble 4D-Var state estimation. Monthly Weather Review, 139(4): 1241-1255.

BLOCKLEY E, MARTIN M, MCLAREN A, et al., 2014. Recent development of the Met Office operational ocean forecasting system: An overview and assessment of the new Global FOAM forecasts. Geoscientific Model Development, 7(6): 2613-2638.

BOWLER N E, CLAYTON A M, JARDAK M, et al., 2017. Inflation and localization tests in the development of an ensemble of 4D-ensemble variational assimilations. Quarterly Journal of the Royal Meteorological Society, 143(704): 1280-1302.

BURNETT W, HARPER S, PRELLER R, et al., 2014. Overview of operational ocean forecasting in the US Navy: Past, present, and future. Oceanography, 27(3): 24-31.

CARTON J A, GIESE B S, 2008. A reanalysis of ocean climate using Simple Ocean Data Assimilation (SODA). Monthly Weather Review, 136(8): 2999-3017.

CHAMBERLAIN M A, OKE P R, FIEDLER R A, et al., 2021. Next generation of Bluelink ocean reanalysis with multiscale data assimilation: BRAN2020. Earth System Science Data, 13(12): 5663-5688.

CHEN Z, LIU J, SONG M, et al., 2017. Impacts of assimilating satellite sea ice concentration and thickness on Arctic sea ice prediction in the NCEP Climate Forecast System. Journal of Climate, 30(21): 8429-8446.

COOPER M, HAINES K, 1996. Altimetric assimilation with water property conservation. Journal of Geophysical Research: Oceans, 101(C1): 1059-1077.

COOPER N S, 1988. The effect of salinity on tropical ocean models. Journal of Physical Oceanography, 18(5): 697-707.

DERBER J, ROSATI A, 1989. A global oceanic data assimilation system. Journal of Physical Oceanography, 19(9): 1333-1347.

DOMBROWSKY E, DE MEY P, 1992. Continuous assimilation in an open domain of the northeast Atlantic: 1. Methodology and application to AthenA-88. Journal of Geophysical Research: Oceans, 97(C6): 9719-9731.

DULIÈRE V, FICHEFET T, 2007. On the assimilation of ice velocity and concentration data into large-scale sea ice models. Ocean Science, 3(2): 321-335.

EVENSEN G, 1994. Sequential data assimilation with a nonlinear quasi-geostrophic model using Monte Carlo methods to forecast error statistics. Journal of Geophysical Research: Oceans, 99(C5): 10143-10162.

EVENSEN G, 2003. The ensemble Kalman filter: Theoretical formulation and practical implementation. Ocean Dynamics, 53(4): 343-367.

FOX D, TEAGUE W, BARRON C, et al., 2002. The modular ocean data assimilation system (MODAS). Journal of Atmospheric and Oceanic Technology, 19(2): 240-252.

FRITZNER S, GRAVERSEN R, CHRISTENSEN K H, et al., 2019. Impact of assimilating sea ice concentration, sea ice thickness and snow depth in a coupled ocean-sea ice modelling system. The Cryosphere, 13(2): 491-509.

FU H, WU X, LI W, et al., 2021. Improving the accuracy of barotropic and internal tides embedded in a high-resolution global ocean circulation model of MITgcm. Ocean Modelling, 162(C12): 101809.

GARRAFFO Z D, CUMMINGS J A, PATURI Y S, et al., 2020. RTOFS-DA: Real time ocean-sea ice coupled three dimensional variational global data assimilative ocean forecast system. Research Activities in Earth System Modelling, World Climate Research Programme.

GASPARI G, COHN S E, 1999. Construction of correlation functions in two and three dimensions. Quarterly Journal of the Royal Meteorological Society, 125(554): 723-757.

HAMILL T M, WHITAKER J S, SNYDER C, 2001. Distance-dependent filtering of background error covariance estimates in an ensemble Kalman filter. Monthly Weather Review, 129(11): 2776-2790.

HAN G, FU H, ZHANG X, et al., 2013. A global ocean reanalysis product in the China Ocean Reanalysis (CORA) project. Advances in Atmospheric Sciences, 30(6): 1621-1631.

HAN G, LI W, ZHANG X, et al., 2011. A regional ocean reanalysis system for coastal waters of China and adjacent seas. Advances in Atmospheric Sciences, 28(3): 682.

HAN G, LI W, ZHANG X, et al., 2013. A new version of regional ocean reanalysis for coastal waters of China and adjacent seas. Advances in Atmospheric Sciences, 30(4): 974-982.

HAUGEN V E, EVENSEN G, 2002. Assimilation of SLA and SST data into an OGCM for the Indian Ocean. Ocean Dynamics, 52(3): 133-151.

HE Z, XIE Y, LI W, et al., 2008. Application of the sequential three-dimensional variational method to assimilating SST in a global ocean model. Journal of Atmospheric and Oceanic Technology, 25(6): 1018-1033.

HELBER R W, TOWNSEND T L, BARRON C N, et al., 2013. Validation test report for the Improved Synthetic Ocean Profile (ISOP) system, Part I: Synthetic profile methods and algorithm. Naval Research Laboratory, Oceanography Divison, Stennis Space Center.

HOTEIT I, HOAR T, GOPALAKRISHNAN G, et al., 2013. A MITgcm/DART ensemble analysis and prediction system with application to the Gulf of Mexico. Dynamics of Atmospheres and Oceans, 63: 1-23.

HOUTEKAMER P, MITCHELL H L, DENG X, 2009. Model error representation in an operational ensemble Kalman filter. Monthly Weather Review, 137(7): 2126-2143.

HUNT B R, KOSTELICH E J, SZUNYOGH I, 2007. Efficient data assimilation for spatiotemporal chaos: A local ensemble transform Kalman filter. Physica D: Nonlinear Phenomena, 230(1): 112-126.

KALMAN R E, 1960. A new approach to linear filtering and prediction problems. Transactions of the ASME-Journal of Basic Engineering, 82 (Series D): 35-45.

LEE M S, BARKER D, HUANG W, et al., 2004. First guess at appropriate time (FGAT) with WRF 3D-Var. WRF/MM5 Users Workshop.

LI W, XIE Y, HE Z, et al., 2008. Application of the multigrid data assimilation scheme to the China seas' temperature forecast. Journal of Atmospheric and Oceanic Technology, 25(11): 2106-2116.

LI Z, MCWILLIAMS J C, IDE K, et al., 2015. A multiscale variational data assimilation scheme: Formulation and illustration. Monthly Weather Review, 143(9): 3804-3822.

LINDSAY R W, ZHANG J, 2006. Assimilation of ice concentration in an ice-ocean model. Journal of Atmospheric and Oceanic Technology, 23(5): 742-749.

LISETER K A, ROSANOVA J, EVENSEN G, 2003. Assimilation of ice concentration in a coupled ice-ocean model, using the Ensemble Kalman filter. Ocean Dynamics, 53(4): 368-388.

MAES C, 1999. A note on the vertical scales of temperature and salinity and their signature in dynamic height in the western Pacific Ocean: Implications for data assimilation. Journal of Geophysical Research: Oceans, 104(C5): 11037-11048.

MASSART S, 2018. A new hybrid formulation for the background error covariance in the IFS: Implementation aspects. European Centre for Medium Range Weather Forecasts.

METZGER E J, SMEDSTAD O M, THOPPIL P G, et al., 2014. US Navy operational global ocean and Arctic ice prediction systems. Oceanography, 27(3): 32-43.

MIYOSHI T, 2011. The Gaussian approach to adaptive covariance inflation and its implementation with the local ensemble transform Kalman filter. Monthly Weather Review, 139(5): 1519-1535.

NGODOCK H E, SOUOPGUI I, WALLCRAFT A J, et al., 2016. On improving the accuracy of the M2 barotropic tides embedded in a high-resolution global ocean circulation model. Ocean Modelling, 97: 16-26.

OKE P R, BRASSINGTON G B, GRIFFIN D A, et al., 2008. The Bluelink ocean data assimilation system (BODAS). Ocean Modelling, 21(1-2): 46-70.

RICCI S, WEAVER A T, VIALARD J, et al., 2005. Incorporating state-dependent temperature-salinity constraints in the background error covariance of variational ocean data assimilation. Monthly Weather Review, 133(1): 317-338.

SAHA S, MOORTHI S, PAN H L, et al., 2010. The NCEP climate forecast system reanalysis. Bulletin of the American Meteorological Society, 91(8): 1015-1058.

SAHA S, MOORTHI S, WU X, et al., 2014. The NCEP climate forecast system version 2. Journal of Climate, 27(6): 2185-2208.

SIMON E, BERTINO L, 2009. Application of the Gaussian anamorphosis to assimilation in a 3-D coupled physical-ecosystem model of the North Atlantic with the EnKF: A twin experiment. Ocean Science, 5(4): 495-510.

SMITH G C, ROY F, RESZKA M, et al., 2016. Sea ice forecast verification in the Canadian global ice ocean prediction system. Quarterly Journal of the Royal Meteorological Society, 142(695): 659-671.

STARK J D, RIDLEY J, MARTIN M, et al., 2008. Sea ice concentration and motion assimilation in a sea ice-ocean model. Journal of Geophysical Research: Oceans, 113(C5): 121-132.

SUN Y, PERRIE W, QIAO F, et al., 2020. Intercomparisons of high-resolution global ocean analyses: Evaluation of a new synthesis in Tropical Oceans. Journal of Geophysical Research: Oceans, 125(12): e2020JC016118.

TOYODA T, FUJII Y, YASUDA T, et al., 2016. Data assimilation of sea ice concentration into a global ocean-sea ice model with corrections for atmospheric forcing and ocean temperature fields. Journal of Oceanography, 72: 235-262.

TROCCOLI A, HAINES K, 1999. Use of the temperature-salinity relation in a data assimilation context. Journal of Atmospheric and Oceanic Technology, 16(12): 2011-2025.

USUI N, FUJII Y, SAKAMOTO K, et al., 2015. Development of a four-dimensional variational assimilation system for coastal data assimilation around Japan. Monthly Weather Review, 143(10): 3874-3892.

USUI N, ISHIZAKI S, FUJII Y, et al., 2006. Meteorological research institute Multivariate Ocean Variational Estimation (MOVE) system: Some early results. Advances in Space Research, 37(4): 806-822.

WANG K, DEBERNARD J, SPERREVIK A K, et al., 2013. A combined optimal interpolation and nudging scheme to assimilate OSISAF sea-ice concentration into ROMS. Annals of Glaciology, 54(62): 8-12.

WANG X, BARKER D M, SNYDER C, et al., 2008. A hybrid ETKF-3D-Var data assimilation scheme for the WRF model. Part I: Observing system simulation experiment. Monthly Weather Review, 136(12): 5116-5131.

WANG X, LEI T, 2014. GSI-based Four-Dimensional Ensemble-Variational (4DEnsVar) data assimilation: Formulation and single-resolution experiments with real data for NCEP global forecast system. Monthly Weather Review, 142(9): 3303-3325.

WEAVER A, COURTIER P, 2001. Correlation modelling on the sphere using a generalized diffusion equation. Quarterly Journal of the Royal Meteorological Society, 127(575): 1815-1846.

WHITAKER J S, HAMILL T M, 2002. Ensemble data assimilation without perturbed observations. Monthly Weather Review, 130(7): 1913-1924.

WU X, 2016. Improving EnKF-based initialization for ENSO prediction using a hybrid adaptive method. Journal of Climate, 29(20): 7365-7381.

WU X, LI W, HAN G, et al., 2015. An adaptive compensatory approach of the fixed localization in the EnKF.

Monthly Weather Review, 143(11): 4714-4735.
WU X, LI W, HAN G, et al., 2014. A Compensatory Approach of the Fixed Localization in EnKF. Monthly Weather Review, 142(10): 3713-3733.
WU X, ZHANG S, LIU Z, 2016. Implementation of a one-dimensional enthalpy sea-ice model in a simple pycnocline prediction model for sea-ice data assimilation studies. Advances in Atmospheric Sciences, 33: 193-207.
YAN C, ZHU J, TANAJURA C, 2015. Impacts of mean dynamic topography on a regional ocean assimilation system. Ocean Science, 11(5): 829-837.
YANG Q, LOSA S N, LOSCH M, et al., 2015. Assimilating summer sea-ice concentration into a coupled ice-ocean model using a LSEIK filter. Annals of Glaciology, 56(69): 38-44.
ZUO H, BALMASEDA M A, TIETSCHE S, et al., 2019. The ECMWF operational ensemble reanalysis-analysis system for ocean and sea ice: A description of the system and assessment. Ocean Science, 15(3): 779-808.

第5章　全球涡分辨率海洋再分析系统、产品及其检验评估

海洋再分析涉及多源观测资料处理、数值模拟、数据同化、高性能计算、大数据存储、网络通信等多个领域，是一个综合集成系统，学科交叉性强、技术复杂、工作量大。本章主要介绍全球涡分辨率海洋再分析系统 HYCOM 和 GLORYS12v1，以及国家海洋信息中心自主研发的全球高分辨率冰-海耦合再分析系统 CORA2 的配置及产品的制作流程。此外，对国际上海洋再分析产品检验评估计划与相关结果进行概述，重点阐述 GLORYS12v1 和 CORA2 产品的检验评估结果。

5.1　海洋再分析系统

5.1.1　HYCOM

HYCOM 是较早发展的、时间跨度较长的涡分辨（eddy-resolving）全球海洋再分析系统和产品，其系统集成如图 5.1（Cummings et al.，2013）所示，主要包括海洋动力模式

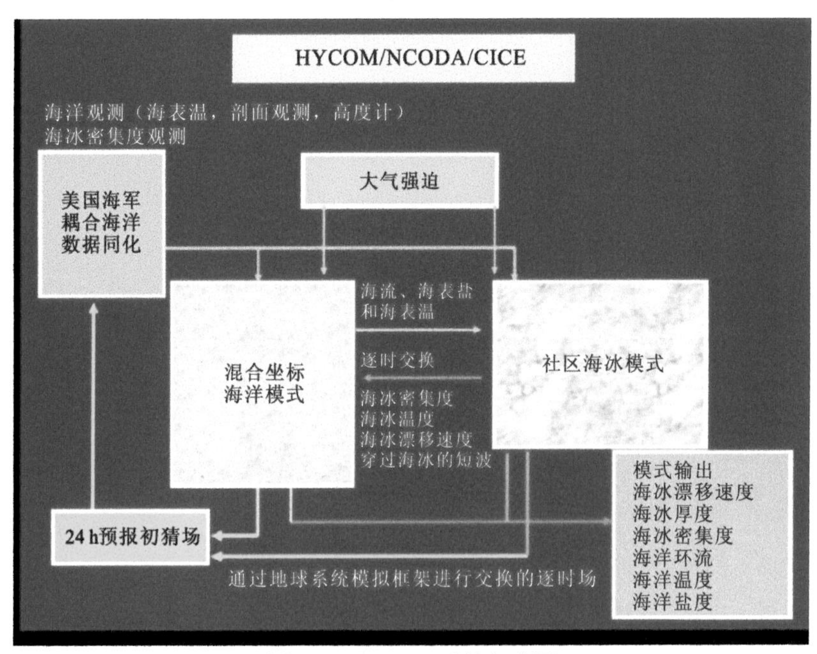

图 5.1　HYCOM 系统组成图

HYCOM、海冰模式 CICE、数据同化模块 NCODA、气象驱动场、海洋和海冰观测资料、产品输出等。早期版本的 HYCOM 气象驱动场来自美国海军全球环境模型（navy global environmental model，NAVGEM），最近版本的气象驱动场更换为 NCEP 的 CFSR 产品。

HYCOM 系统的信息流为：①气象场输入海洋模式 HYCOM 和海冰模式 CICE，驱动数值模式运行，运行过程中两个数值模式之间进行能量和物质交换；②两个数值模式的 24 h 输出结果作为背景场输入数据同化模块 NCODA，同化窗口内海洋和海冰观测资料（-12h～+12h）也输入数据同化模块 NCODA，数据同化模块将两者融合后形成分析场，然后输入数值模式作为初始场；③数值模式向前积分 24 h，输出再分析结果和下一轮循环的背景场。

HYCOM 系统在 78.64° S～47° N 使用墨卡托投影网格，往北采用北极双极点网格，使两极点在陆地上，以避免北极出现奇点，中纬度（极地）的水平分辨率约为 7 km（3.5 km）。垂向采用 32 个混合坐标面，在开阔的层化海洋中采用等密度面坐标，在混合层和非层化海洋中使用等深层（即 Z 坐标），在浅水或陆架区域使用随地坐标（即σ坐标），在每个时间积分步长上对三种坐标层分配方案进行调整，以获得最佳垂向分层。通过使用层化连续性方程确保不同类型坐标之间能够动态平滑过渡，这种混合坐标不仅将传统等密度层坐标环流模式的适用范围扩展到浅海和世界海洋的非层化区域，而且在层化区域保持了等密度层模式的显著优势，允许在表层附近和浅海区域获得更高的垂向分辨率，更好地模拟海洋物理过程。HYCOM 系统配置中有多种混合方案的选项（Halliwell，2004），海洋再分析使用的是 KPP 参数化方案（Large et al.，1994）。

数据同化模块 NCODA 在 3D-Var 框架下顺序开展多源观测资料同化。执行过程为：①数据准备，包括计算观测与背景场间的观测增量等；②利用 3D-Var 计算分析增量校正场；③后处理，例如更新背景误差场、计算一些诊断和验证统计量。为了节省计算资源和提高计算速度，在开展 3D-Var 同化时，将全球分为 7 个区域分别进行同化，不同区域之间的边界遵循陆地自然边界，通过区域重叠以确保不同区域之间平滑过渡。划分区域后，处理器就可以按照区域进行分配，每个区域的分析可以同时进行，达到并行同化的效果。就同化方法本身而言，在全球网格上执行 3D-Var 同化是没有限制的，只是受早期计算机条件的限制（内存有限），无法满足大数组的设定，才进行分区同化。

HYCOM 海洋再分析同化了尽可能多的海洋观测资料，包括卫星遥感海面高度异常（SLA）、海表温度（SST）、海冰密集度，以及 Argo 浮标、锚系浮标、漂流浮标、XBT 等温度和盐度现场观测资料。NCODA 模块与海洋资料质量控制模块紧密耦合（Cummings，2011），在同化前，需要对所有海洋观测资料进行严格质量控制。HYCOM 海洋再分析将正确时刻初猜场（FGAT）技术与 3D-Var 方法相结合，将每小时模式场与沿轨 SST 观测值进行对比，实现沿轨卫星遥感 SST 数据同化，以调整模式表层的日变化信号；在与观测剖面对比时，使用天平均模式结果计算观测增量，不考虑日变化信息。针对沿轨高度计 SLA 数据同化，首先利用模块化海洋数据同化系统（MODAS）将其以合成温度和盐度剖面的形式投影到海洋深层，然后利用 3D-Var 方法同化合成温盐剖面，以实现高度计 SLA 同化。同时，使用增量分析更新（incremental analysis update，IAU）算法在 6 h 内将三维温度、盐度和流速的分析增量逐步加入模式中，用来修正模式偏差（Bloom et al.，1996）。海冰要素同化与海洋要素同化分开进行，二维海冰密集度分析增量用于调整海冰模式中的海冰密集度。早期公开发布的 HYCOM 海洋再分析产品时间跨度为 1992～2012 年，时间分辨率为逐日，水平分辨率为 1/12°，垂向分为不等距的 40 层，要素包括海水温度、盐度、纬向流、经向流和海面高度。

5.1.2 GLORYS12v1

GLORYS12v1 是 MyOcean 计划下研发的一个全球高分辨率海洋再分析系统，其目的是在同化资料约束下，使用涡旋分辨率的网格对全球海洋进行数值模拟。GLORYS12v1 使用的数值模式是基于 NEMOv3.1 海洋动力数值模式与 LIM2 海冰数值模式建立的冰-海耦合模式；使用的同化方法是 SEEK，同时利用 3D-Var 方法进行模式偏差校正；同化的资料包括卫星遥感 SLA、SST 和海冰密集度，以及 Argo、漂流、锚系浮标等温度和盐度现场资料，再现了 1993～2019 年的海洋和海冰状态。

GLORYS12v1 的数值模式水平网格为准各向同性，水平分辨率为 1/12°（赤道 9.25 km，亚极区域约 4.5 km），垂向 50 层，各层间距随深度增加而增加，上 100 m 内有 22 层，上层垂直分辨率达 1 m，5000 m 深度垂直分辨率增加到约 450 m。海洋模式气象驱动来自欧洲中期天气预报中心（ECMWF）ERA-Interim 大气再分析（Dee et al.，2011），时间分辨率为 3 h，可重现日变化；表面动量和热量湍通量由 Large 等（2009）的块体公式计算。由于地表降水量和辐射通量存在较大的偏差，利用被动微波水循环卫星产品中降水（Hilburn，2009），以及 NASA/GEWEX 表面辐射通量收支 3.0/3.1 产品中的短波和长波辐射（Stackhouse et al.，2011），在 65° N～60° S 区域内对 ERA-Interim 降水量和辐射通量进行了大尺度校正。

GLORYS12v1 的海洋数值模式采用 Boussinesq 近似，海洋体积守恒但质量不守恒，数值模拟结果无法准确地表达海平面的全球平均变化趋势，以及质量和比容效应所占比例。为了提高数值模拟的海平面与卫星遥感的海平面一致性，在模式积分的每个时间步长上，将诊断出的全球平均比容海平面趋势加至模拟的动力海平面上。此外，考虑模式中淡水收支闭合的不确定性也会影响模拟的平均海面高度精度，对淡水强迫场进行以下两种修正：①将地表淡水的全球收支设定为一个固定的季节性循环（Chen et al.，2005），仅在空间上与全球收支平均值存在偏离；②增加一个趋势项，以代表来自冰川、陆地蓄水变化，以及格陵兰岛和南极洲冰盖质量损失等进入海洋的淡水输入。在实际应用中，将过去 20 年海冰融化的加速度分为两个阶段，1993～2001 年为 1.31 mm/年，2002 年至今为 2.2 mm/年（Church et al.，2013），将这些表层淡水通量加至经常观测到冰山的开阔海洋中。

GLORYS12v1 采用 SEEK 方法对不同类型的观测进行同化（Brasseur et al.，2006），SEEK 方法使用三维多变量背景误差协方差矩阵和 7 天同化窗口（Lellouche et al.，2013），同化资料包括 CMEMS 卫星高度计沿轨 SLA（Pujol et al.，2016）、NOAA 卫星遥感 AVHRR 海表温度、Ifremer/CERSAT 海冰密集度（Ezraty et al.，2007），以及 CMEMS 现场温度和盐度观测剖面。除 Argo 剖面外，现场观测资料还包括来自海洋哺乳动物数据集的温度和盐度剖面（Roquet et al.，2011）。高度计数据同化时使用混合平均动力地形（MDT）作为参考，该 MDT 在 CNES-CLS13 MDT（Rio et al.，2014）的基础上进行了一些调整（Hamon et al.，2019）。

卫星遥感海冰密集度的同化使用单变量单数据源 SEEK 滤波器，与多源多变量海洋同化并行执行。对于接近零的海冰密集度，将观测误差设置为25%，对于等于1的海冰密集度，将观测误差设置为5%，这些误差设定与海冰密集度反演算法相关（Ivanova，2015）。对于0和1之间的海冰密集度的观测误差，可利用0和1两个海冰密集度的误差线性插值获得。在海冰密集度同化后，为了在一定程度上控制海冰体积，采用Tietsche等（2013）提出的算法更新海冰厚度，将比例常数设定为2 m，例如对于1%的海冰密集度分析增量，平均海冰厚度增加2 cm。

GLORYS12v1使用多变量SEEK方法来校正模式的小尺度预报误差，同时使用3D-Var方法来校正模式的大尺度缓慢演变误差。3D-Var方法考虑了过去一个月或几个月累积的三维温度和盐度增量，以便在有足够的温度和盐度剖面可用时，估计大尺度温度和盐度偏差。在分析过程中，将温度和盐度的偏差校正分开处理，并作为趋势项应用于模式预测方程中，时间尺度为一个月或几个月。2003年以前，3D-Var偏差校正的时间窗口为3个月；2004年起，由于Argo观测资料越来越多，时间窗口降低为1个月。

5.1.3 CORA2

2009年，国家海洋信息中心在中国海洋再分析（CORA）计划支持下，自主研发了海洋再分析业务化系统，发布了第一代中国海洋再分析产品（CORA trial）。后续通过不断优化海洋模式、同化模型和观测资料集等，开展了系统的稳步改进和产品的更新换代（Han et al.，2011，2013a，2013b）。CORA2是国家海洋信息中心自主研发的最新一代全球涡分辨率海洋再分析系统和产品，水平分辨率达到9 km。

CORA2使用的海洋模式是MITgcm（Marshall et al.，1997），该模式在静力近似和Boussinesq近似下，用隐式线性自由表面求解三维原始方程。MITgcm海洋模式覆盖全球，采用立方球体网格，允许整个海域中具有相对均匀的网格间距，避免极区奇异点（Adcroft et al.，2004）。立方体共计6个面，每个面包括1020×1020个网格点，平均水平网格间距为9 km，垂向50层，厚度从表层的10 m到最大深度6150 m处的450 m。垂直湍混合方案采用KPP（Large et al.，1994），水平湍黏性系数和扩散系数采用Griffies等（2000）的参数化方案计算；在底边界层，模式采用二次边界层阻力项，不考虑由地形或内波引起的参数化阻力项；地形采用GEBCO08数据集。在控制方程中增加了天文引潮力，以模拟潮汐信号（Arbic et al.，2004）；在实际计算中，没有考虑海水自吸引和负荷潮作用；模式时间积分步长为60 s。海洋模式与海冰模式耦合（Zhang et al.，1998），用来计算海冰厚度、密集度和速度；海冰模式的水平网格与海洋模式相同；海洋模式和海冰模式之间进行动量、热量和淡水通量交换。海冰模式的每个水平网格有7类海冰，可用于估算随时间变化的海冰厚度分布，垂向包含一层雪和一层冰。

CORA2同化的观测资料包括温盐现场观测、卫星高度计SLA和卫星遥感SST。现场观测包括国内自主调查资料、WOD18、GTSPP、Argo等。卫星高度计SLA来自CMEMS的多源卫星融合天平均网格化产品，水平分辨率为0.25°×0.25°（Pujol et al.，2016）。卫星遥感SST来自NOAA OISSTv2数据集，水平分辨率为0.25°×0.25°，时间分辨率为天平均（Reynolds et al.，2007）。大气强迫来自日本气象厅的JRA大气再分析产品（Kobayashi et al.，2015），要素包括10 m风、2m气温和湿度、海面降水量、向下短波和长波辐射通量。开阔海域表面通量使用 Large 等（1982，1981）的块体公式计算；海冰表面通量使用 Parkinson 等（1979）的方法计算。CORA2 考虑了月平均气候态径流（Fekete et al.，2002）。

CORA2 的基础海洋数据同化方法为多重网格 3D-Var（Li et al.，2008），该方法可以针对给定的观测网依次提取长波到短波的观测信息。在卫星高度计 SLA 的同化方面，利用基于位涡守恒的水柱调整算法（Cooper et al.，1996）将其反演为温度和盐度剖面；同时考虑卫星高度计 SLA 使用的是天平均网格化产品，采用尺度分离方法，先提取背景场中天平均信号，然后利用多重网格 3D-Var 方法将反演获得的温度和盐度剖面同化进温盐天平均背景场中。

在温盐现场观测剖面的同化方面，为了充分利用现场观测中的日变化信息号来提高小尺度的分析精度，使用 FGAT 方法来计算背景场与现场观测之间的差异。此外，在只有温度观测时，为了保持同化前后水团特性不变，使用 Troccoli 等（2002）提出的温盐关系约束方法，在同化温度后对盐度进行调整。卫星遥感 SST 和现场温盐观测的同化窗口为 1 天，垂直范围为 0～2000 m。高度计反演的温盐剖面同化窗口为 7 天，同化范围为 50° S～50° N，同化深度为 0～1000 m。为了提高同化模型的计算效率，有针对性地开发共享内存式和分布式并行同化模型。此外，CORA2 再分析系统使用 Nudging 方法同化由 TPXO8 计算的天文潮水位，以优化 CORA2 中的潮汐信息（Fu et al.，2021）。

CORA2 再分析系统将多源历史观测资料、全球海洋数值模式和多尺度多变量数据同化模型按业务化运行的要求集成在一起，实现多模块有效链接。系统包含多源观测数据处理、数据同化、全球涡分辨率海洋数值模式、结果输出和后处理 5 部分。系统运行的主要流程为：①多源观测数据处理模块和全球涡分辨率海洋数值模式分别向数据同化模型输入观测资料和背景场；②数据同化模型通过同化高度计反演的温盐剖面伪观测、卫星遥感 SST 和温盐现场观测，获得同化时刻的温盐分析场，输出至全球涡分辨率海洋数值模式；③全球涡分辨率海洋数值模式以温盐分析场为初始场，在气象驱动场的强迫下积分，输出再分析产品和下一同化时刻的背景场。图 5.2～图 5.6 显示了同化模型执行前的背景场与执行后的分析场之间差异。

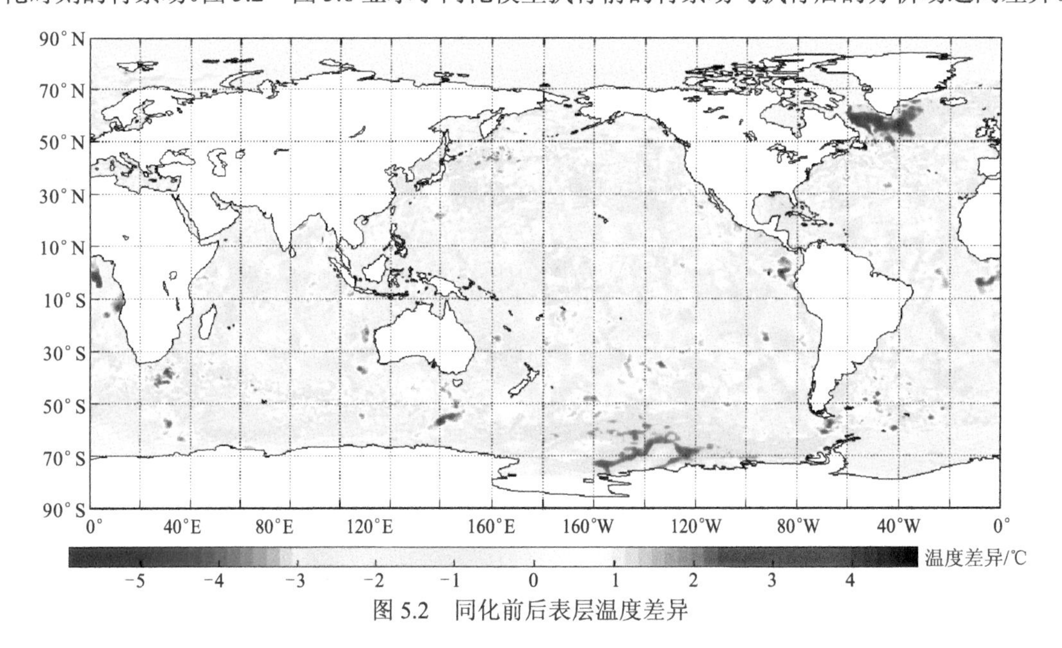

图 5.2　同化前后表层温度差异

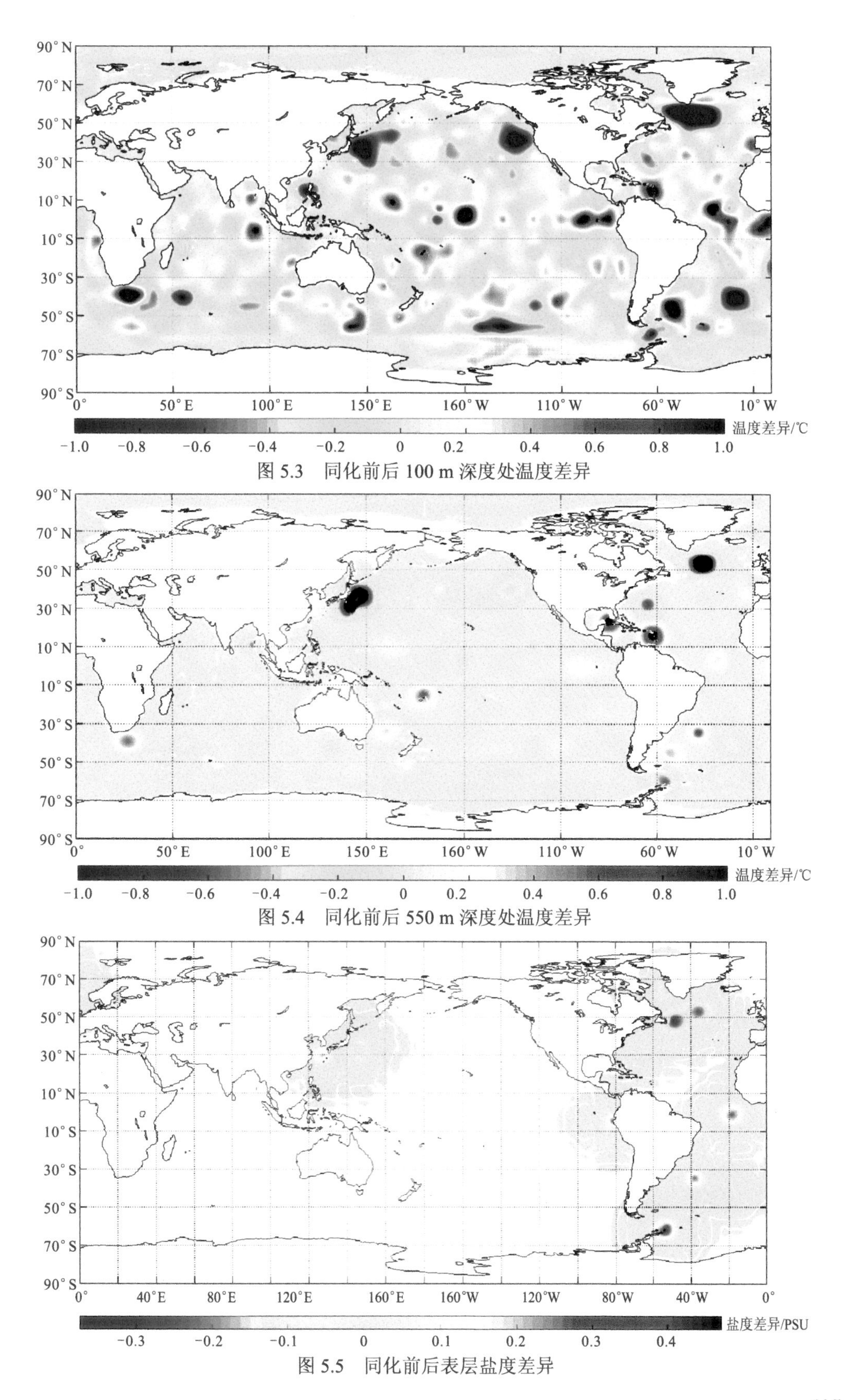

图 5.3　同化前后 100 m 深度处温度差异

图 5.4　同化前后 550 m 深度处温度差异

图 5.5　同化前后表层盐度差异

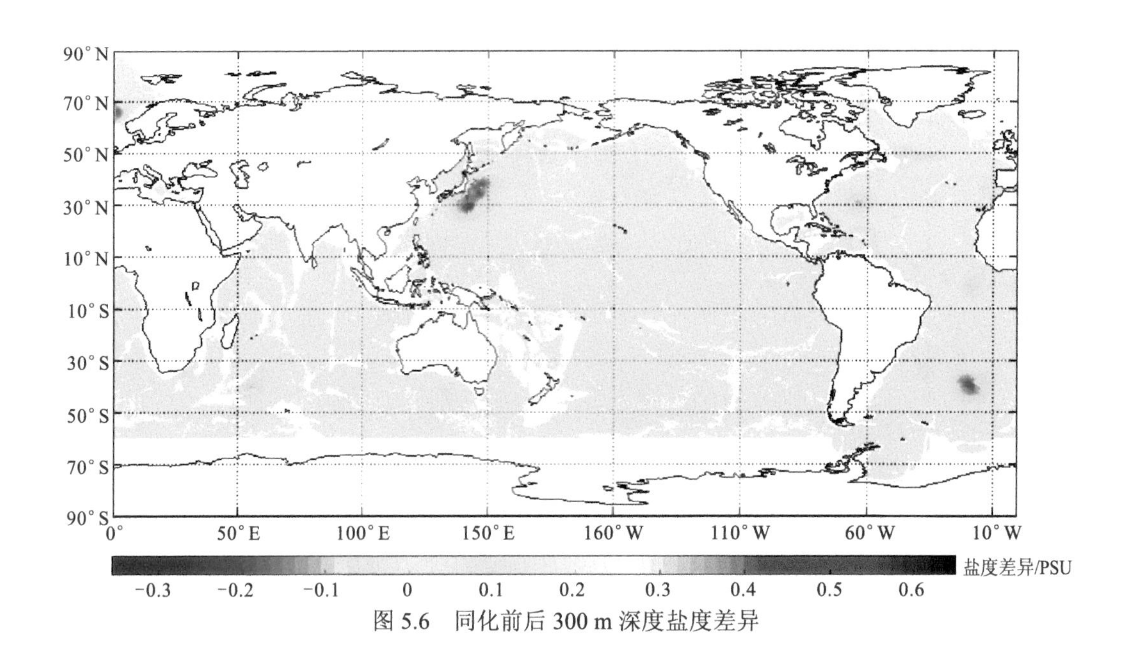

图 5.6 同化前后 300 m 深度盐度差异

5.2 海洋再分析产品

5.2.1 HYCOM

除气象强迫需要更换以外，HYCOM（GLBu0.08 19.0 和 19.1）海洋再分析产品研制过程与全球海洋预报产品 GOFS3.0（GLBa0.08-90.X 和 91.X）相同。之所以存在 19.0 和 19.1 两个版本，主要是因为在 1995 年 8 月，系统从美国海军国防部超级计算资源中心的 IBM Power 6 转移到了 IDataPlex 超级计算机上，在这之前为 19.0 版本，之后为 19.1 版本，同时两个版本的数据同化模型 NCODA 有一些小的变化，但这些变化不会对产品产生重大影响。

5.2.2 GLORYS12v1

GLORYS12v1 系统以 EN4.2.0 气候态月平均温度和盐度为初始场，从 1991 年 12 月开始数值稳定积分 1 年后，增加数据同化并开始研制产品。Lellouche 等（2013）指出如果模式从静止开始，并增加数据同化，那么积分 1 年后就能够达到第一次能量稳定，而如果仅仅是数值模拟积分，则需要 3 年时间才能达到稳定。因此，原则上 GLORYS12v1 系统中数值模拟积分仅 1 年，模式能量还不能达到稳定，不能消除与初始化相关的所有瞬态。为了进一步减少初始化和人为热带波传播的冲击，GLORYS12v1 项目组考虑在下一代产品研制时开展 3 年数值稳定积分。

GLORYS12v1 系统在 Meteo France BULL 高性能机上使用 54 个节点（1296 个处理器）业务化运行，实施 1992～2019 年的产品研制，系统研制 7 天产品大约需要 4 h 墙钟时间，包括数值积分、SEEK 和 3D-Var 方法数据同化，这意味着总共需要大约 8 个月的墙钟时间来完成 1992～2019 年 GLORYS12v1 产品研制。

5.2.3 CORA2

关于 CORA2 系统的研制细节详见 Fu 等（2023），其中 CORA2 产品的初始场构建分三个阶段：①在气候态气象场驱动下，模式以 WOA 温度和盐度为初猜场，稳定积分 10 年；②在 1980～1985 年气象场驱动下，模式稳定积分 6 年；③在 1986～1988 年气象场驱动下，增加数据同化，稳定运行 3 年，最终形成 1989 年 1 月 1 日初始场。CORA2 系统以 1989 年 1 月 1 日初始场为起点，在国家超级计算天津中心天河一号高性能集群机上使用 40 个节点（1086 个处理器）稳定运行，研制 1989～2020 年产品。研制 1 年产品大约需要 17 天的墙钟时间，意味着总共需要大约 19 个月的墙钟时间来完成 1989～2020 年产品的研制。

需要说明的是，一般来说在开展长时序海洋再分析产品研制前期，应首先开展多组数值试验，调试出一组最佳数据集、方案与参数等，使系统达到最优，产品精度最高；然后，开展数值模式稳定积分和再分析产品研制，尽量避免在正式产品研制过程中更换数据集、同化方案、模式配置等，从而引起人为扰动，影响产品在分析海洋长时序变化规律方面的应用。但是，受计算资源的限制，在 CORA2 研制过程中采用了边检验、边优化、边研制的方案，在产品研制前期 CORA2 系统的各项参数并没有达到最优，导致在 1989～2020 年 CORA2 研制过程中存在两个断点：一个是 2009 年，针对大西洋海域误差较大的问题，对 CORA2 系统的观测资料质控、同化方案进行了调整；另一个是在 2014 年，由于气象驱动场数据 JRA25 停止更新，将其更换为 JRA55。因此，上述情况在产品检验评估和使用的过程中需要引起注意。

5.3 再分析产品检验评估

评估海洋再分析产品的精度和不确定性主要有三种方法：①利用独立（非同化）数据集验证再分析产品，这些数据集通常来自一些特殊调查、延迟重新处理的数据、非同化要素的观测，采用的误差统计量一般是偏差、均方根误差等；②通过扰动强迫或物理参数来形成再分析集合，利用这些集合开展海洋状态的概率分布估计；③开展各再分析数据的相互比较，评估它们之间的一致性，提取有价值的信息。针对再分析数据的交叉比较，国际上发起了 ORA-IP 计划(Balmaseda et al., 2015)和 POLAR ORA-IP 计划(Uotila et al., 2019)，目前已开展了大量海洋再分析数据的交叉比较工作。本节首先介绍 ORA-IP 计划下开展的多套海洋再分析产品交叉比较工作概况与主要结论，然后重点阐述全球涡分辨率海洋再分析产品 GLORYS12v1 和 CORA2 的检验评估结果。

5.3.1 ORA-IP 计划

ORA-IP 计划的宗旨是量化最新海洋再分析的成熟度，重点在于确定它们优缺点，向用户群体提供参考的同时，指出下一代海洋再分析产品优先改进的地方。该计划是对

Stammer 等（2010）开展交叉比较工作的延续。Stammer 等（2010）的工作只是评估海洋再分析产品在刻画个别几个海洋参数方面的能力，并且使用的再分析产品数量也有限。本小节是在后期 Masina 等（2017）及 Storto 等（2019）的研究基础上，概述海洋再分析产品交叉比较的研究现状。

ORA-IP 计划使用 2012 年之前出现的所有海洋再分析数据，比较的时段为 1993～2010 年，对应卫星测高数据可获得时间。表 5-1 给出了 ORA-IP 计划下已比较的海洋变量和主要参考文献。Balmaseda 等（2015）对计划初期完成的比较工作进行了总结，强调按照 Stammer 等（2010）提出的想法，即将再分析集合作为一种产品进行评估，计算其信噪比，（集合平均时间序列的标准差与集合标准差的时间平均之比），可以检测出各再分析产品中哪些气候信号得到了精确刻画。ORA-IP 计划中共有 19 套海洋再分析产品参与相互比较，同时还使用了一些客观分析产品（大约 2～4 个，取决于比较的变量）。值得注意的是，在这 19 套海洋再分析产品中有 9 套是海-气耦合再分析产品。

表 5-1　ORA-IP 计划下已比较的海洋变量及主要参考文献

已比较的海洋变量	主要参考文献
混合层深度	Toyoda 等（2017）
上层海洋热含量	Palmer 等（2017）
盐度	Shi 等（2017）
海冰密集度	Chevallier 等（2017）
比容海平面	Storto 等（2017）
表面热通量	Valdivieso 等（2017）

ORA-IP 评估结果表明，对于直接受海洋观测网制约的海洋变量，如上层海洋热含量、海面温度和海冰密集度，在季节尺度上各海洋再分析产品具有良好的一致性和可靠性。对于那些只有部分或间接观测约束的海洋变量和区域，各产品之间缺乏一致性，特别是在年际尺度上更为明显，例如，深海（700 m 以下）和南大洋区域、海冰厚度及 Argo 观测网建立之前的盐度变量等。还有一些参数，例如强烈依赖大气强迫和数值模式参数的混合层深度（MLD），虽然气象驱动和模式参数在各样本之间表现出分散性，但所有产品都能很合理地刻画出混合层深度。更为重要的是，在所有变量比较中，海洋再分析集合平均及它所展现的时间变化，都占有绝对优势，特别是一些变量（如海平面、盐度、混合层深度等），其单样本不如客观分析的结果好，但是集合平均却优于客观分析，这进一步说明采用多模型集合方法来重建过去几十年的海洋状态是合理可行的。下面对几个主要的变量比较结果进行概述。

在混合层深度（MLD）方面，Toyoda 等（2017）的比较结果表明：海洋再分析集合明显优于客观分析，前者的较高水平和垂直分辨率起了积极作用。尽管个别再分析产品表现出显著的偏差，但集合平均的季节和年际变化与独立 MLD 估计值（根据 Argo 资料计算）高度一致。在高纬度地区，观测资料的稀缺和海冰动力模式不完备等因素会给混合层厚度分析带来很大的不确定性，导致高纬度结果误差较大。

在上层海洋热含量方面，尽管大多数海洋再分析很好地捕捉到了上层海洋（700 m 以上）的热含量季节和年际变化，但在 700 m 以下的深度各再分析之间的一致性较差，这可能是深层观测资料较少、各数值模式漂移程度不同等原因导致信噪比随深度增加而降低（Palmer et al.，2017）。

在盐度方面，Shi 等（2017）交叉比较了上层海洋盐度，指出盐度在低纬度区域的一致性较强，而在南大洋区域分散比较大。特别是在 20 世纪 90 年代，当时海洋和大气观测较少，各产品之间盐度分散的比较严重。尽管部分区域趋势和年际变化特征显示出一定程度的稳定性，特别是在热带海域，但是全球盐度平均值及其趋势在各再分析产品之间表现得非常分散，表明海洋再分析的盐度精度仍不适合气候应用。

在海冰密集度方面，Chevallier 等（2017）的比较结果表明，引入卫星遥感海冰密集度的同化后，各再分析产品的海冰密集度分布具有较高的可靠性，少量分散可能是由同化的海冰密集度数据集的差异所导致。相比之下，与少数验证数据（IceSat 卫星）相比，海冰厚度的精度通常较差，其精度受多种因素共同影响，特别是受海冰动力过程影响很大，例如波弗特环流会引起海冰堆积，导致大多数再分析产品在波弗特涡旋区域表现出海冰偏厚，在北极点附近表现出海冰偏薄的特点。改进海冰动力模式（例如海冰流变学、冰-气和冰-海界面应力参数化）和使用精准的大气强迫等都可能提高海冰厚度精度。同时，在同化海冰密集度时进一步合理调整海冰厚度，建立多元海冰同化，也是提高海冰厚度精度的一个研究方向。图 5.7 展示了基于海洋再分析及其集合和参考数据集（NSDIC 卫星遥感数据集和 PIOMAS 再分析数据集）得出的 9 月海冰范围和体积在 1993～2010 年的演变（Chevallier et al.，2017）。从图中可以看出，海冰范围在各数据集间较一致，海冰体积则分散性较强。

在比容海平面方面，Storto 等（2017）构建了 2003～2010 年卫星反演的比容海面高，并将其作为独立资料开展检验评估。检验结果显示，再分析集合平均比客观分析结果更为准确，尤其是在南大洋，这表明通过大气强迫驱动、海洋动力模式模拟，海洋再分析可以弥补一些南大洋观测稀疏的不足。然而，尽管基于海洋再分析集合计算的热比容海面高和盐比容海面高的线性趋势与最近的估计一致，但不同海洋再分析产品之间的差异很大，特别是对于盐比容海面高或 700 m 以下的比容海面高，区域结果也显示各再分析之间缺乏一致性，因此这些估计值的健壮性较差。图 5.8 显示了多套产品的热比容海面高和盐比容海面高线性趋势的交叉比较结果（Storto et al.，2017），使用的产品包括各海洋再分析产品以及其集合平均、各客观分析产品及其集合平均。结果表明：在各海洋再分析产品之间，盐比容海面高的趋势相对于热比容海面高，分散得更厉害，超过了集合平均趋势，说明盐比容海面高在各海洋再分析产品之间一致性较差，估计值的可信度较低。

在表面热通量方面，Valdivieso 等（2017）比较了海洋再分析中的净通量、辐射通量（短波和长波）和湍通量（感热通量和潜热通量），以便更好地设定海气界面边界条件。由于缺乏热通量的直接测量数据，很难直接对海洋再分析的热通量开展检验，将其与融合了卫星遥感辐射通量的大气再分析或混合产品的净热通量进行比较，结果显示海洋再分析的

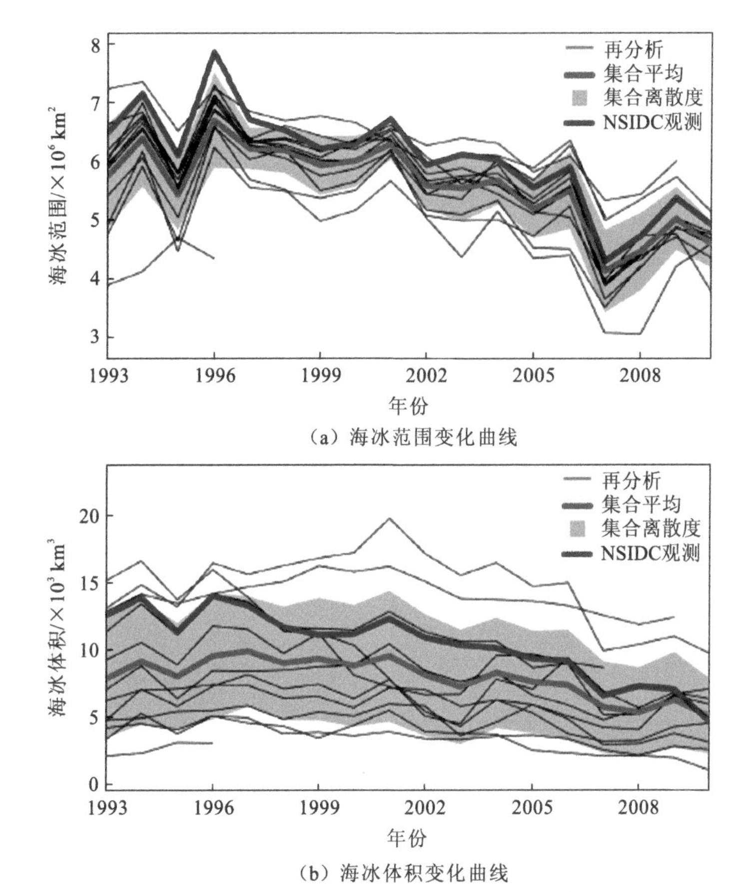

(a) 海冰范围变化曲线

(b) 海冰体积变化曲线

图 5.7 基于 ORA-IP 中海洋再分析产品及其集合和参考数据集获得的 1993～2010 年 9 月份北极海冰范围和体积的变化曲线

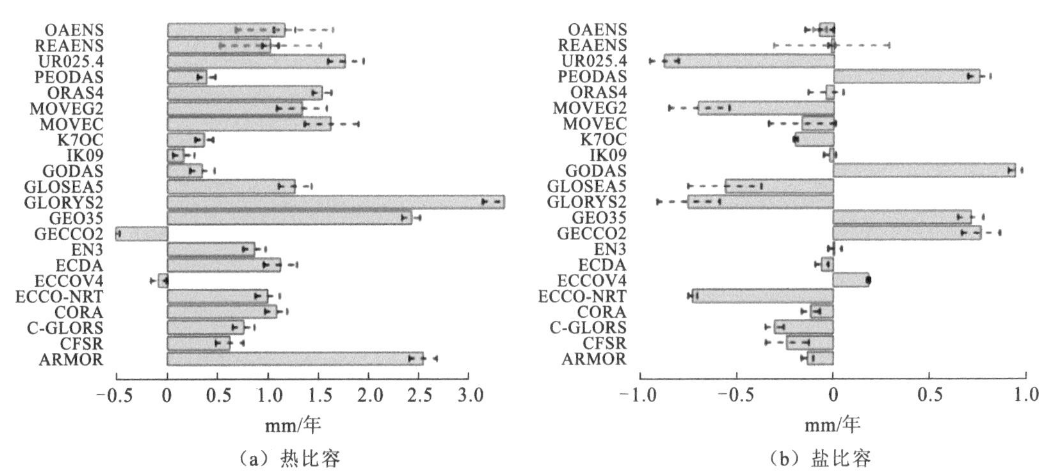

(a) 热比容　　(b) 盐比容

图 5.8 海洋再分析和客观分析产品获得的 1993～2010 年热比容和盐比容海面高线性趋势

OAENS 代表客观分析产品的集合平均；REAENS 代表海洋再分析产品的集合平均；

其他字母代表各类海洋再分析产品；黑点线代表估计的不确定性；红点线代表集合离散度

全球平均净热通量方向与参考数据基本一致，都是正值，即海洋得到热量，只是海洋再分析的正偏离整体来说偏小（图 5.9）。同时，数据同化能够削弱这种正偏离，使海洋再分析的总热通量维持在 1～2 Wm^{-2}，比大气再分析的总热通量小，更接近通过地球能量收支平衡所估计的真值。一般海洋再分析中海气通量的季节循环表现出显著的一致性，但年际变化信噪比偏小。分析结果还建议，海气通量的局部误差可能部分归因于大气再分析中海面风的系统误差。

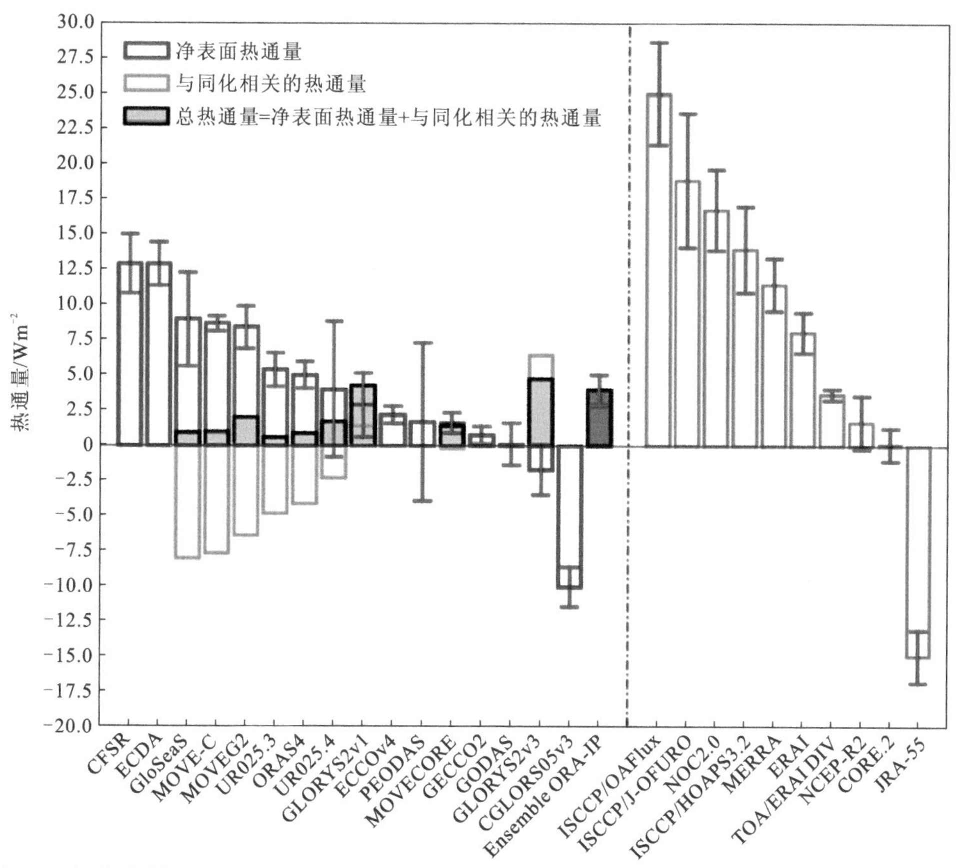

图 5.9　海洋再分析、大气再分析和观测数据获得的 1993～2010 年全球平均热通量（向下为正）

在大西洋径向翻转环流（Atlantic meridional overturning circulation，AMOC）方面，Mignac 等（2018）的研究结果显示：在上层和深层，西边界流的强度差异导致 AMOC 在几套海洋再分析产品中存在较大差异，但是不同产品之间的内部环流显示出较好的一致性。这表明数据同化在洋盆内区的有效性，但也突出了用 Argo 和高度计观测在约束西边界流方面还存在困难，需要持续的海岸观监测。

图 5.10 汇编了 ORA-IP 计划的结果（Storto et al.，2019），显示了海洋再分析的集合平均和离散度，并给出了几个相互比较变量的信噪比（SNR）。从图中可以看出：净表面热通量、盐比容海面高、0～700 m 热比容海面高、北极海冰体积的分散度比较大；海表面温度、0～700 m 热比容海面高和海冰密集度受观测约束，相对比较集中，分散度小。

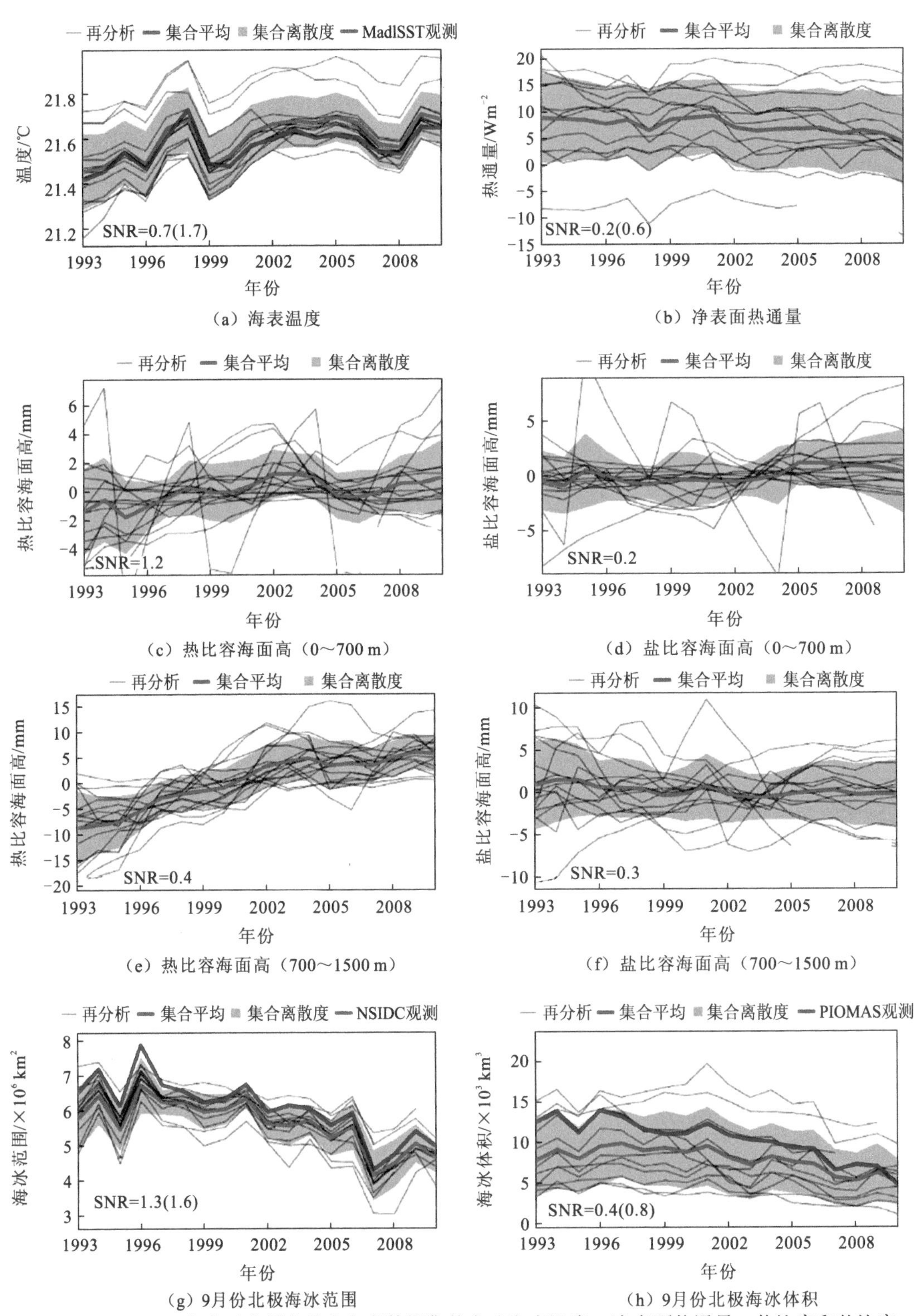

图 5.10 ORA-IP 海洋再分析产品和参考数据集的全球海表温度、净表面热通量、热比容和盐比容海面高（0～700 m 和 700～1500 m）、9 月份北极海冰范围和海冰体积的时间序列

SNR 括号中的数值为利用变量差异值计算得到的信噪比

5.3.2 GLORYS12v1

为了更好地评估 GLORYS12v1 产品，使用相同的初始条件同步进行两组孪生数值试验：第一个是纯数值模拟试验，模式配置与 GLORYS12v1 试验的海洋模式一样，无任何数据同化，简称 F12；第二个是数据同化试验，将水平分辨率降至 1/4°，简称 G4。这两组试验可以用来分析并量化数据同化和水平分辨率对产品性能的影响。下面基于 Lellouche 等（2021）研究结果，介绍三组试验评估结果。在统计再分析产品评分项时涉及两个名词：一个是“增量”，指的是观测值减去背景场（即模拟结果）；另一个是“残差”，指的是观测值减去分析场（即同化结果）。

1. 与温盐现场观测对比

基于观测与背景场之间的增量开展统计分析，通过分析增量的平均值和均方根随时间和深度的变化，来评估 GLORYS12v1 和 F12 试验中全球温度和盐度漂移情况，结果如图 5.11（Lellouche et al.，2021）所示。需要指出的是，增量是在观测融入模式之前计算的，相当于独立观测资料，统计分析 GLORYS12v1 试验的增量等价于评估 GLORYS12v1 的模式短期预报性能。与 F12 试验相比，GLORYS12v1 试验的温度和盐度与观测的偏离都大幅度降低，说明数据同化能够逐渐调整模式从而减小预报误差。F12 试验在 1993～2016 年 200 m

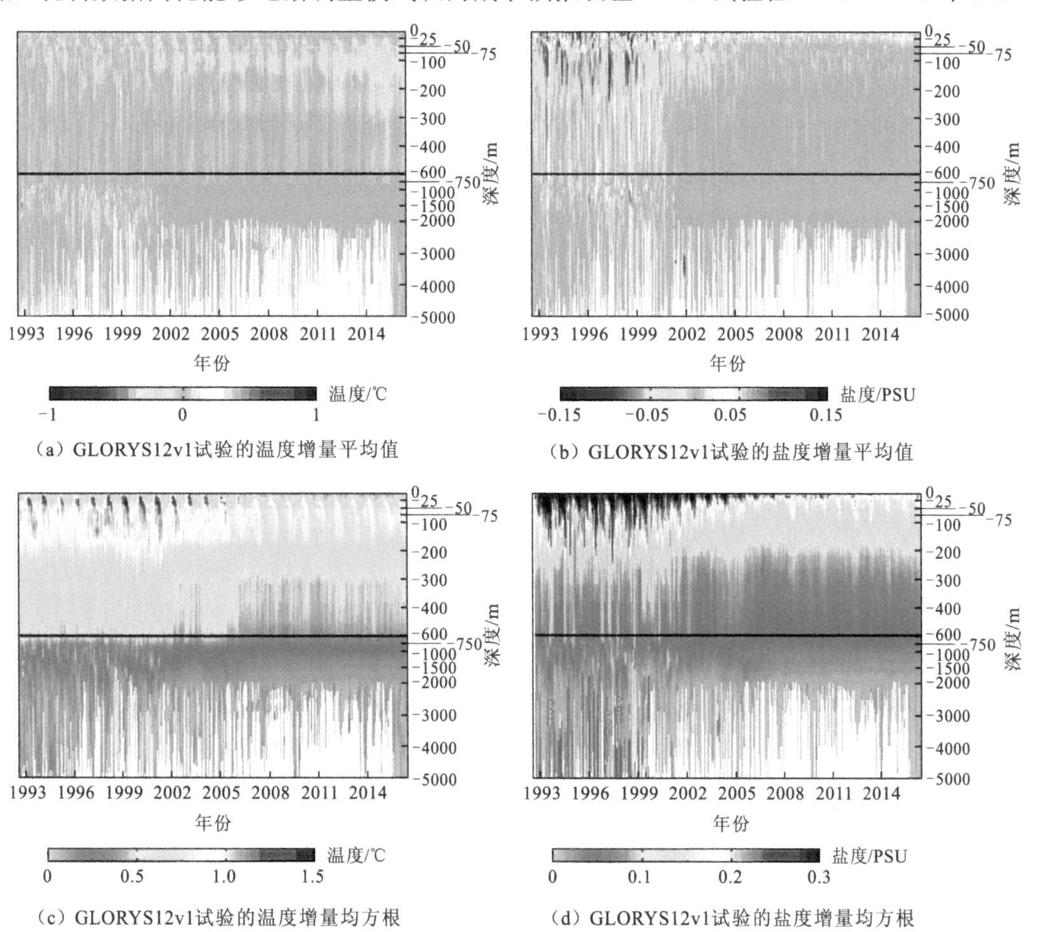

（a）GLORYS12v1试验的温度增量平均值

（b）GLORYS12v1试验的盐度增量平均值

（c）GLORYS12v1试验的温度增量均方根

（d）GLORYS12v1试验的盐度增量均方根

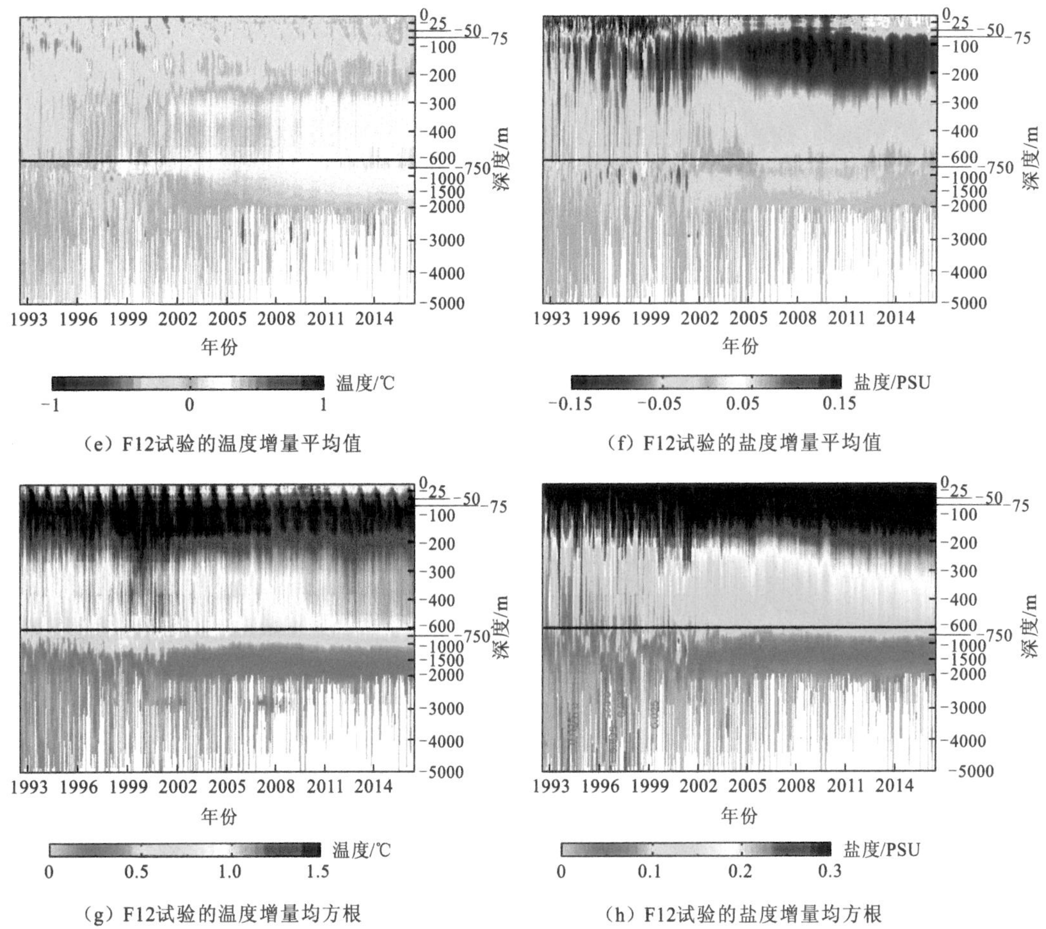

（e）F12试验的温度增量平均值

（f）F12试验的盐度增量平均值

（g）F12试验的温度增量均方根

（h）F12试验的盐度增量均方根

图 5.11 1993～2016 年 GLORYS12v1 和 F12 试验的温度、盐度增量（观测-背景场）的平均值和均方根的垂直分布

以上明显暖偏，在 1998 年左右的 300～1000 m 层出现了偏冷的现象。对盐度而言，F12 试验表层偏淡，在 20 世纪 90 年代更为强烈，反而在上 500 m 内出现了非常强的偏咸现象，并随着时间的推移而增加。GLORYS12v1 试验的这些偏离有所减少，但温度偏离仍呈现季节性变化，表明 100 m 以上的跃层存在潜在的误差。从 GLORYS12v1 试验的盐度偏离时间演变来看，在产品的后半时期，即在 2004 年之后，有大量 Argo 观测数据时，误差大大减少，这表明系统对同化现场观测的数量存在明显依赖性。

基于 0～2000 m 层的温度和盐度现场观测剖面，计算 GLORYS12v1、F12 和 G4 三组试验产品的残差，统计它们的均方根误差随时间变化，同时与 WOA13 气候态月平均温度和盐度进行比较，评估各组试验再现观测的能力，如图 5.12（Lellouche et al.，2021）所示。结果显示：GLORYS12v1 试验结果仅在 1993～2016 年略微优于 G4 试验结果，大多数情况下 GLORYS12v1 试验结果的垂直平均精度与 G4 非常相似；在 1993～2002 年，温度均方根误差为 0.75 ℃，盐度均方根误差约为 0.2 PSU；2002 年之后 Argo 观测数据加入，由于 G4 和 GLORYS12v1 试验同化观测的数量增加，温度均方根误差减小至 0.45 ℃，盐度均方根误差减小至 0.1 PSU。需要说明的是，对盐度而言，2004 年之前观测非常稀少，统计结果无法代表全球海洋状况，因此统计结果噪音较大。

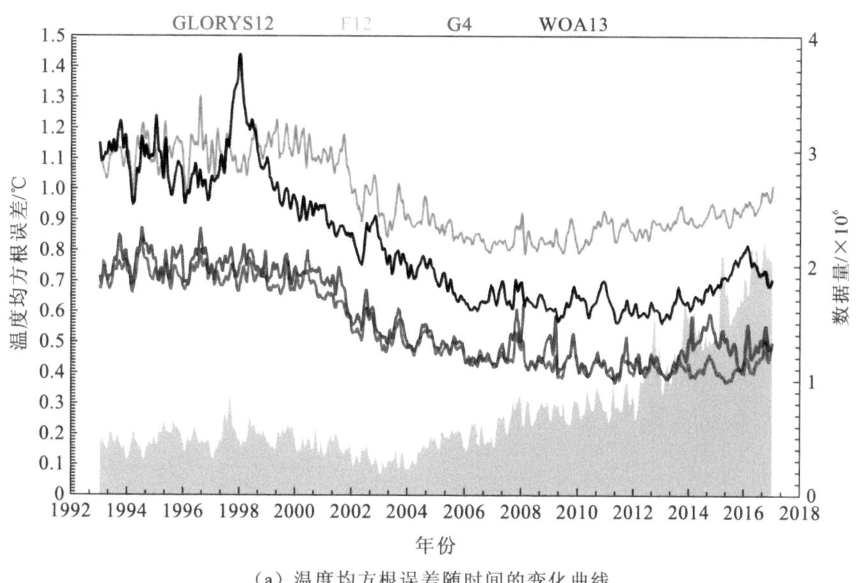

（a）温度均方根误差随时间的变化曲线

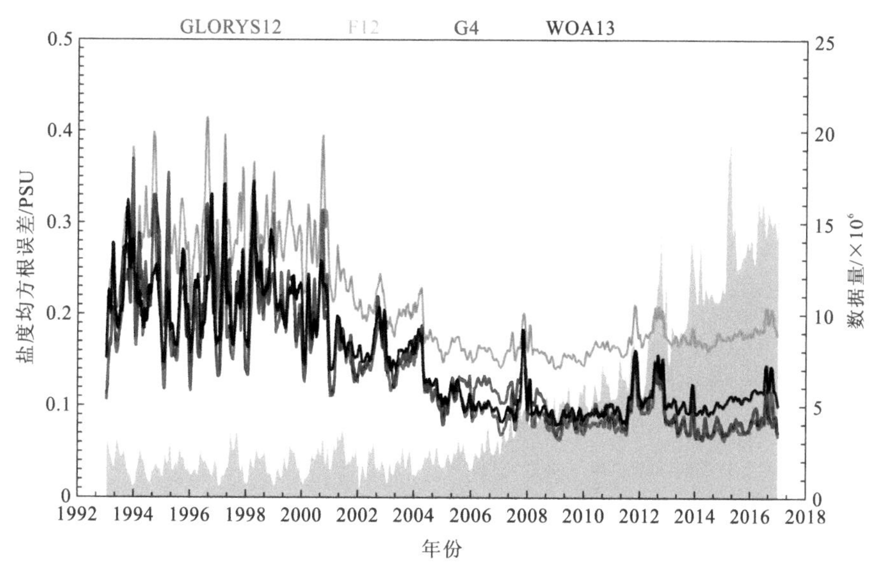

（b）盐度均方根误差随时间的变化曲线

图 5.12　1993～2016 年 0～2000 m 深度上 GLORYS12v1、F12、G4 和 WOA13 气候态的温度和盐度均方根误差随时间的变化曲线

灰色阴影代表使用的观测数据量

一般来说，任何再分析产品的误差都应该低于气候态误差，这是最低性能指标。G4 和 GLORYS12v1 试验温度在整个时期都比气候态温度准确得多，但是盐度性能在早期比较差，直到 Argo 观测时期开始才明显优于气候态。F12 试验均方根误差在 2016 年达到 1 ℃（温度）和 0.2 PSU（盐度），是 GLORYS12v1 试验误差的两倍，甚至可以观察到这些误差在 2008～2016 年有增加的趋势，这表明数值模拟在没有数据约束的情况下存在漂移。

2. 涡动能时间演化对比

随着水平分辨率的提高，海洋再分析可以再现出更多中小尺度涡，本小节通过涡动能的交叉比较以评估三组试验再现中尺度涡的能力，并讨论水平分辨率、数据同化等对涡动能模拟的影响。首先，利用 GLORYS12v1、F12 和 G4 的日平均速度场，分别计算三维平均涡动能，图 5.13 显示了月平均涡动能的时间演变（Lellouche et al.，2021）。由于无法基于观测手段获得三维涡动能，只给出三组试验的结果。从图中可以看出，与 G4 和 F12 试验相比，GLORYS12v1 试验的涡动能最大，平均值为 14 cm^2/s^2，而 G4 的平均值为 10 cm^2/s^2，F12 的平均值为 8.5 cm^2/s^2。三组试验均从静止开始，含数据同化的 GLORYS12v1 和 G4 试验在 1 年后能量首次达到稳定，而纯数值模拟 F12 试验在 3 年后能量才达到稳定，即同化有助于模式更快地达到稳定。同时，所有涡动能的时间序列均表现出明显的季节周期变化，并且在 3 年后出现年际变化，如 1997～1998 年的强 ENSO 事件，导致全球涡动能下降。

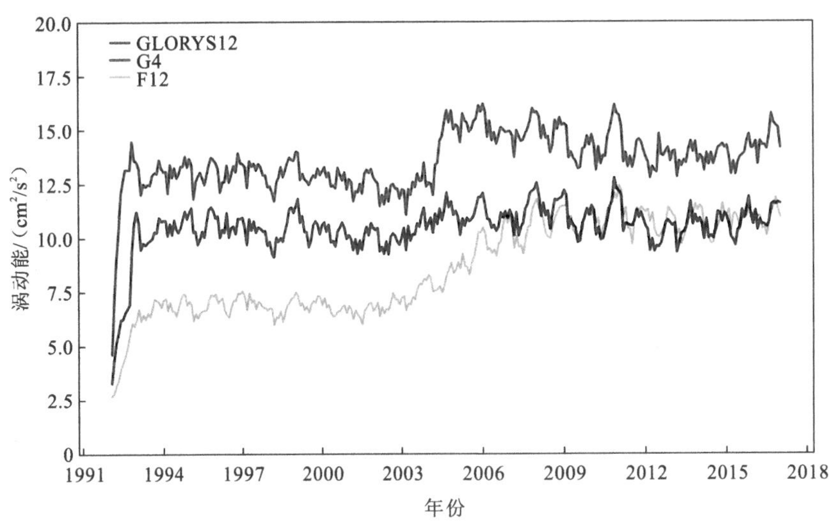

（a）GLORYS12v1、G4和F12试验获得的空间平均的月平均涡动能变化曲线

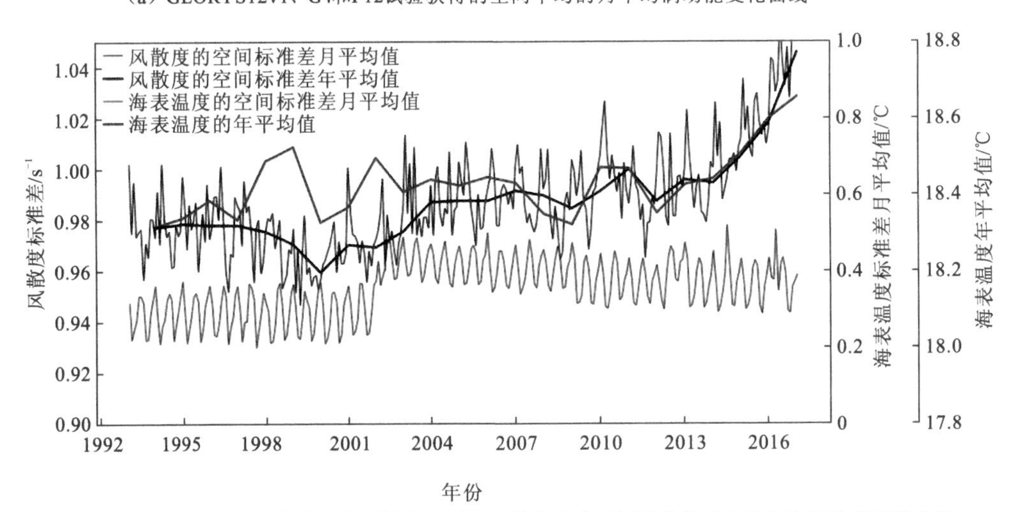

（b）海表温度的空间标准差月平均值和年平均值，以及风散度的空间标准差月平均值和年平均值变化曲线

图 5.13　月平均涡动能的时间演变，以及海表温度的空间标准差月平均值和年平均值、风散度的空间标准差月平均值和年平均值变化曲线

这些时间序列也表现出两个主要的不连续。2002 年初出现第一次不连续，延续至 2007 年，在这期间三组试验的涡动能都急剧增加，其中 F12 突变最强，到 2007 年平均状态从 7 cm^2/s^2 增加到 10 cm^2/s^2；同时，2002 年之后，可以观察到所有试验的季节变化振幅逐渐增加，从 1 cm^2/s^2 增加至 2 cm^2/s^2。考虑这些变化也出现在纯模拟试验 F12 中，这些突变可能与大气强迫有关。

对三组试验的大气强迫 ERA-interim 数据进行深入分析，以了解造成突变的成因。ERA-interim 是一种大气再分析产品，源自包含数据同化且在大气界面有边界条件的大气环流模式，特别是在海气界面使用了根据观测值估计的海表温度。需要说明的是，在 ERA-interim 产品研制过程中海表温度的水平分辨率从 1° 变成 0.5°，这一变化有可能导致大气环流的改变，从而引起大气再分析产品出现扰动，并以气象驱动的形式传递给海洋再分析。图 5.13（b）中的蓝线显示了 ERA-interim 大气再分析海气界面所使用的海表温度空间标准差时间演变，由于 2002 年 1 月海表温度水平分辨率提高，其标准差发生了跳跃式的增加，这种边界条件的精细变化能够调整大气的局部风场。一般风场局部变化在大尺度风场中很难直接体现，但如果使用风的散度或旋度，那么它的最小空间变化将会被突显出来。图 5.13（b）的黑线显示了 ERA-interim 风散度的空间标准差，很明显在 2002 年海表温度标准差变化的同时，风散度标准差也呈现出增加趋势，这表明大气对海表温度变化存在明显的响应。2014 年之后，风散度标准差也表现出明显的增长，这可能与全球平均海表温度的增加有关。总之，底边界海表温度的增加会导致大气柱的不稳定性增强、散度增加，这种散度增强的风场会将能量通过气象驱动场部分传递给海洋，导致 GLORYS12v1、F12 和 G4 试验的涡动能出现突变。

第二次不连续发生在 2004 年，GLORYS12v1 试验的涡动能迅速增加，G4 试验的增加幅度较小，F12 试验则没有观察到这种突变，这表明造成迅速增加的可能原因是数据同化。考虑在 G4 和 GLORYS12v1 试验中自 2004 年 1 月起所同化的现场温盐剖面数量急剧增加，并且 3D-Var 偏差校正时间窗口从 3 个月缩短到 1 个月，那么这些现场观测数量增加和时间窗口的缩短有可能成为涡动能改变的原因；同时，高分辨率的 GLORYS12v1 试验的变化比 G4 更为显著。

总之，月平均涡动量时间演变清楚地表现出的两个不连续，是由 2002 年 ERA-interim 大气强迫和 2004 年现场观测系统变化所引起的。2002 年出现的不连续问题可以通过以下两种方式解决：①改用新的大气再分析产品 ERA5；②使用大气边界层模式强迫海洋。然而，对于在 2004 年因 Argo 观测数据的加入导致温度和盐度观测剖面迅速增加，以及 3D-Var 偏差校正时间窗口缩小所引起的不连续问题，需要进一步的研究。

3. 温度和盐度时间演化对比

为了分析三组试验的温度和盐度随时间的演化，计算其相对初始时刻的异常，统计它们在每个深度上的水平平均，结果如图 5.14 所示（Lellouche et al.，2021）。从图中可以看出，GLORYS12v1 和 G4 试验在 0～1000 m 层出现变暖［图 5.14（c）和（e）］。Argo 时期之前，G4 试验的上 1500 m 层逐渐变淡（主要发生在南极绕极流区域），GLORYS12v1 试验在一定程度上也表现出这种趋势［图 5.14（d）和（f）］；2004 年开始，G4 试验的这种变淡趋势迅速弱化，并且在上 200 m 层转化为变咸，这可能与温盐偏差校正的时间窗口改变，以及被同化的温盐剖面数量增多有关。2004 年之前，G4 和 GLORYS12v1 试验无法修正好已经形成的盐度偏离，但由于 GLORYS12v1 试验的分辨率较高，再现的锋面比 G4 试验更精细，特别是锋面的位置，导致 GLORYS12v1 试验的盐度偏离相对 G4 试验较弱。对于 F12 试验，2002 年 1 月似乎是一个关键日期，200～1000 m 层的温度出现强烈冷

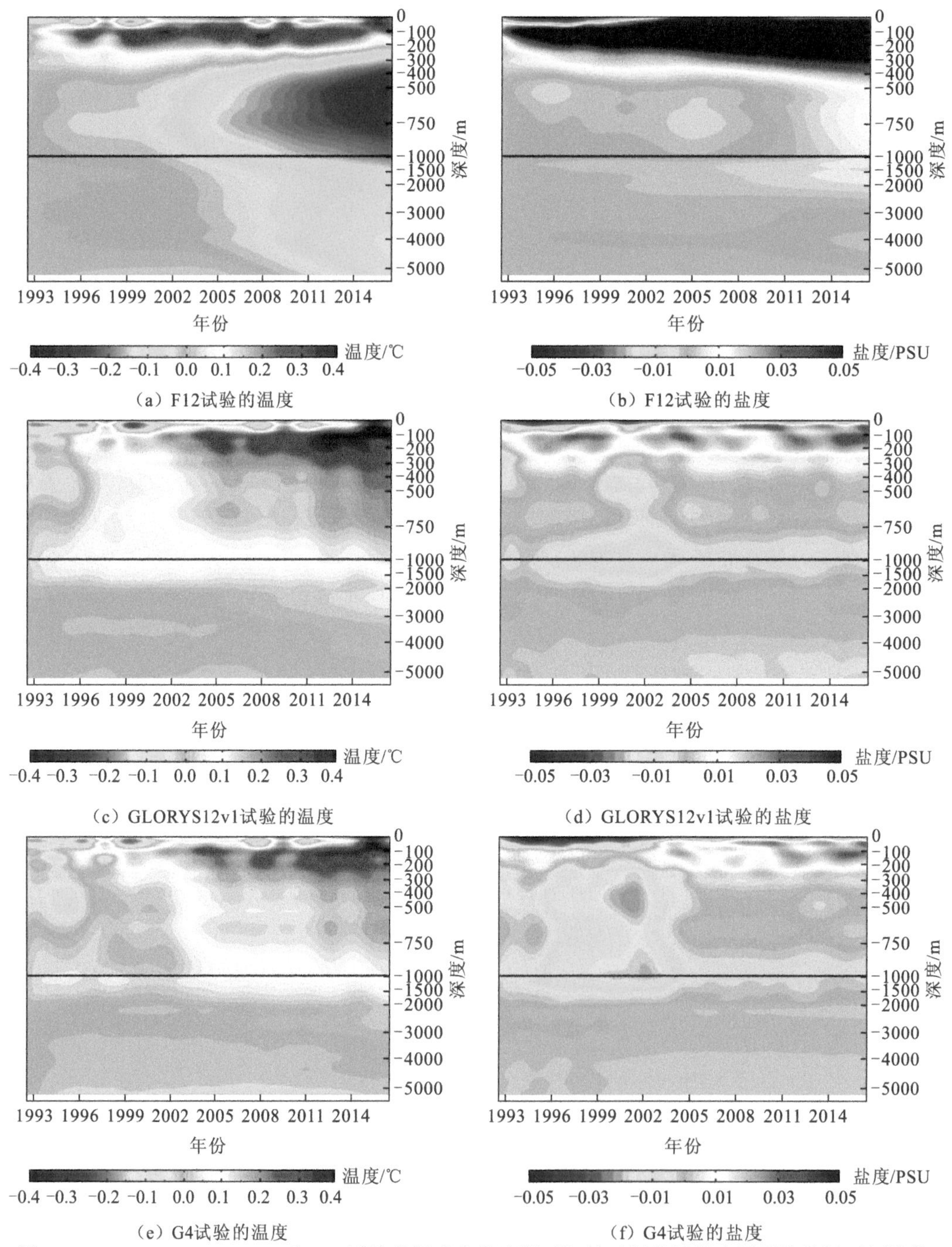

(a) F12试验的温度

(b) F12试验的盐度

(c) GLORYS12v1试验的温度

(d) GLORYS12v1试验的盐度

(e) G4试验的温度

(f) G4试验的盐度

图 5.14 F12、GLORYS12v1 和 G4 试验的温度和盐度相对初始时刻的异常水平平均值随时间演化

却，随后在垂向上扩散［图 5.14（a）］，这可能与大气驱动场改变有关。F12 试验的上 500 m 层有较明显的盐度漂移，说明数据同化有助于订正纯数值模拟中的漂移。综上所述，2002 年气象驱动场、2004 年偏差校正时间窗口及 Argo 剖面数量的改变都会对水下温度和盐度随时间的演化带来扰动。

4. 海平面时间演化对比

在分析海平面趋势的时候，需要注意 GLORYS12v1 和 G4 试验同化了多源卫星沿轨测高资料、现场温度和盐度剖面数据及其他观测资料。而高度计观测的海平面变化，除包含比容海平面变化导致的趋势外，还捕获了由陆地冰块融化和陆地水储量变化导致的海平面趋势。在 GLORYS12v1 和 G4 试验中，为了与同化的高度计观测结果保持一致，在每个积分步上都追加了全球平均海平面趋势项，其包含诊断出的全球平均比容海平面和质量海平面（与陆地海冰相关）趋势两部分。

就全球平均海平面上升而言，由于包含了高度计同化，G4 和 GLORYS12v1 试验的结果与测高结果十分一致，如图 5.15 所示（Lellouche et al.，2021）。2004 年之后，G4 试验比 GLORYS12v1 试验更好地刻画了全球平均海平面的季节变化；G4 试验的海平面上升趋势（1993～2016 年 2.90 mm/年）比 GLORYS12v1 试验（1993～2016 年 2.77 mm/年）更接近高度计观测结果（1993～2016 年 3.00 mm/年）。尽管两组试验均将质量海平面趋势增加到模拟的海平面中，但在这两组试验均没有将增加的质量海平面趋势保留下来，反而是比容海平面上升趋势大幅度上升，因此不能准确再现全球海平面变化中比容和质量效应所占比例。通过计算 GLORYS12v1 试验的 2005～2016 年海平面趋势可以证实这一结论，这段时期全球平均比容海平面上升趋势为 2.43 mm/年，解释了同一时期全球平均海平面上升趋势 3.20 mm/年的 70%，但是根据已有研究结果，这一数值应为 40%左右；另外 GLORYS12v1 试验中 2005～2016 年实际质量海平面上升趋势仅为 0.77 mm/年，这与增加的质量海平面上升趋势 2.20 mm/年（2002～2016 年）也存在差异。

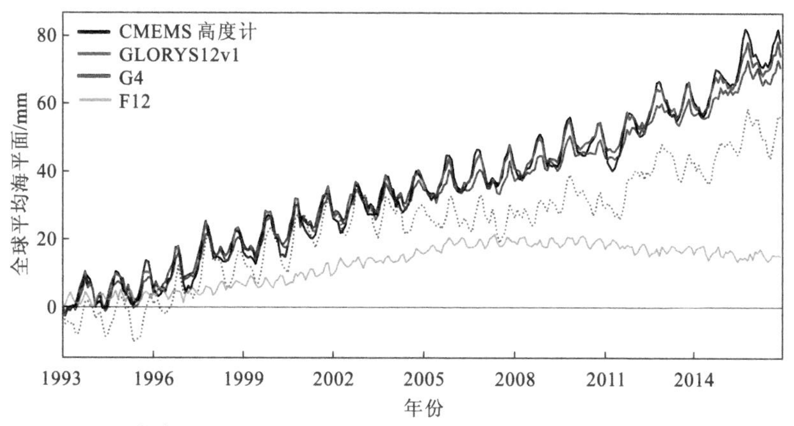

图 5.15　CMEMS 高度计及 GLORYS12v1、F12 和 G4 试验的全球平均海面高度时间序列

红点线为全球平均的比容海面高

由于纯数值模拟试验 F12 结果显示出较低的全球海平面上升趋势（1993～2016 年为 0.75 mm/年），说明数据同化有利于再现全球海平面变化趋势。进一步分析结果显示，20 世纪 90 年代，在 F12 试验的全球平均海平面上升趋势中比容效应接近于零，并且随着时间演变下降到负值（相当于温度降低），特别是在南大洋，这些成为 F12 试验中全球平均海平面上升趋势较低的主要原因。

虽然 GLORYS12v1 和 G4 试验的全球海平面时间演变与测高数据一致，但是比容效应所占比例过大。分析结果表明，这些海平面误差来源主要包括：平均海面地形的不确定性、在数据同化过程中不能正确划分海平面变化中的质量和比容效应所占比例、不能够准确引入并保留由质量引起的海平面上升部分。这些是下一代海洋再分析产品需要解决的问题。

与纯数值模拟结果相比，再分析刻画的海平面变化趋势占有明显的优势，因此数据同化可明显地改善数值模拟中的海平面变化趋势，尤其是在南大洋海域，过度冷却和不真实的冰盖损失导致数值模拟表现出负海平面上升趋势，但是在 GLORYS12v1 试验中可通过数据同化纠正该问题。

5.3.3 CORA2

本小节基于温盐观测剖面资料、卫星遥感数据、验潮站资料等，结合客观分析产品 EN4（Good et al.，2013）与 5 套国际海洋再分析产品[GLORYS12v1（Lellouche et al.，2021）、HYCOM（Cummings et al.，2013）、GREP（Storto et al.，2019；Masina et al.，2017）、ECCO4（Forget et al.，2015）和 SODA3（Carton et al.，2019，2018）]，对 CORA2 产品开展多要素的误差统计与相关分析，评估气候态温盐漂移及热含量与比容海面高度的年际变化，实现 CORA2 与不同产品之间的交叉比较（Fu et al.，2023）。其中：GLORYS12v1 和 HYCOM 产品与 CORA2 产品具有相同的水平分辨率，即涡分辨率水平；GREP 是全球涡相容的集合海洋再分析产品；ECCO4 产品使用了四维变分同化方法，同化变量最全，产品的动力一致性更强；SODA3 是起源最早、使用最为广泛的全球海洋再分析产品。

1. 与温盐现场观测对比

图 5.16 给出了 2004～2017 年全球 Argo 资料温度和盐度在各深度层上的观测数量随时间变化情况。从图中可以看出，观测数量随时间逐渐增加。图 5.17 给出了 2004～2017 年全球 Argo 资料温度和盐度观测数量的空间分布，可以看出，Argo 资料在全球海域几乎都有覆盖，北印度洋、西北太平洋和北大西洋观测比较密集。这里基于 Argo 资料统计 CORA2、GLORYS12v1、HYCOM、GREP、ECCO4 和 SODA3 产品的温盐均方根误差，并分析其时空分布特征。需要说明的是，HYCOM 再分析的误差分析仅使用 2004～2012 年时段的产品，其他使用 2004～2017 年时段的产品。

图 5.18 给出了 6 套产品温度和盐度均方根误差和偏差的垂直分布。所有再分析温度均方根误差最大值均发生在温跃层附近，CORA2 产品的误差水平与 SODA3 产品相当，低于 ECCO4 产品，高于 GLORYS12v1、GREP 和 HYCOM 产品；在盐度方面，由地表淡水流量和表层淡水通量的不确定性导致各产品均方根误差最大值发生在海表，GREP 和 GLORYS12v1 产品的误差最小，ECCO4 和 SODA3 产品的误差最大，CORA2 产品居中。

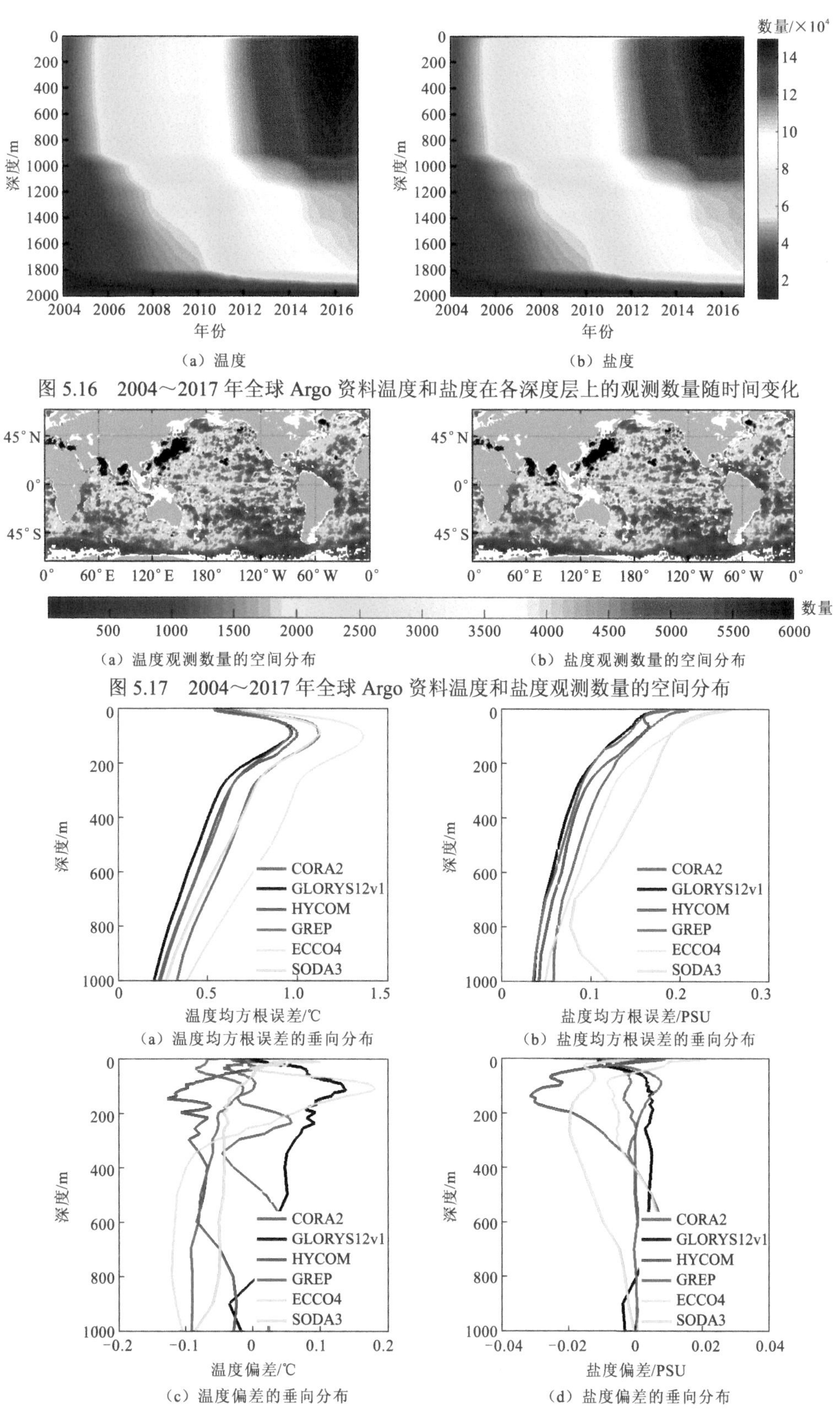

图 5.16　2004～2017 年全球 Argo 资料温度和盐度在各深度层上的观测数量随时间变化

图 5.17　2004～2017 年全球 Argo 资料温度和盐度观测数量的空间分布

图 5.18　全球海洋再分析温度和盐度的均方根误差和偏差的垂向分布

统计各再分析温度和盐度全球平均的均方根误差和偏差。结果显示，就温度均方根误差来说，ECCO4 产品的误差最大，达到 1.07℃；CORA2 和 SODA3 产品的误差居中，为 0.87℃；HYCOM、GREP 和 GLORYS12v1 产品的误差较小，分别为 0.73℃、0.74℃和 0.73℃。CORA2、GLORYS12v1、HYOM、GREP、ECCO4 和 SODA3 产品的盐度全球均方根误差分别为 0.15 PSU、0.12 PSU、0.13 PSU、0.12 PSU、0.17 PSU 和 0.18 PSU，从而得出 CORA2 产品的精度比 ECCO4 和 SODA3 产品高，比 GLORYS12v1、GREP 和 HYCOM 产品低。同时，CORA2、GLORYS12v1、HYOM、GREP、ECCO4 和 SODA3 产品的温度偏差分别为−0.003℃、0.058℃、−0.052℃、−0.060℃、0.033℃和−0.024℃；盐度偏差分别为−0.002 PSU、0.000 PSU、−0.014 PSU、0.001 PSU、−0.001 PSU 和−0.012 PSU。

图 5.19 给出了在 0～2000 m 深度全球海洋再分析温度相对 Argo 观测剖面的均方根误差水平分布。所有再分析产品具有类似的均方根误差空间分布特征，大多数区域误差较小，只有在强流区误差较大，例如墨西哥湾流、黑潮、赤道流等，这可能是由锋面、涡流和温跃层的错位造成的。在大洋内区，例如北印度洋、南印度洋、东北太平洋、南太平洋、南大西洋和南大洋，GLORYS12v1、HYCOM 和 GREP 产品的误差为 0.44～0.76℃；CORA2 和 SODA3 产品的误差稍大些，为 0.48～0.82℃；ECCO4 产品的误差最大，为 0.61～1.05℃。在湾流、黑潮和赤道海流区，GLORYS12v1、HYCOM 和 GREP 产品的误差为 0.79～0.98℃，CORA2 和 SODA3 产品的误差为 0.90～1.27℃，ECCO4 产品的误差为 1.06～1.52℃。

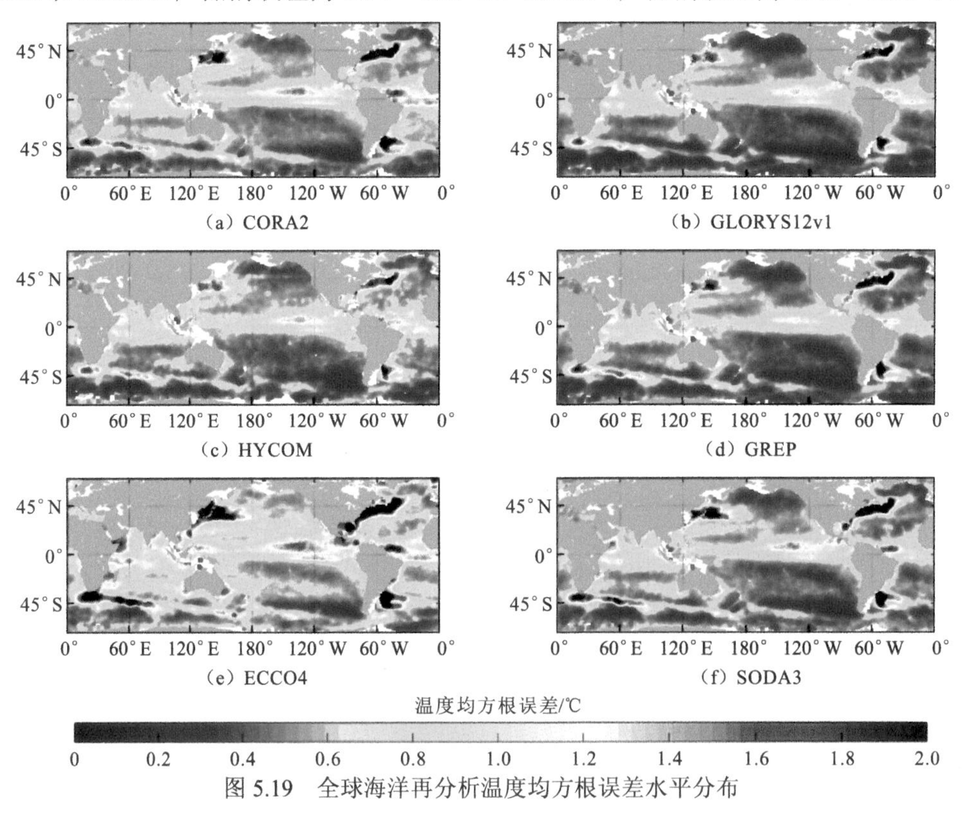

图 5.19 全球海洋再分析温度均方根误差水平分布

图 5.20 给出了在 0～2000 m 深度全球海洋再分析盐度相对 Argo 观测剖面的均方根误差水平分布。与温度类似，各产品的盐度误差空间结构也基本相同，海洋内区误差小、沿海地区大。较大的误差可能与气候态径流和淡水通量的不确定性有关。

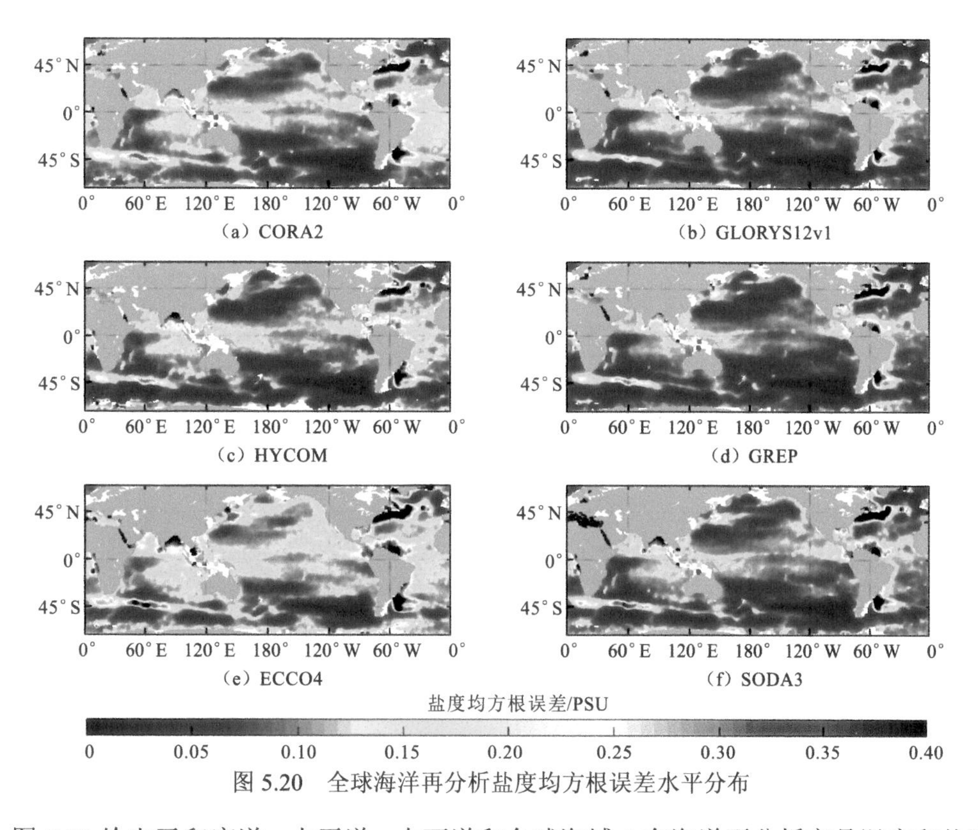

图 5.20 全球海洋再分析盐度均方根误差水平分布

图 5.21 给出了印度洋、太平洋、大西洋和全球海域 6 套海洋再分析产品温度和盐度的均方根误差的时间演变。从图中可以看到，所有产品的温度误差都随着时间的增加而减少，这可能得益于同化观测数量的增加。2009～2017 年，CORA2 产品在太平洋、印度洋和大西洋的精度与 SODA3 产品相当。2009 年之前，CORA2 产品的误差相对较大，尤其在大西洋，这与观测资料质控方法和数据同化方案在大西洋海域存在不足有关，经过在 2009 年系统优化后，误差得到了明显下降（Fu et al.，2023）。此外，SODA3 产品的盐度误差在 2011 年后迅速增加，这与地中海地区的盐度误差较大有关。

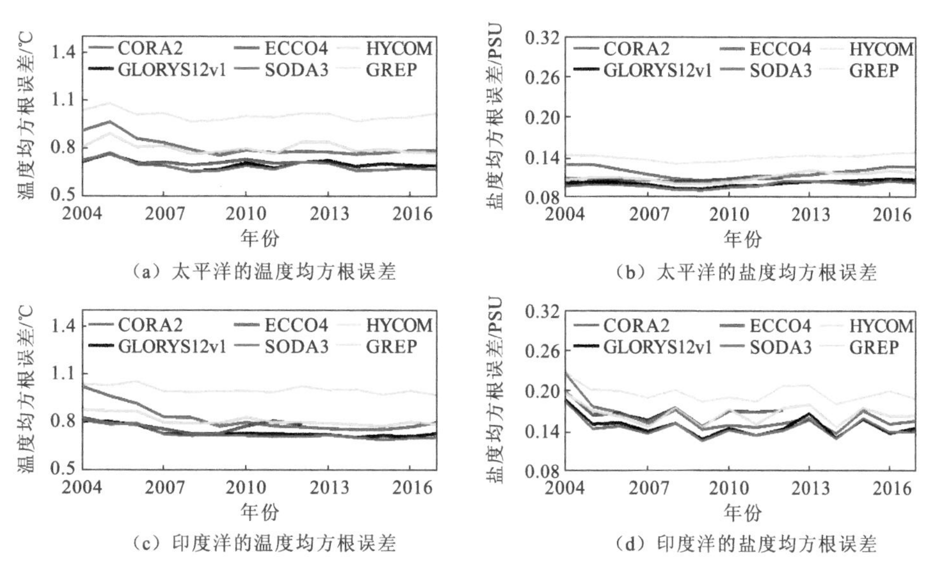

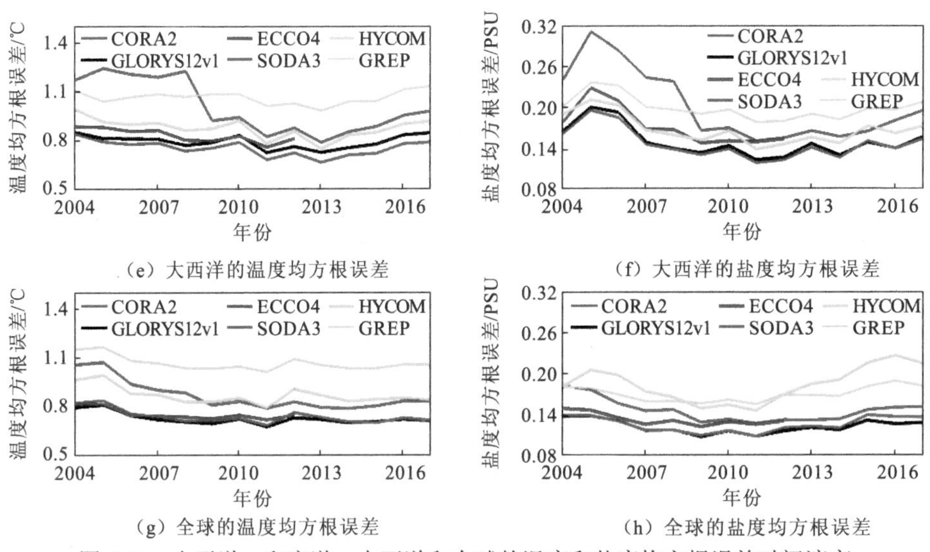

（e）大西洋的温度均方根误差

（f）大西洋的盐度均方根误差

（g）全球的温度均方根误差

（h）全球的盐度均方根误差

图 5.21　太平洋、印度洋、大西洋和全球的温度和盐度均方根误差时间演变

2. 与卫星高度计对比

将 CORA2 产品的月平均海面高度异常与 AVISO 海面高度异常进行比较，计算两者在不同海域的空间相关系数，如图 5.22 所示。结果显示：在 2004～2018 年，全球的空间相关系数基本在 0.6 以上，而太平洋海域的相关系数比大西洋海域高，为 0.8 左右；此外，大西洋海域相关系数在 2009 年之后有明显的增加，这与对 CORA2 系统的观测资料质量控制和同化方案优化的时间吻合，说明这些优化和改进在大西洋海域产生了一定的效果。

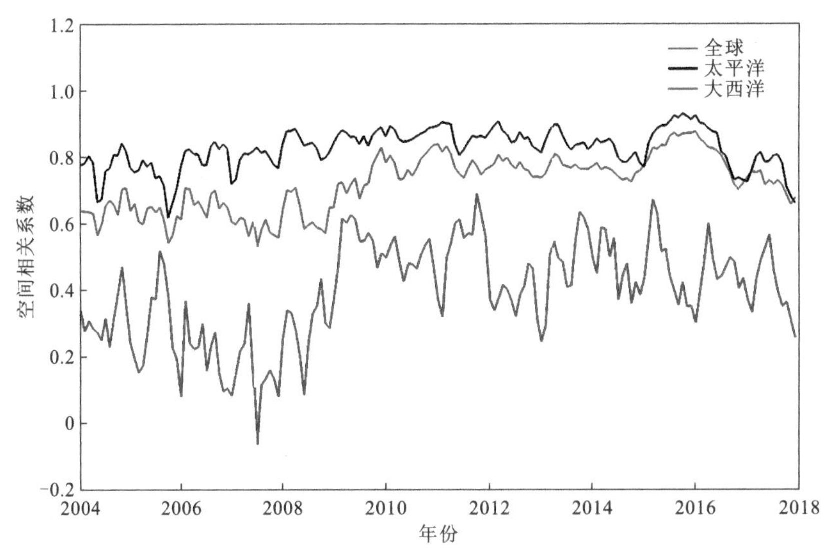

图 5.22　2004～2018 年 CORA2 产品的月平均海面高度异常与 AVISO 卫星遥感海面高度异常在南北纬 20°范围内空间相关系数随时间的变化

计算 2004～2017 年 6 套海洋再分析的全球平均海平面（global mean sea level，GMSL）距平，将其与 AVISO 绝对动力地形（ADT）的距平进行比较，以评估全球海平面线性趋势，如图 5.23 所示。需要说明的是：CORA2 和 HYCOM 产品同化的是由高度计 SLA 反演的温盐剖面，GLORYS12v1 和 ECCO4 产品同化的是高度计沿轨 SLA，SODA3 产品没有同化 SLA。因此，网格化 AVISO ADT 在这些再分析过程中没有被直接同化。结果显示，6 套海洋再分析的 GMSL 距平展现出显著的季节周期变化，并且与测高观测结果非常一致。2004～2017 年，AVISO 卫星遥感观测和 CORA2、GLORYS12v1、GREP、ECCO4、SODA3 产品的 GMSL 线性上升趋势分别为 3.39 mm/年、2.93 mm/年，3.09 mm/年、3.28 mm/年、3.44 mm/年和 0.59 mm/年。一般来说，多数海洋动力模式使用了 boussinesq 近似和气候态径流，并忽略陆地冰径流的作用，这些均能导致模拟的 GMSL 线性趋势偏离观测，成为海洋动力模式的不足。在 6 套再分析产品中，ECCO4 产品使用守恒性较强的四维变分同化方法，并增加了海底压力同化，这在一定程度上会弥补上述不足，从而使 ECCO4 产品结果与观测结果最接近。GREP 作为一个集合平均再分析产品，通过多套产品的互补，也能较好地刻画 GMSL 的线性趋势。在 GLORYS12v1 产品中，数值模拟的每个时间步上增加了诊断的海平面趋势，这有可能对模拟结果进行了稍微修正，导致 GLORYS12v1 产品的 GMSL 趋势比 CORA2 产品更接近观测值；对于 SODA3 产品，由于没有测高数据的约束，GMSL 的线性趋势比观测小得多。因此，就 GMSL 线性趋势来说，ECCO4、GREP 和 GLORYS12v1 产品最接近观测，CORA2 产品略差些，SODA3 产品显著偏小。

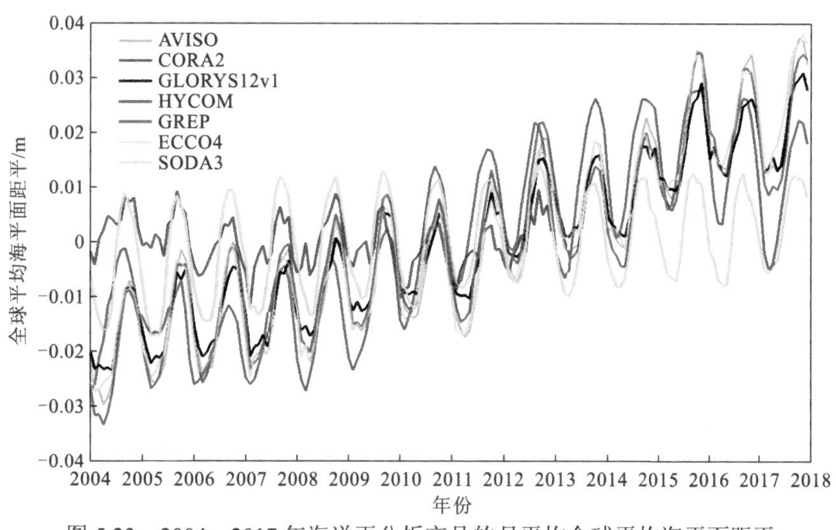

图 5.23　2004～2017 年海洋再分析产品的月平均全球平均海平面距平

图 5.24 给出了 6 套海洋再分析产品的月平均海面高度与 AVISO 卫星遥感观测结果的时间相关系数的空间分布。从图中可以看出，GLORYS12v1 和 GREP 产品在绝大部分海域相关系数超过了 0.8，与观测结果的相关性最高。除大西洋外，HYCOM 产品的相关性水平与 GLORYS12v1 和 GREP 产品相当。由于没有海面高度同化，SODA3 产品的相关系数平均最低。CORA2 产品在太平洋和印度洋的相关系数高于 ECCO4 和 SODA3 产品，但是在

大西洋偏低；图 5.22 也显示 CORA2 产品在大西洋海域的相关性较低，初步推断可能的原因包括在 CORA2 产品中没有同化卫星遥感 ADT 数据，SLA 同化方法依赖背景场精度，以及在大西洋区域温盐误差比较大。

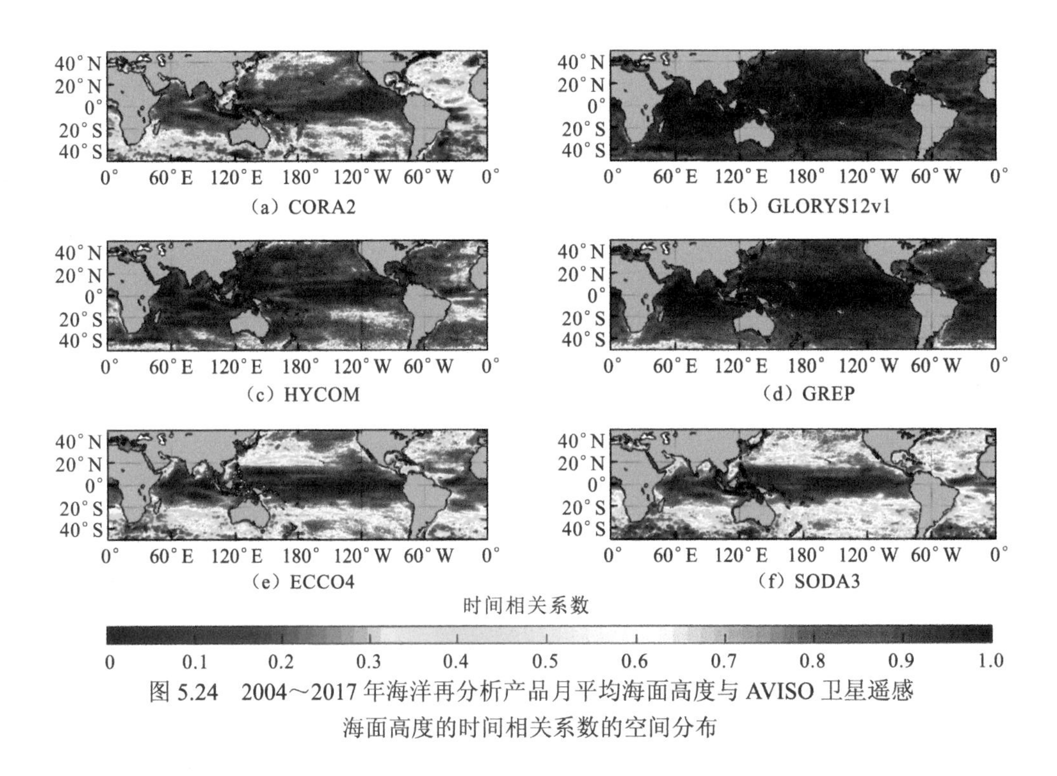

图 5.24 2004～2017 年海洋再分析产品月平均海面高度与 AVISO 卫星遥感海面高度的时间相关系数的空间分布

3. 与验潮站资料对比

基于美国俄勒冈大学发布的 TPXO8 网格化潮汐调和常数和夏威夷大学发布的海平面联合资料（joint archive for sea level，JASL）中验潮站水位资料，对 CORA2 中 M_2 和 K_1 分潮振幅与相位的空间分布特征、潮汐海面高度时间变化特征进行评估。

分别利用 2009 年 12 月和 2014 年 2 月的 CORA2 海面高度数据进行调和分析，获得 M_2 和 K_1 分潮的振幅和相位，将其与 TPXO8 资料进行对比，结果如图 5.25 所示。从图中可以看到，基于 CORA2 产品获得的 2009 年 12 月和 2014 年 2 月的 M_2 和 K_1 分潮调和常数与 TPXO8 资料十分相似，各海区无潮点的位置吻合较好，特别在南大洋，K_1 分潮精度与 TPXO8 资料相当。两个分潮在不同年份存在稍微差异，例如 2014 年 M_2 振幅在印度洋中心的极值比 2009 年的偏弱，但是空间分布整体相似。

利用 JASL 的 2009 年 205 个验潮站水位数据，统计 CORA2 产品海面高度与其的时间相关系数，结果如图 5.26～图 5.29 所示。从图中可以看出，大多数站位上 CORA2 产品与 JASL 数据的相关系数大于 0.7，仅在墨西哥湾、高纬度个别站位偏低，全球平均相关系数达到 0.76。从区域平均来看，太平洋、印度洋、大西洋平均相关系数分别为 0.82、0.76 和 0.69，太平洋相关性最高，大西洋最低。

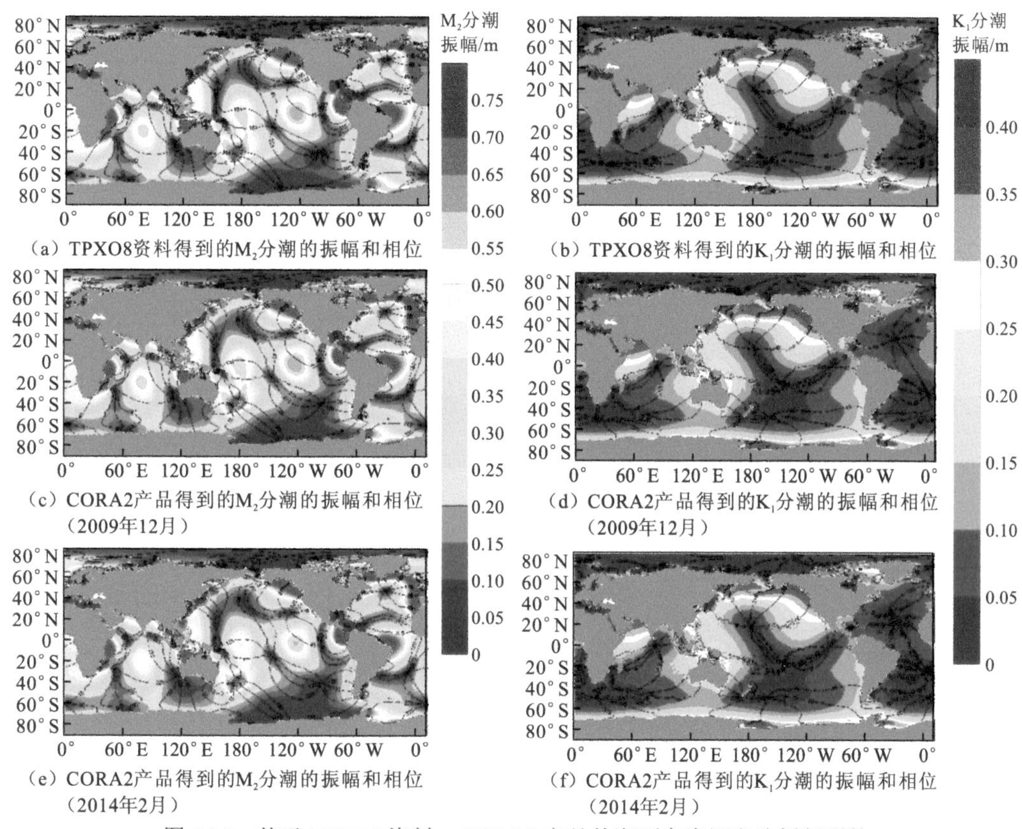

（a）TPXO8资料得到的M_2分潮的振幅和相位

（b）TPXO8资料得到的K_1分潮的振幅和相位

（c）CORA2产品得到的M_2分潮的振幅和相位（2009年12月）

（d）CORA2产品得到的K_1分潮的振幅和相位（2009年12月）

（e）CORA2产品得到的M_2分潮的振幅和相位（2014年2月）

（f）CORA2产品得到的K_1分潮的振幅和相位（2014年2月）

图 5.25 基于 TPXO8 资料、CORA2 产品的海面高度调和分析得到的 M_2 和 K_1 分潮的振幅（彩色）和相位（等值线）

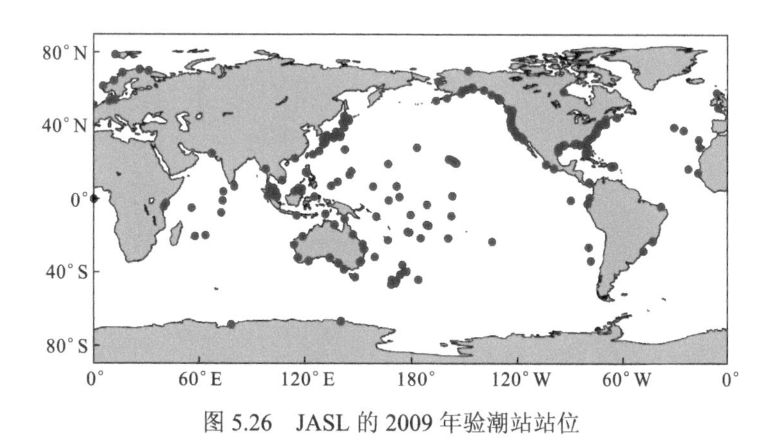

图 5.26 JASL 的 2009 年验潮站站位

利用 JASL 的 2014 年 194 个验潮站水位数据，统计 CORA2 产品海面高度与其的时间相关系数，结果如图 5.30～图 5.32 所示。与 2009 年的结果相似，大多数站位上 CORA2 产品与 JASL 数据的相关系数大于 0.7，太平洋和印度洋平均相关系数分别为 0.81 和 0.78，与 2009 年几乎相等。在大西洋，由于墨西哥湾验潮站位增多，平均相关系数仅为 0.56。

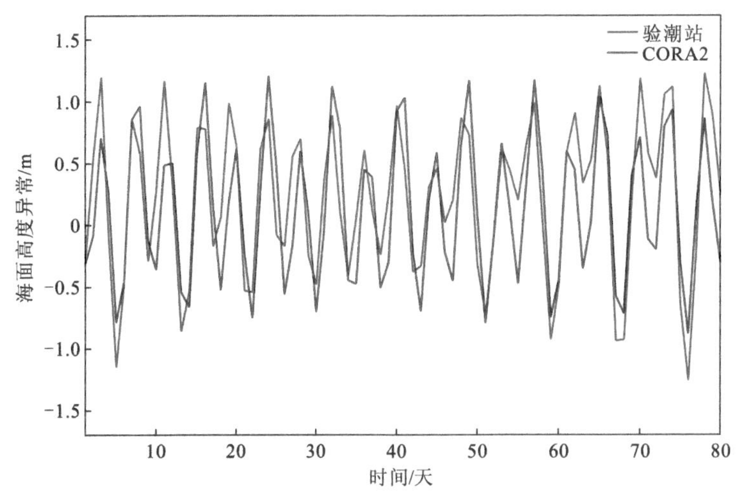

图 5.27　基于 JASL 观测和 CORA2 产品获得的 i699a 站位上 2009 年内的海面高度异常随时间的变化

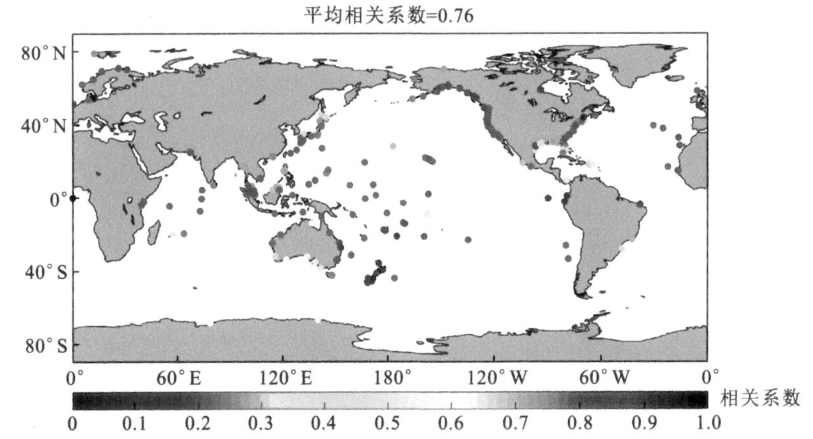

图 5.28　2009 年 JASL 观测与 CORA2 产品海面高度时间序列相关系数的空间分布

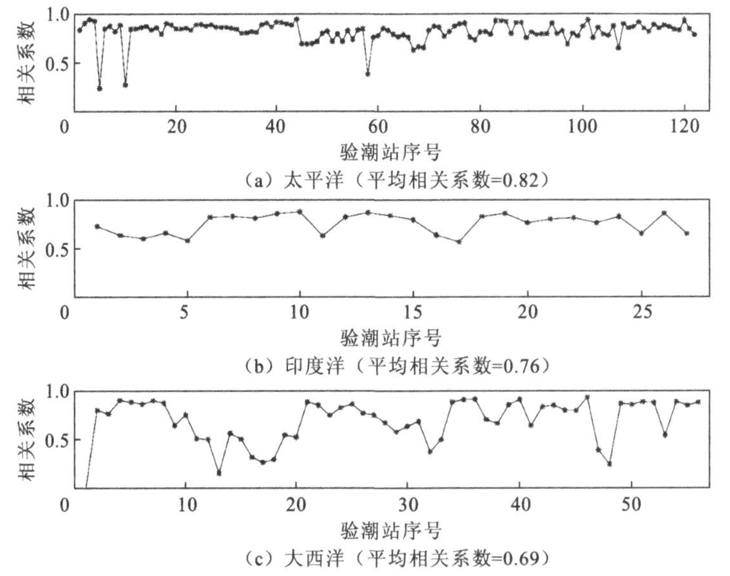

图 5.29　太平洋、印度洋和大西洋海域 2009 年 JASL 观测与 CORA2 产品海面高度时间序列的相关系数随验潮站序号的变化

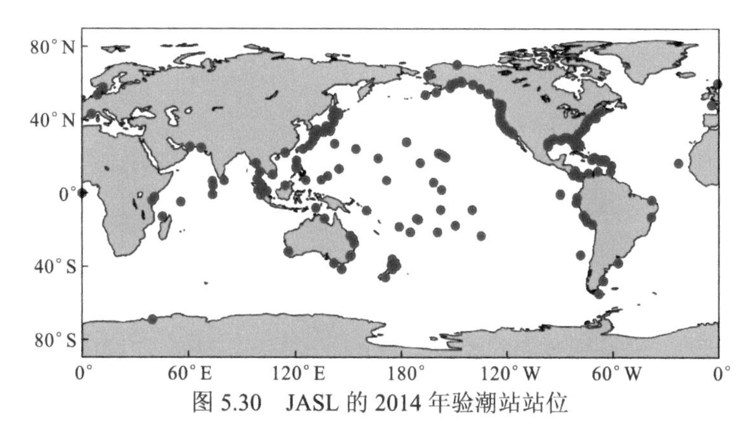

图 5.30　JASL 的 2014 年验潮站站位

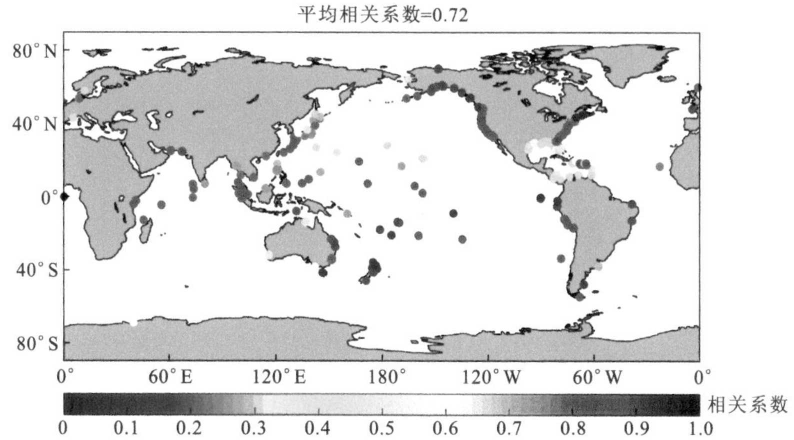

图 5.31　2014 年 JASL 观测与 CORA2 产品海面高度时间序列相关系数的空间分布

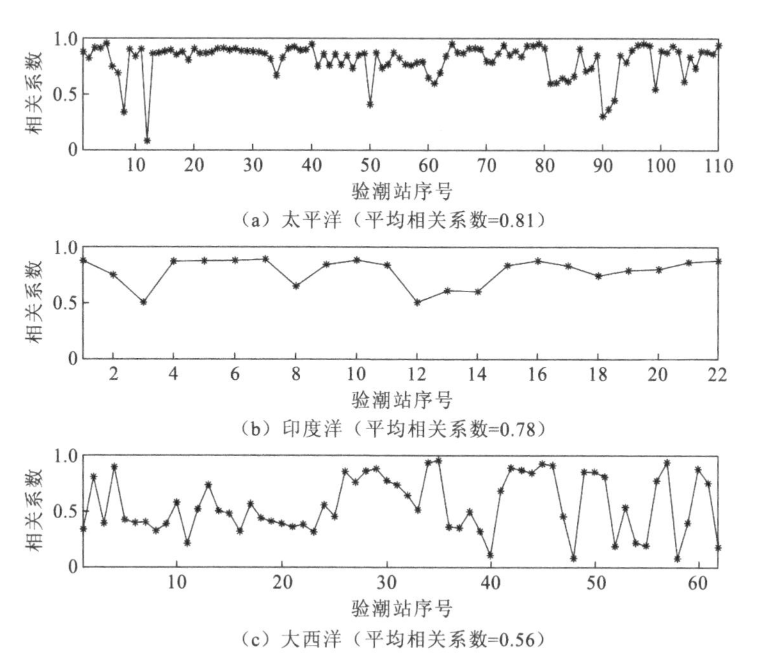

(a) 太平洋（平均相关系数=0.81）

(b) 印度洋（平均相关系数=0.78）

(c) 大西洋（平均相关系数=0.56）

图 5.32　太平洋、印度洋和大西洋海域 2014 年 JASL 观测与 CORA2 产品海面高度时间序列的相关系数随验潮站序号的变化

4. 与卫星遥感海表温度对比

利用 2004～2017 年天平均卫星遥感海表温度网格化融合产品，统计 CORA2、GLORYS12v1、HYCOM、GREP、ECCO4 和 SODA3 6 种产品的海表温度（SST）均方根误差、偏差和相关系数，并分析它们的时空分布，结果如图 5.33 和图 5.34 所示。CORA2 产品的 SST 均方根误差与 GREP 产品最为接近，小于其他 4 种产品；ECCO4 产品的误差最大，SODA3 产品的误差比 ECCO4 产品的稍微小一些，比 HYCOM 和 GLORYS12v1 产品的大一些。GREP 的高精度可能归因于它是集合产品；CORA2 产品较小的误差，主要与它同化 SST 的频次较高有关，对数值模拟的 SST 有非常强的约束。ECCO4 产品的同化方案倾向于保持海洋动量、热量和质量的守恒，没有对 SST 进行强制约束，这可能是其 SST 误差最大的主要原因；SODA3 产品同化卫星遥感 SST 的时间间隔为 10 天，相对较长，约束较弱，导致 SST 偏离观测值也比较大。GLORYS12v1 和 HYCOM 产品的 SST 比 CORA2 产品的 SST 更偏离观测值，这可能与 GLORYS12v1 产品的 SST 同化间隔为 7 天，HYCOM 产品中同化的 SST 是沿轨资料有关。此外，与均方根误差相比，这 6 种产品的 SST 偏差差异较小，并且它们的相关系数均达到 0.99 以上。

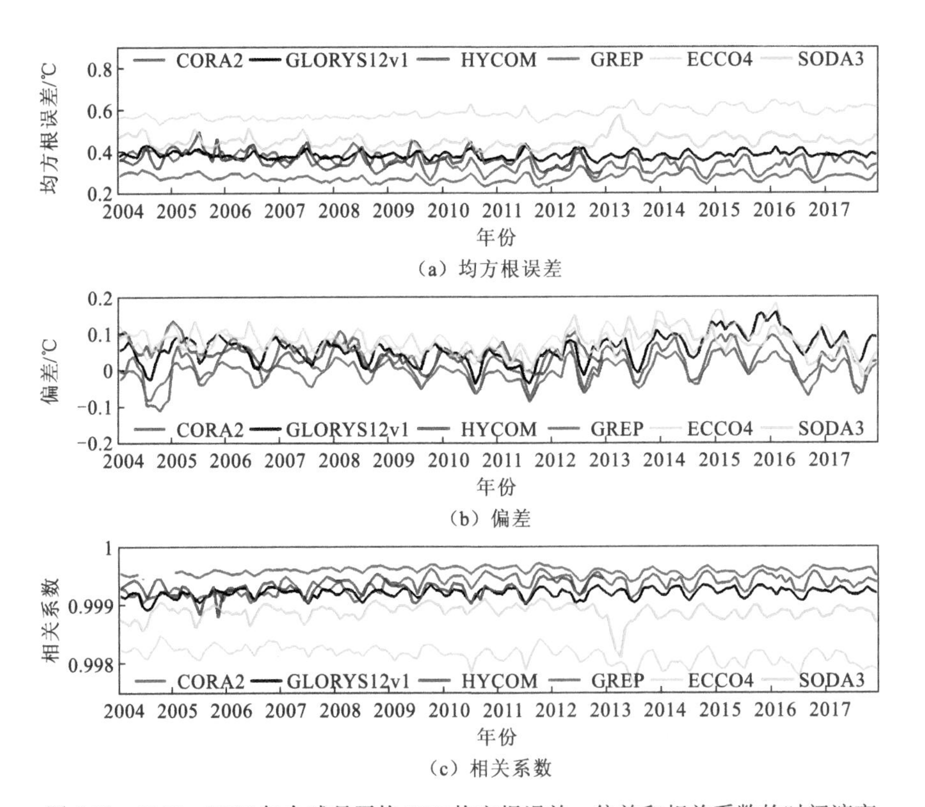

（a）均方根误差

（b）偏差

（c）相关系数

图 5.33　2004～2017 年全球月平均 SST 均方根误差、偏差和相关系数的时间演变

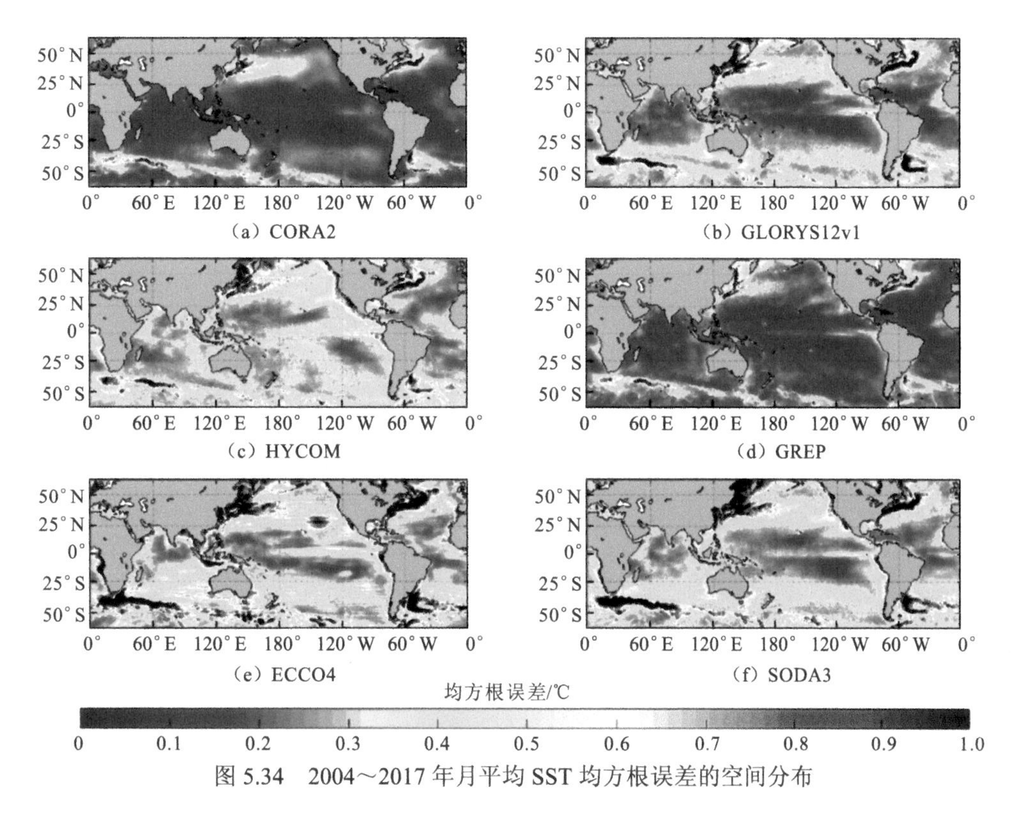

图 5.34　2004～2017 年月平均 SST 均方根误差的空间分布

图 5.34 显示 6 种产品 SST 的均方根误差空间结构基本相同，大洋内区误差较低，近岸海域、西边界流和南极绕极流（Antarctic circumpolar current，ACC）区域误差较高，较大的误差可能与模式不能完全刻画海洋中非线性小尺度动力过程及 SST 锋面位置有关。与误差时间序列结果类似，在空间分布上 CORA2 和 GREP 产品的 SST 均方根误差最低，在开阔大洋小于 0.3℃，在西边界流和 ACC 区域大于 0.6℃；ECCO4 产品的均方根误差最大，在开阔大洋小于 0.5℃，在西边界流和 ACC 区域大于 0.8℃；GLORYS12v1、HYCOM 和 SODA3 产品的均方根误差介于 ECCO4 和 CORA2/GREP 产品之间。在开阔海域，GLORYS12v1 产品的均方根误差优于 HYCOM 和 SODA3 产品。在大西洋，HYCOM 产品的均方根误差优于 SODA3 产品；在亚热带太平洋海域，HYCOM 产品的均方根误差较 SODA3 产品大。

5. 与卫星遥感海冰观测对比

基于美国冰雪数据中心（NSIDC）的卫星遥感天平均海冰密集度数据，对 CORA2 产品中的海冰要素进行检验评估。首先，计算北极海域和南极海域的海冰总面积，比较 CORA2 产品与卫星观测之间差异（图 5.35 和图 5.36）。CORA2 产品的海冰总面积相比卫星观测数据偏低，但二者变化趋势较吻合。北极海冰总面积整体表现出减少趋势，并且存在 5～6 年的年际变化周期；南极的变化趋势不明显，甚至在近 10 年海冰总面积存在增加趋势。就空间分布（图 5.37～图 5.39）来看，CORA2 产品的海冰覆盖面积也略小于卫星观测数据，但空间结构相近。总体来说，由于没有同化海冰观测资料，CORA2 产品的海冰面积总量相对观测偏小，但是变化趋势较一致。

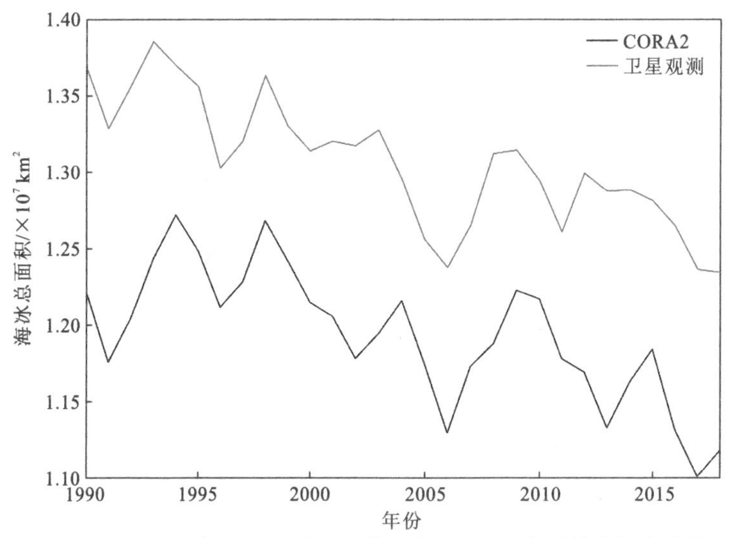

图 5.35　1989～2018 年 1 月卫星观测数据和 CORA2 产品的北极海冰总面积

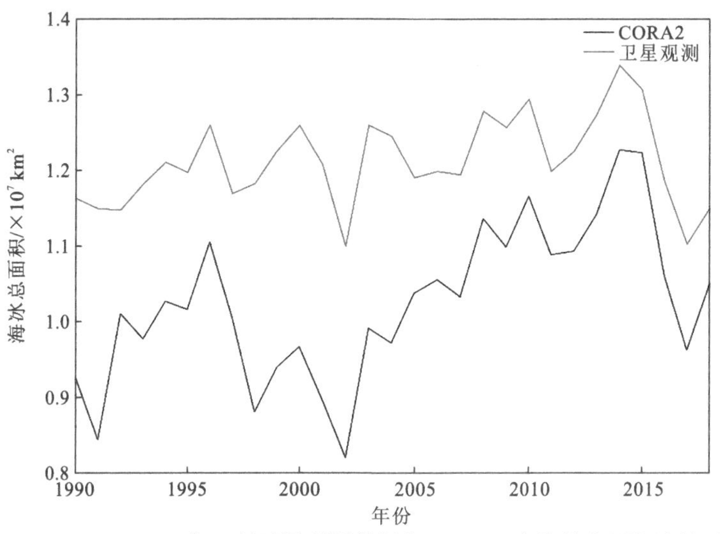

图 5.36　1989～2018 年 1 月卫星观测数据和 CORA2 产品的南极海冰总面积

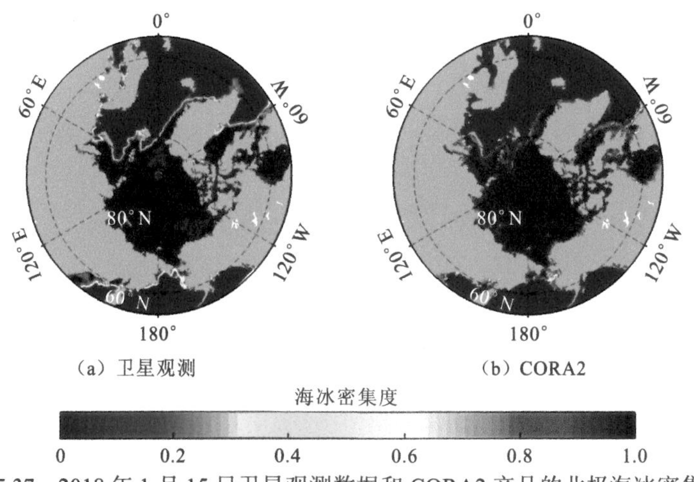

图 5.37　2018 年 1 月 15 日卫星观测数据和 CORA2 产品的北极海冰密集度

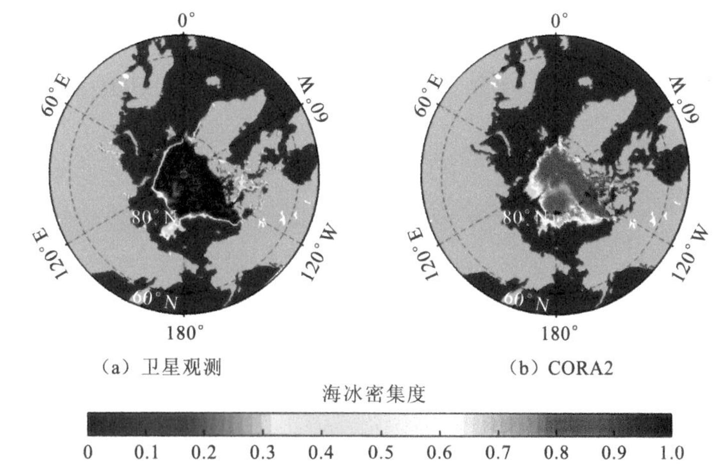

图 5.38　2018 年 9 月 15 日卫星观测数据和 CORA2 产品的北极海冰密集度

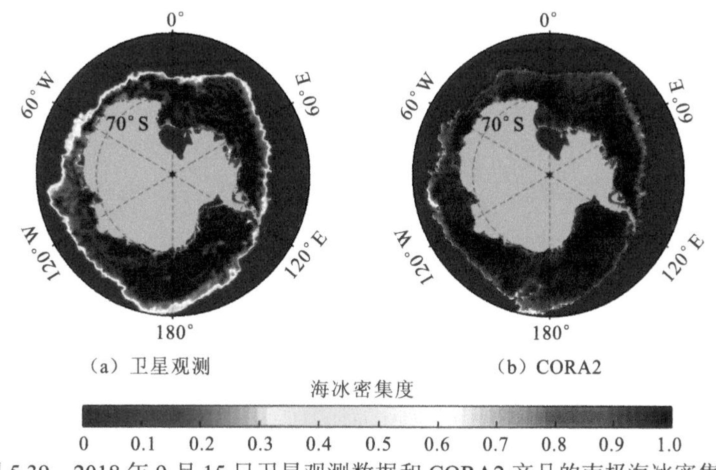

图 5.39　2018 年 9 月 15 日卫星观测数据和 CORA2 产品的南极海冰密集度

6. 气候态温度和盐度

基于客观分析产品 EN4 数据集，评估 CORA2、GLORYS12v1 和 GREP 3 种产品的 0～1000 m 气候态年平均温度和盐度，并分析气候态漂移情况。图 5.40 给出了 EN4 数据集的气候态年平均温度及 3 套再分析产品与其的差异，可以看到大多数差异都小于 0.3℃。在太平洋、印度洋和大西洋海域，CORA2 产品的温度比 EN4 数据集偏暖；在南大洋海域，CORA2 产品的温度比 EN4 数据集偏冷；相比于 GLORYS12v1 产品，CORA2 产品温度略接近 EN4 数据集。除北极外，GLORYS12v1 产品比 EN4 数据集偏暖幅度更大。相比之下，除南大洋外，GREP 产品与 EN4 数据集更为一致；并且由于 GREP 产品分辨率较低，其小尺度斑点图案比 CORA2 和 GLORYS12v1 产品少。对于盐度（图 5.41），在高纬度海域，3 套再分析产品与 EN4 数据集的差异均较大，这可能与观测资料稀疏，以及目前海冰模式不能精确刻画海冰冻结和融化对盐度影响等因素有关；在其他海域，除了 CORA2 和 GLORYS12v1 产品有更多的小尺度信息之外，3 套再分析产品与 EN4 数据集的盐度差异相对较小，空间结构也基本相似。

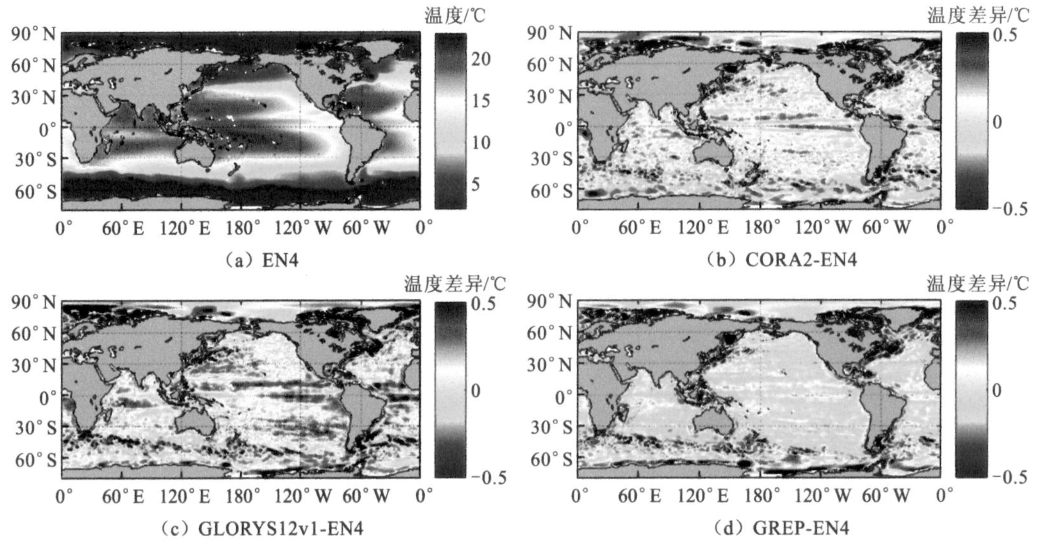

图 5.40　2004～2019 年 EN4 数据集上层海洋（0～1000 m）气候态年平均温度，以及 CORA2、GLORYS12v1、GREP 产品与 EN4 数据集之间的差异

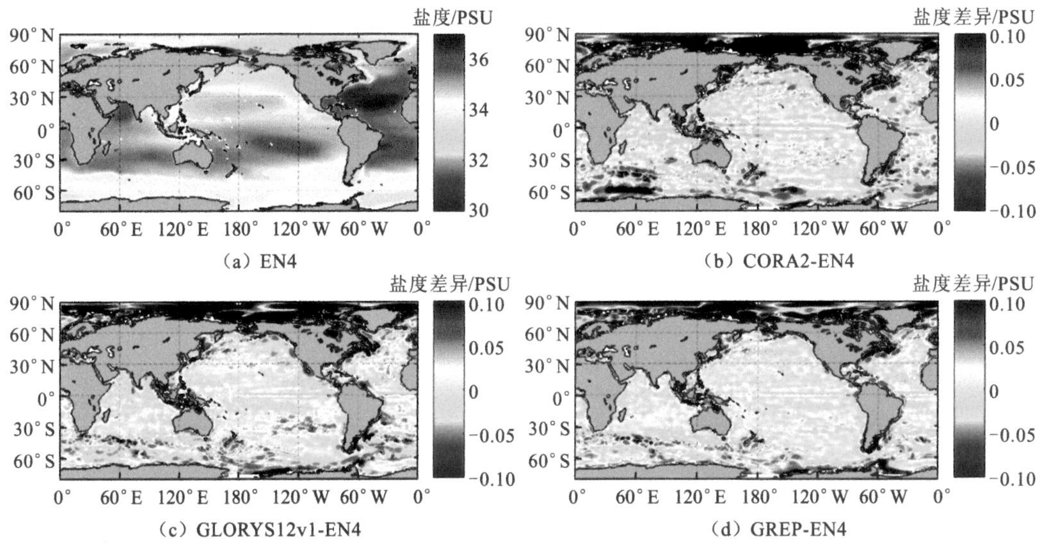

图 5.41　2004～2019 年 EN4 数据集上层海洋（0～1000 m）气候态年平均盐度，以及 CORA2、GLORYS12v1、GREP 产品与 EN4 数据集之间的差异

基于 EN4 数据集评估 GLORYS12v1、CORA2 和 GREP 3 种产品的上层海洋(0～300 m)温度和盐度季节变化（图 5.42 和图 5.43）。除高纬度海域外，3 套再分析产品上层海洋温度和盐度从北半球夏季到冬季的变化与 EN4 数据集基本一致。在北极，由于夏季海冰融化，CORA2 产品的盐度下降幅度比 EN4 数据集、GLORYS12v1 和 GREP 产品更大；在南极，与 GLORYS12v1 和 GREP 产品相比，CORA2 产品因海冰冻结导致盐度增加的情况与 EN4 数据集更为相似。

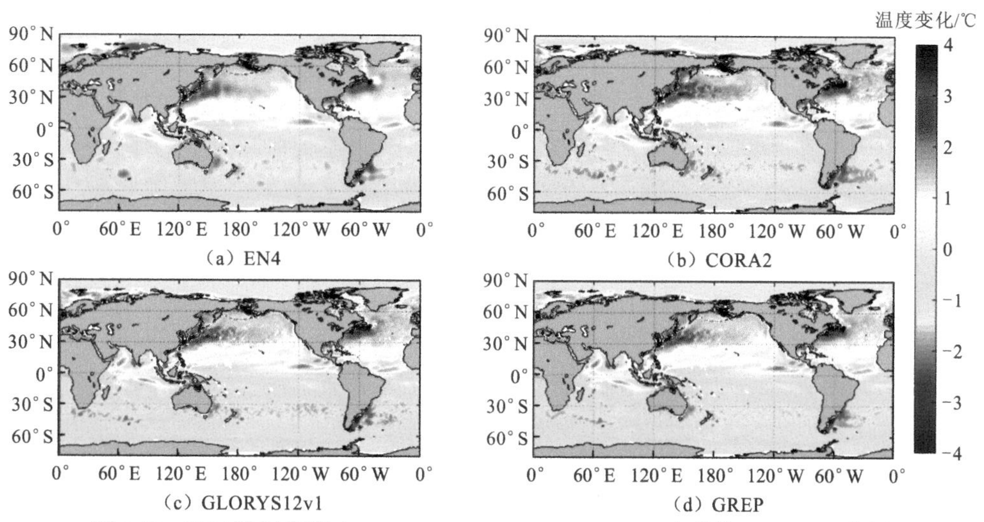

图 5.42 EN4 数据集和 CORA2、GLORYS12v1、GREP 产品的 0～300 m 上层海洋气候态温度季节变化（夏季-冬季）

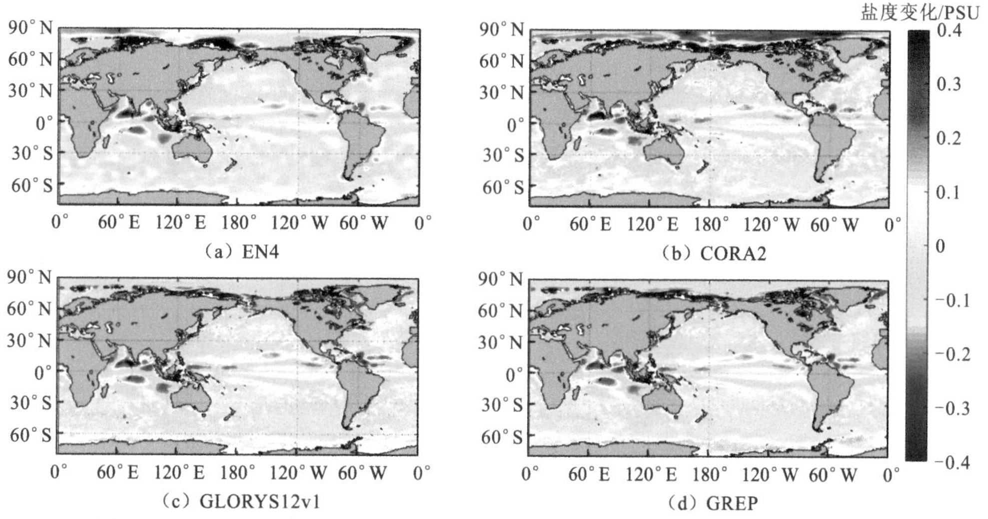

图 5.43 EN4 数据集和 CORA2、GLORYS12v1、GREP 产品的 0～300 m 上层海洋气候态盐度季节变化（夏季-冬季）

7. 热含量年际变化

根据 EN4、CORA2、GLORYS12v1 和 GREP 年平均产品，计算 0～300 m、0～700 m 和 0～1500 m 不同深度海域的海洋热含量（ocean heat content，OHC）异常（图 5.44）。选择与印度洋偶极子（Indian Ocean dipole，IOD）、厄尔尼诺与南方涛动（ENSO）、太平洋十年振荡（Pacific decadal oscillation，PDO）和大西洋经向翻转环流（Atlantic meridional overturning circulation，AMOC）气候指数相关的 4 个关键区域，即 IOD W（10° S～10° N，50° E～70° E）区域、NINO3 区域（5° S～5° N，90° W～150° W）、东北太平洋区域（20° N～50° N，120° W～160° W）和北大西洋区域（20° N～50° N，0° ～80° W），用以评估各海洋再分析产品刻画气候变化的能力。

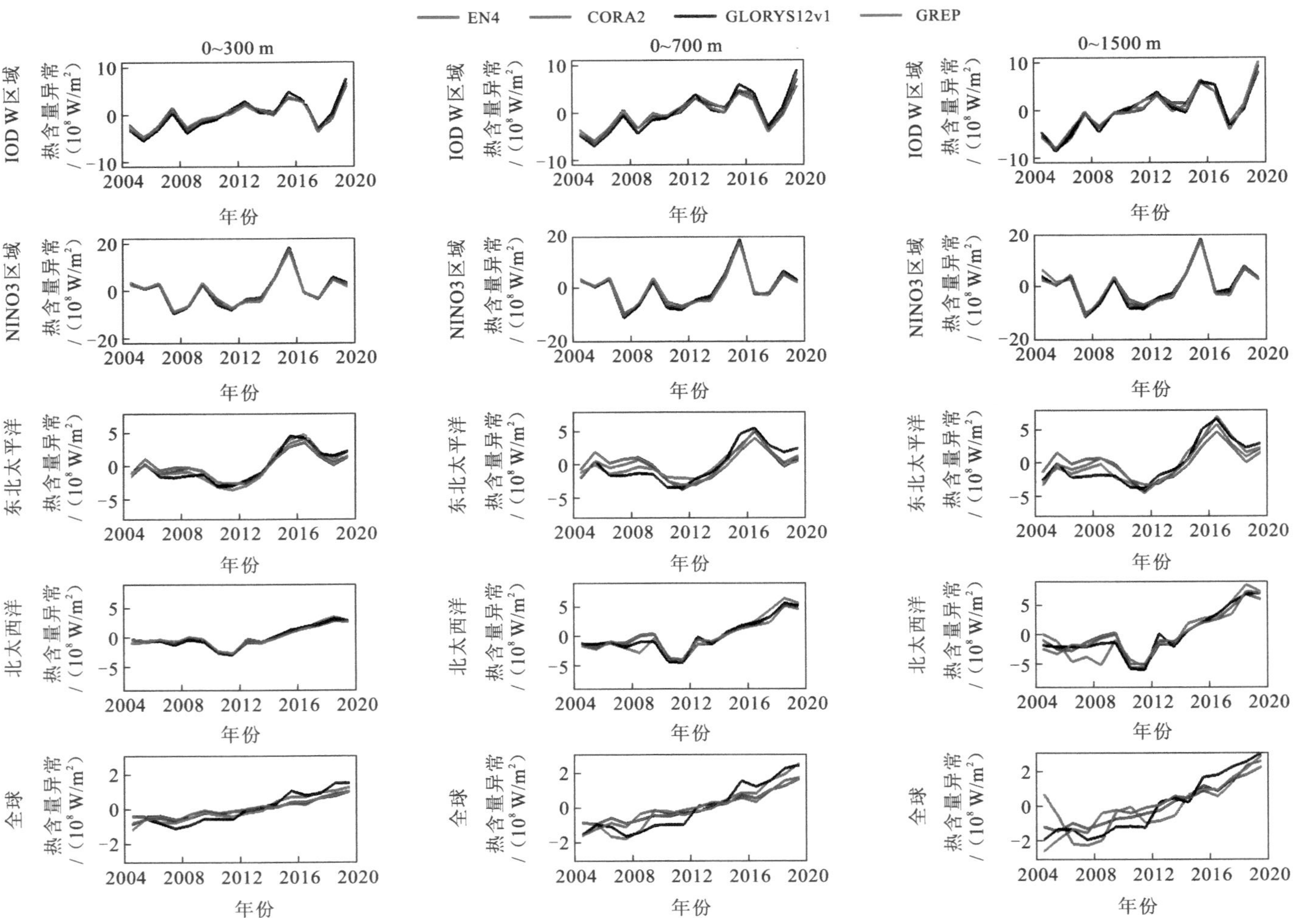

图 5.44　2004~2019年在IOD W区域（50°E~70°E，10°S~10°N）、NINO3区域（90°W~150°W，5°S~5°N）、东北太平洋（120°W~160°W，20°N~50°N）、北大西洋（0°W~80°W，20°N~60°N）和全球海域，EN4（蓝）、CORA2（红）、GLORYS12v1（黑）和GREP（粉）的0~300 m（上）、0~700 m（中）和0~1500 m（下）热含量异常时间序列

就 0～300 m 热含量来说，4 套产品变化趋势较一致，在 IOD W 区域和 NINO3 区域表现出显著的年际变化，在北大西洋和全球海域表现出变暖趋势。IOD W 区域的三个热含量异常峰值与 2006 年、2012 年和 2015 年的 IOD 暖事件对应；NINO3 区域的两个峰值对应于 2010 年和 2016 年的强厄尔尼诺事件。在东北太平洋区域，2004～2013 年的负热含量异常与 PDO 冷相位一致，而 2014～2019 年的正热含量异常与 PDO 暖相位一致，这个结果与 Palmer 等（2017）的结论一致。在北大西洋区域，4 套产品表现出类似的变暖趋势和局部小规模扰动，变暖趋势反映了亚极地环流减弱和拉布拉多附近深层西边界流减缓，是 AMOC 减缓的一个指示（Zhang，2008）。同时，4 套产品的全球平均热含量曲线基本上重叠上升，表明全球上层海洋也存在变暖的趋势，但是这个趋势要比北大西洋区域的增暖趋势弱，这与 Palmer 等（2017）的结论一致。

与 0～300 m 热含量相比，0～700 m 和 0～1500 m 的热含量表现出类似的年际变化特征。然而，当垂向积分到更深层时，4 套产品的热含量异常曲线逐渐分散，这可能是由深海缺乏观测资料约束所致。由于高分辨率的特点，CORA2 和 GLORYS12v1 产品的全球 0～1500 m 深度热含量异常上升趋势中存在更多小尺度扰动，Storto 等（2019）在区域高分辨率海洋再分析产品中也发现类似的结果。在北大西洋区域，在 2009 年之前，CORA2 产品的 0～1500 m 深度海域热含量异常与其他产品的偏离较大，这与前面讨论的温度和盐度均方根误差偏大一致。

总体来说，4 套产品在 2014～2019 年 0～1500 m 全球热含量趋势分别为 1.03×10^{23} J/10 年、1.31×10^{23} J/10 年、1.54×10^{23} J/10 年和 0.97×10^{23} J/10 年，它们多数比 Wang 等（2018）基于客观分析产品获得的 1998～2012 年的结果（0.81×10^{23}～1.00×10^{23} J/10 年）偏大，并且高分辨率产品（CORA2 和 GLORYS12v）的结果总体比低分辨率产品（GREP 和 EN4）的结果偏高。

8. 比容海面高的年际变化

全球平均海平面变化可归因为比容变化和质量变化两个因素共同作用，而比容变化又可分为热比容变化和盐比容变化。对 EN4、CORA2、GLORYS12v1 和 GREP 4 套产品的全球平均比容海面高度、热比容和盐比容进行交叉比较，结果如图 5.45 所示。从图中可以看出，不同产品均能表现出明显的季节变化，但是它们的年际变化存在显著差异，高分辨率再分析产品 CORA2 和 GLORYS12v1 变化曲线比低分辨率产品 EN4 和 GREP 的更复杂。在 2009～2019 年 EN4、CORA2、GLORYS12v1 和 GREP 4 套产品的比容海面高度趋势分别为 0.80 mm/年，1.16 mm/年，1.48 mm/年和 1.05 mm/年；与 Storto 等（2017）给出的 1993～2010 年全深度比容海面高度趋势（1.02±0.05 mm/年）相比，CORA2 和 GREP 产品与其更接近。4 套产品均表现出热比容海面高度主导比容海平面的变化，这与 Storto 等（2017）与 Zuo 等（2017）的结果一致；同时，盐比容海面高度的趋势均表现为负值，但是量级不大。

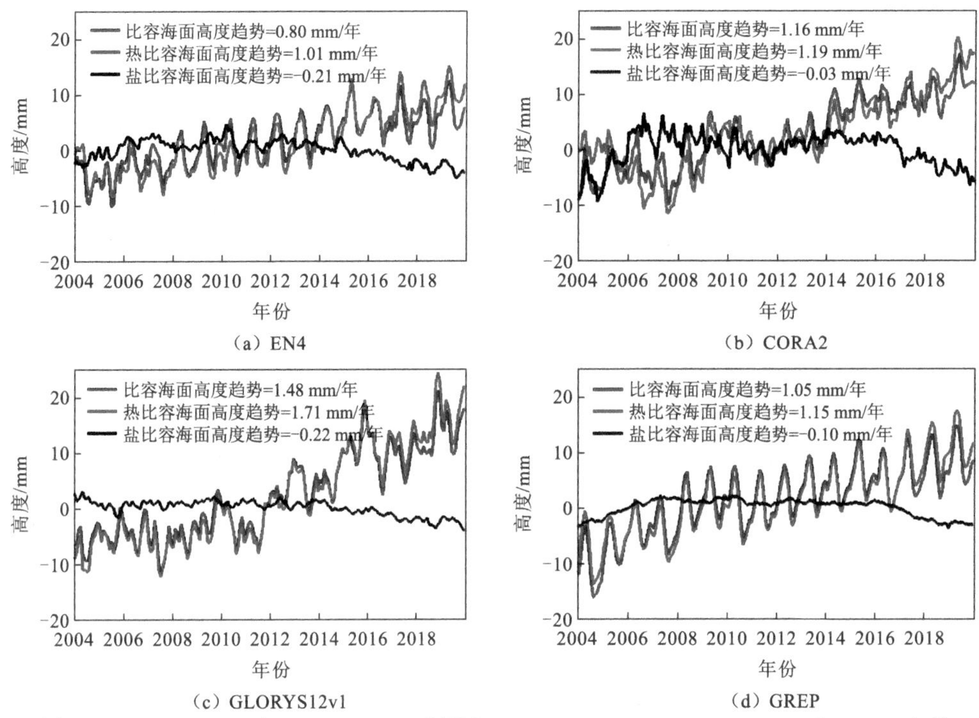

（a）EN4 （b）CORA2

（c）GLORYS12v1 （d）GREP

图 5.45　2004～2019 年 60°S～60°N 范围内 EN4、CORA2、GLORYS12v1 和 GREP 产品 0～1000 m 的比容海面高度、热比容海面高度和盐比容海面高度时间序列

9. 与 CORA1 的对比

CORA1 是国家海洋信息中心于 2018 年发布的第二代业务化全球海洋再分析产品，水平分辨率为 1/4°～1/2°。CORA2 在 CORA1 的基础上，提高了数值模式分辨率，增加了海冰模块，优化了数值模式参数，改进了数据同化模型。本小节首先基于卫星遥感 SST 和 Argo 剖面资料，对比分析 CORA2 与 CORA1 产品在全海域的温盐误差，并讨论两者在刻画涡动能方面的差异；然后，基于卫星遥感 SST 和海面高度，以西北太平洋海域为例，开展 CORA2、CORA1 和 GLORYS12v1 产品的交叉比较。

图 5.46 显示，CORA2 产品相对上一代产品 CORA1，全球海表温度的均方根误差明显降低，这与两者使用不同方法来同化卫星遥感 SST 数据有关，前者使用 3D-Var 同化方法，后者使用表面松弛方法；两者的偏差除了在 2013 年以外，几乎差异不大。对于水下温度和盐度均方根误差和偏差，CORA2 相对 CORA1 均有所减少，这个可能与其分辨率提高、同化方案改进、潮强迫引入等因素有关。

由于 CORA2 产品的分辨率提高到涡分辨水平，其全球上层海洋平均涡动能比 CORA1 强，并且在西边界流、南极绕极流等海域明显增强，其量级与 GLORYS12v1 产品的结果相当（图 5.47）。

图 5.48 给出了西北太平洋 CORA2、CORA1 和 GLORYS12v1 3 套产品 SST 均方根误差的空间分布。从图中可以看出，CORA2 产品的 SST 均方根误差均小于其他再分析产品，为 0.45 ℃。CORA1 和 GLORYS12v1 产品的 SST 均方根误差分别为 0.95 ℃和 0.77 ℃。CORA2 产品误差大的区域主要集中在日本以东黑潮延伸体，CORA1 和 GLORYS12v1 产品在黑潮延伸体和渤海、黄海、东海的误差较大。

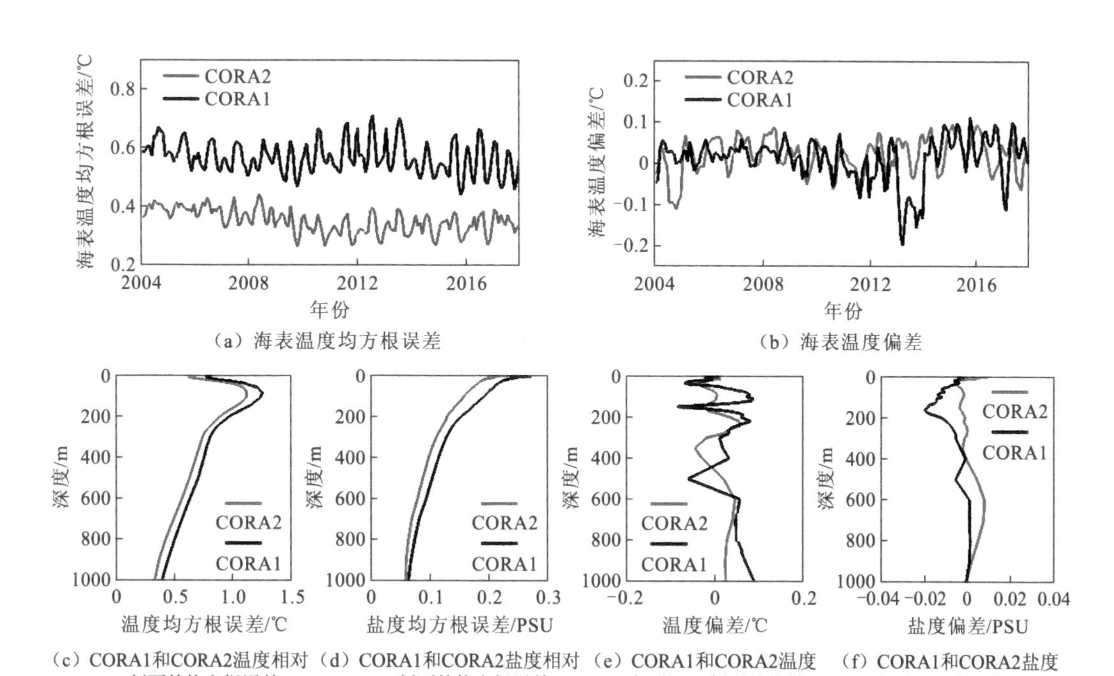

（a）海表温度均方根误差

（b）海表温度偏差

（c）CORA1和CORA2温度相对Argo剖面的均方根误差

（d）CORA1和CORA2盐度相对Argo剖面的均方根误差

（e）CORA1和CORA2温度相对Argo剖面的偏差

（f）CORA1和CORA2盐度相对Argo剖面的偏差

图 5.46　2004～2017 年 CORA1 和 CORA2 产品全球海表温度相对卫星遥感观测的均方根误差和偏差，以及温度和盐度相对 Argo 剖面的均方根误差和偏差

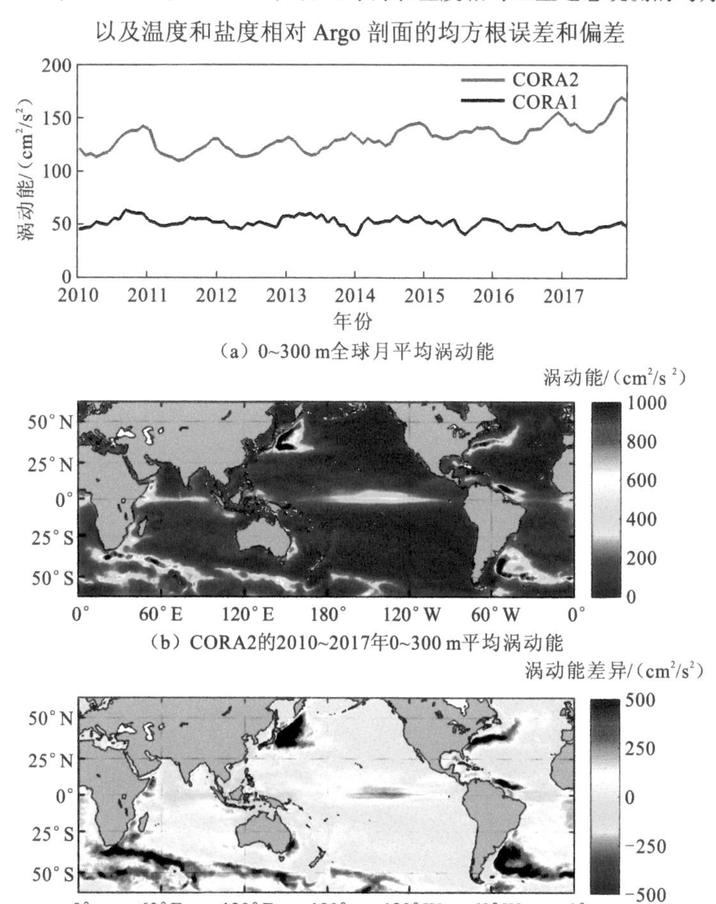

（a）0~300 m全球月平均涡动能

（b）CORA2的2010~2017年0~300 m平均涡动能

（c）CORA2与CORA1平均涡动能的差异

图 5.47　CORA1 和 CORA2 产品全球月平均涡动能时间演变、空间分布和差异

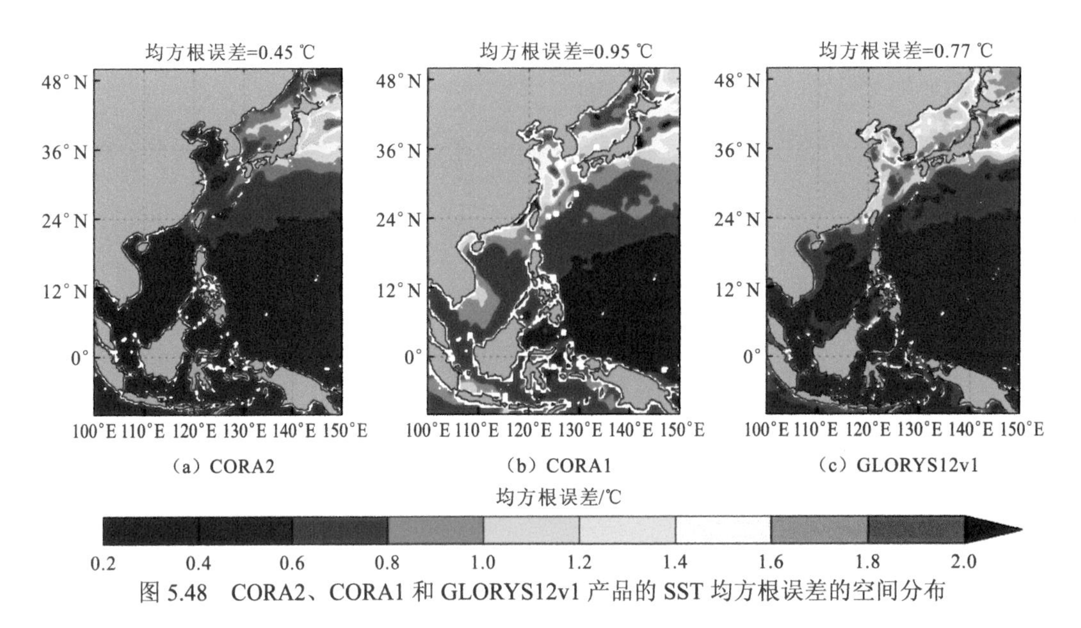

图 5.48　CORA2、CORA1 和 GLORYS12v1 产品的 SST 均方根误差的空间分布

图 5.49 给出了西北太平洋 CORA2、CORA1 和 GLORYS12v1 3 套产品海面高度与卫星遥感海面高度的时间相关系数的空间分布。从图中可以看出，与 CORA1 相比，CORA2 产品的海面高度与观测之间的相关系数显著提高，空间平均值为 0.81，CORA1 产品仅为 0.64。GLORYS12v1 产品再现海面高度的能力更强，相关系数达到 0.92。

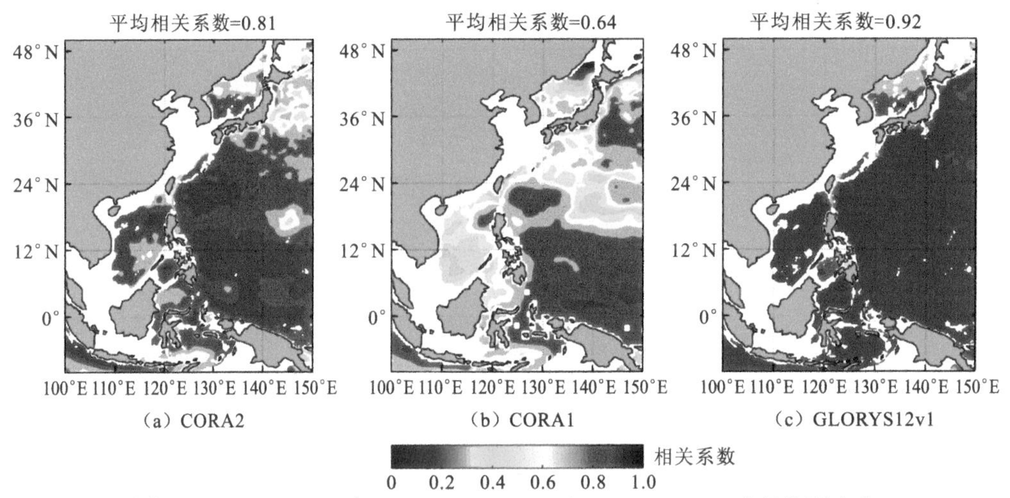

图 5.49　1993～2018 年 CORA2、CORA1 和 GLORYS12v1 产品海面高度与卫星遥感海面高度的时间相关系数的空间分布

参 考 文 献

ADCROFT A, CAMPIN J M, 2004. Rescaled height coordinates for accurate representation of free-surface flows in ocean circulation models . Ocean Modelling, 7(3-4): 269-284.

ARBIC B K, GARNER S T, HALLBERG R W, et al., 2004. The accuracy of surface elevations in forward global barotropic and baroclinic tide models. Deep Sea Research Part II: Topical Studies in Oceanography,

51(25-26): 3069-3101.

BALMASEDA M A, HERNANDEZ F, STORTO A, et al., 2015. The ocean reanalyses intercomparison project (ORA-IP). Journal of Operational Oceanography, 8(sup1): s80-s97.

BLOOM S, TAKACS L, DA SILVA A, et al., 1996. Data assimilation using incremental analysis updates. Monthly Weather Review, 124(6): 1256-1271.

BRASSEUR P, VERRON J, 2006. The SEEK filter method for data assimilation in oceanography: A synthesis. Ocean Dynamics, 56: 650-661.

CARTON J A, CHEPURIN G A, CHEN L, 2018. SODA3: A new ocean climate reanalysis. Journal of Climate, 31(17): 6967-6983.

CARTON J A, PENNY S G, KALNAY E, 2019. Temperature and salinity variability in SODA3, ECCO4r3, and ORAS5 ocean reanalyses, 1993-2015. Journal of Climate, 32(8): 2277-2293.

CHEN J, WILSON C, TAPLEY B, et al., 2005. Seasonal global mean sea level change from satellite altimeter GRACE, and geophysical models. Journal of Geodesy, 79: 532-539.

CHEVALLIER M, SMITH G C, DUPONT F, et al., 2017. Intercomparison of the Arctic sea ice cover in global ocean-sea ice reanalyses from the ORA-IP project. Climate Dynamics, 49(3): 1107-1136.

CHURCH J A, CLARK P U, CAZENAVE A, et al., 2013. Sea level change: Chapter 13. Encyclopedia of Ocean Sciences, 12: 13-25.

COOPER M, HAINES K, 1996. Altimetric assimilation with water property conservation. Journal of Geophysical Research: Oceans, 101(C1): 1059-1077.

CUMMINGS J A, 2011. Ocean data quality control. Operational Oceanography in the 21st Century, 13(2): 91-121.

CUMMINGS J A, SMEDSTAD O M, 2013. Variational data assimilation for the global ocean. Data Assimilation for Atmospheric. Oceanic and Hydrologic Applications, 2: 303-343.

DEE D P, UPPALA S M, SIMMONS A J, et al., 2011. The ERA-Interim reanalysis: Configuration and performance of the data assimilation system. Quarterly Journal of the Royal Meteorological Society, 137(656): 553-597.

EZRATY R, GIRARD-ARDHUIN F, PIOLLÉ J F, et al., 2007. Arctic and Antarctic sea ice concentration and Arctic sea ice drift estimated from special sensor microwave data. Département d'Océanographie Physique et Spatiale, IFREMER, Brest.

FEKETE B M, VÖRÖSMARTY C J, GRABS W, 2002. High-resolution fields of global runoff combining observed river discharge and simulated water balances. Global Biogeochemical Cycles, 16(3): 10-15.

FORGET G, CAMPIN J M, HEIMBACH P, et al., 2015. ECCO version 4: An integrated framework for non-linear inverse modeling and global ocean state estimation. Geoscientific Model Development, 8(10): 3071-3104.

FU H, WU X, LI W, et al., 2021. Improving the accuracy of barotropic and internal tides embedded in a high-resolution global ocean circulation model of MITgcm. Ocean Modelling, 162(C12): 101809.

FU H, DAN B, GAO Z, et al., 2023. Global ocean reanalysis CORA2 and its inter comparison with a set of other reanalysis products. Frontiers in Marine Science, 10: 1084186.

GOOD S A, MARTIN M J, RAYNER N A, 2013. EN4: Quality controlled ocean temperature and salinity profiles and monthly objective analyses with uncertainty estimates. Journal of Geophysical Research: Oceans, 118(12): 6704-6716.

GRIFFIES S M, HALLBERG R W, 2000. Biharmonic friction with a Smagorinsky-like viscosity for use in large-scale eddy-permitting ocean models. Monthly Weather Review, 128(8): 2935-2946.

HALLIWELL G R, 2004. Evaluation of vertical coordinate and vertical mixing algorithms in the HYbrid-Coordinate Ocean Model (HYCOM). Ocean Modelling, 7(3-4): 285-322.

HAMON M, GREINER E, LE TRAON P Y, et al., 2019. Impact of multiple altimeter data and mean dynamic topography in a global analysis and forecasting system. Journal of Atmospheric and Oceanic Technology, 36(7): 1255-1266.

HAN G, FU H, ZHANG X, et al., 2013a. A global ocean reanalysis product in the China Ocean Reanalysis (CORA) project. Advances in Atmospheric Sciences, 30(6): 1621-1631.

HAN G, LI W, ZHANG X, et al., 2011. A regional ocean reanalysis system for coastal waters of China and adjacent seas. Advances in Atmospheric Sciences, 28(3): 682.

HAN G, LI W, ZHANG X, et al., 2013b. A new version of regional ocean reanalysis for coastal waters of China and adjacent seas. Advances in Atmospheric Sciences, 30(4): 974-982.

HILBURN K, 2009. The passive microwave water cycle product. Remote Sensing Systems Technical Report, 72409: 30.

IVANOVA N, PEDERSEN L T, TONBOE R, et al., 2015. Inter-comparison and evaluation of sea ice algorithms: Towards further identification of challenges and optimal approach using passive microwave observations. The Cryosphere, 9(5): 1797-1817.

JEAN-MICHEL L, ERIC G, ROMAIN B B, et al., 2021. The Copernicus global 1/12 oceanic and sea ice GLORYS12 reanalysis. Frontiers in Earth Science, 9: 698876.

KOBAYASHI S, OTA Y, HARADA Y, et al., 2015. The JRA-55 reanalysis: General specifications and basic characteristics. Journal of the Meteorological Society of Japan, 93(1): 5-48.

LARGE W, POND S, 1981. Open ocean momentum flux measurements in moderate to strong winds. Journal of Physical Oceanography, 11(3): 324-336.

LARGE W, POND S, 1982. Sensible and latent heat flux measurements over the ocean. Journal of Physical Oceanography, 12(5): 464-482.

LARGE W, YEAGER S, 2009. The global climatology of an interannually varying air-sea flux data set. Climate Dynamics, 33: 341-364.

LARGE W, MCWILLIAMS J C, DONEY S C, 1994. Oceanic vertical mixing: A review and a model with a nonlocal boundary layer parameterization. Reviews of Geophysics, 32(4): 363-403.

LELLOUCHE J M, GREINER E, BOURDALLE B R, et al., 2021. The copernicus global 1/12 Oceanic and sea ice GLORYS12 reanalysis. Frontiers of Earth Science, 9: 698876.

LELLOUCHE J M, LE GALLOUDEC O, DRÉVILLON M, et al., 2013. Evaluation of global monitoring and forecasting systems at Mercator Océan. Ocean Science, 9(1): 57-81.

LI W, XIE Y, HE Z, et al., 2008. Application of the multigrid data assimilation scheme to the China seas' temperature forecast. Journal of Atmospheric and Oceanic Technology, 25(11): 2106-2116.

MARSHALL J, ADCROFT A, HILL C, et al., 1997. A finite-volume, incompressible Navier Stokes model for studies of the ocean on parallel computers. Journal of Geophysical Research: Oceans, 102(C3): 5753-5766.

MASINA S, STORTO A, 2017. Reconstructing the recent past ocean variability: Status and perspective. Journal of Marine Research, 75(6): 727-764.

MASINA S, STORTO A, FERRY N, et al., 2017. An ensemble of eddy-permitting global ocean reanalyses from the MyOcean project. Climate Dynamics, 49(3): 813-841.

MIGNAC D, FERREIRA D, HAINES K, 2018. South Atlantic meridional transports from NEMO-based simulations and reanalyses. Ocean Science, 14(1): 53-68.

PALMER M, ROBERTS C, BALMASEDA M, et al., 2017. Ocean heat content variability and change in an ensemble of ocean reanalyses. Climate Dynamics, 49(3): 909-930.

PARKINSON C L, WASHINGTON W M, 1979. A large-scale numerical model of sea ice. Journal of Geophysical Research: Oceans, 84(C1): 311-337.

PUJOL M I, FAUGÈRE Y, TABURET G, et al., 2016. DUACS DT2014: The new multi-mission altimeter data set reprocessed over 20 years. Ocean Science, 12(5): 1067-1090.

REYNOLDS R W, SMITH T M, LIU C, et al., 2007. Daily high-resolution-blended analyses for sea surface temperature. Journal of Climate, 20(22): 5473-5496.

RIO M H, PASCUAL A, POULAIN P M, et al., 2014. Computation of a new mean dynamic topography for the Mediterranean Sea from model outputs, altimeter measurements and oceanographic in situ data. Ocean Science, 10(4): 731-744.

ROQUET F, CHARRASSIN J B, MARCHAND S, et al., 2011. Delayed-mode calibration of hydrographic data obtained from animal-borne satellite relay data loggers. Journal of Atmospheric and Oceanic Technology, 28(6): 787-801.

SHI L, ALVES O, WEDD R, et al., 2017. An assessment of upper ocean salinity content from the Ocean Reanalyses Inter-comparison Project (ORA-IP). Climate Dynamics, 49(3): 1009-1029.

STACKHOUSE P W, GUPTA S K, COX S J, et al., 2011. The NASA/GEWEX surface radiation budget release 3.0: 24.5-year dataset. Gewex News, 21(1): 10-12.

STAMMER D, KÖHL A, AWAJI T, et al., 2010. Ocean information provided through ensemble ocean syntheses. European Space Agency, Paris.

STORTO A, ALVERA-AZCÁRATE A, BALMASEDA M A, et al., 2019. Ocean reanalyses: Recent advances and unsolved challenges. Frontiers in Marine Science, doi: 10.3389.

STORTO A, MASINA S, BALMASEDA M, et al., 2017. Steric sea level variability (1993–2010) in an ensemble of ocean reanalyses and objective analyses. Climate Dynamics, 49(3): 709-729.

STORTO A, MASINA S, SIMONCELLI S, et al., 2019. The added value of the multi-system spread information for ocean heat content and steric sea level investigations in the CMEMS GREP ensemble reanalysis product. Climate Dynamics, 53(1): 287-312.

TIETSCHE S, NOTZ D, JUNGCLAUS J, et al., 2013. Assimilation of sea-ice concentration in a global climate model-physical and statistical aspects. Ocean Science, 9(1): 19-36.

TOYODA T, FUJII Y, KURAGANO T, et al., 2017. Intercomparison and validation of the mixed layer depth fields of global ocean syntheses. Climate Dynamics, 49(3): 753-773.

TROCCOLI A, BALMASEDA M A, SEGSCHNEIDER J, et al., 2002. Salinity adjusment in the presence of temperature data assimilation. Monthly Weather Review, 130(1): 89-120.

UOTILA P, GOOSSE H, HAINES K, et al., 2019. An assessment of ten ocean reanalyses in the polar regions. Climate Dynamics, 52(3-4): 1613-1650.

VALDIVIESO M, HAINES K, BALMASEDA M, et al., 2017. An assessment of air-sea heat fluxes from ocean and coupled reanalyses. Climate Dynamics, 49(3): 983-1008.

WANG G, CHENG L, ABRAHAM J, et al., 2018. Consensuses and discrepancies of basin-scale ocean heat content changes in different ocean analyses. Climate Dynamics, 50: 2471-2487.

XUE Y, BALMASEDA M A, BOYER T, et al., 2012. A comparative analysis of upper-ocean heat content variability from an ensemble of operational ocean reanalyses. Journal of Climate, 25(20): 6905-6929.

ZHANG J, HIBLER W, STEELE M, et al., 1998. Arctic ice-ocean modeling with and without climate restoring. Journal of Physical Oceanography, 28(2): 191-217.

ZHANG R, 2008. Coherent surface-subsurface fingerprint of the Atlantic meridional overturning circulation. Geophysical Research Letters, 35(20): 705.

ZUO H, BALMASEDA M, MOGENSEN K, 2017. The new eddy-permitting ORAP5 ocean reanalysis: Description, evaluation and uncertainties in climate signals. Climate Dynamics, 49: 791-811.

第6章　海洋再分析产品应用

高分辨率海洋再分析产品应用的重点领域与方向主要包括：水声学、海洋特征现象和过程解释、海洋热含量诊断、数值预报（ENSO预测）、海洋可视化等，如图6.1所示。本章基于国家海洋信息中心研制的全球高分辨率冰-海耦合再分析数据集（CORA2），介绍海洋再分析产品在上述几个领域的应用情况。

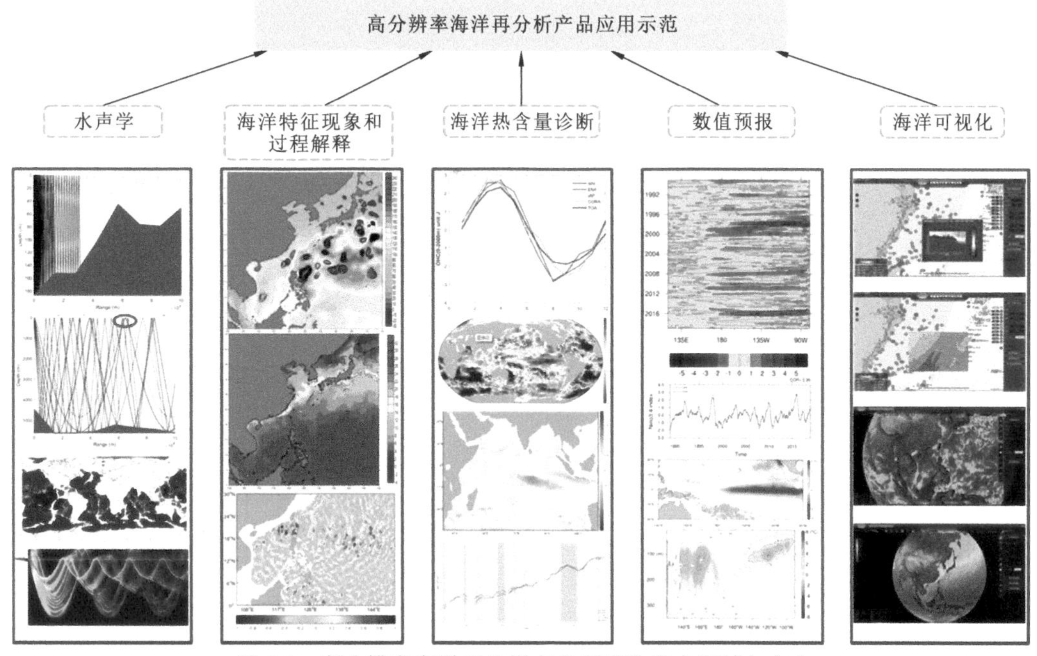

图6.1　高分辨率海洋再分析产品应用的重点领域与方向

6.1 水　声　学

高分辨率海洋再分析产品有助于获取精细化的海水声速信息，进而开展水声场建模与分析、声学性能计算评估、水声目标信息感知等水声学应用，提升海洋水声环境的保障能力与水平。

6.1.1 概述

水声学是主要研究水下声波的产生、辐射、传播与接收理论，并用以解决与水下目标探测、识别及信息传输有关的各种问题的一门声学分支学科（李启虎，2001）。第二次世界大战的爆发促进了水声学的发展。在此基础上，人们逐渐认识了声波在海水中的传播机理，逐步建立起水声学研究的理论体系，使其成为人们认识和了解海洋进而开发和利用海洋的又一有效途径。

声波及其传播规律是水声学研究的主要对象（图 6.2）。目前，声波被认为是海水内部唯一有效进行远距离信息传递的载体（杨士莪，2020）。从定量的角度，1 kHz 频率的声波在海水中每传播 1 km 的吸收衰减仅约为 0.067 dB；而电磁波、可见光、激光等物理媒介的吸收衰减非常大，在清澈的海水中也只能穿透约 100 m。与电磁波等物理媒介相比，虽然声波的传播速度相对较慢，且所携带的信息量少得多，但在远距离信息传递的水下应用问题中应当首选声波这一载体。

图 6.2　水下声波的传播规律

海洋水体是水下声波传播的主要介质，海底和海面构成上下边界，海洋水体、海底、海面共同形成水下声信道（图 6.3），强烈地影响着水下声波的传播规律与能量分布。其中，海洋水体的声速剖面是水声学研究与应用的重要数据基础；海底地形、海底底质等环境信息对作战环境保障也非常重要。位于不同海洋深度的海水，由于其温度、盐度及所受压力的不同，海水介质的声速值大小也不一样。声波在海水中传播将发生折射和界面上的反射，从而带来复杂的传播途径与声场能量的空间不均匀分布。海洋中还存在涡旋、锋面、内波、湍流、随机不均匀的冷热水团，以及海水介质声速的水平变化、气象条件引起的近表面层水温周日或周年的变化等。因此，海洋环境由于具有复杂的空间和时间变化特性，声波在海水中的传播具有强烈的振幅和相位起伏，从而引发水声场在特定维度下的不确定性。

图 6.3　海洋水声学应用的物理空间

水声学近年来的发展十分迅速，且应用前景异常广阔。海洋领域的众多实践问题对水声学产生了强有力的需求牵引，推动水声学跨越式发展。随着大数据、人工智能、无人航行器等一系列技术的迅猛发展及其在海洋领域的广泛应用，世界新军事革命已进入快速发展阶段，并呈现出新的发展内涵。利用较高分辨率和较高置信度的海洋温盐流数据模拟、预测或再现海战场环境的状态、内部过程及其与声呐等装备的相互作用，可为海上作战筹划、指挥和武器装备使用提供强有力的辅助决策支持。因此，基于高分辨率海洋再分析产品的水声学应用具有鲜明的军事应用背景，对提升海洋环境特别是水声环境的保障水平具有重大现实意义。

6.1.2 基于海洋再分析的水声学数据集

1. 海水声速剖面

CORA2 产品可提供海水温度、盐度等环境数据。在水声学应用领域，声速是影响水下声波在海水中传播的最基本物理量。海水中的声速随温度、盐度和静压力的变化而变化，常见的声速计算方法如 Chen-Millero 声速公式，即

$$C(S,T,p)=C_{\omega}(T,p)+A(T,p)S+B(T,p)S^{3/2}+D(T,p)S^{2} \tag{6-1}$$

式中：C 为海水声速；S、T、p 分别为海水盐度（实用标盐）、水温、静压力；C_{ω}、A、B、D 为与海水温度和静压力相关的系数，内嵌系数多达 40 余个。式（6-1）的适用范围为 $0\leqslant S\leqslant 40$ PSU、$0\leqslant T\leqslant 40$ ℃、$0\leqslant p\leqslant 10^{8}$ Pa，声速计算值的标准差为 0.19 m/s。

基于 CORA2 产品的海水声速剖面数据集具有空间覆盖范围广、动态变化显著、数据存储量较大等特点。基于式（6-1）所获得的海水声速剖面数据集的水平分辨率为 1/12°，垂向分辨率为 50 层，时间分辨率为 3 h，如图 6.4 所示。

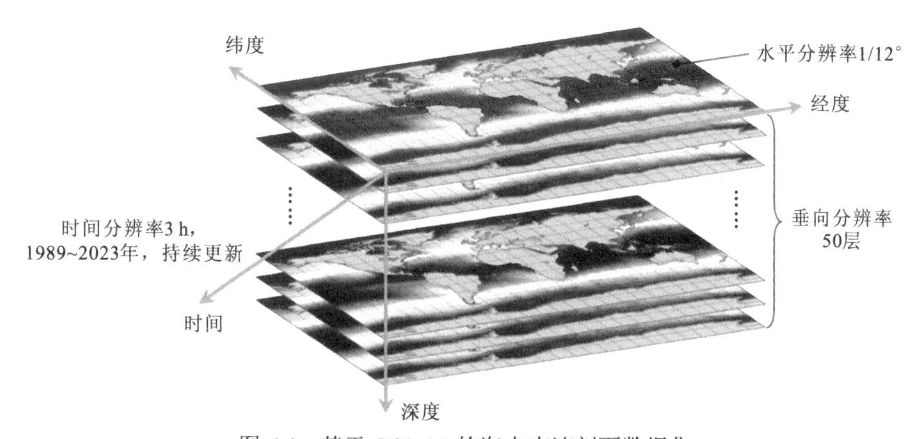

图 6.4　基于 CORA2 的海水声速剖面数据集

由 CORA2 产品转换获得声速剖面数据，通过统计发现典型的海水声速垂直分布类型包括深海声道声速分布、表面声道声速分布、反声道声速分布等，如图 6.5 所示。其中，深海声道声速分布 I 的海底声速值大于海面声速值，而深海声道声速分布 II 的海底声速值小于海面声速值，反声道声速分布大多出现在浅海海区（刘伯胜 等，2009）。需要指出的是，全球海域的声速分布不局限于图 6.5 中的 4 种类型。

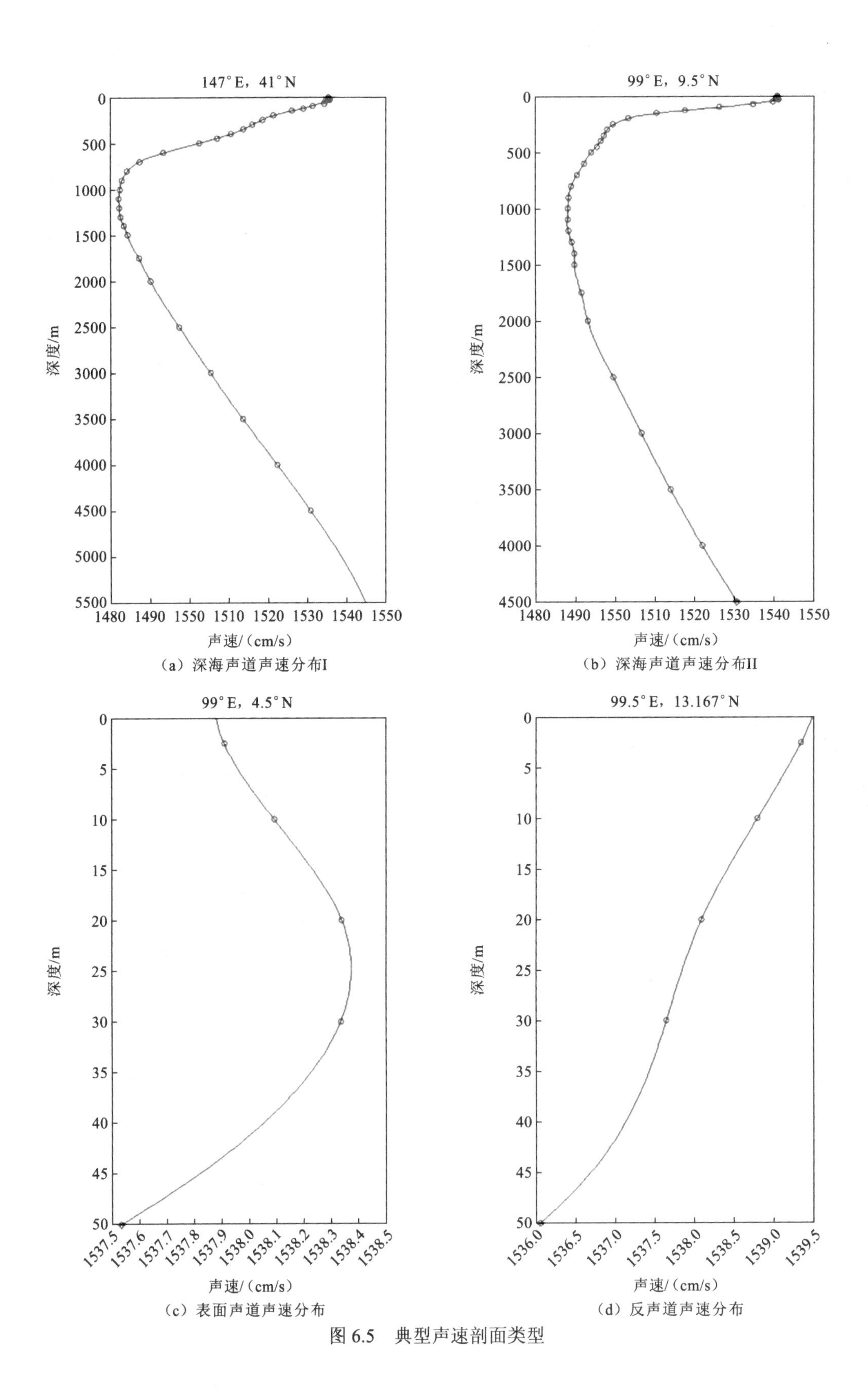

图 6.5　典型声速剖面类型

基于特征样本分析方法，以 CORA2 产品为对象，对不同深度下的海洋声速规律进行统计分析。如以 CORA2 产品固定时刻（2014 年 1 月 1 日 0 时）的全球海域声速数据为例，图 6.6 给出了水深 25 m、55 m、100 m、200 m、500 m、1000 m 条件下的声速水平分布。由图可知：在近海面海水声速随纬度分布规律基本一致，即低纬度海区声速值相对较大，高纬度海区声速相对较小；在 1000 m 水深以下，不同水平位置处的海水声速变化较小，此时声速主要随着水深增加而增大；500 m 水深处的声速分布图可发现在日本南部海区存在明显的中尺度海洋现象。

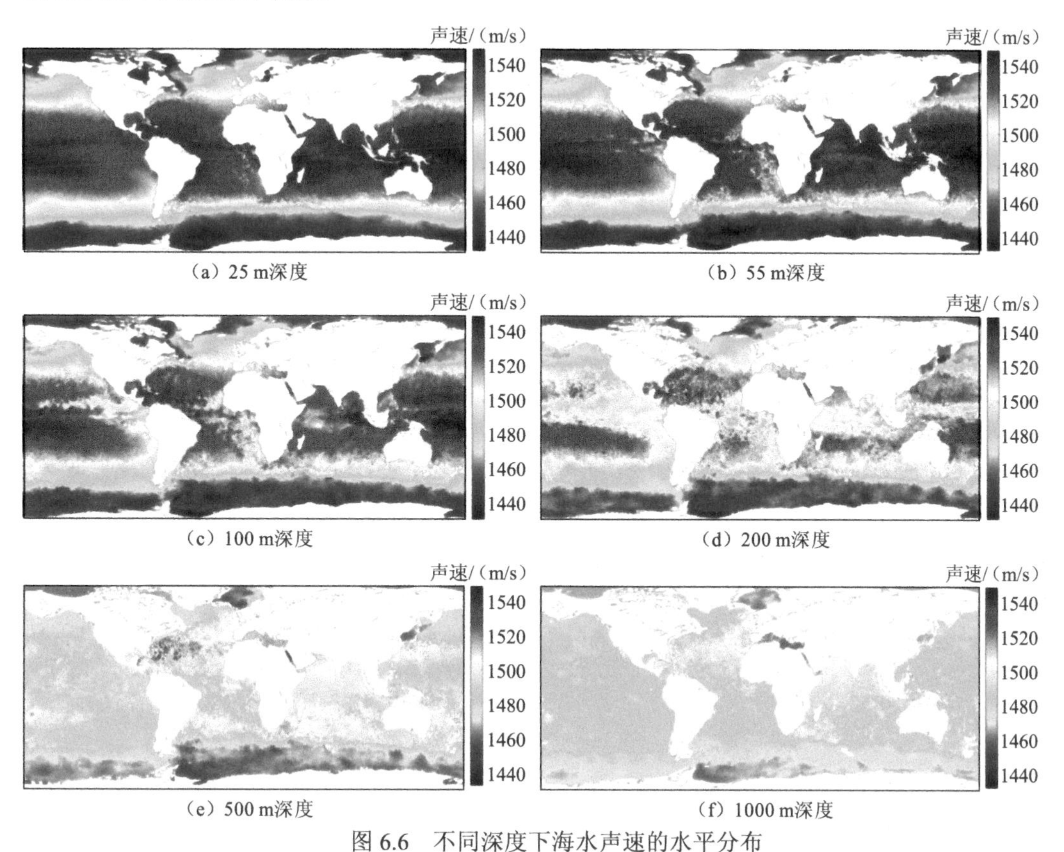

（a）25 m深度　（b）55 m深度　（c）100 m深度　（d）200 m深度　（e）500 m深度　（f）1000 m深度

图 6.6　不同深度下海水声速的水平分布

选取西北太平洋海区典型位置处海水声速剖面某年随时间的变化规律进行统计分析。典型位置包括马六甲海峡（103.45°E，1.05°N）、南海（115.05°E，12.05°N）、巴士海峡（120.55°E，20.55°N）、日本东部（145.05°E，35.05°N）4 个位置，图 6.7 给出了上述 4 个位置 2920 个时刻（3 h 时间分辨率）的声速剖面分布。由图可知：马六甲海峡的水深较浅，在夏、秋季节的海水声速值相对较高，而冬季的海水声速值相对较低；南海位置处的海水声速在全年的变化较小，且声速随深度的分层效应十分显著，这与南海特殊的地理环境有关；在 400 m 水深范围内，巴士海峡位置每天的声速值起伏相对较大；日本东部位置位于西北太平洋的开阔海域，受大尺度海洋洋流等因素影响，该处声速剖面在 500 m 水深附近存在较为剧烈的起伏。

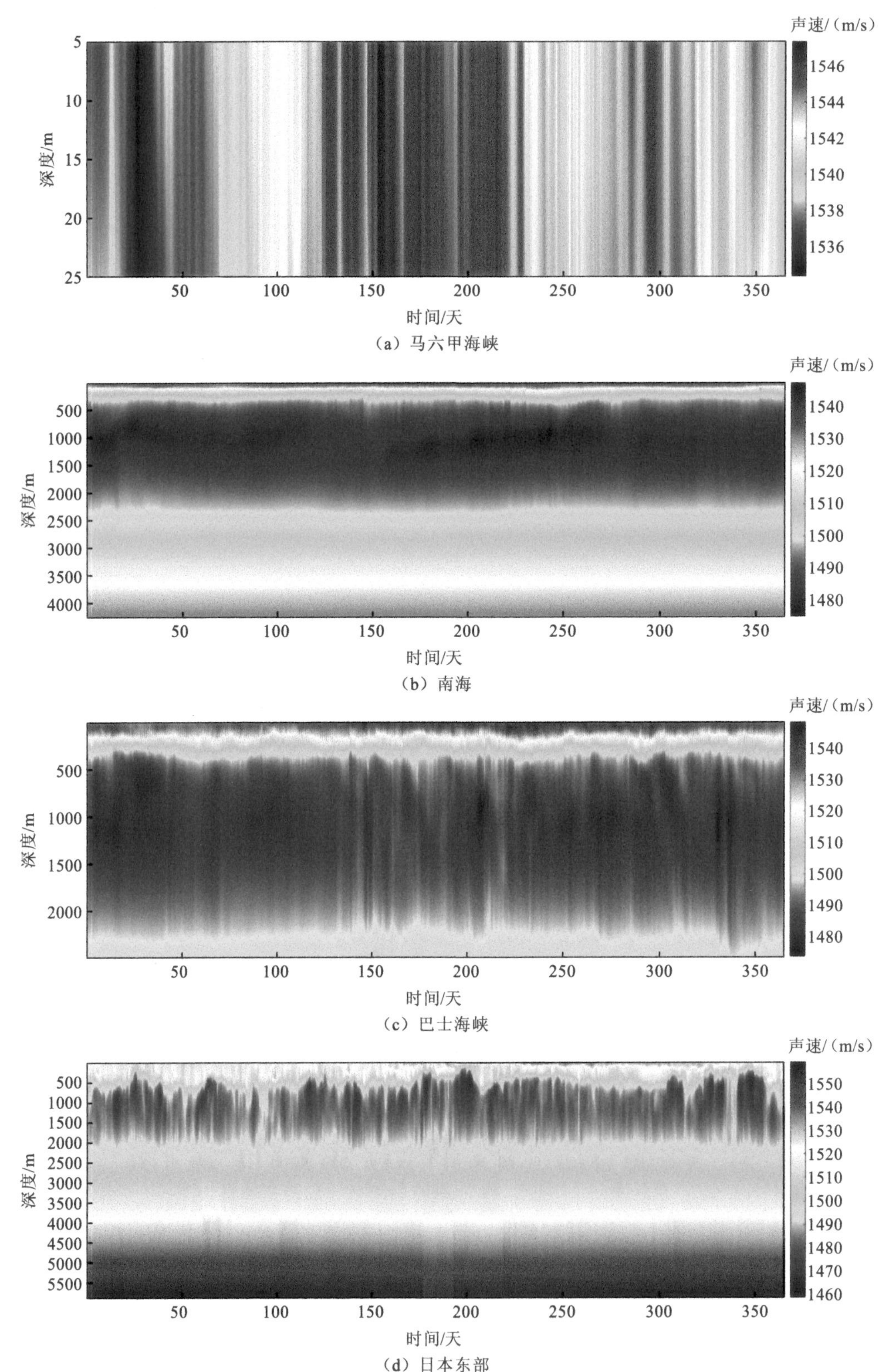

图 6.7　西北太平洋海区典型位置处声速剖面随时间的变化

2. 会聚区特征

从海面附近声源发出的声波在深海中折射并发生反转，在约 60～70 km 的距离处折回海面，形成几千米宽的环带状高声强区域，即为会聚区。会聚区是深海中的一种远程水声传播现象。深海会聚区具备高强度、低失真的远距离传播水声信号的能力，可使深海中的水声传播获得 10～20 dB 以上的会聚增益，为水下声波的远距离传播提供良好的水声信道。当会聚区现象发生时，水下声呐的作用距离将发生显著的变化，利用深海会聚区现象实现远程探测已成为声呐最重要的工作方式之一。因此，深入研究深海会聚区现象形成的机理，实现会聚区发生区域预报并形成会聚区特征数据集，对声呐系统的设计和使用具有至关重要的意义。

深海会聚区的形成需满足三个条件：①海水的声速剖面必须为深海声道声速分布，即上层海水为负声速梯度，下层海水为正声速梯度，两层之间出现声速极小值；②声源的垂向位置尽可能靠近海表面；③海底深度大于临界深度（张晶晶 等，2017）并有余量。当海底深度大于临界深度，并留有一定深度余量（张旭 等，2011）时，下层向上层弯曲的声线就不会碰触海底并反转弯向声速极小值方向，从而形成完整的声道，在海表面形成会聚区，即此时该位置处的声速剖面为深海声道声速分布 I（图 6.8）。当海底深度小于声道临界深度时，下层向上弯曲的声线就会触碰到海底，一部分声波被海底反射，另一部分声波会被海底吸收，从而导致声强度下降，声波传播距离减小，在海表面难以形成会聚区。这表明，对于给定的声速分布一定会有个产生会聚区的最小海区深度余量，并且这一深度余量与表面声速有一定的依赖关系。深度余量超过几百米时，深海会聚区才有可能出现；而深度余量为零或者不存在深度余量时，深海会聚区则不可能出现。为了更加精细化地构建会聚区特征参数与声源深度的相互关系，采用张旭等（2011）的定义，即深度余量随着声源深度的变化而变化，这与笪良龙（2012）对深度余量的定义略有差异。

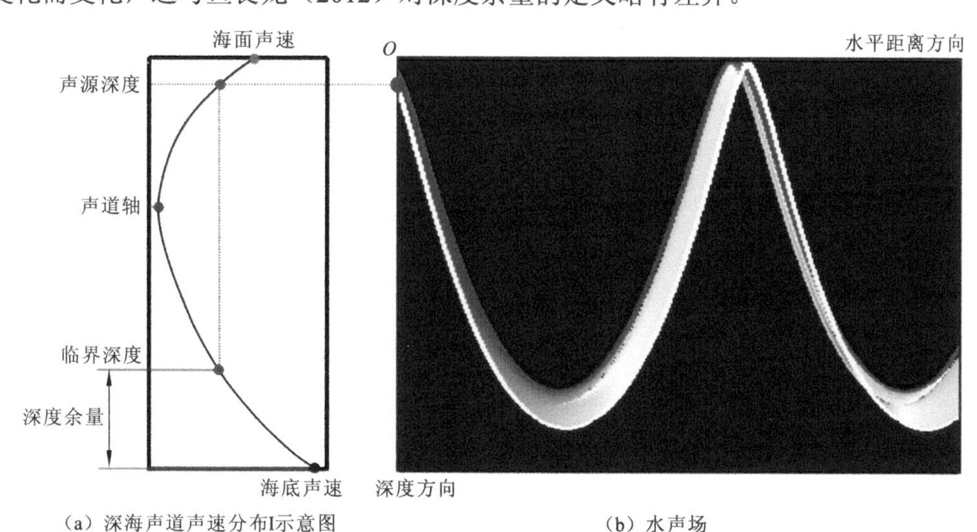

（a）深海声道声速分布I示意图　　（b）水声场

图 6.8　深海声道声速分布 I 示意图及其水声场

基于 CORA2 产品，利用会聚区形成的基本条件，制作全球海区的会聚区特征数据集。利用特定声源深度对应的深度余量数据Δc，可获取会聚区产生概率 p。其中：$0\leqslant\Delta c<6.7$ m/s 时，p 值为 0～50%范围的线性函数；6.7 m/s$\leqslant\Delta c<10.1$ m/s 时，p 值为 50%～80%范围的线

性函数；$\Delta c \geqslant 10.1$ m/s 时，$p=80\%$。会聚区特征数据集的要素为会聚区产生概率 p，其时空分辨率与高分辨率海洋再分析产品相同。图 6.9 给出了该会聚区特征数据集的数据样例，声源深度设定为 50 m、100 m、150 m 和 200 m。其中，暖色调表示该海域位置处的深度余量值较大，即产生会聚区的可能性较大；而冷色调表示深度余量值较小，即产生会聚区的可能性较小；在无颜色标识的海区则表示该处基本不可能产生会聚区。随着声源深度的逐渐增大，特定位置处的深海会聚区范围逐渐扩大。

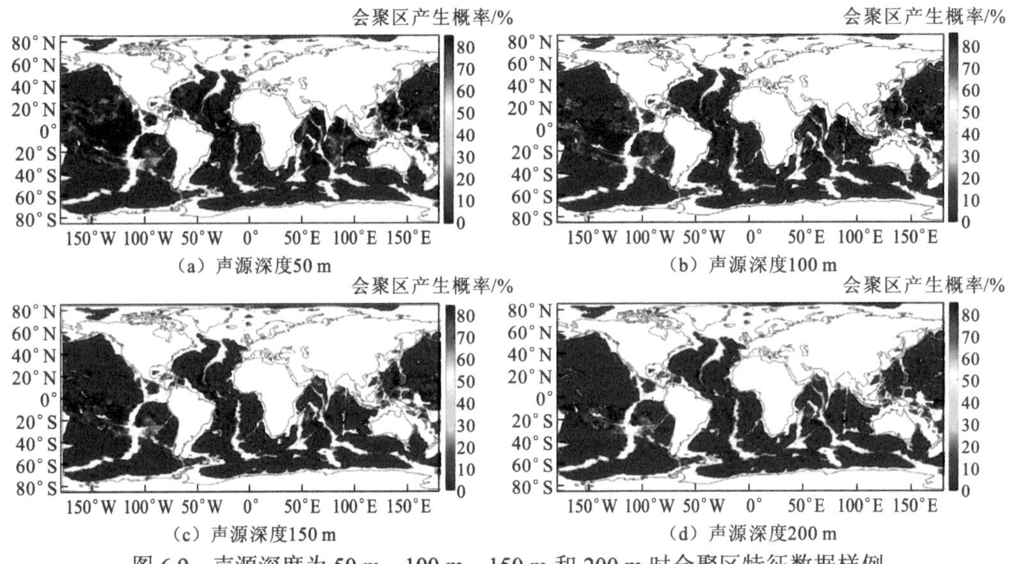

图 6.9　声源深度为 50 m、100 m、150 m 和 200 m 时会聚区特征数据样例

3. 深海声道轴

在深海声道的内部，水声信号可以完全通过折射路径进行水下远距离传播。这意味着声道中声源发射的声功率有一部分可传播很远的距离，而不会因海面或海底反射而损失。深海声道轴是水下声速剖面中声速最小的深度值，其一般从中纬度海区的 1000 m 左右逐渐演变到极地海区的海面。

基于 CORA2 产品，由海水声速计算公式［式（6-1）］可获得全球海区的深海声道轴数据集。图 6.10 给出了 CORA2 产品固定时刻（2014 年 7 月 1 日 0 时）的深海声道轴数据样例。深海声道轴数据集的主要要素为声道轴深度，时空分辨率与全球高分辨率海洋再分析产品相同。分析可知，深海声道轴在低纬度海区较深（赤道附近可达 1500 m 左右），而在高纬度海区较浅（日本海附近约为 500 m）。

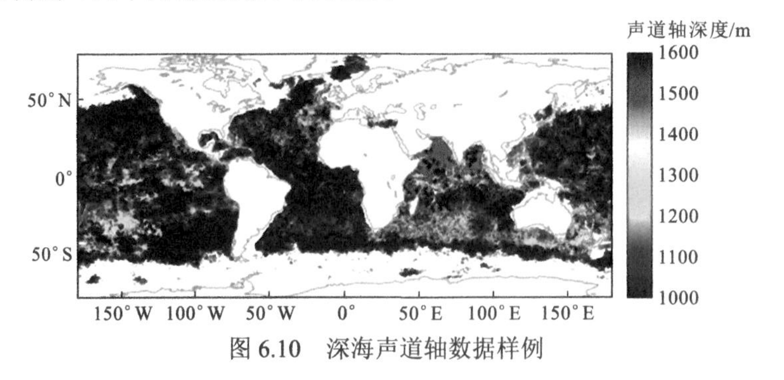

图 6.10　深海声道轴数据样例

由固定时空参数可获得特定的深海声道轴信息，基于上述深海声道轴数据集，依次提取南海、阿拉伯海、南太平洋、北冰洋海域深海声道轴深度、深海声道轴对应声速、声道轴以上声速梯度和声道轴以下声速梯度的相关信息，见表 6-1。对比分析典型海区的深海声道轴信息，北冰洋海域寒冷的环境导致未出现明显声道轴，无法确定对应信息数据。另外三个海域深海声道轴多集中于海洋深度超过 1000 m 的位置上，且深海声道轴对应声速普遍小于 1500 m/s。声道轴以上声速梯度大小取决于深海声道轴深度，深海声道轴越深则声道轴以上声速梯度的绝对值越小。声道轴以下声速梯度值在不同海域基本相同。深海声道轴以上由于温度下降快慢不同，声速梯度各不相同；而声道轴以下温度基本保持不变，声速分布主要与海水压力有关，因此声速梯度值基本相同。

表 6-1 深海声道轴的特征参数统计

海域	深海声道轴深度/m	深海声道轴对应声速/（m/s）	声道轴以上声速梯度/（s^{-1}）	声道轴以下声速梯度/（s^{-1}）
南海	1000～1300	1475～1490	-0.10～-0.04	0.012～0.016
阿拉伯海	1500～1800	1490～1500	-0.04～-0.02	0.012～0.016
南太平洋	1000～1400	1470～1490	-0.08～-0.02	0.010～0.018
北冰洋	—	—	—	—

6.1.3 基于 CORA2 的海洋水声学应用

1. 时变海洋环境的三维水声传播应用

借助高性能计算机资源，以某年的 CORA2 产品为对象，开展单点位长时序的三维水声传播应用演示研究和多点位“海上丝绸之路”的三维水声传播应用研究。由于 CORA2 产品的时间分辨率为 3 h，必须借助高效快速的海洋水声传播模型，才能满足特定条件下的海洋水声环境数据快速需求。

在单点位长时序的三维水声传播应用中，以北冰洋（80.05° N，165.05° W）、北太平洋（0.05° N，135.05° W）、南太平洋（45.05° S，120.05° W）、大西洋（60.05° N，30.05° W）、印度洋（0.05° N，80.05° E）、巴士海峡（21.05° N，121.05° E）、南海（10.05° N，113.05° E）共计 7 个点位为计算格点（图 6.11），开展单点位长时序（共计 2920 个时刻）的三维水声传播应用测试，声源的频率设定为 1000 Hz，深度为 30 m，通过应用演示验证单个点位在长时序中的三维水声传播损失是否随时间变化。图 6.12 展示了大西洋点位在固定时刻下的东、南、西、北 4 个方位水声传播损失结果，更新点位的声速剖面信息并开展水声传播计算，可获得长时序下的水声传播损失演变规律。

针对“海上丝绸之路”上共计 25 个点位，求解多个点位在不同时刻下的三维水声传播变化，声源的频率设定为 1000 Hz，深度为 50 m，通过应用演示验证“海上丝绸之路”上点位的三维水声传播损失随不同地形和不同时间的变化情况。

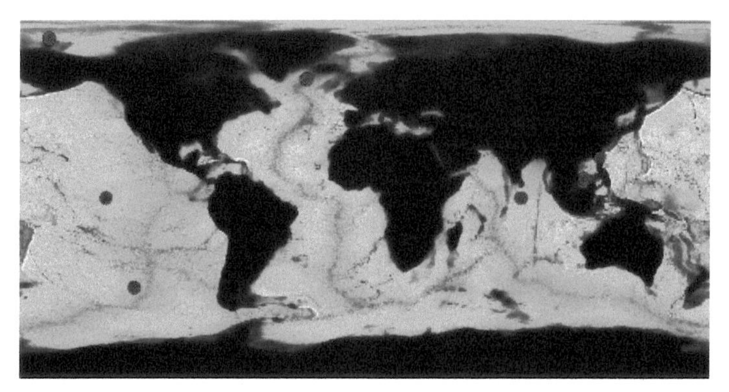

图 6.11　单点位水声传播应用的具体位置

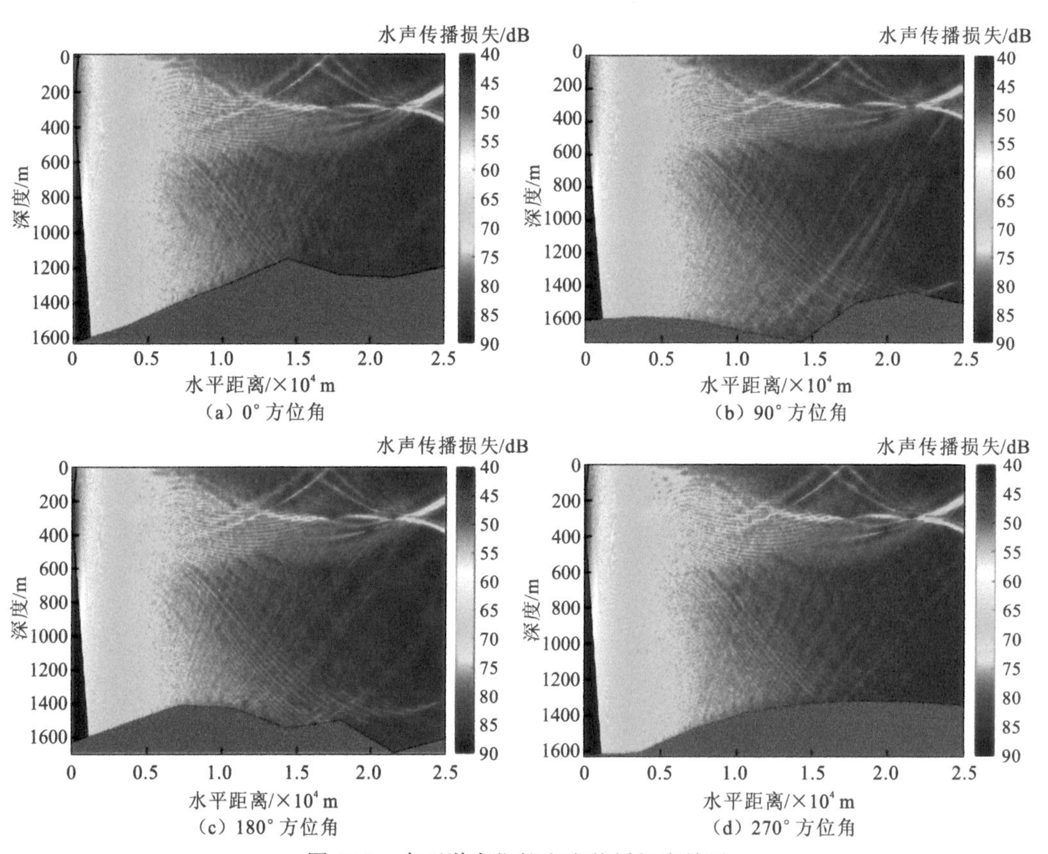

图 6.12　大西洋点位的水声传播损失结果

该航路从中国海南出发，穿过马六甲海峡，进入孟加拉湾，进而横跨印度洋至东非，并转至亚丁湾海域附近。图 6.13 展示了海上丝绸之路上 25 个点位的具体位置，其中海洋区域以海深的大小进行标色，大陆标为黑色。为动态显示“海上丝绸之路”上多个点位的水声场动态演变信息，在 GIS 路径动态显示模块中将当前水声场显示的具体位置在航路上展示出来，实现动态输出“海上丝绸之路”上单个点位的具体位置信息。图 6.14 为单个点位的固定深度水声场和固定方位水声场数值结果。该动态应用演示可为舰艇平台远洋航行开展周边三维水声环境分析与声呐性能评估提供技术支撑。

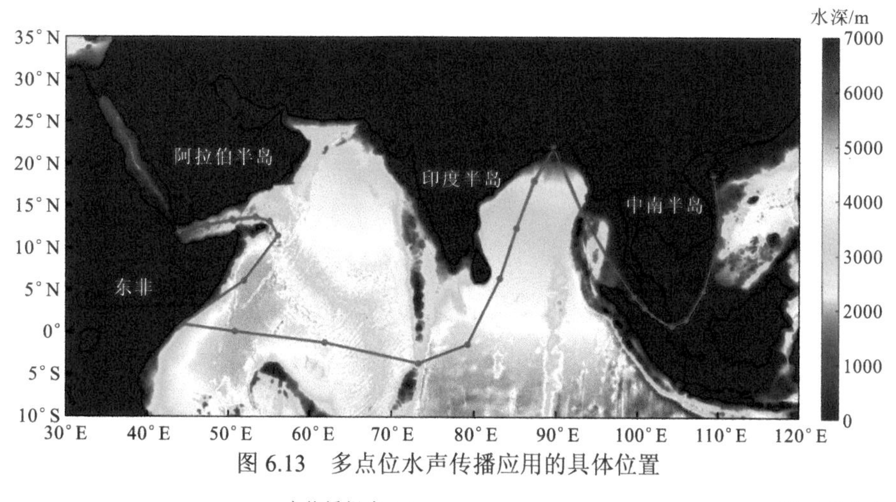

图 6.13　多点位水声传播应用的具体位置

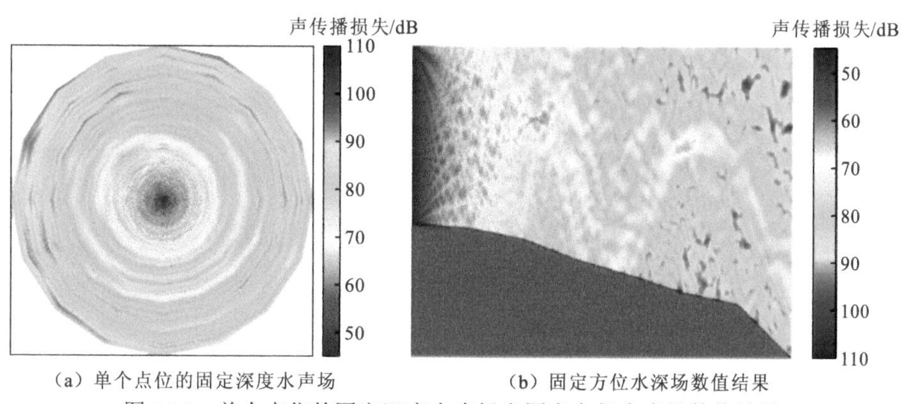

（a）单个点位的固定深度水声场　　（b）固定方位水深场数值结果

图 6.14　单个点位的固定深度水声场和固定方位水声场数值结果

2. 典型海洋特征现象的水声场分析

针对中尺度涡这一典型海洋特征现象，利用 CORA2 产品分析中尺度涡附近的水声传播特性。选取某一位于西太平洋（147.0° E，31.625° N）的中尺度涡，涡半径约为 90 km，选取中尺度涡涡心往南 180 km 距离共计 14 个声速剖面，剖面间距为 1/8°。从中尺度涡处的地形（深海）与声速数据可知，当声源位于海面附近的负声速梯度时，有可能产生会聚区与声影区。中尺度涡在不同水平距离处的声道轴位置不尽相同，声道轴大约位于 700～850 m；在相同深度条件下，涡心处比涡外处的声速值小（图 6.15）。

为分析非均匀海洋环境下的中尺度涡声传播特征，将水下声源分别置于涡心与涡外的 300 m、400 m、600 m 深度处，基于水声传播数值模型重点分析从涡心向外传播与从涡外向内传播的水声传播特性。图 6.16～图 6.18 所示为不同计算工况下的水下声线轨迹与声传播损失数值结果。

分析上述海洋中尺度涡环境下的水声传播特性可知：该中尺度涡引发的声速剖面扰动对水下声场空间分布特征影响较大，从涡心向外传播与涡外向内传播的声场存在显著差异；当声源位于涡心处时，声场会聚区的位置明显前移，且会聚区宽度增大；而声源位于涡外时，声场会聚区与声影区的特征更为显著；声源由 300 m 逐渐接近声道轴附近时，针对从涡心向外传播的声场，第一个会聚区外的声场结构已不再具备显著的会聚区与声影区特征。

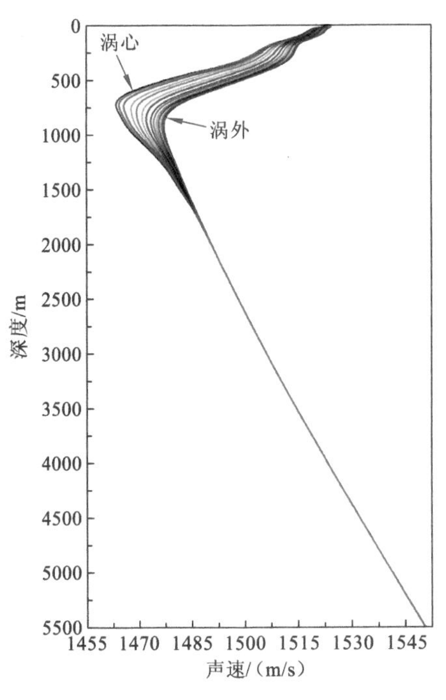

图 6.15　中尺度涡处的声速剖面

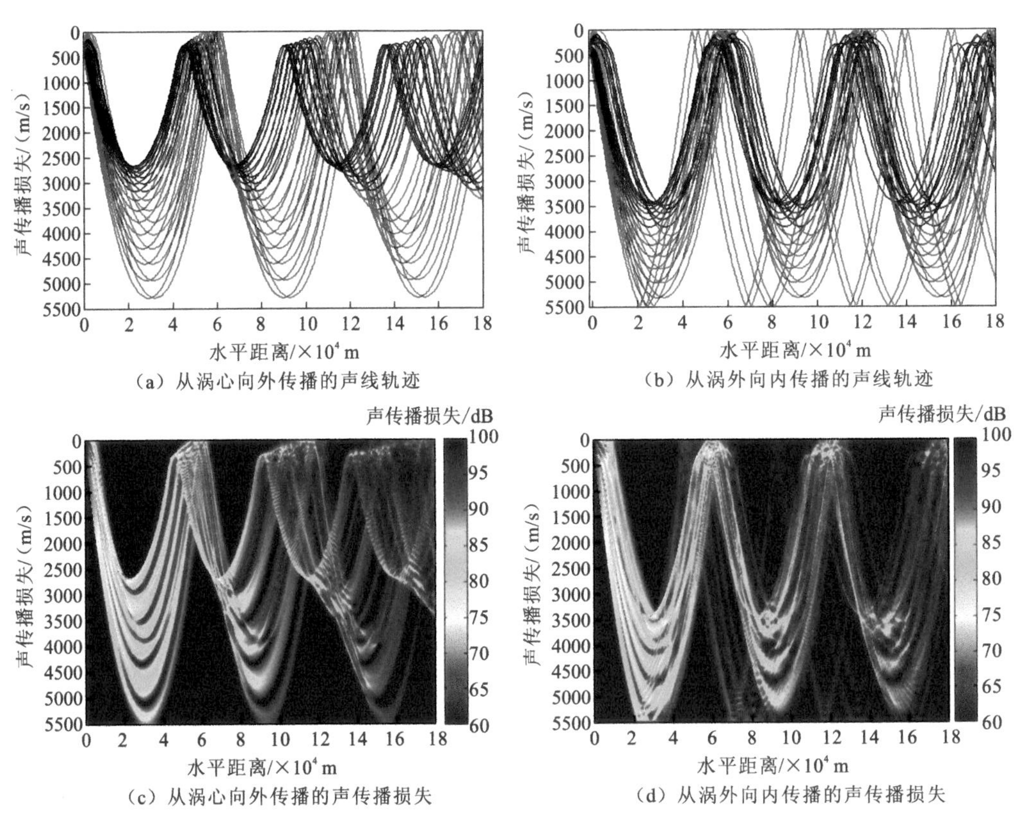

（a）从涡心向外传播的声线轨迹　（b）从涡外向内传播的声线轨迹

（c）从涡心向外传播的声传播损失　（d）从涡外向内传播的声传播损失

图 6.16　声源深度 300 m 的水声场计算结果

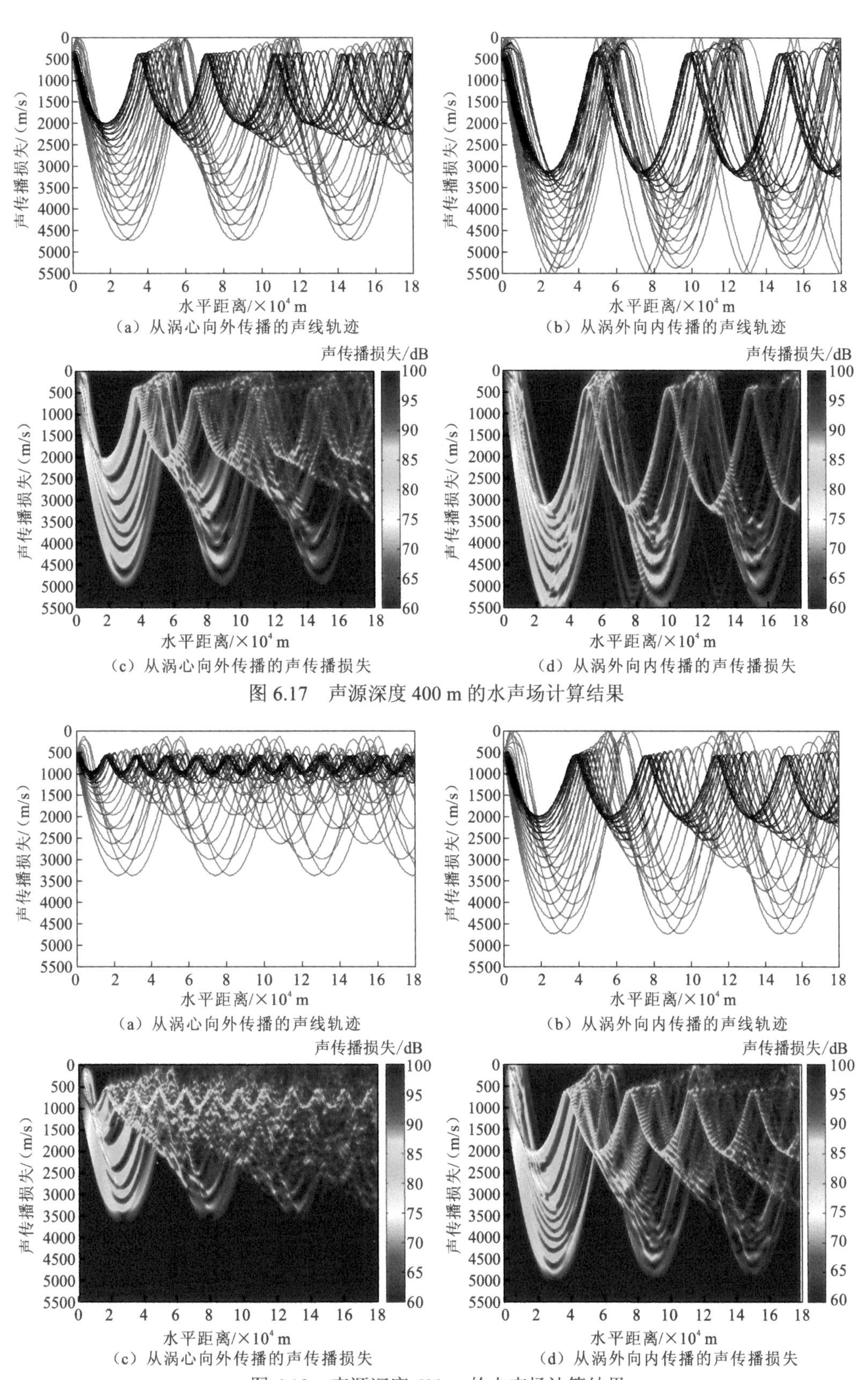

（a）从涡心向外传播的声线轨迹 （b）从涡外向内传播的声线轨迹

（c）从涡心向外传播的声传播损失 （d）从涡外向内传播的声传播损失

图 6.17 声源深度 400 m 的水声场计算结果

（a）从涡心向外传播的声线轨迹 （b）从涡外向内传播的声线轨迹

（c）从涡心向外传播的声传播损失 （d）从涡外向内传播的声传播损失

图 6.18 声源深度 600 m 的水声场计算结果

上述案例利用水声传播数值计算模型分析了中尺度涡条件下的声线轨迹、声传播损失等声学特性。研究表明：依托 CORA2 产品和水声传播数值计算模型能够进行典型海域中尺度涡的水声场特性分析，并可向海洋锋等海洋特征现象与过程研究拓展。

3. 海上搜索路径规划的环境保障应用

感知海洋环境、获取海洋信息、认识海洋机理对于信息化海上作战行动具有举足轻重的作用。通常，海上搜索路径规划面临着多样的、动态的和极其复杂的海洋环境条件，获取任务海区精确详细的海洋环境信息对搜索任务规划和方案实施十分重要。CORA2 产品具有空间覆盖广等特点，可有效衔接海上搜索路径规划行动的环境保障需求。

基于 CORA2 产品或者海水声速剖面数据集，可获取特定海区的水文环境信息，进而可采用海洋水声传播模型求解任务海区的精细化水声场信息，从而为搜索路径规划提供水声环境保障支持。在缺乏先验信息的条件下，一般假设声源（水下目标）在空间上服从随机均匀分布，因此需在搜索任务海区的范围内进行空间采样（网格化）。设离散后的网格点数为 N，此时每个网格点均是假想的声源候选位置。以海洋水声传播射线模型为例，其水声场的数据组织方式为 $M\times$2D 形式，其中 M 为以网格点为中心的空间离散方位数。由上述分析可知，搜索任务海区水声场涉及的射线模型计算复杂度为 O（$N\times M$）。选择某搜索任务海区（图 6.19），开展网格化水声场特征信息的数值高效求解，该海区的空间范围为 104 km×104 km，离散后的网格点数为 N=103，经纬度步长值为 0.1°×0.1°。以网格点为中心的空间离散方位数 M=16，需要求解以声源为柱坐标中心、水平距离为 30 km 的数值水声场。

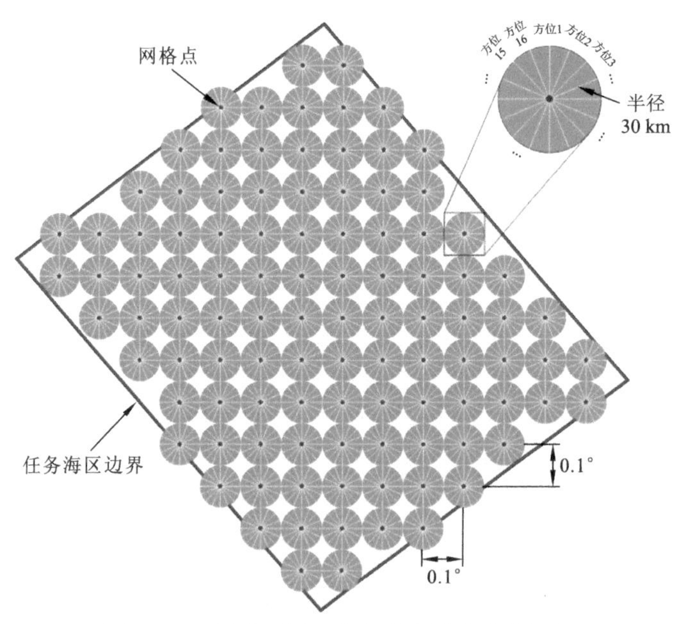

图 6.19　任务海区水声场特征信息生成的网格

若海洋水声传播射线模型在特定方位（水平距离-深度平面）上的计算耗时为 100 s，在空间网格点数 N=103、空间离散方位数 M=16 条件下，搜索任务海区水声场的计算时长约为 1.9 天，这显然无法满足数十万平方千米海域水声场求解的时效性要求，因此需要构建面向海上搜索路径规划的网格化水声场高效并行求解框架。如图 6.20 所示，将多个网格点、多个方位的水声场计算任务分配至高性能计算平台的多个计算结点上，求解搜索任务海区的水声传播损失信息，该层次的数值计算为粗粒度并行方案；而针对单个网格点、单个方位的计算任务，细粒度挖掘海洋水声传播模型在多线程上的计算并行度。以粗粒度和细粒度的水声场高效并行计算为基础，运用声呐性能方程求解信号余量、检测概率等水声场特征信息，并将特定网格点处的数值结果由局部坐标系向全局坐标系、柱坐标系向直角坐标系转换。如果声基阵的工作频率具有一定带宽范围，则网格化水声场特征信息求解的粗粒度并发性可从多个频点、多个网格点、多个方位等维度进行挖掘。

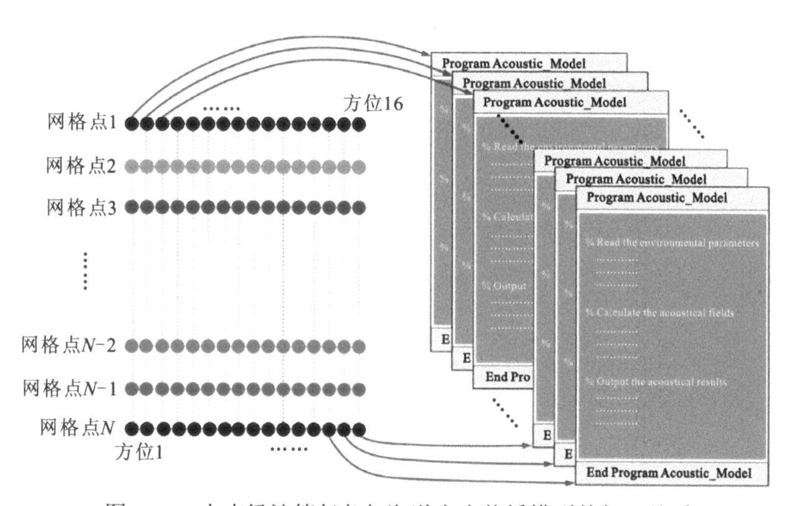

图 6.20　水声场计算任务与海洋水声传播模型的相互关系

针对图 6.19 所示的搜索任务海区开展数值水声场的多层次并行计算，假设声源位于水下 50 m，频率略高于 1000 Hz，声基阵为被动工作模式，求解网格化的水声场特征信息，此时的声速剖面数据来源于 CORA2 产品。多个网格点、多个方位的水声场计算任务具有天然的并行性，在单个结点内采用多线程并行优化海洋水声传播射线模型，因此所有计算任务的耗时与所拓展的高性能计算平台结点数有关，当测试结点数大于 20 时的水声场计算耗时少于 10 min。图 6.21 所示为任务海区 4 个典型位置处的声速剖面图，各点位的海水深度值由浅至深。其中 A 点位为典型浅海处的表面声道声速分布，而 D 点位为海底声速值小于海面声速值的深海声道声速分布。在声基阵接收深度为 100 m 条件下，图 6.22 给出了基于高效并行优化技术求解的搜索任务海区网格化水声信号余量结果，此处的信号余量定义为用 dB 表示的信噪比与检测阈的差值大小，即信号余量的数值越大表示该位置处的声基阵越有可能发现水下声源目标。绘图过程中，为了使不同网格点的周边声场不相互重叠，将半径为 30 km 的信号余量数值结果压缩至空间网格点离散步长的 1/2。图 6.22 中不同点位的水声信号余量分布存在较大差异，而且部分点位在不同方位上的水声信号余量差异也十分显著。总体而言，网格点临近处的信号余量值一般较大，随着水平距离增大信号余量值呈现起伏变化和逐渐减小的趋势。除了信号余量，采用声呐方程还可获得任务海区网格化的声掩蔽级、检测概率等水声场特征信息。

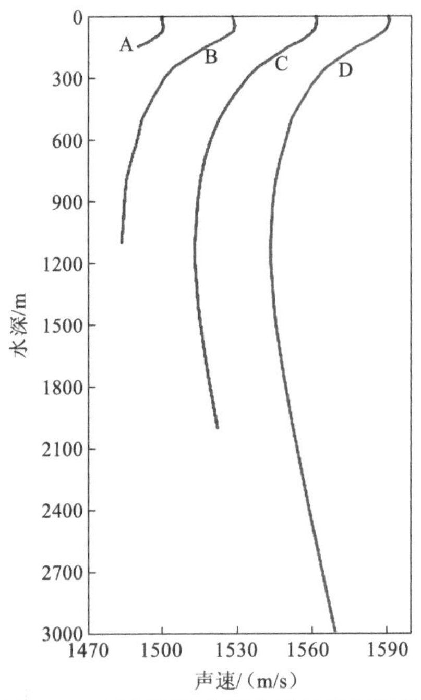

图 6.21　任务海区典型位置的声速剖面

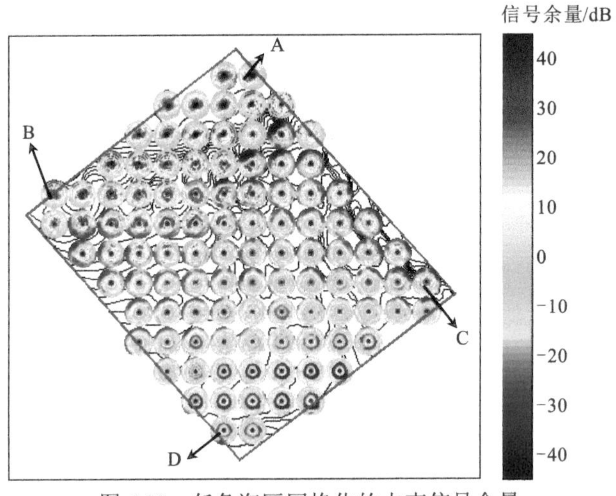

图 6.22　任务海区网格化的水声信号余量

依据水声场的互易原理，假设信号余量符合正态随机分布规律，则海上搜索任务海区网格化的水声信号余量可转换为声基阵的瞬时检测概率 p_{d}。在特定的时空条件下，实际声基阵的检测性能受到自身特性、目标状况、环境条件等诸多因素的影响。因此，声基阵的检测性能采用概率函数来表征上述诸多因素的不确定性贡献。具体而言，t 时刻下声基阵的瞬时检测概率表达式为

$$p_{\mathrm{d}}(t)=\frac{1}{\sqrt{2\pi}\sigma}\int_{-\infty}^{\mathrm{SE}(t)}\exp\left(-\frac{x^2}{2\sigma^2}\right)\mathrm{d}x \qquad (6\text{-}2)$$

式中：SE(t)为 t 时刻下声基阵针对目标的信号余量值，该数值大小与声基阵位置、声源位

置、相对方位密切相关；σ为正态分布的标准差，主要通过海上实际检测结果与声呐性能方程的参数观测值来推断，针对被动声基阵的标准差一般设置为 9 dB（凌青 等，2011）。由式（6-2）可知，在特定的时空条件下信号余量 SE=0 对应的瞬时检测概率为 50%。

如图 6.23 所示，假设目标的运动路径由 B 点位至 C 点位，航行深度为 50 m，而水面舰搭载声基阵的搜索路径由 A 点位至 D 点位，声基阵的接收深度为 100 m。为了定量化评估水面舰的海上搜索效能和分析海洋声学环境对搜索路径规划的影响效应，针对图 6.23 中的左路、中路、右路共三条路径，基于网格化的水声场特征信息，选取累积检测概率指标来描述水面舰声基阵对目标的检测效能。在特定的搜索路径上，将瞬时检测概率信息进行累积来计算累积检测概率（cumulative detection probability，CDP）（Daniel et al.，1999），该指标刻画了水面舰声基阵在多次接续扫视条件下的综合搜索效能。CDP 可采用下式求解：

$$\mathrm{CDP}=1-\frac{1-p_{\mathrm{h}}}{1-\alpha p_{\mathrm{h}}}\prod_{i=0}^{K}[1-\alpha p_{\mathrm{d}}(i\varDelta)] \tag{6-3}$$

式中：p_{h}为接续 K 次扫视中的瞬时检测概率最大值；$\alpha=1-\exp(-\lambda\varDelta)$，$\lambda$为松弛时间因子，$\varDelta$ 为扫视时间间隔。在该案例中，$\lambda=1.0/\mathrm{h}$，$\varDelta=0.1\mathrm{h}$。数值计算结果表明：图 6.23 中左路、中路、右路的累积检测概率分别为 65.03%、54.73%、44.92%，即任务海区范围内不同路径的水面舰搜索效能存在显著差异，且左路的累积检测概率值最大。进一步分析可知，由于嵌入了任务海区实际的海洋环境基础数据（包含 CORA2 产品），网格化的水声场特征信息在空间上呈现出一定的差异性，左路中信号余量大于零的空间范围明显比中路和右路更广。作为式（6-2）的积分上限，信号余量的数值越大，对瞬时检测概率的贡献度越高，而累积检测概率实际上反映了多次扫视时序上瞬时检测概率之间的相关性。以任务海区宏观且完备的网格化水声场特征信息为基础，兼顾水面舰航行过程中的航向保持、转向频次等因素，CORA2 产品和高效并行水声传播模型还可拓展应用至其他搜索路径、目标航行深度、声基阵接收深度等场景下的搜索路径规划与分析问题。

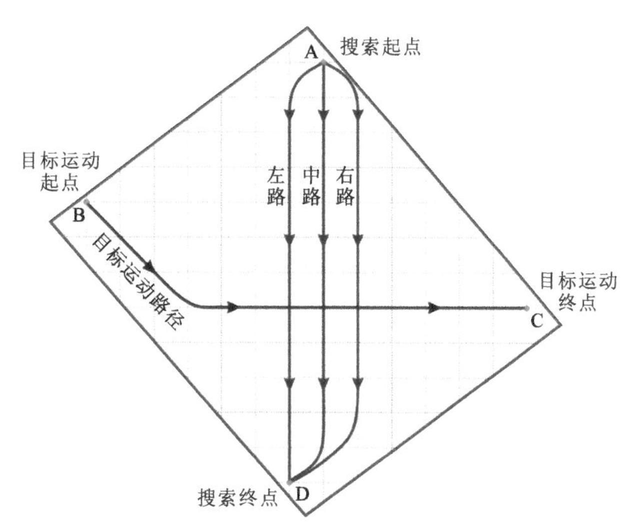

图 6.23　任务海区的搜索路径规划案例

6.2 海洋特征现象解释

为了对海洋再分析产品进行深度挖掘，同时对其进行进一步检验，需要对海洋再分析产品进行解释应用，开发海洋锋、中尺度涡和跃层等衍生产品。海洋锋通常采用锋面中心线方法，根据海表温度再分析产品诊断出海洋锋的中心和边界位置、平均强度等信息。中尺度涡通常采用等值线闭合方法，根据海面高或流场再分析产品诊断出中尺度涡的半径、极性和振幅等信息。跃层通常分为正常跃层、逆跃层、无跃层和多跃层，根据再分析温盐剖面，提取跃层上界深度、厚度和强度等信息。

6.2.1 海洋锋

1. 海洋锋概述

海洋锋一般是指特性明显不同的两种或几种水体之间的狭窄过渡带。狭义而言，可将其定义为水团之间的边界线；广义来说，可泛指任一种海洋环境参数的跃变带，因而出现了诸如水温锋、盐度锋、密度锋、声速锋、水色锋、透明度锋，以及海水化学、生物等要素的海洋锋称谓。海洋锋的空间尺度小至几米，大至上千千米，时间尺度短至几天，有些海洋锋甚至常年稳定存在。通常用锋区的位置、强度和类型来描述海洋锋。实际上，海洋锋不是一个面，而是一个过渡带或锋区，不仅有水平结构，而且还有垂直结构，有的海洋锋能自海面深入海底，有的则只存在于海洋的上层，还有的只存在于海洋的下层。

海洋锋按照形成机制可分为浅水陆架锋、河口羽状锋、沿岸流锋、上升流锋和强西边界流锋；按要素可分为温度锋、盐度锋、密度锋、声速锋；按照温盐是否对密度进行补偿，可分为补偿锋和非补偿锋，其中非补偿锋伴有强烈的地转流，而补偿锋伴有锋区强烈的湍流混合；按照锋的等值线坡度与横越陆架的地形坡度相同和相反还可分为前进锋和退行锋。

在海洋锋的判别标准方面，根据研究目的、海区特征和使用数据的不同，有许多判别海洋锋存在及其强度类别的标准。目前使用较为普遍的温度锋判别标准为：①汤毓祥等（1992）使用的标准$|\nabla T| \geqslant 0.1$℃/nmile（相当于$|\nabla T| \geqslant 0.054$℃/km，强标准）；②郑义芳等（1985）使用的标准$|\nabla T| \geqslant 0.05$℃/nmile（相当于$|\nabla T| \geqslant 0.027$℃/km，弱标准）。卫星遥感及现场观测数据不是严格的同一时刻的数据，因此有可能不能反映瞬时的海洋锋状态，而只能反映海洋锋的平均状态，那么由这些数据计算得到的海洋锋强度通常较弱。而通过海洋再分析产品得到的海洋锋，可以得到严格的瞬时状态，因此得到的海洋锋强度通常较强。

2. 基于海洋再分析的锋面应用

对于海洋再分析产品，采用强标准$|\nabla T| \geqslant 0.054$℃/km来提取海洋锋信息。图 6.24 给出了海洋锋的诊断流程，具体步骤如下。

（1）对拟提取海洋锋的海域，将海洋再分析产品温度插值到较细分辨率的网格上。

（2）在较细分辨率网格上，遍历搜索满足海洋锋判别标准的点，如果找到某个点符合判别标准，则以该点为初猜点，并作为中心分别沿着梯度的正负两个方向搜索这一断面上满足海洋锋条件的点，将在正负两个方向上第一个不满足判别标准的点暂定为临时边缘点。

（3）对于两个临时边缘点之间满足判别标准的点，按照计算物体质心的计算方法，以分配权重的方式（即梯度绝对值大的点分配较大的权重）计算该断面上新的锋区中心点及平均强度。

（4）如果新的锋区中心点并非步骤（2）中最初搜索到的初猜点，则以新的锋区中心点为初猜点，并以该点为中心沿着该点平均梯度的正负方向重新设定断面并重复步骤（2），直至计算得到的锋区中心与初猜点重合，记录锋区中心位置、平均强度、边缘点，以及由边缘点计算得到的该点锋区宽度。

（5）沿着与锋区中心梯度方向的逆时针垂直方向（即高值位于右侧）搜索一个小的步长，得到该条锋上的下一个初猜点，继续进行步骤（2）～（4），直至触到岸界或梯度值小于判别标准。

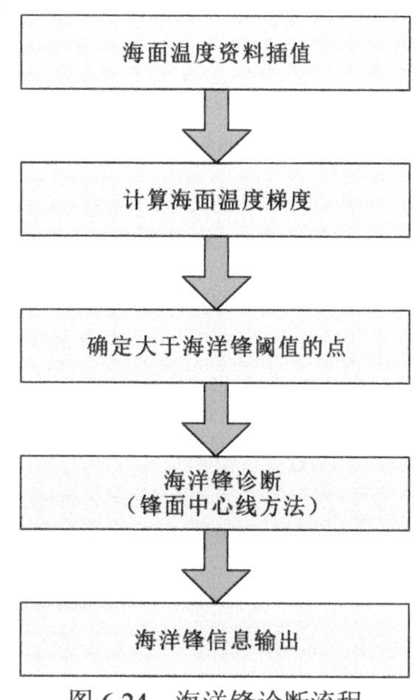

图 6.24　海洋锋诊断流程

（6）在较细分辨率网格上，搜索每一个点，重复步骤（2）～（5），即可提取整个海区的海洋锋信息。

以西北太平洋为示范海区，对海洋温度锋进行诊断，满足阈值的海洋锋区域如图 6.25 所示。

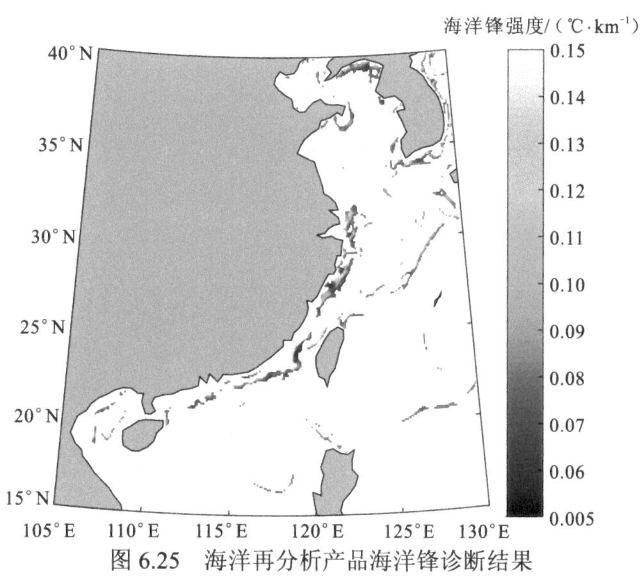

图 6.25　海洋再分析产品海洋锋诊断结果

6.2.2　中尺度涡

1. 中尺度涡概述

海洋中存在着大量的涡旋，在大尺度海洋环流中，它的动能可达总能量的 80%，其水平尺度为几千米到上百千米，垂直影响深度达几百米，甚至上千米。半径为 25～250 km 量级的涡旋被称为中尺度涡，多分布于西边界流（如墨西哥湾流和黑潮）、南极绕极流等比较强的洋流附近。中尺度涡对大洋环流、温度、盐度、粒子的输运、气候变化、海洋生态等方面都有着重要的影响。中尺度涡从生产到消亡的时间（即生命周期）一般为几天到几百天，长的生命周期甚至可以达到几年。海洋中尺度涡的生成机制很多，包括斜压不稳定性（大尺度背景流的垂直速度剪切）生成涡、锋面动力学生成涡、地形效应生成涡、风应力埃克曼抽吸强迫生成涡等。中尺度涡有冷暖之分，分别对应气旋涡和反气旋涡。反气旋涡为顺时针涡旋，海面高度要低于周围海水，且涡旋中心温度相对涡旋外温度较高，为暖涡。气旋涡为逆时针涡旋，海面高度比周围海水高，涡旋中心温度相对涡旋外温度较低，为冷涡。

Dong 等（2011）根据数据的不同类别将涡旋探测方法分为欧拉（Euler）方法和拉格朗日（Lagrangian）方法两类。欧拉数据是指一个时刻的瞬时数据或者空间场数据；拉格朗日数据是指水团或者物质颗粒的轨迹数据。Nencioli（2010）将欧拉方法划分为三类：物理参数法、流场几何特征法、物理参数和几何特征混合法。物理参数法设定一个物理参数的阈值作为判定中尺度涡的标准，如 Okubo-Weiss（OW）参数法（Weiss，1991；Okubo，1970）。流场几何特征法中，缠绕角法（winding-angle，WA）是 Sadarjoen 等（2000）提出的一种通过闭合曲线识别涡旋的方法。Nencioli 等（2010）发展了一种新的纯粹基于涡旋流场矢量几何（vector geometry，VG）特征探测涡旋的方法。物理参数和几何特征混合法是将特殊的物理参数和几何方法混合，如利用海面高度异常局部极值作为涡旋中心，结合围绕潜在涡旋的封闭流场的几何特征探测方法。基于海表浮标轨迹数据识别涡旋的拉格朗日方法分为 4 类：旋转方法、拉格朗日随机模型法、利用小波变换脊分析粒子位置的椭圆重构法、根据轨迹几何特征的螺旋轨迹搜索法。

2. 基于海洋再分析的中尺度涡应用示范

利用海洋再分析资料海面高度闭合等值线，从涡旋的几何特征角度提取中尺度涡，该方法的基本原理如下。

海水质点的水平流速场 $\boldsymbol{V}_{\mathrm{H}}$ 可以通过两种方式表示：①径向流分量 $\boldsymbol{u}$ 和纬向流分量 $\boldsymbol{v}$；②流函数 $\boldsymbol{\Phi}$ 和势函数 $\boldsymbol{\Psi}$。两种表示方式满足如下关系：

$$\begin{cases} \boldsymbol{u} = -\dfrac{\partial \boldsymbol{\Phi}}{\partial y} + \dfrac{\partial \boldsymbol{\Psi}}{\partial x} \\ \boldsymbol{v} = \dfrac{\partial \boldsymbol{\Phi}}{\partial x} + \dfrac{\partial \boldsymbol{\Psi}}{\partial y} \end{cases} \tag{6-4}$$

式中：x 和 y 分别表示经度和纬度坐标。

由式（6-4）可得水平流速场的旋度和散度为

$$\begin{cases} \nabla_{\mathrm{H}} \times \boldsymbol{V}_{\mathrm{H}} = \left(\dfrac{\partial^2 \boldsymbol{\Phi}}{\partial x^2} + \dfrac{\partial^2 \boldsymbol{\Phi}}{\partial y^2} \right) \hat{\boldsymbol{k}} \\ \nabla_{\mathrm{H}} \cdot \boldsymbol{V}_{\mathrm{H}} = \dfrac{\partial^2 \boldsymbol{\Psi}}{\partial x^2} + \dfrac{\partial^2 \boldsymbol{\Psi}}{\partial y^2} \end{cases} \tag{6-5}$$

式中：$\nabla_{\mathrm{H}}=\frac{\partial}{\partial x}\hat{\boldsymbol{i}}+\frac{\partial}{\partial y}\hat{\boldsymbol{j}}$，$\hat{\boldsymbol{i}}$和$\hat{\boldsymbol{j}}$为水平方向矢量。根据式（6-4）将水平流速场分解为两部分：

$$\boldsymbol{V}_{\mathrm{H}}=\boldsymbol{V}_{\text{stream}}+\boldsymbol{V}_{\text{potential}} \tag{6-6}$$

式中：$\boldsymbol{V}_{\text{stream}}=\left(-\frac{\partial\Phi}{\partial y},\frac{\partial\Phi}{\partial x}\right)$；$\boldsymbol{V}_{\text{potential}}=\left(\frac{\partial\Psi}{\partial x},\frac{\partial\Psi}{\partial y}\right)$。由式（6-5）可知，流函数对应流速场中的无散场分量，势函数对应流速场中的无旋场分量。

根据海水的不可压缩性，有

$$\frac{\partial\boldsymbol{u}}{\partial x}+\frac{\partial\boldsymbol{v}}{\partial y}+\frac{\partial\boldsymbol{w}}{\partial z}=0 \tag{6-7}$$

式中：$\boldsymbol{w}$ 为流速的垂向分量；z 为垂向坐标。对于中尺度海水运动，垂向运动相对水平运动可以忽略，式（6-7）可以简化为

$$\frac{\partial\boldsymbol{u}}{\partial x}+\frac{\partial\boldsymbol{v}}{\partial y}\approx 0 \tag{6-8}$$

即

$$\nabla_{\mathrm{H}}\boldsymbol{V}_{\mathrm{H}}\approx 0 \tag{6-9}$$

由式（6-9）可知，中尺度运动水平流速场近似为无散场，$\boldsymbol{V}_{\text{stream}}$占主导，即

$$\boldsymbol{V}_{\mathrm{H}}\approx\left(-\frac{\partial\Phi}{\partial y},\frac{\partial\Phi}{\partial x}\right) \tag{6-10}$$

式（6-10）表明水平流速场中的流线与流函数的等值线重合。考虑中尺度涡典型的几何特征是流线闭合，利用流函数闭合等值线代替闭合流线，搜索中尺度涡。地转流条件下，海水动量方程简化为

$$f\hat{\boldsymbol{k}}\times\boldsymbol{V}_{\mathrm{H}}=-\frac{1}{\rho_0}\nabla_{\mathrm{H}}p \tag{6-11}$$

其分量形式为

$$\begin{cases}-f\boldsymbol{v}=-\dfrac{1}{\rho_0}\dfrac{\partial p}{\partial x}\\ f\boldsymbol{u}=-\dfrac{1}{\rho_0}\dfrac{\partial p}{\partial y}\end{cases} \tag{6-12}$$

式中：f 为科氏系数；$p=\rho_0 gh$ 为海水压强，ρ_0 为海水平均密度，g 为重力加速度，h 为海面高度。

假设科氏系数为常数，式（6-12）可简化为

$$\begin{cases}\boldsymbol{u}=-\dfrac{g}{f}\dfrac{\partial h}{\partial y}\\ \boldsymbol{v}=\dfrac{g}{f}\dfrac{\partial h}{\partial x}\end{cases} \tag{6-13}$$

因此

$$\boldsymbol{V}_{\mathrm{H}}=-\frac{g}{f}\frac{\partial h}{\partial y}\hat{\boldsymbol{i}}+\frac{g}{f}\frac{\partial h}{\partial x}\hat{\boldsymbol{j}} \tag{6-14}$$

$$\nabla_{\mathrm{H}}h=\frac{\partial h}{\partial x}\hat{\boldsymbol{i}}+\frac{\partial h}{\partial y}\hat{\boldsymbol{j}} \tag{6-15}$$

$$V_H \nabla_H h = 0 \tag{6-16}$$

对比式（6-14）和式（6-10）可知，在地转流条件下，流函数可以表示为

$$\Phi = \frac{gh}{f} \tag{6-17}$$

即在地转流条件下，流函数与海面高度等值线一致，因此可利用海面高度等值线提取中尺度涡。

图 6.26 给出了海洋中尺度涡的诊断流程，具体步骤如下。

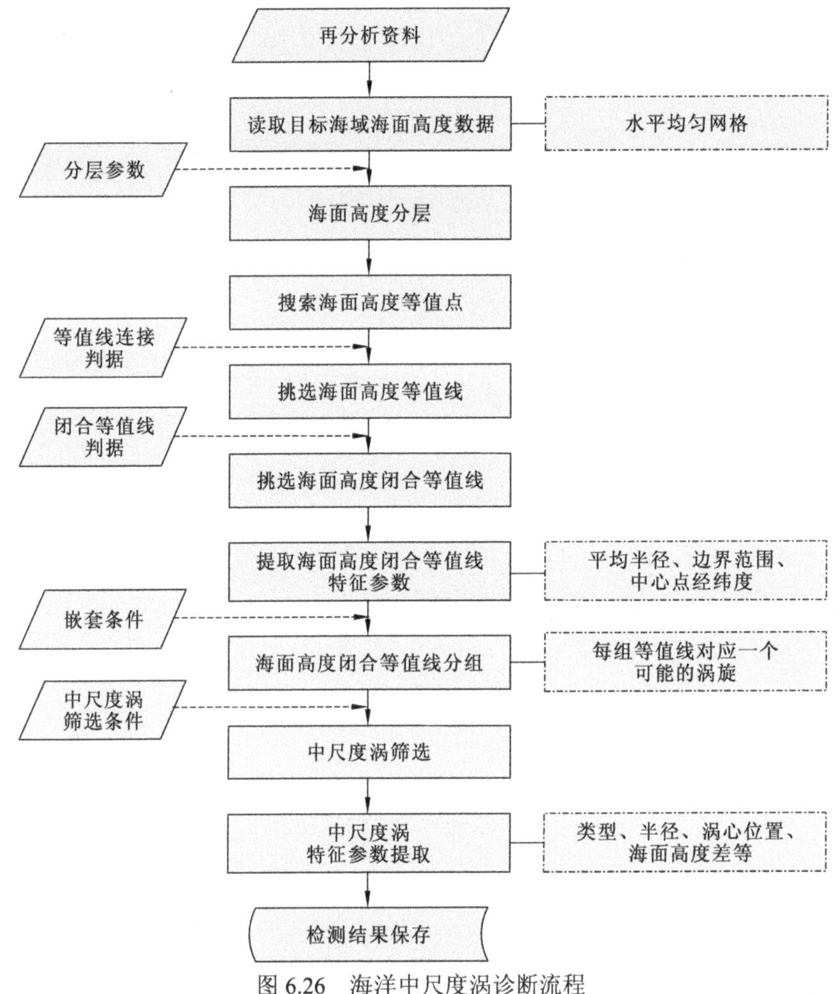

图 6.26　海洋中尺度涡诊断流程

（1）搜索海面高度等值点，以海面高度最大值、最小值为边界、1 cm 为步长划分海面高度等值面，搜索目标海域内各等值面上等值点的经纬度。

（2）搜索海面高度闭合等值线，根据等值线连接标准（相邻等值点间隔距离小于 $\sqrt{2}\times0.5°$）将海面高度等值点连成等值线。从上述等值线中挑选出闭合等值线（挑选标准：等值线中存在两个间隔距离小于 $\sqrt{2}\times0.5°$ 的不相邻等值点，并且两点之间间隔 5 个以上的等值点）。提取各闭合等值线的特征参数（边界范围、平均半径、中心点经纬度等）。

（3）海面高度闭合等值线分组，根据闭合等值线的平均半径，将所有等值线从大到小

排列。根据中心点经纬度和等值线半径确定各等值线的嵌套关系，从而确定分属于不同中尺度涡的等值线组。

（4）提取涡旋特征参数，根据各族等值线确定涡旋的性质，提取涡旋特征参数（类型、半径、涡心位置、海面高度差等）。

利用上述方法对西北太平洋中尺度涡进行诊断，结果见图 6.27 所示，其中红线表示中尺度暖涡，蓝线表示中尺度冷涡，背景数据为 CORA2 产品海面高度数据。

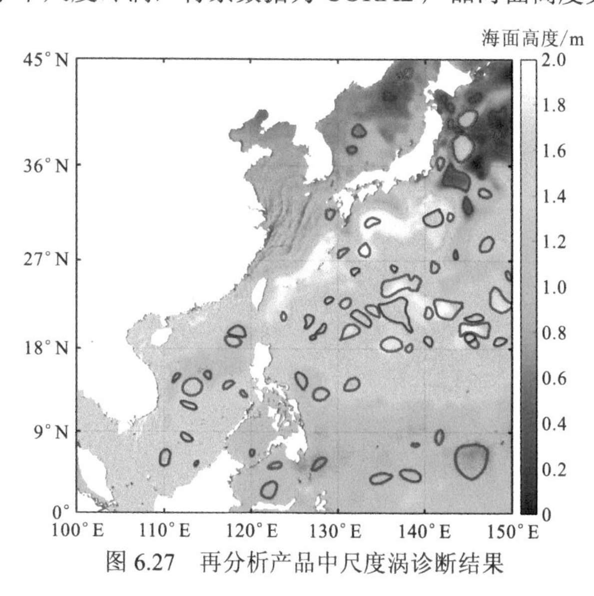

图 6.27　再分析产品中尺度涡诊断结果

6.2.3　跃层

1. 跃层概述

海洋中温度、盐度、密度等要素随深度的分布，称为海洋层结。对于流体静力学稳定平衡状态的水体，一般情况下，温度会随深度的增加而减小，盐度和密度会随深度的增加而增大。实际上，受地球旋转、太阳辐射、海面冷却、降水、风、波浪、内波和水团运动等因素的影响，海洋要素随深度的具体变化往往比较复杂，但基本都可分为以下 3 种水层状态：①海洋要素随深度的变化很小，几乎呈垂直均匀状态，称为均匀层，最常见的是近海面的上均匀层和近海底的下均匀层；②海洋要素随深度的变化很大，呈现出阶跃特征，称为跃层，一般位于上均匀层和下均匀层之间；③海洋要素随深度的变化幅度介于均匀层和跃层之间，缺乏显著、稳定的特征，称为弱层结层，一般位于均匀层与跃层之间或跃层与跃层之间（陈亮，2016）。

关于跃层的确定方法，《海洋调查规范　第 7 部分：海洋调查资料交换》（GB/T 12763.7—2007）采取了从强选取的原则，将海洋要素垂直分布曲线上曲率最大的点分别确定为跃层的顶界和底界，将顶界和底界之间的厚度确定为跃层厚度，将跃层厚度内的平均强度确定为跃层强度，并且以 200 m 水深为界，规定浅水区和深水区的跃层强度最低标准，只有达到最低标准以上的层结才能算作跃层。

根据《海洋调查规范　第 7 部分：海洋调查资料交换》（GB/T 12763.7—2007）对跃层

强度临界值的规定及跃层分类标准，将跃层分为正常跃层、逆跃层、无跃层和多跃层。对于正常跃层，将其进一步细分为浅跃层、深跃层、混合跃层和双跃层，具体跃层类型包括如下 8 种，如图 6.28 所示。各正常跃层定义如下。

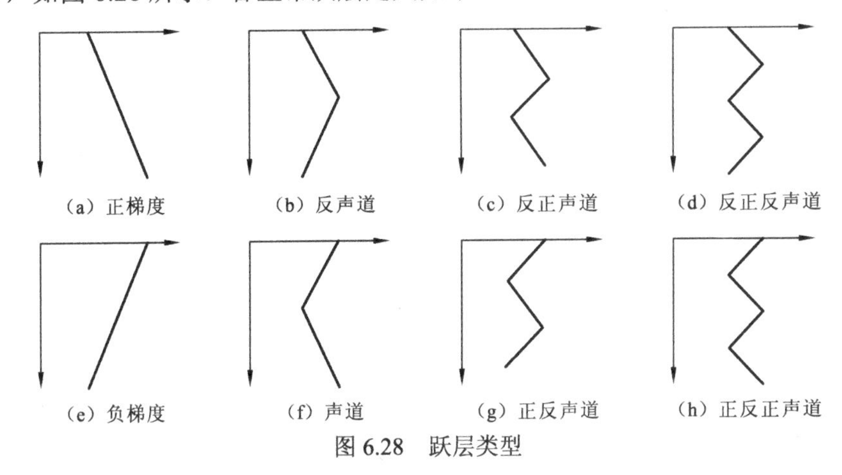

(a) 正梯度　(b) 反声道　(c) 反正声道　(d) 反正反声道

(e) 负梯度　(f) 声道　(g) 正反声道　(h) 正反正声道

图 6.28　跃层类型

（1）浅跃层：上界深度小于 50 m，厚度小于 50 m。

（2）深跃层：上界深度大于 50 m，厚度不限。

（3）混合跃层：上界深度小于 50 m，厚度大于等于 50 m。

（4）双跃层：在水深方向上存在两个跃层，且这两个跃层中上面跃层的下界深度和下面跃层的上界深度相差 10 m 以上，上面跃层上界深度小于 50 m，下面跃层上界深度大于 50 m。

对于温度和声速，负梯度型跃层属于正常跃层，将其细致划分为如下 4 种类型，如图 6.29 所示。

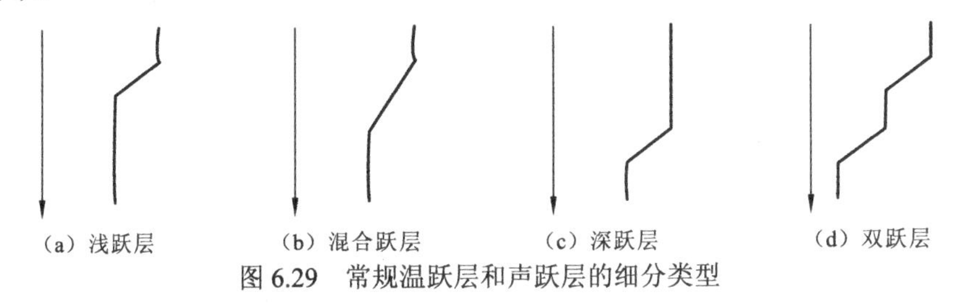

(a) 浅跃层　(b) 混合跃层　(c) 深跃层　(d) 双跃层

图 6.29　常规温跃层和声跃层的细分类型

对于盐度和密度，正梯度型跃层属于正常跃层，将其细致划分为如下 4 种类型，如图 6.30 所示。

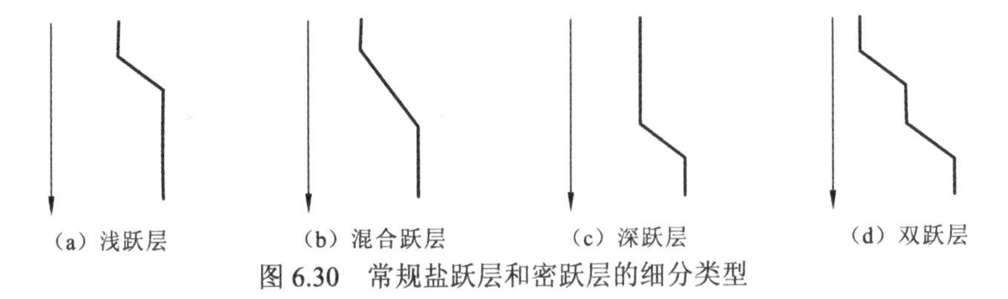

(a) 浅跃层　(b) 混合跃层　(c) 深跃层　(d) 双跃层

图 6.30　常规盐跃层和密跃层的细分类型

具体跃层分类与诊断流程如图 6.31 所示。

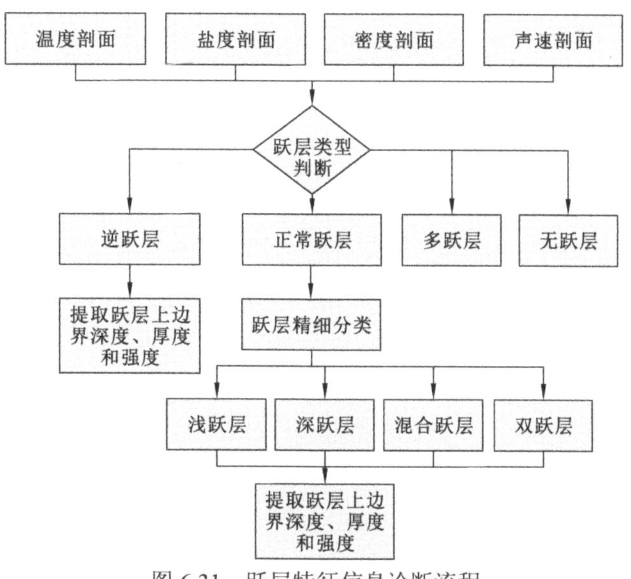

图 6.31　跃层特征信息诊断流程

2. 基于海洋再分析的跃层应用

根据《海洋调查规范 第 7 部分：海洋调查资料交换》（GB/T 12763.7—2007）中跃层强度临界值规定（表 6-2）的标准提取跃层特征信息，包括跃层上界深度、厚度和强度。

表 6-2　跃层强度临界值

要素	梯度临界值
温度	0.05 ℃/m（>200 m），0.2 ℃/m（≤200 m）
盐度	0.01 PSU/m
密度	0.015 kg/m^4
声速	0.2 s^{-1}

以北印度洋（30° E～105° E，0～30° N）为示范海区，对跃层上界深度、厚度和强度特征分布进行诊断，如图 6.32 所示。

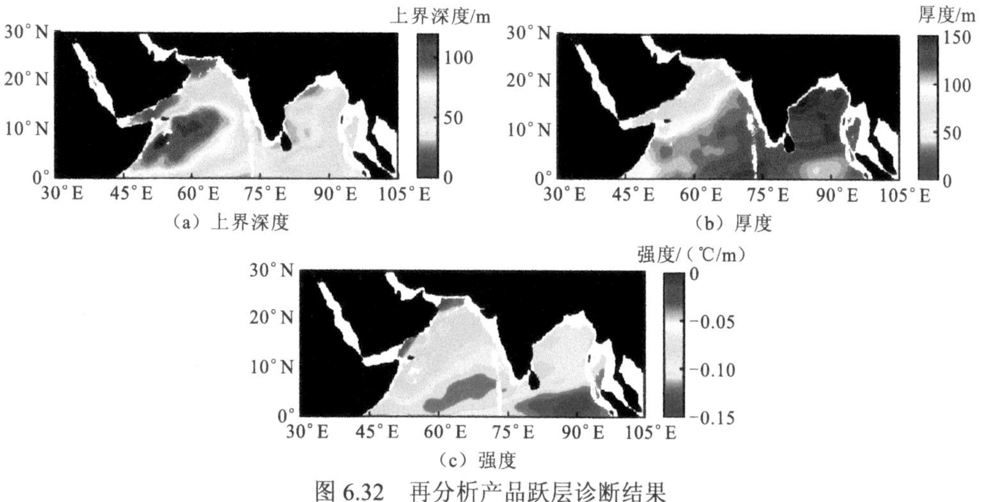

图 6.32　再分析产品跃层诊断结果

6.3 海洋热含量诊断

海洋热含量变化是全球变暖的一个重要观测事实，是地球系统能量循环最主要一环（90%的全球变暖能量存储在海洋中），直接贡献于海平面上升（贡献率为30%～50%）。因此，对海洋热含量进行准确估计是气候变化研究的一个重要科学问题。基于三维温盐流再分析产品，诊断分析海洋热含量，并全面分析其在不同时空尺度上的演变特征，评估再分析数据对地球气候系统能量循环的描述能力，具有重要的意义。

海洋热含量存在显著的多时间尺度变化特征。在季节尺度上，由于海洋吸收了全球变暖超过 90%的热量，海洋热含量可作为地球气候系统能量循环的替代指标。在年际尺度上，全球和海盆尺度海洋热含量受典型的气候模态，如厄尔尼诺-南方涛动（ENSO）和印度洋偶极子（IOD）模态的影响，不同气候模态背景下，大气环流的改变会影响海洋环流等相关的动力学过程和海面热通量，进而改变海洋热含量的空间分布特征。在年代际尺度上，太平洋年代际振荡（PDO）和大西洋年代际振荡（AMO）都会显著影响海洋热含量时空分布。此外，海洋热含量变化的长期趋势反映了温室气体导致的气候变暖强度变化。考虑基于观测的客观分析结果对热含量的时空变化特征刻画差异很大，海洋再分析数据将是未来气候研究的重要数据源。此外，目前的多数客观分析资料水平分辨率是 1°，无法提供海洋热含量空间分布的精细结构，而 CORA2 产品为描述海洋热含量的中小尺度信息提供了参考。

本节结合目前国际上主要使用的客观分析资料及大气层顶净热收支数据，分析从月际、年际到年代际尺度的全球及区域海洋热含量的演变，并讨论全球变暖背景下海洋热含量线性趋势的空间分布特征。

6.3.1 数据资料与分析方法

本节使用的资料包括三类。①EN4、IAP、Ishii、NCEI（NOAA）的客观分析海洋温度格点资料，空间分辨率为 1°，时间分辨率为逐月。其中 EN4、IAP 和 Ishii 资料范围为 1989～2018 年，NCEI 资料包括 3 月平均资料（1989～2018 年上层 700 m 数据）和逐月资料（2005～2018 年上层 2000 m 数据）。②CORA2 高分辨率海洋再分析资料，空间分辨率为 0.1°，时间分辨率为逐月，提供从表层至约 5000 m 深度的海洋温度数据，时间范围为 1989～2018 年。③TOA 大气层顶净辐射资料，空间分辨率为 0.5°，时间分辨率为逐月，时间范围为 1989～2018 年。本节使用的分析方法包括合成分析、回归分析等。

6.3.2 海洋热含量诊断分析

本小节分别从月际、年际和年代际尺度探讨全球和区域海洋热含量的变化特征，并考察其长期趋势的空间分布形态。

1. 月际尺度变化

季节循环是比较稳定的地球系统能量变率。大气层顶的辐射数据对季节循环观测的准确率很高，因此可以作为一个标准用来评估海洋分析数据和新的再分析数据。此外，研究表明，基于观测的海洋分析数据在近海和极地区域不足，使季节循环偏强，因此需要评估新的海洋再分析数据能否更准确地再现季节循环。

CORA2 再分析资料及 EN4、IAP、Ishii 等客观分析资料估算的上层 2000 m 海洋热含量的季节循环特征如图 6.33 所示。从图中可以看出，不同资料均显示出典型的季节循环特征：上层热含量在春季末期达到峰值，此后海洋失热，热含量逐月下降，到北半球夏末达到谷值，此后逐渐上升。但是海洋热含量的季节循环振幅和相位与 TOA 浮标资料存在一定的差异：一方面，海洋热含量的季节循环振幅偏大，其中 TOA 浮标资料的振幅是 4.2×10^{22} J，CORA2 再分析资料的振幅是 5.3×10^{22} J，客观分析资料的振幅分别为 5.4×10^{22} J（Ishii）、5.5×10^{22} J（EN4）和 6.3×10^{22} J（IAP）；另一方面，TOA 浮标资料季节循环的峰值和谷值分别在 4 月和 9 月，而 CORA2 再分析资料在 3 月达到峰值（与 Ishii 资料一致，其他资料在 4 月达到峰值），在 9 月降到谷值（与 TOA 浮标资料一致，其他资料在 8 月降到谷值）。

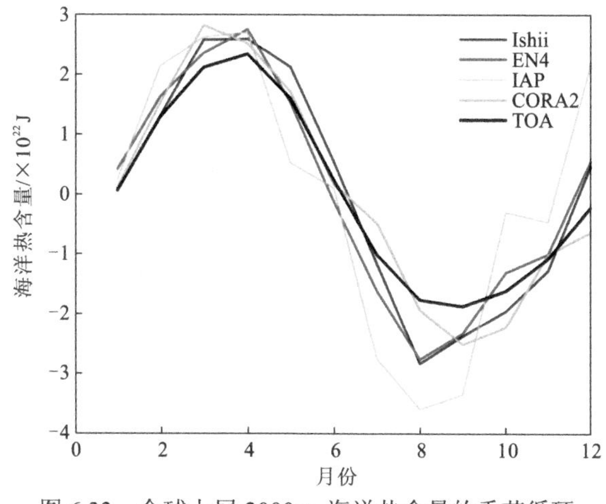

图 6.33　全球上层 2000 m 海洋热含量的季节循环

从空间分布（图 6.34 和图 6.35）看，CORA2 再分析资料的上层 2000 m 海洋热含量气候态分布与客观分析资料基本类似：①副热带海域海洋热含量高于热带，主要原因可能是副热带海域为辐聚区，暖水堆积造成海洋热含量偏高；②大洋西侧高于东侧，这与大洋环流的西向强化现象有关；③南大洋、北冰洋、近海和边缘海海洋热含量偏低：因为南大洋地处西风带，海洋表层失热多，且受 Ekman 输运的影响，表层海水向北输运，次表层冷水上翻，造成整体热含量偏低；北冰洋热含量偏低的主要原因可能是其本身处于高纬度，且海冰覆盖反射短波辐射；边缘海和近海水浅是热含量偏低的主要原因；④地中海、苏禄海、苏拉威西海热含量较高，其中苏禄海和苏拉威西海是西太平洋暖池海水进入印度洋的主要通道，且海盆较深，储热较多。从春末到夏末，全球海洋整体失热，热量流失区域主要集中在北半球中高纬度海域。

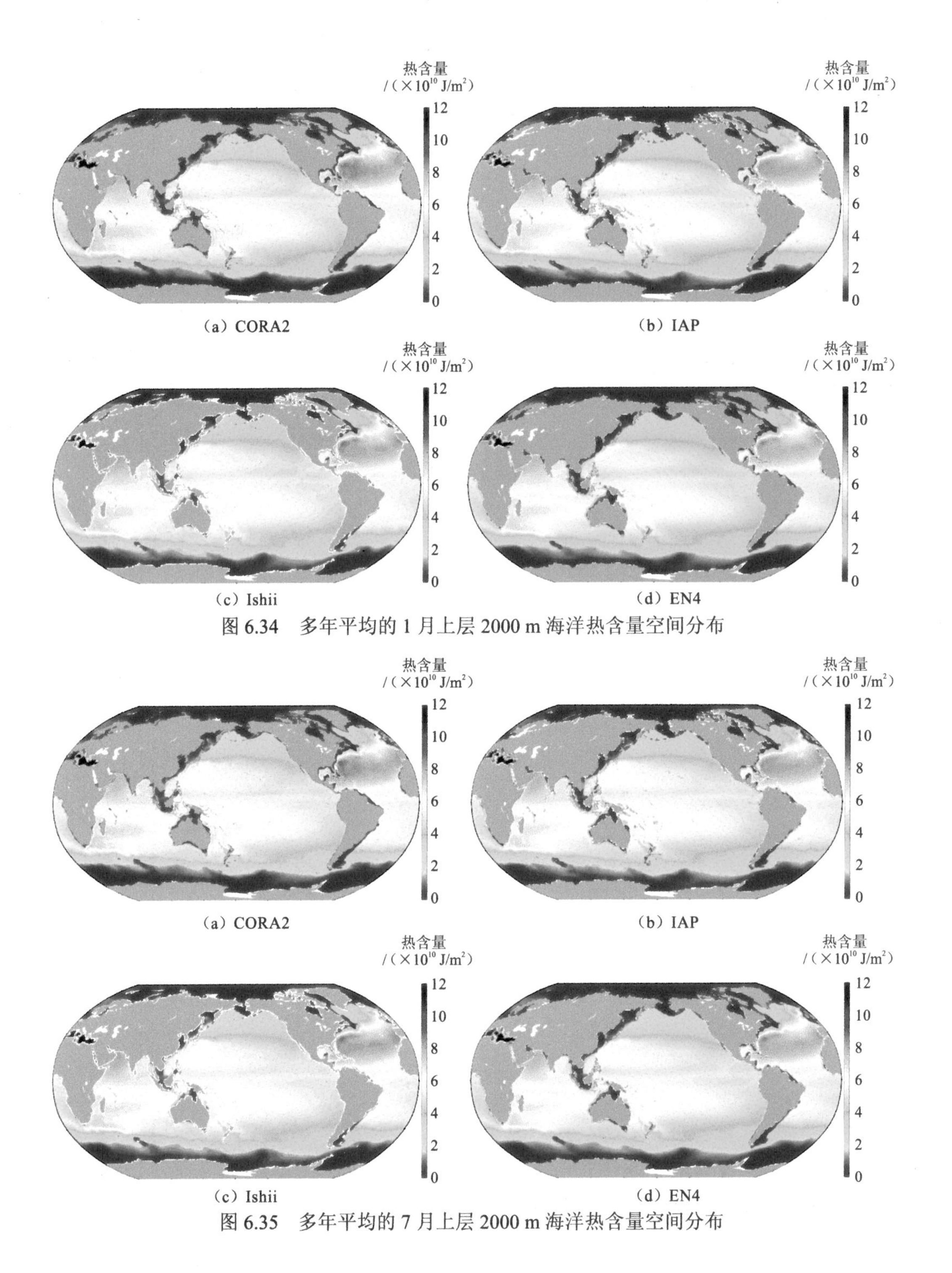

（a）CORA2　（b）IAP　（c）Ishii　（d）EN4

图 6.34　多年平均的 1 月上层 2000 m 海洋热含量空间分布

（a）CORA2　（b）IAP　（c）Ishii　（d）EN4

图 6.35　多年平均的 7 月上层 2000 m 海洋热含量空间分布

2. 年际尺度变化

气候系统中两个非常重要的年际信号是位于热带太平洋的 ENSO 事件及位于印度洋的印度洋偶极子（IOD）事件。分别考察 CORA2 再分析资料两种事件的描述能力。其中，印度洋偶极子指数定义为热带印度洋西部（50° E～70° E，10° S～10° N）与东部（90° E～

110° E，10° S 至赤道）海温异常之差。ENSO 事件类型的划分参考厄尔尼诺（El Niño）/拉尼娜（La Niña）事件判别方法（QX/T 370—2017），划分结果见表 6-3。

表 6-3　1989～2018 年厄尔尼诺/拉尼娜类型和起止时间

事件	类型	起止时间/年
厄尔尼诺	东部型	1997/1998；2006/2007；2014/2016
厄尔尼诺	中部型	1994/1995；2002/2003；2004/2005；2009/2010
拉尼娜	东部型	1998/2000；2007/2008；2010/2011；2017/2018
拉尼娜	中部型	2000/2001；2011/2012

首先，考察 CORA2 再分析资料对 ENSO 相关指数（Niño3、Niño4 及 Niño3.4）海温的表征能力（图 6.36）。与其他资料类似，CORA2 再分析资料基本能够重现 Niño3.4 区域海温异常的年际变化，但是对 ENSO 冷暖事件的相位和振幅刻画能力较弱，主要表现在 1991/1992（东部型 El Niño）、1997/1998（东部型 El Niño）和 2014/2016（东部型 El Niño）等 3 次事件中 Niño3.4 区海温正异常振幅小、持续时间短。实际上，CORA2 再分析资料对东部型 El Niño 事件的刻画能力较弱，其间 4 次事件只能重现 2006/2007 年的弱事件，但能全部重现期间的中部型 El Niño 事件，尽管强度偏弱。除 1995/1996 年事件外，CORA2 再分析资料基本能够抓住 La Niña 事件的特征，但振幅偏小。

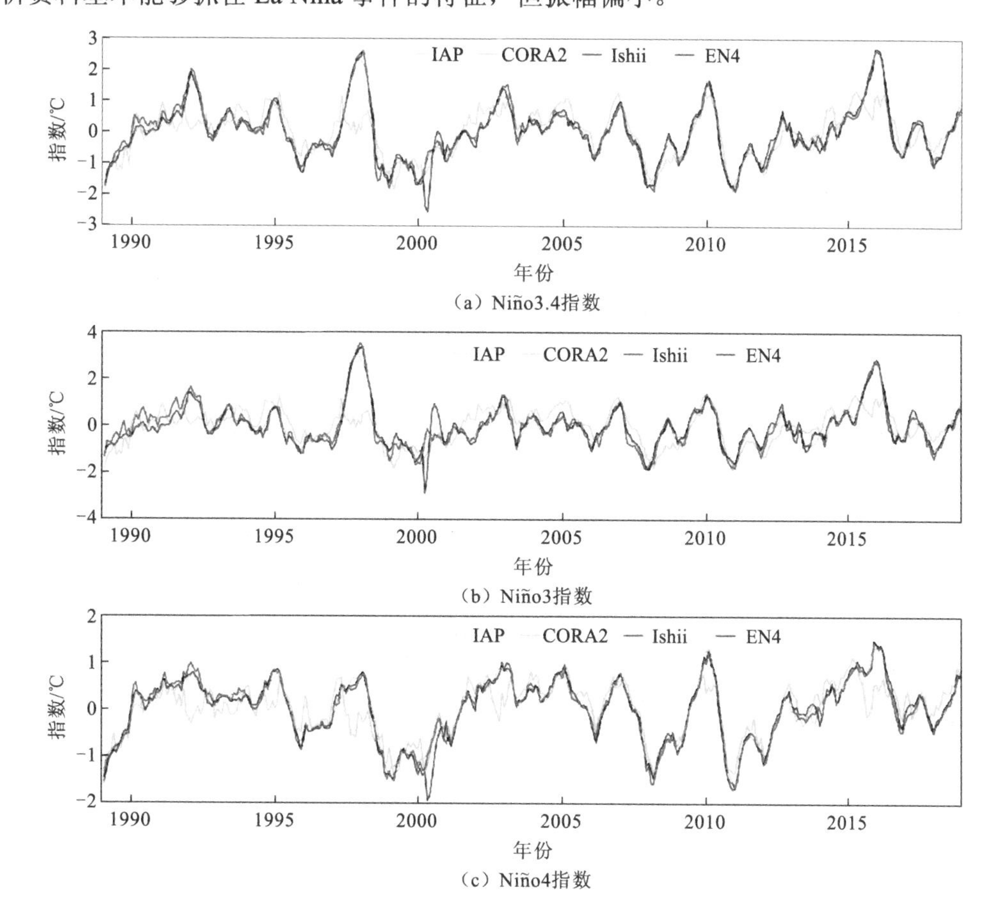

（a）Niño3.4指数

（b）Niño3指数

（c）Niño4指数

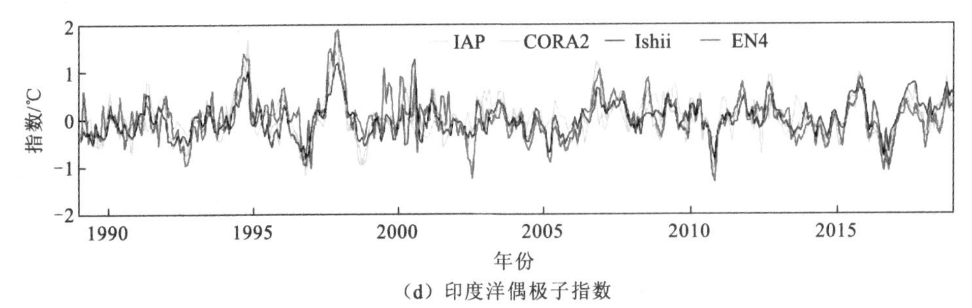

（d）印度洋偶极子指数

图 6.36　1989～2018 年 Niño3.4 指数、Niño3 指数、Niño4 指数及印度洋偶极子指数的时间演变

海洋中上混合层与大气进行热交换最活跃，其次是温跃层通过抬升、变深等与混合层和深层海洋进行热量交换，而深层海洋热量变化的时间尺度较大，主要受大西洋经圈翻转环流（AMOC）影响。分析太平洋上层 700 m（包含混合层和温跃层）热含量在 ENSO 事件不同位相的分布特征（图 6.37～图 6.40）。考虑印度洋混合层较浅，分析印度洋上层 300 m 热含量在 IOD 事件不同位相的分布特征。

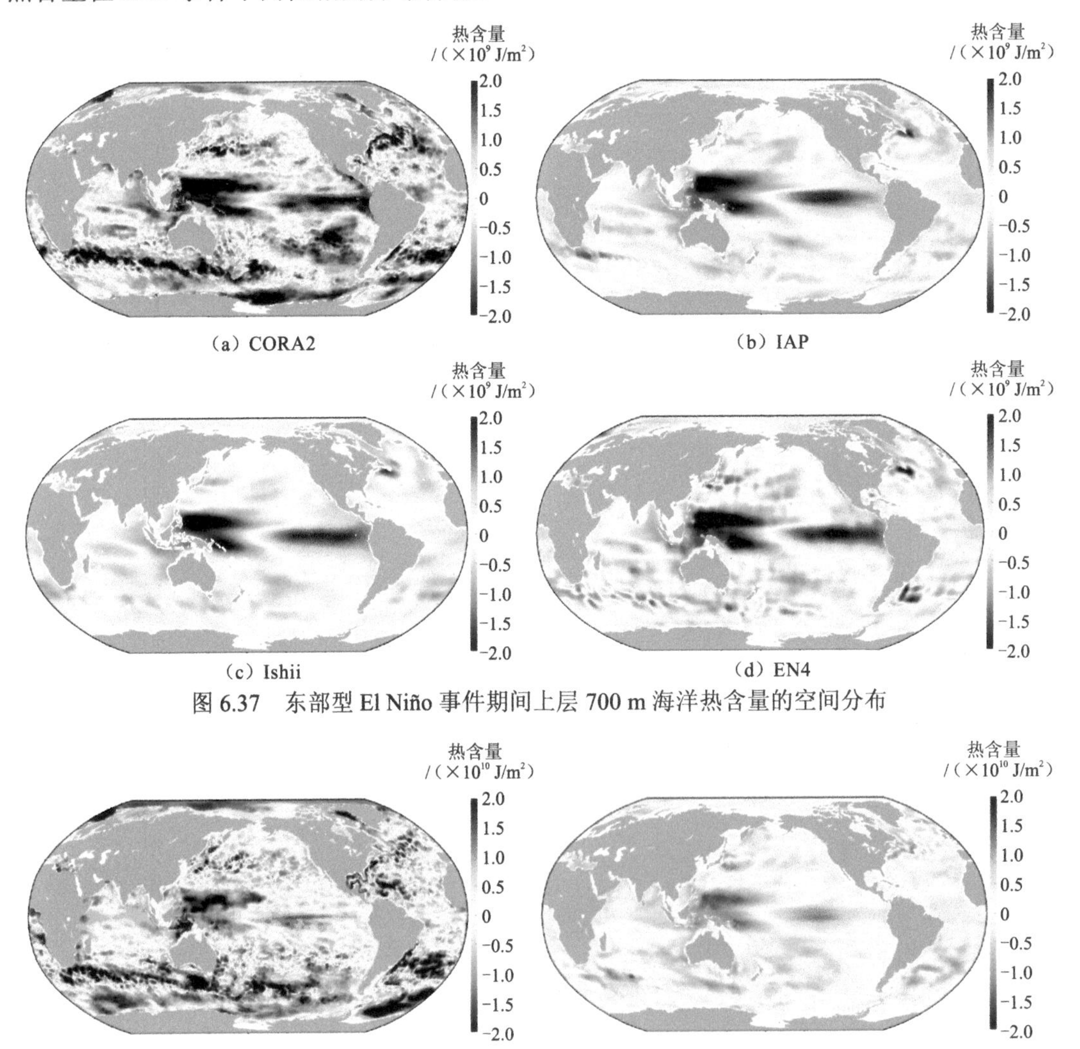

（a）CORA2　（b）IAP

（c）Ishii　（d）EN4

图 6.37　东部型 El Niño 事件期间上层 700 m 海洋热含量的空间分布

（a）CORA2　（b）IAP

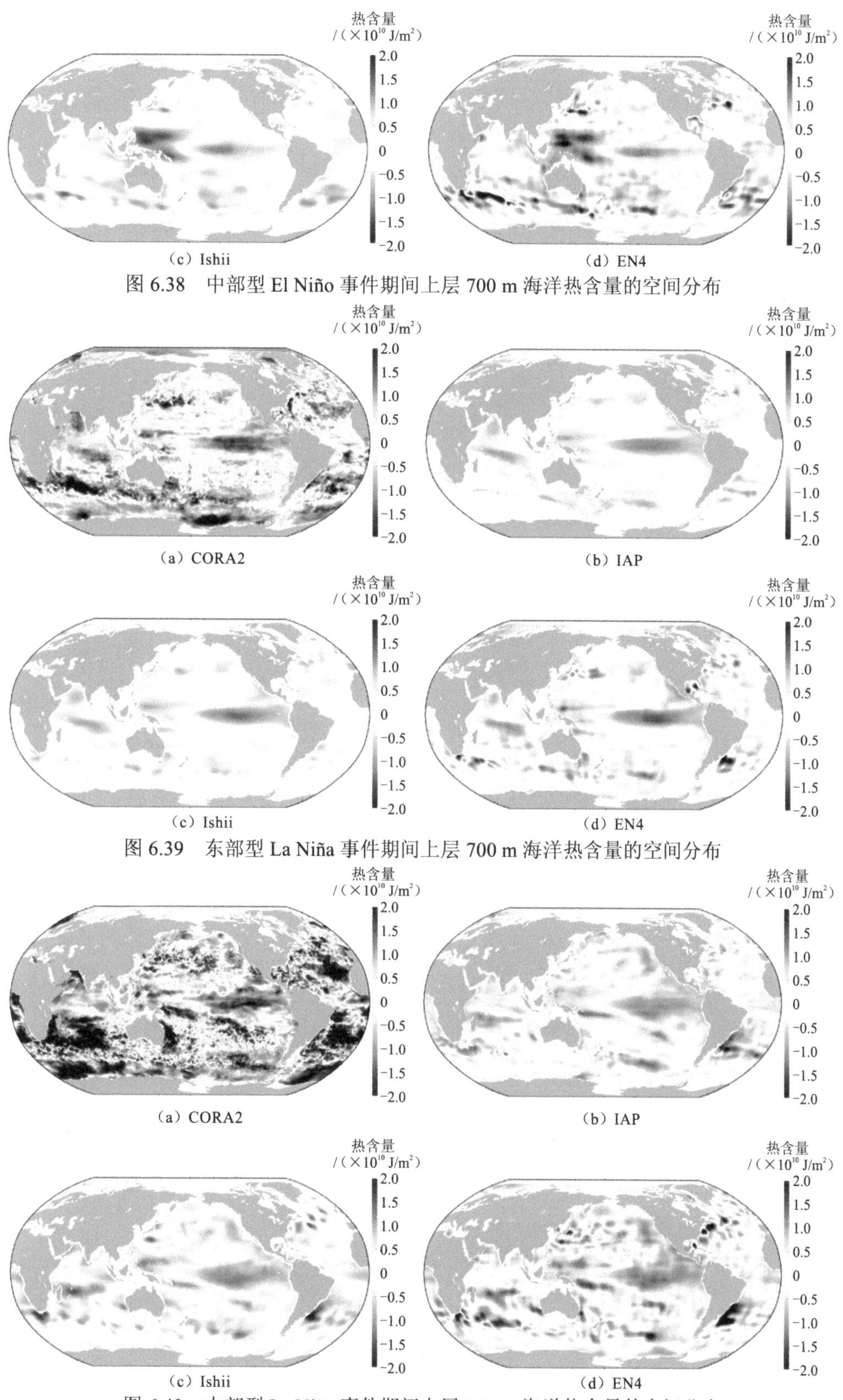

图 6.38　中部型 El Niño 事件期间上层 700 m 海洋热含量的空间分布

图 6.39　东部型 La Niña 事件期间上层 700 m 海洋热含量的空间分布

图 6.40　中部型 La Niña 事件期间上层 700 m 海洋热含量的空间分布

分别考察不同类型和位相的 ENSO 事件背景下上层 700 m 海洋热含量的空间分布特征。可以看出，尽管不同资料中上层 700 m 海洋热含量在 ENSO 不同类型和不同位相下空间分布存在差异，但在热带太平洋呈现基本一致的特征：①ENSO 事件正位相时，热带东太平洋吸热，热带西太平洋放热，负位相反之；②东部型 El Niño 事件发生时，热带东西太平洋吸热放热的幅度高于中部型 El Niño，而两类 La Niña 事件差异并不明显；③与海表温度场分布类似，相较于东部型事件，中部型 El Niño 发生时热带太平洋吸热中心更偏西，靠近日界线。

在印度洋，尽管不同资料刻画的 IOD 指数差异较大[图 6.36（d）]，但 CORA2 资料与其他资料间的相关系数分别为 0.83（Ishii）、0.76（EN4）和 0.64（IAP），说明对 IOD 事件刻画的一致性较高。进一步，以 IOD 海温指数绝对值大于 0.5 ℃作为判断阈值，考察 IOD 事件正负位相时印度洋上层 300 m 海洋热含量的空间分布特征，如图 6.41 和图 6.42 所示。

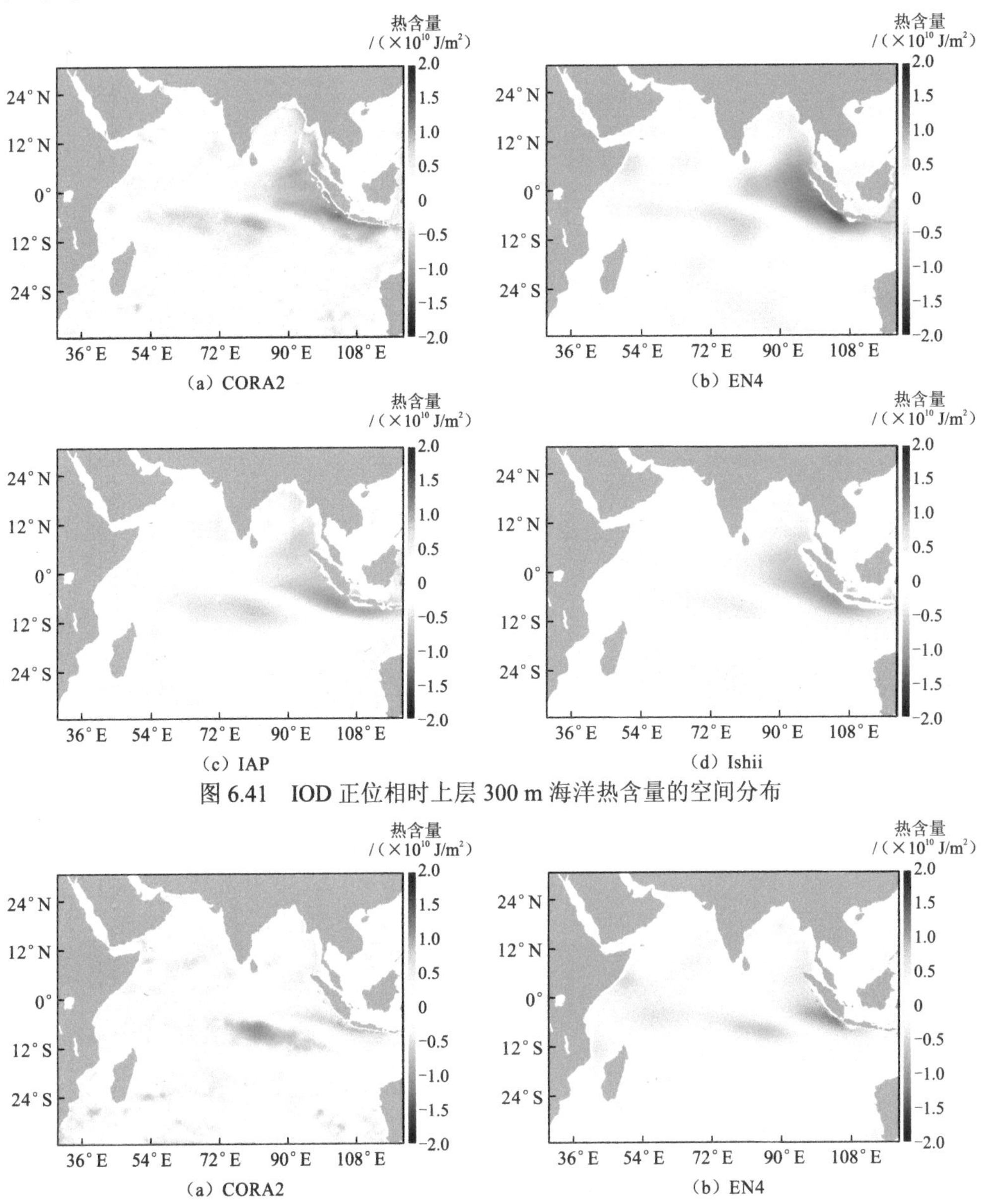

（a）CORA2

（b）EN4

（c）IAP

（d）Ishii

图 6.41 IOD 正位相时上层 300 m 海洋热含量的空间分布

（a）CORA2

（b）EN4

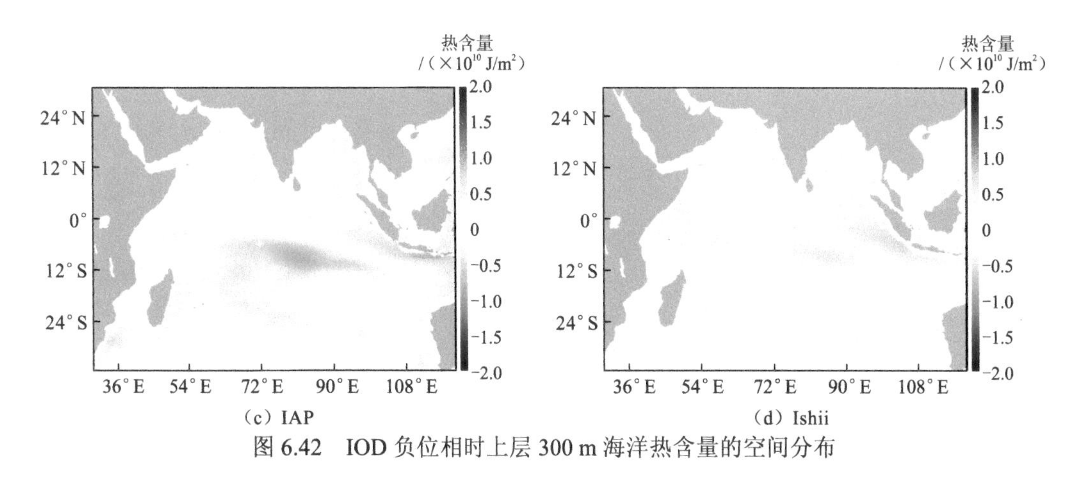

图 6.42　IOD 负位相时上层 300 m 海洋热含量的空间分布

从图中可以看出：在 IOD 正位相时，热带东北印度洋海洋热含量负异常，热带西印度洋海洋热含量正异常；在 IOD 负位相时，海洋热含量的空间分布与正位相相反。与 IAP、Ishii 和 EN4 资料相比，CORA2 资料可以揭示更多中小尺度信号。

3. 年代际尺度变化

地球气候系统存在显著的年代际尺度变化，比较典型的如太平洋年代际振荡（PDO）和大西洋多年代际振荡（AMO）等年代际尺度的气候信号，对全球和区域海洋热含量的变化存在显著的调制作用。以南中国海（SCS）为例，其上层 300 m 和 2000 m 的海洋热含量存在显著的年代际变化（图 6.43）。南中国海是沟通连接印度洋和太平洋两大洋的重要通道，因此受到 PDO 信号的显著影响，年代际尺度变化特征显著。与 Ishii、EN4 和 IAP 等客观分析资料相比，CORA2 再分析资料同样能够揭示南中国海上层 300 m 海洋热含量与 PDO 存在显著的负相关，相关系数为-0.38。这与过去的研究结果是类似的：PDO 正位相背景下，厄尔尼诺事件多发，吕宋海峡附近有正异常的热量平流输运，造成南中国海海洋热含量偏高；PDO 负位相时，南中国海海洋热含量偏低。

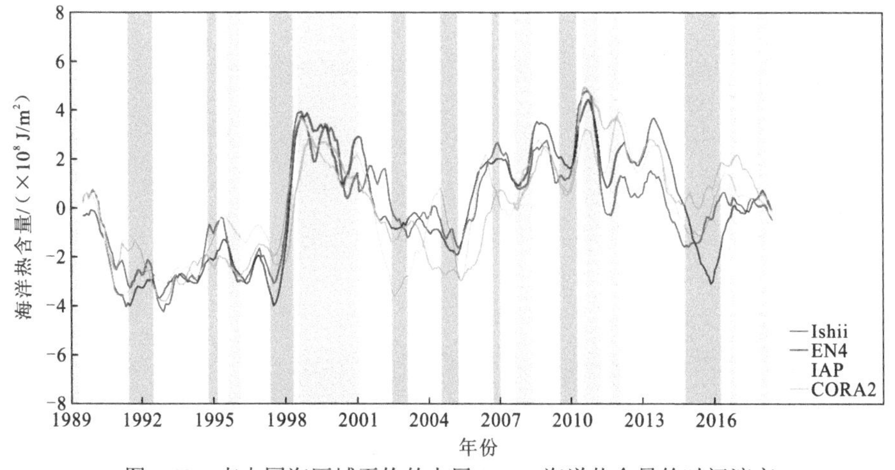

图 6.43　南中国海区域平均的上层 300 m 海洋热含量的时间演变

橙色和浅蓝色条分别代表厄尔尼诺和拉尼娜事件

4. 长期趋势

在 Argo 计划实施以后，海洋次表层观测剖面数量和质量均得到极大的提升，CORA2 再分析资料的可靠性也更高。本小节着重分析 2005 年以后的海洋热含量的变化（图 6.44）。与 EN4、IAP、Ishii 和 NCEI 等客观分析资料相比，CORA2 再分析资料基本能够再现上层 2000 m 全球平均的海洋热含量的变化，与客观分析资料时间序列的相关系数分别是 0.72（Ishii）、0.7（EN4）、0.71（IAP）和 0.67（NCEI），相关系数均超过 0.65，超过 95%置信度水平。但是其时间序列的年际尺度波动振幅更大，标准差为 1.21×10^8 J/m^2，客观分析资料的标准差分别为 1.19×10^8 J/m^2（Ishii）、1.18×10^8 J/m^2（EN4）、0.95×10^8 J/m^2（IAP）和 1.10×10^8 J/m^2（NCEI）。CORA2 资料显示，2011～2012 年上层 2000 m 海洋发生较大幅度增暖，这种增暖主要发生在太平洋和大西洋，而其他资料并未出现振幅相当的波动。从长期趋势看，2005～2018 年，CORA2 再分析资料显示上层 2000 m 海洋热吸收速率为 0.70 ± 0.1 W/m^2，略低于同期 TOA（0.85 W/m^2）净辐射通量，而相应的 Ishii（0.92 ± 0.05 W/m^2）和 EN4（0.91 ± 0.05 W/m^2）资料的线性趋势偏高，IAP（0.75 ± 0.03 W/m^2）资料偏低，NCEI（0.85 ± 0.06 W/m^2）资料与 TOA 相当。CORA2 再分析资料在 2005～2018 年海洋热吸收速率较低与 2005 年和 2006 年其海洋热含量呈现的连续下降有关，年际变率会影响长期趋势的估计，但 CORA2 与其他资料相较差异均小于 0.3 W/m^2。

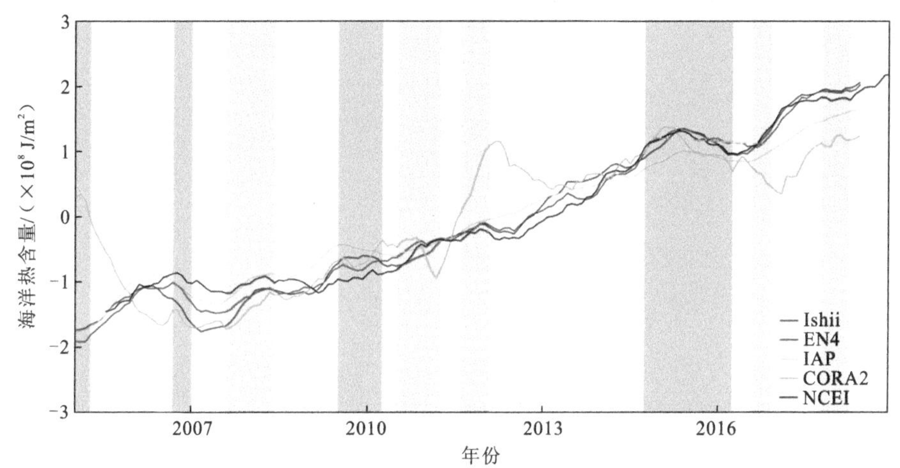

图 6.44　全球平均的上层 2000 m 海洋热含量时间演变

橙色和浅蓝色条分别代表厄尔尼诺和拉尼娜事件

从空间分布来看，在海洋上层 300 m，CORA2 再分析资料与其他客观分析资料呈现大体一致的空间吸放热结构，其中热带东太平洋、副热带南太平洋、北印度洋、南大洋大部海洋吸热，热带西太平洋、北大西洋、热带大西洋放热（图 6.45）。在 300～700 m 深度上，CORA2 再分析资料与其他客观分析资料的空间分布差异较大。CORA2 再分析资料显示，除若干小块区域，全球大部分海洋以放热为主，而客观分析资料则显示在西北太平洋、热带太平洋、副热带南太平洋、北印度洋及南大西洋等海域有大范围、空间一致的海洋吸热趋势（图 6.46）。

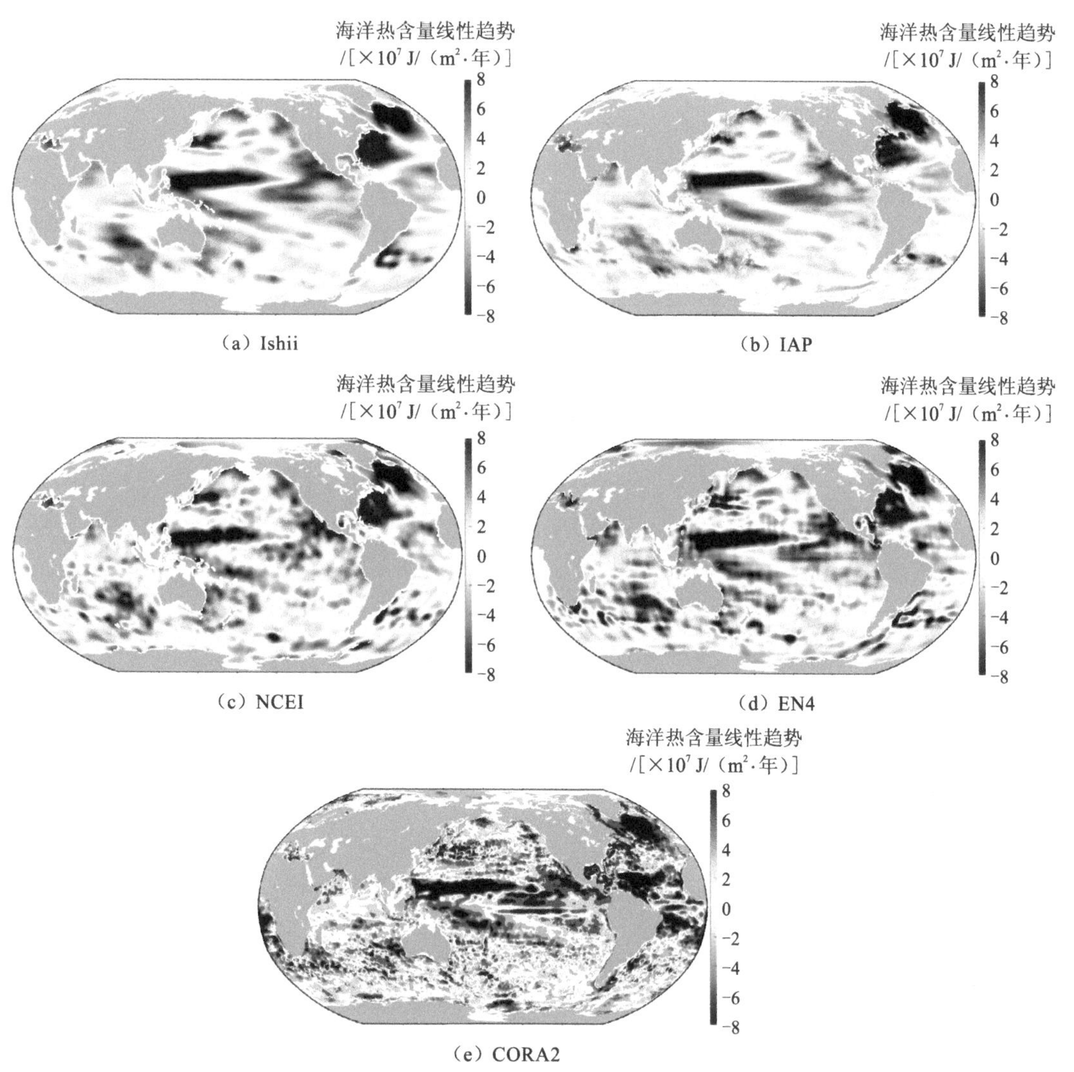

（a）Ishii

（b）IAP

（c）NCEI

（d）EN4

（e）CORA2

图 6.45　2005～2018 年上层 300 m 海洋热含量的线性趋势空间分布

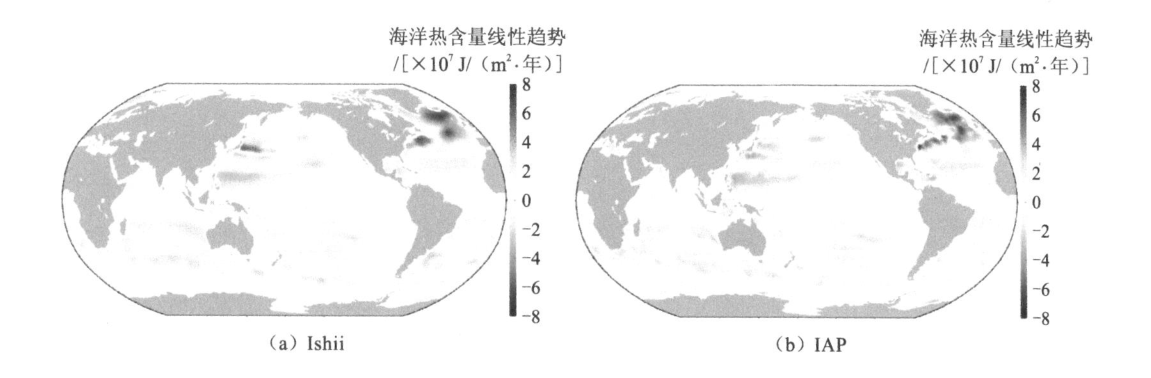

（a）Ishii

（b）IAP

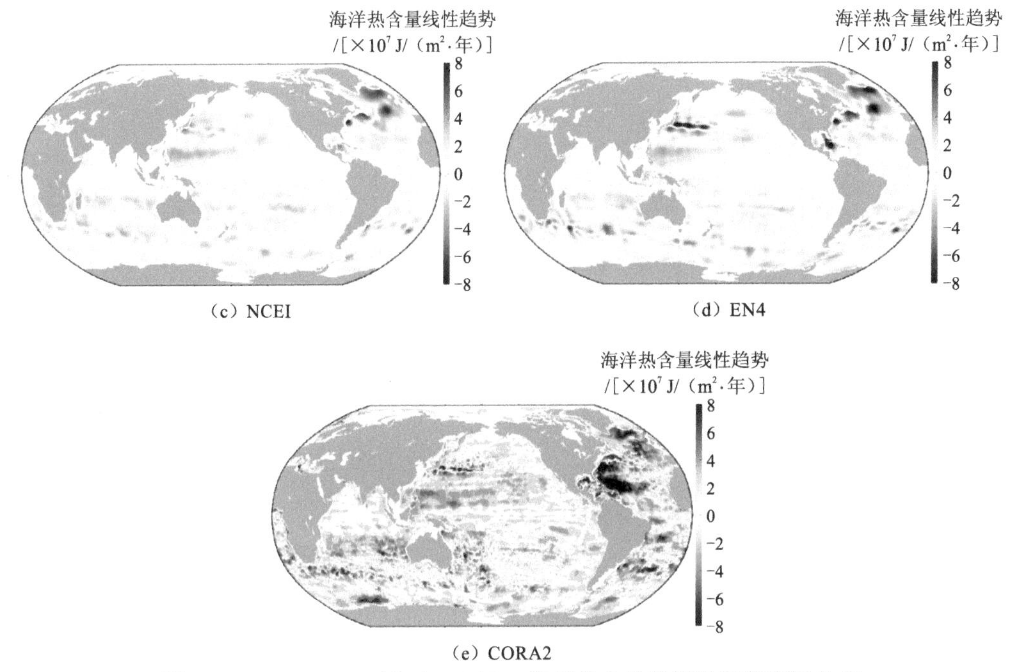

图 6.46　2005～2018 年 300～700 m 海洋热含量的线性趋势空间分布

6.4　ENSO　预　测

ENSO 是热带太平洋年际时间尺度上最强的海-气耦合异常变化，可影响区域甚至全球的天气和气候，因此对 ENSO 的形成机理和预测方法研究一直是气候学界的一个热点问题。由于我国自主的海洋观测和再分析资料较少，在对 ENSO 的机理研究中多采用国外的再分析资料。预测研究方面，虽然我国相关的科研和业务机构建立了自主的 ENSO 预报系统，但初始场资料均来自国外的观测或再分析资料，业务化预报产品过度依赖国外。除 ENSO 的业务预测外，其他气候预测领域也普遍存在这种“卡脖子”问题。因此，有必要利用自主再分析资料进行业务预报的初始化。本节首先在气候尺度上对 CORA2 产品的温、盐、流三要素进行检验，然后评估其对 ENSO 事件的刻画能力，最后介绍 1989～2018 年的 CORA2 产品在 ENSO 业务预报中的应用，并对后报结果进行检验。

6.4.1　气候尺度检验

采用国际上广泛应用的观测和分析资料对 CORA2 产品的温度、盐度和流场进行气候尺度检验。利用美国国家海洋和大气管理局（NOAA）提供的最优插值海温分析数据（OISSTv2）及全球海洋数据同化系统数据集（GODAS）对 CORA2 产品中的海表温度、盐度和海流进行不同季节气候态检验，气候态求取年限为 1989～2018 年。对 GODAS 资料进行插值，使其与 CORA2 产品具有相同空间分辨率。选取 5 m、55 m、105 m、225 m 作为代表层进行比较，图 6.47～图 6.50 分别为代表层温度、盐度、纬向和经向海流的 CORA2 产品与 GODAS 资料的差异。从图中可以看出，在 4 个深度上，CORA2 产品和 GODAS 资料 4 个季节的气候态盐度的差异较小，在±2 g/kg 以内。气候态纬向流的差异主要表现在赤道流系区域，美洲东部沿岸流、黑潮暖流区域纬向流差异稍大。总体来说，CORA2 产品和 GODAS 资料差异在±0.4 m/s 以内，春夏季太平洋赤道逆流区的差异比秋冬季要大。气候态经向流速的差异主要表现在沿岸流系区域，大部分差异在±0.2 m/s 内。

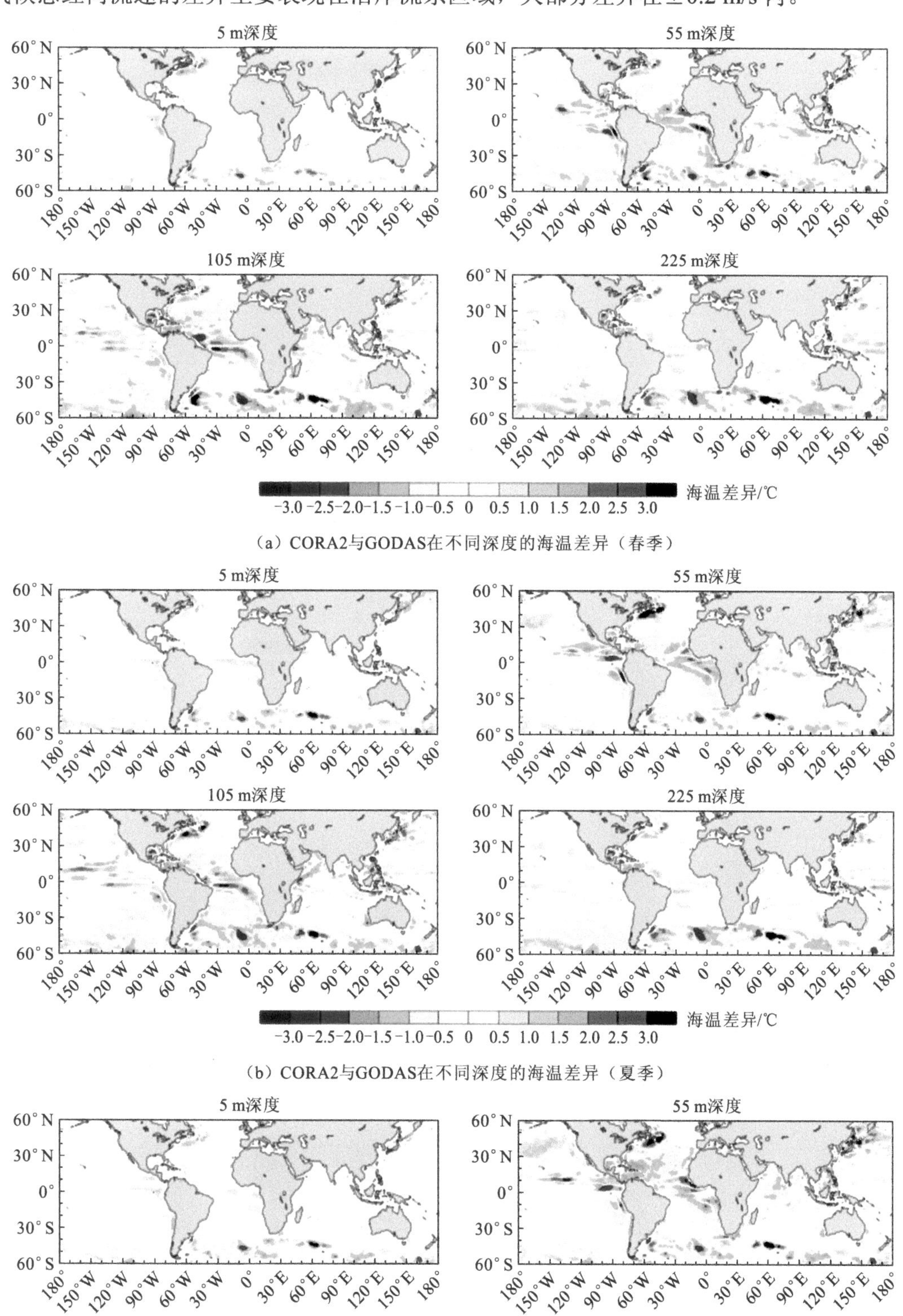

（a）CORA2与GODAS在不同深度的海温差异（春季）

（b）CORA2与GODAS在不同深度的海温差异（夏季）

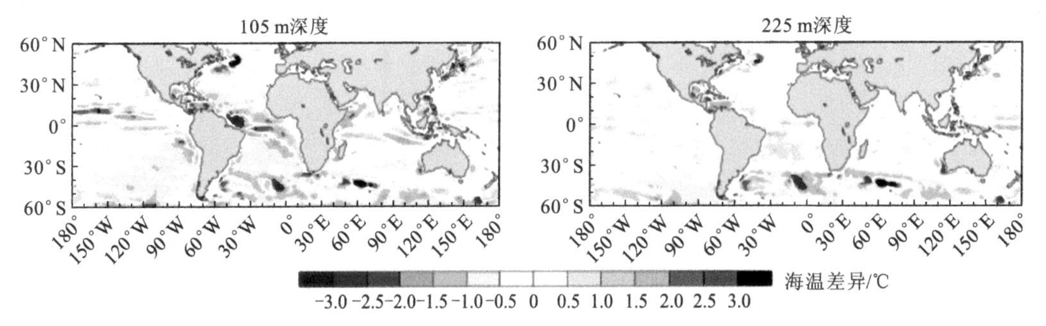

（c）CORA2与GODAS在不同深度的海温差异（秋季）

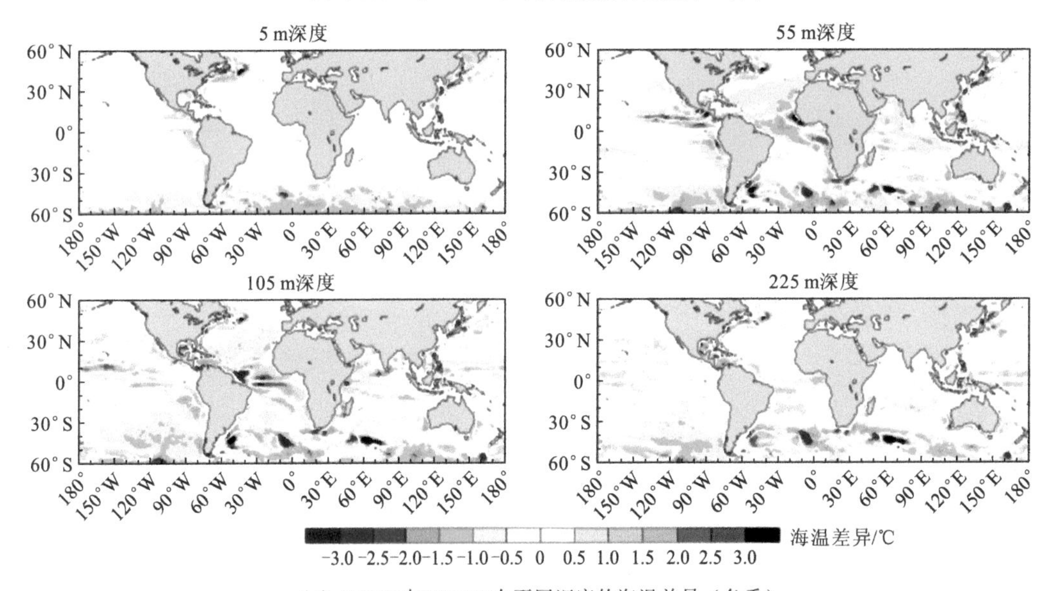

（d）CORA2与GODAS在不同深度的海温差异（冬季）

图 6.47　CORA2 与 GODAS 在不同深度 4 个季节的海温差异

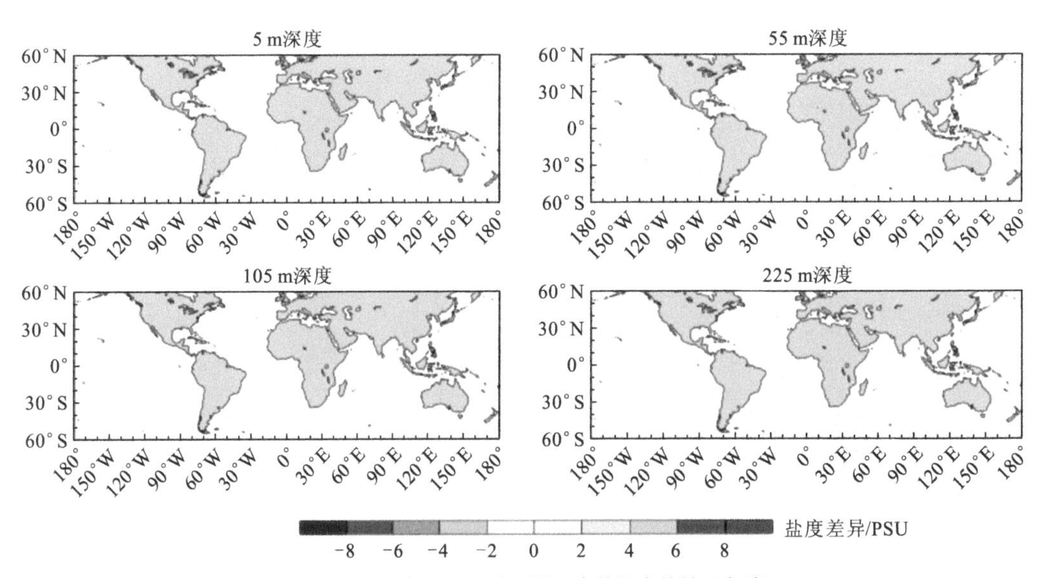

（a）CORA2与GODAS在不同深度的盐度差异（春季）

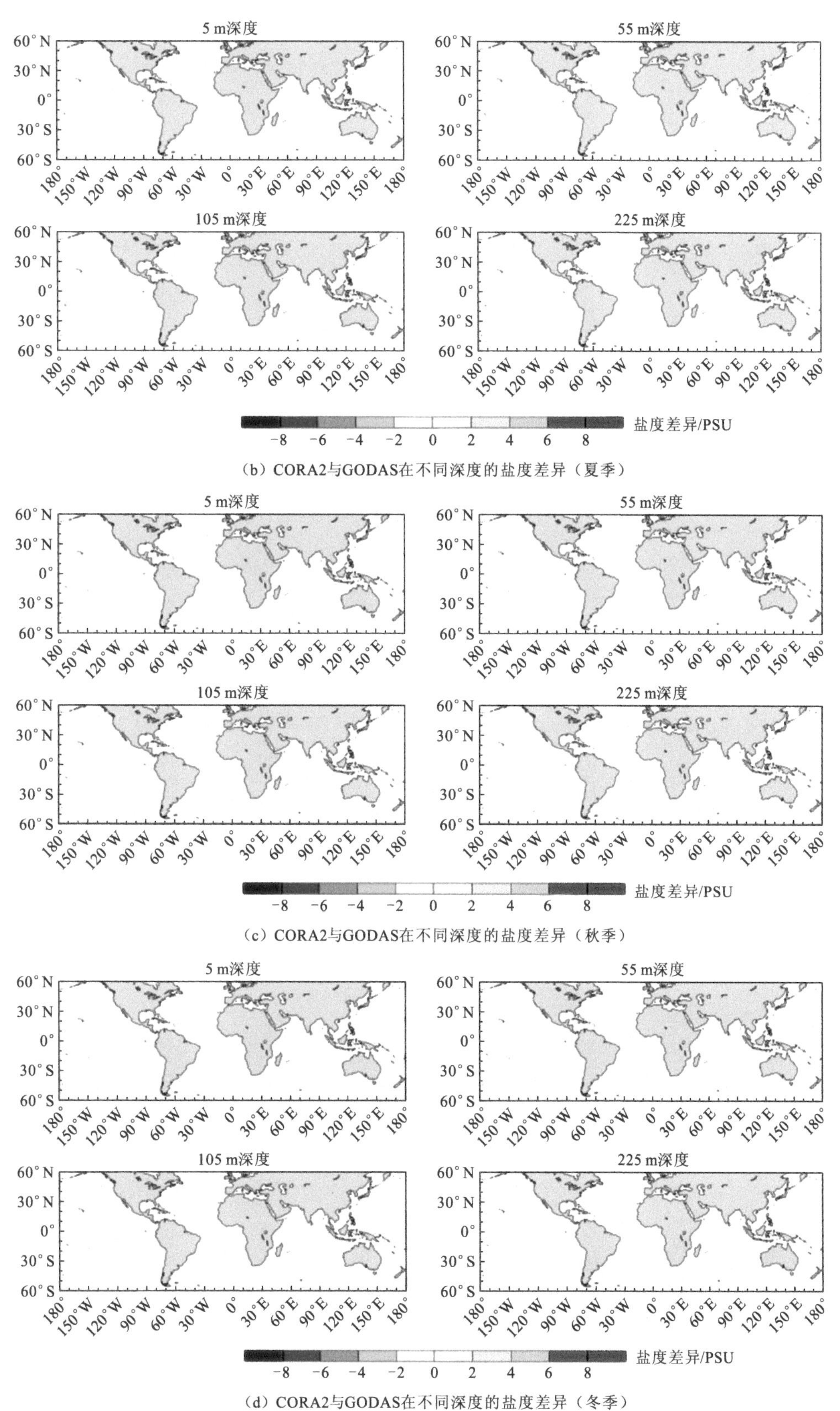

(b) CORA2与GODAS在不同深度的盐度差异（夏季）

(c) CORA2与GODAS在不同深度的盐度差异（秋季）

(d) CORA2与GODAS在不同深度的盐度差异（冬季）

图 6.48　CORA2 与 GODAS 在不同深度 4 个季节的盐度差异

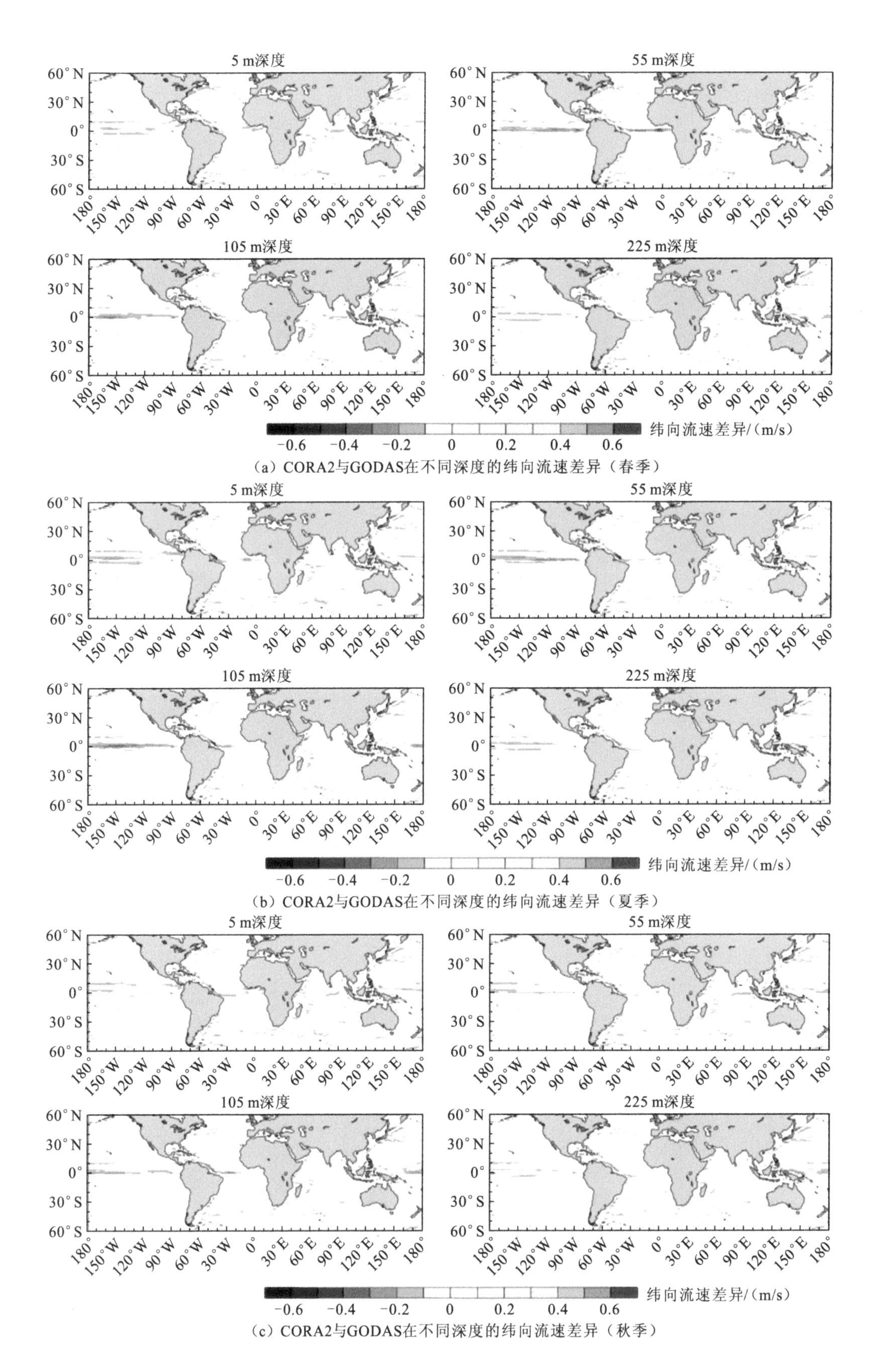

(a) CORA2与GODAS在不同深度的纬向流速差异（春季）

(b) CORA2与GODAS在不同深度的纬向流速差异（夏季）

(c) CORA2与GODAS在不同深度的纬向流速差异（秋季）

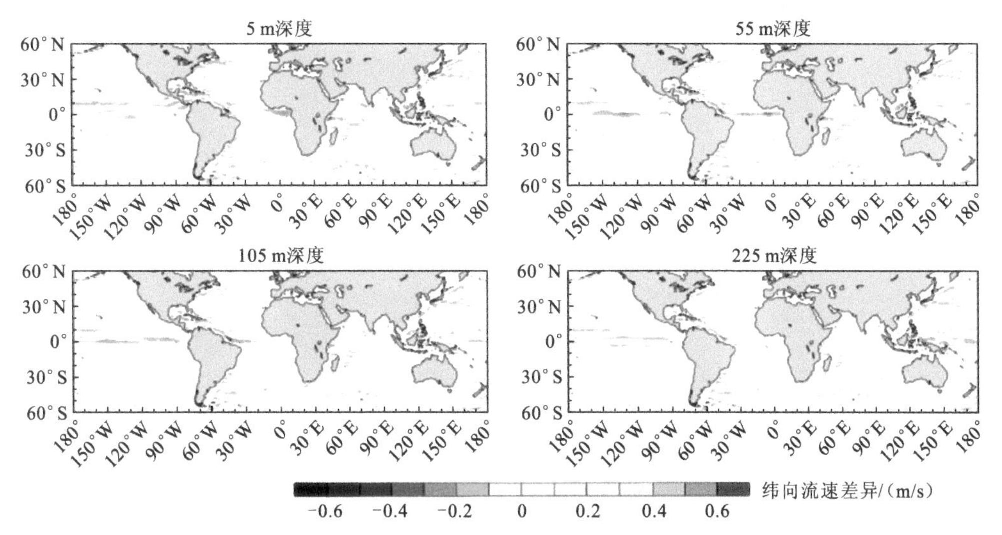

（d）CORA2与GODAS在不同深度的纬向流速差异（冬季）

图 6.49　CORA2 与 GODAS 在不同深度 4 个季节的纬向流速差异

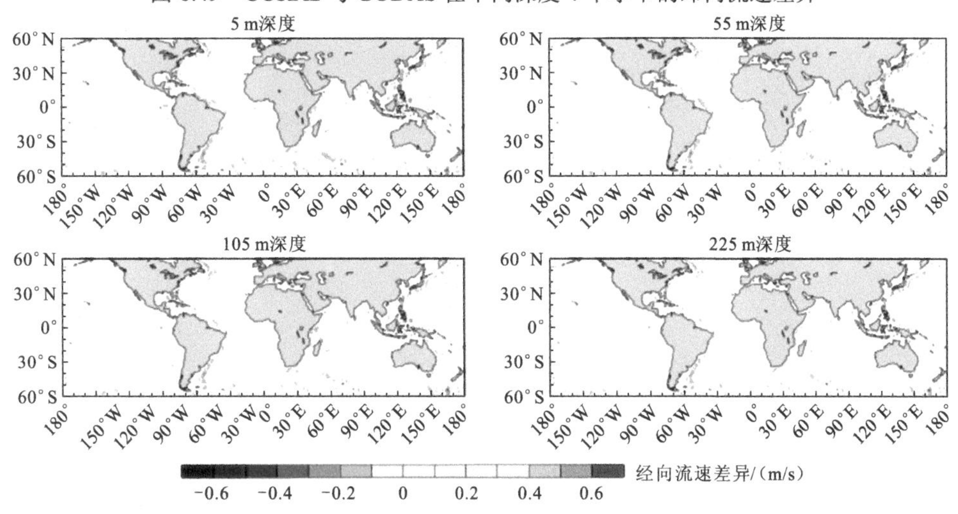

（a）CORA2与GODAS在不同深度的经向流速差异（春季）

5 m深度　55 m深度　105 m深度　225 m深度

经向流速差异/(m/s)

（b）CORA2与GODAS在不同深度的经向流速差异（夏季）

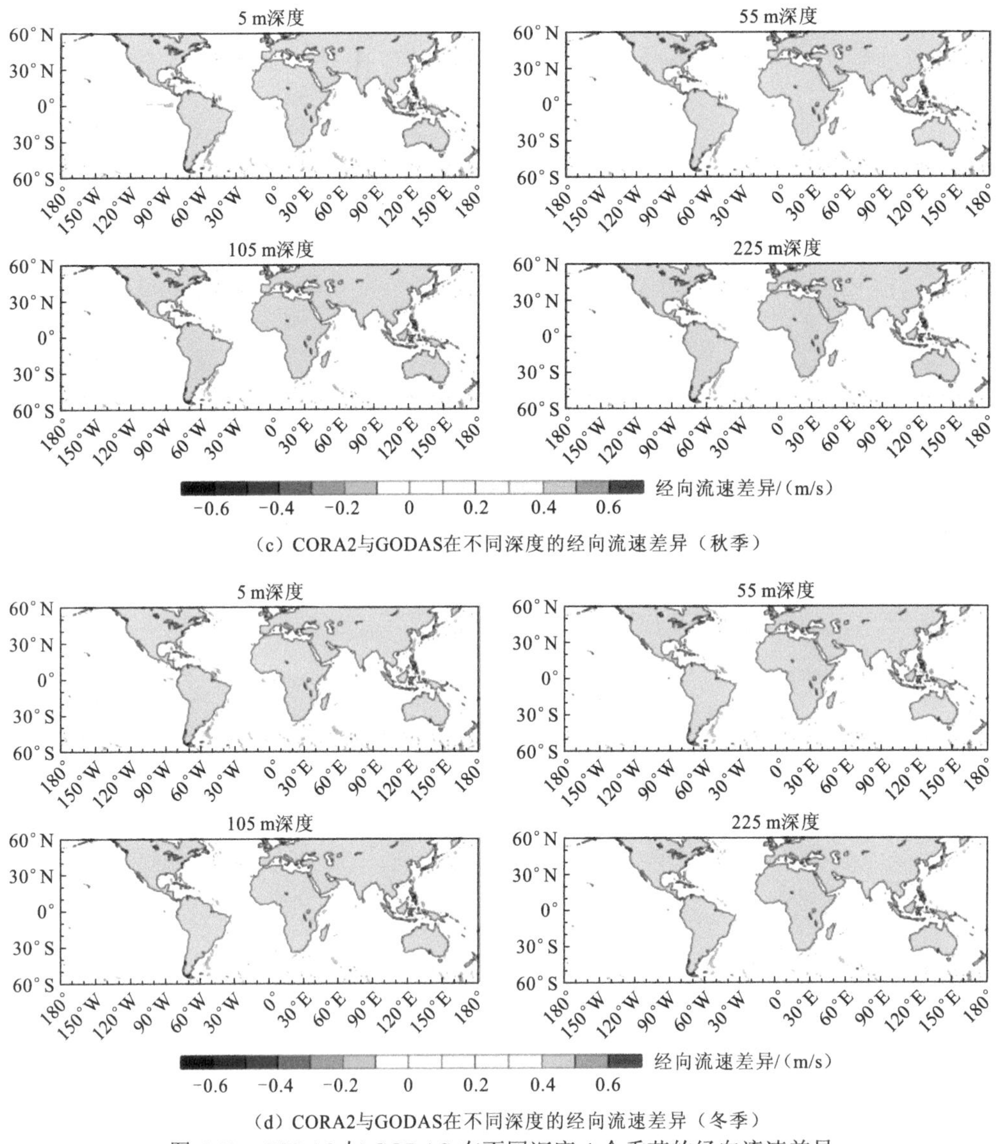

（c）CORA2与GODAS在不同深度的经向流速差异（秋季）

（d）CORA2与GODAS在不同深度的经向流速差异（冬季）

图 6.50　CORA2 与 GODAS 在不同深度 4 个季节的经向流速差异

6.4.2　ENSO 事件的刻画

1. 对 ENSO 循环的刻画

利用 CORA2 产品对热带太平洋 ENSO 循环的演变特征进行分析。利用 OISST 海表温度资料计算热带中东太平洋 Niño3.4 区（170° W～120° W，5° S～5° N）和 Niño3 区（150° W～90° W，5° S～5° N）平均海表温度距平随时间的演变，与 CORA2 产品进行对比（图 6.51）。从图中可以看出，CORA2 产品可以很好地反映 ENSO 循环特征，与 OISST 资料的相关系数能达到 0.99，超过 99%信度检验。2015 年超强厄尔尼诺事件两者的峰值相当，1997 年 CORA2 产品的峰值略高于 OISST。

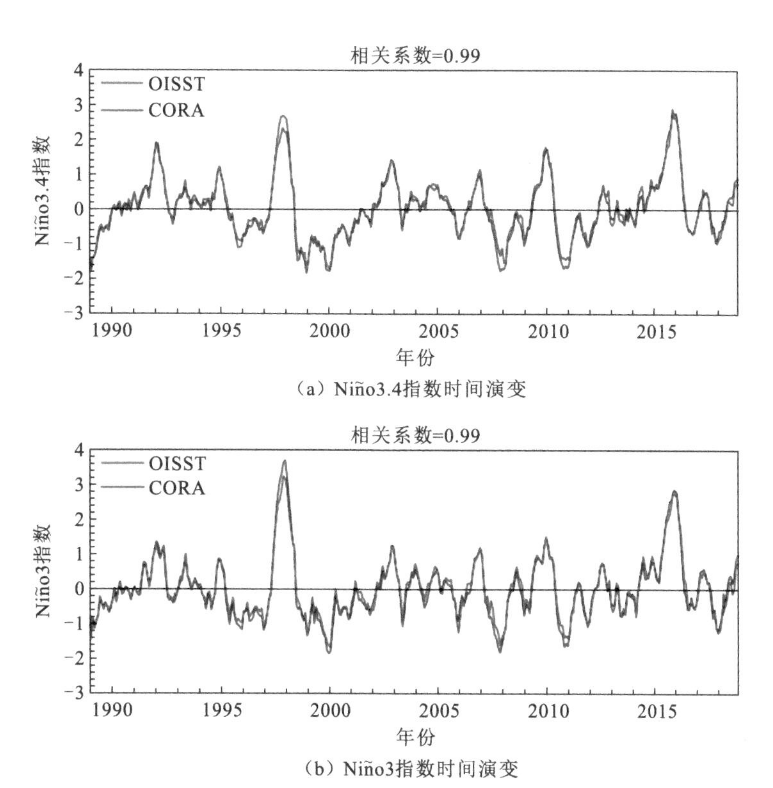

（a）Niño3.4指数时间演变

（b）Niño3指数时间演变

图 6.51　CORA2 产品和 OISST 资料计算的 Niño3.4 及 Niño3 指数时间演变

图 6.52 给出了赤道太平洋（5° S～5° N 平均）海表温度距平时间-经度剖面图。从图中可以看出，CORA2 产品可以很好地刻画热带太平洋 ENSO 循环的时空变化。ENSO 暖事件和冷事件期间，赤道中东太平洋海温异常演变特征均与以往监测和研究结果相符。

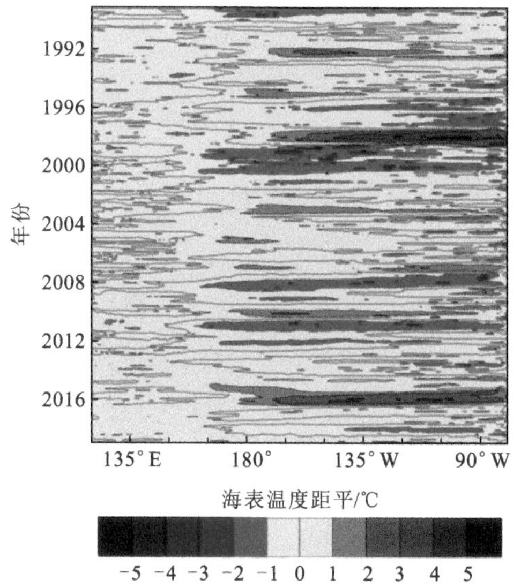

图 6.52　1989～2018 年赤道太平洋海表温度距平时间-经度剖面

2. 对两类厄尔尼诺事件的刻画

厄尔尼诺是赤道中东太平洋大面积海水的持续异常增暖的现象。然而，20 世纪 90 年代后发生的多数厄尔尼诺事件，高海温区不在传统定义 ENSO 事件的 Niño3 区，而是向西移动到了日界线附近，被称为中部型厄尔尼诺事件（Kao et al.，2009）。不同类型的厄尔尼诺事件发展过程中，海表温度异常分布形态不同，热带对流加热场在分布特征上也存在显著的差异。因此，应该根据不同的海表温度异常分布特征将厄尔尼诺分为不同类型来研究其发生、发展机理及气候影响。许多研究已分别从资料分析、数值模拟的角度证明了两类厄尔尼诺事件会造成热带太平洋和东亚不同的大气环流形势，进而影响东亚及我国的气候。本小节采用 Ren 等（2011）的东部型和中部型指数对两类厄尔尼诺事件进行分型。东部型、中部型指数的定义为

$$\begin{cases} \mathrm{IEP} = N_3 - \alpha N_4 \\ \mathrm{ICP} = N_4 - \alpha N_3 \end{cases} \tag{6-18}$$

式中：IEP 和 ICP 分别为东部型指数和中部型指数；N_3 和 N_4 分别为 Niño3 指数和 Niño4 指数；α为非线性变化参数：

$$\alpha = \begin{cases} 0.4, & N_3 N_4 > 0 \\ 0, & N_3 N_4 \leqslant 0 \end{cases} \tag{6-19}$$

根据式（6-18）可以计算逐月的 IEP 指数和 ICP 指数。本小节讨论厄尔尼诺发展盛期（冬季）的 IEP 指数和 ICP 指数，即每年 12 月和次年 1 月、2 月三个月平均的 IEP 指数和 ICP 指数。

采用如下方法对两类厄尔尼诺典型事件进行划分。将冬季的 ICP 和 IEP 分别标准化，在发展较为稳定的厄尔尼诺年，若标准化后的 ICP、IEP 之差超过 0.2，且两指数中的较大者在 0.7 以上，则根据较大者定义厄尔尼诺事件类型。如 ICP－IEP>0.2 且 ICP>0.7，则定义该年为中部型厄尔尼诺事件，东部型厄尔尼诺事件发展年的定义与之类似。利用 OISST 资料，计算从 1951 年至 2018 年各年冬季的 IEP 指数和 ICP 指数。根据定义划分，得到 9 个东部型厄尔尼诺事件年，分别为 1951 年、1957 年、1965 年、1972 年、1976 年、1979 年、1982 年、1987 年和 1997 年，以及 10 个中部型厄尔尼诺事件年，分别为 1969 年、1977 年、1986 年、1991 年、1994 年、2002 年、2003 年、2004 年、2006 年和 2009 年。对这些年份的 CORA2 资料热带太平洋海温距平进行合成，可以反映 CORA2 资料对两类厄尔尼诺事件的刻画能力。由于使用的 CORA2 资料年限为 1989～2018 年，仅对覆盖的年份进行分析。

图 6.53 给出了 CORA2 资料合成的东部型和中部型厄尔尼诺事件热带太平洋海表温度距平。图 6.53（a）的海温距平正值中心位于赤道东太平洋，增暖形态符合典型的东部型厄尔尼诺事件的海温增暖特征。图 6.53（b）的海温距平正值中心位于 180°～160°W 的赤道中太平洋，增暖形态符合中部型厄尔尼诺事件的增温特征。从强度来看，东部型厄尔尼诺事件的海温正距平强度要明显强于中部型厄尔尼诺事件，这也与前人研究得出的两类厄尔尼诺事件的强度差异是一致的，说明 CORA2 资料可以很好地再现两类厄尔尼诺事件的增暖位置和增暖强度特征，可以为进一步开展气候预测提供较好的大尺度海洋背景信息。

3. 对典型厄尔尼诺事件的刻画

1997/1998 年和 2014/2015 年发生了两次极强厄尔尼诺事件，特别是 1997/1998 年的厄尔尼诺事件是近 100 多年来最强的一次事件，这两次厄尔尼诺事件的气候影响相当显著。本小节分析 CORA2 产品得到的两次事件的强度和演变特征。图 6.54 所示为 1997/1998 年

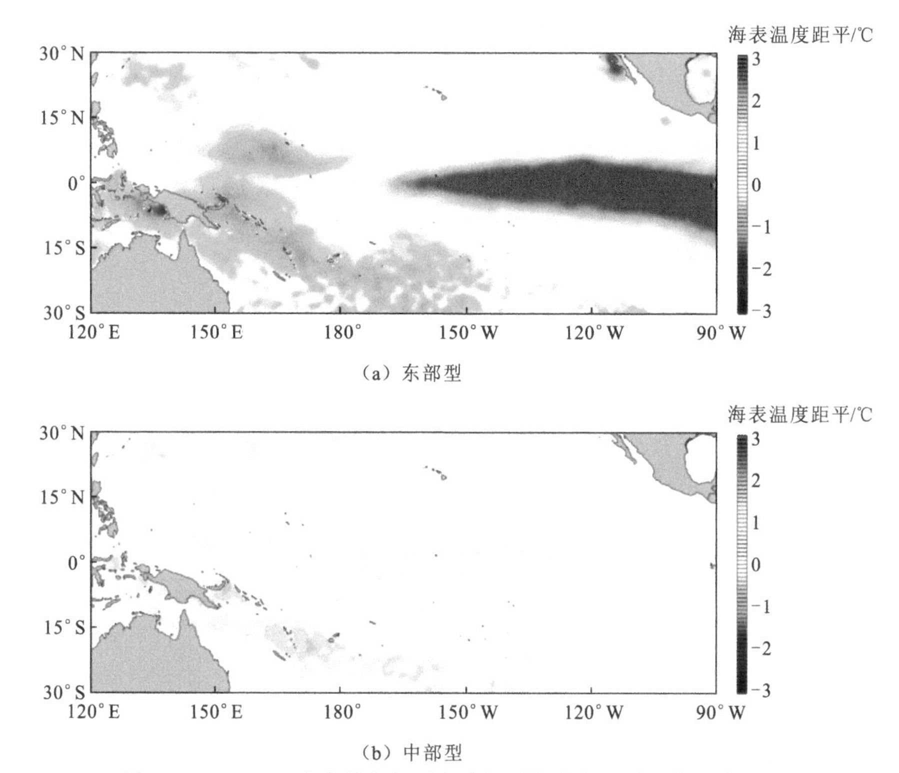

（a）东部型

（b）中部型

图 6.53　CORA2 合成的东部型和中部型热带太平洋海表温度距平

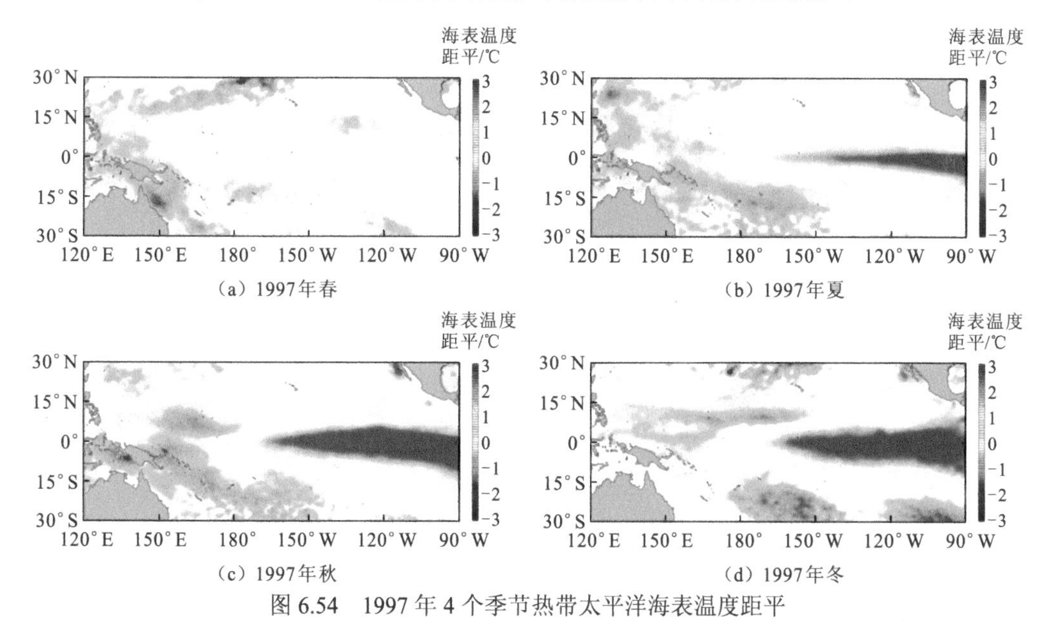

（a）1997年春

（b）1997年夏

（c）1997年秋

（d）1997年冬

图 6.54　1997 年 4 个季节热带太平洋海表温度距平

厄尔尼诺事件中春、夏、秋、冬 4 个季节的热带太平洋海表温度距平的演变情况。从图中可以看到，CORA2 产品对 1997 年厄尔尼诺事件在海表温度距平的演变上有很好的刻画能力，反映出了 1997 年东部型厄尔尼诺事件的增暖特征。在赤道东太平洋冷舌区有超过 3 ℃的增暖，也很好地再现了厄尔尼诺事件从春夏季开始发展，秋冬季达到峰值的季节锁相特征。图 6.55 所示为 1997/1998 年厄尔尼诺事件 CORA2 产品在赤道太平洋次表层海温距平的演变情况。CORA2 产品能很好地反映本次事件赤道太平洋次表层海温距平“东正西负”的分布特征，也能看到相应于表层海温的变化，次表层海温异常随季节的变化同样明显，秋冬季节西太平洋次表层“冷水”和中东太平洋次表层“暖水”的强度均达到最强。因此，CORA2 产品能很好地刻画最强厄尔尼诺事件的演变特征。

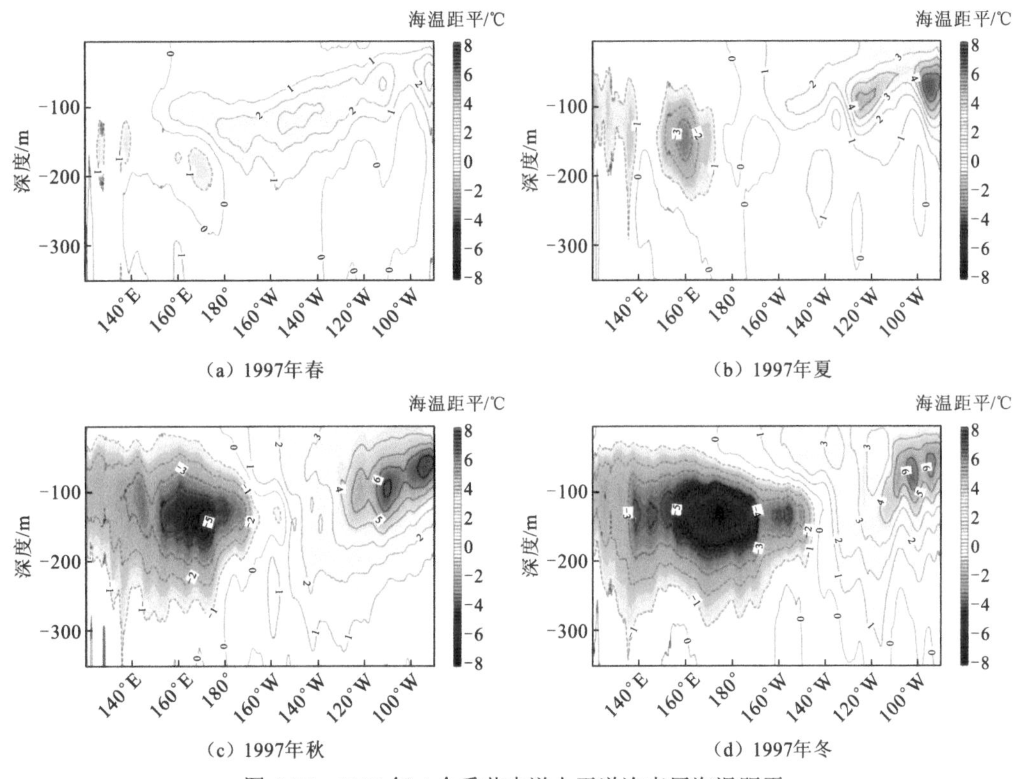

（a）1997年春　（b）1997年夏

（c）1997年秋　（d）1997年冬

图 6.55　1997 年 4 个季节赤道太平洋次表层海温距平

图 6.56 和图 6.57 所示为 2014/2015 年厄尔尼诺事件中热带太平洋海表和次表层海表温度距平随季节的变化情况。CORA2 产品刻画本次事件的强度不及 1997/1998 年事件，与以前的监测分析结果一致。这次事件的增暖位置不是传统的东部型事件，在成熟期增暖中心位置较偏西，为中部型事件，极值强度不及 1997/1998 年。在次表层海温的表现上，CORA2 产品反映这次事件成熟期次表层海温异常显著弱于 1997/1998 年事件，与以前的海洋再分析和监测资料得出的结论一致。

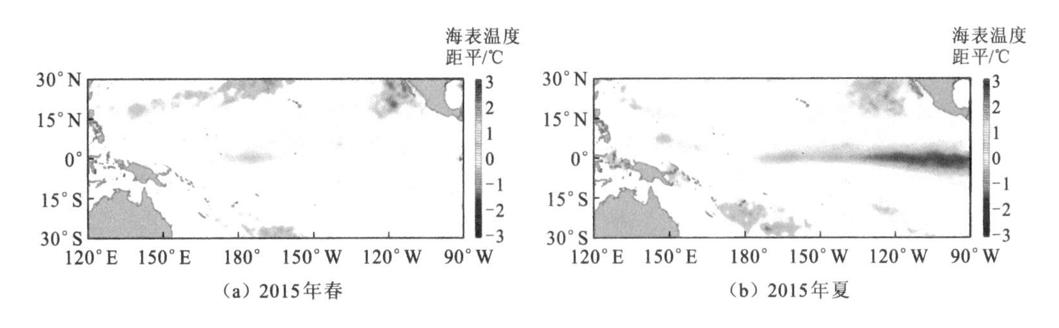

（a）2015年春　（b）2015年夏

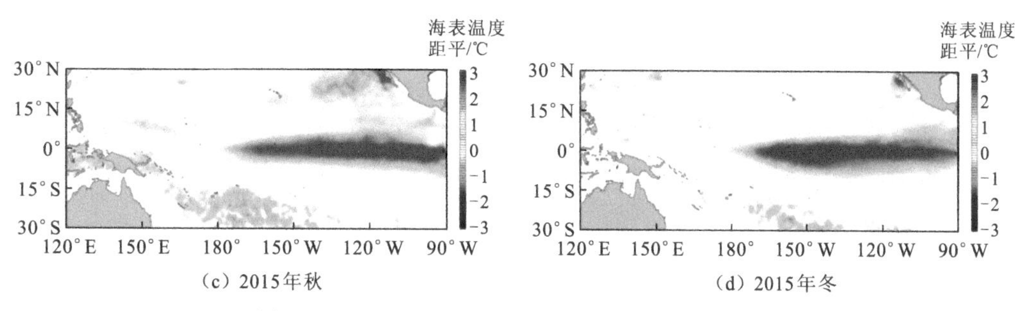

（c）2015年秋　　（d）2015年冬

图 6.56　2015 年 4 个季节热带太平洋海表温度距平

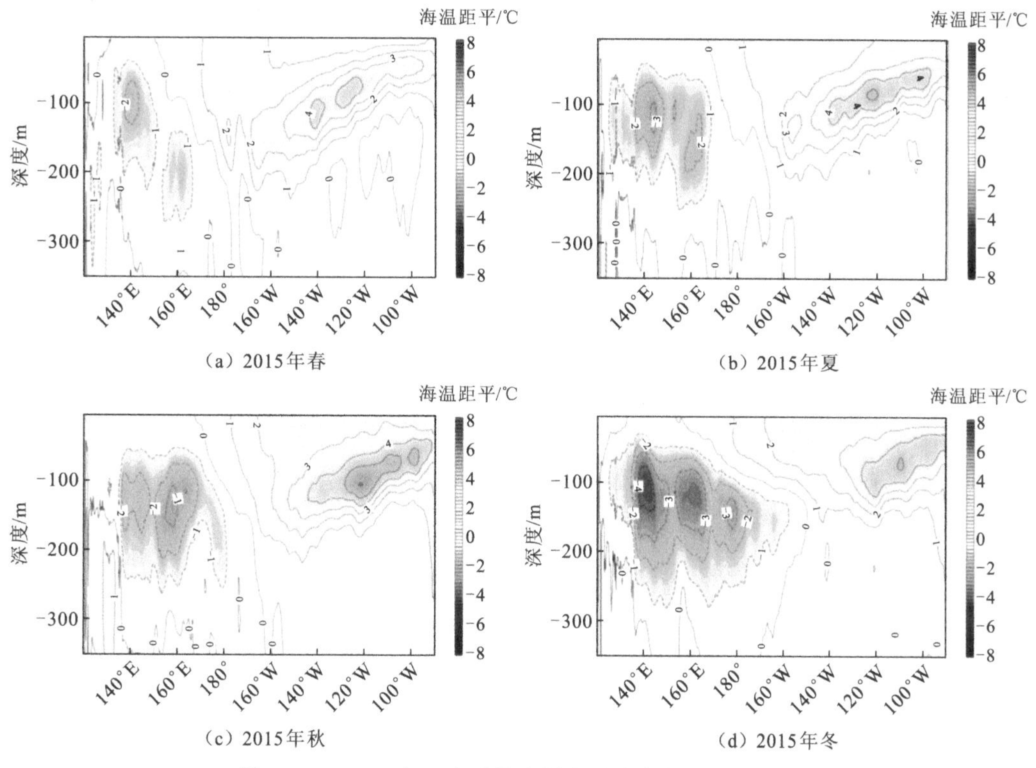

（a）2015年春　　（b）2015年夏

（c）2015年秋　　（d）2015年冬

图 6.57　2015 年 4 个季节赤道太平洋次表层海温距平

6.4.3 ENSO 预测应用

本小节基于国家海洋环境预报中心（NMEFC）的 ENSO 统计预测模型，评估 CORA2 产品对 ENSO 预测的影响。该模型使用的因子包括赤道太平洋(120° E～80° W，5° S～5° N）平均 20℃等温线深度距平、赤道中西太平洋（120° E～160° W，5° S～5° N）和赤道中东太平洋（160° W～80° W，5° S～5° N）平均 20℃等温线深度距平的差值，以及赤道太平洋(120° E～80° W，5° S～5° N）平均 850 hPa 纬向风应力距平。考虑热带外海洋状态对 ENSO 发展的影响，模型中还加入了北太平洋海温异常指数和南太平洋振荡指数作为预测因子。

具体建模和试验过程如下。①对 1981 年 9 月～2009 年 12 月的 CORA2 产品赤道中东太平洋海温场进行 EOF 分析，将前三个主分量作为预测量，用 1981 年 3 月～2009 年 6 月的各个因子构建预测因子，预测因子与预测量构成训练集，用典型相关方法进行训练，得到典型回归系数。②利用 2009 年 7 月～2010 年 6 月的预报因子场（包含 CORA2 产品），结合典型回归系数得到 2010 年 1 月～2010 年 12 月的预报量场（前三个海温主分量），由空间模态便可得到 2010 年 1～12 月的海温后报结果。将训练集持续向前一年滚动，便可得到 2010 年 1 月～2020 年 12 月的共计 10 年的后报结果。

目前美国哥伦比亚大学的 IRI ENSO 业务预测系统集成了国际上主流的 ENSO 动力和统计预测模式，该模式是国际上及国内从事 ENSO 预测业务机构主要参考的模式。通常用提前 6 个月预报的 Niño3.4 指数与实测资料（或通用的再分析资料）计算的 Niño3.4 指数的相关系数及两者的均方根误差表征 ENSO 预测模式的预测水平。目前 IRI 业务预测系统中预测效果较好的模式提前 6 个月的相关系数为 0.7 左右。

图 6.58 和图 6.59 所示分别为 NMEFC 和 IRI 各模式提前 1～9 个月预测的 Niño3.4 指数与 OISST 的相关系数和均方根误差。从图中可以看出，NMEFC 的模式提前 6 个月预测的 Niño3.4 指数与实测的相关系数为 0.77（图 6.60），优于 IRI 大多数模式。考虑热带外海

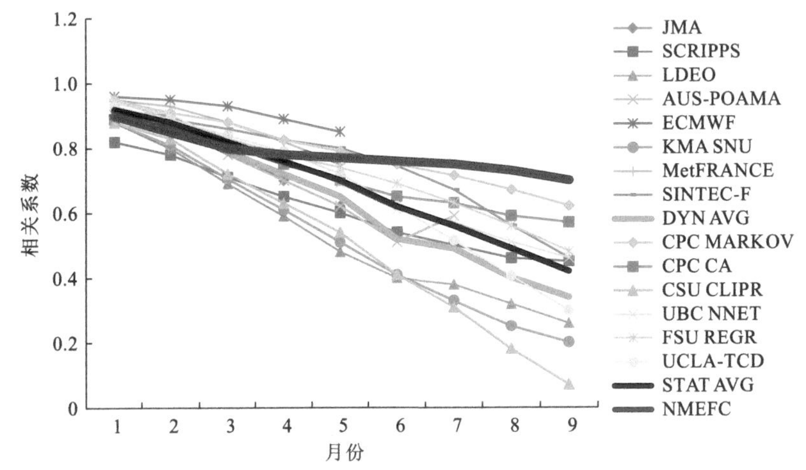

图 6.58　NMEFC 和 IRI 各模式提前 1～9 个月预测的 Niño3.4 指数与实测的相关系数

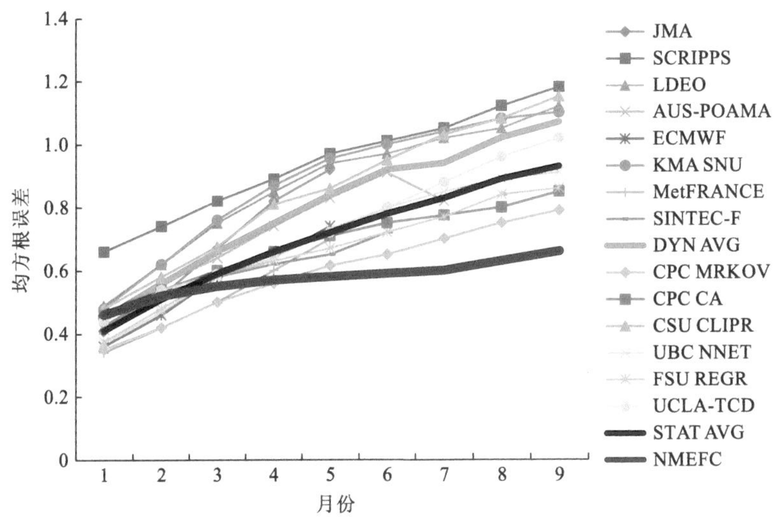

图 6.59　NMEFC 和 IRI 各模式提前 1～9 个月预测的 Niño3.4 指数与实测的均方根误差

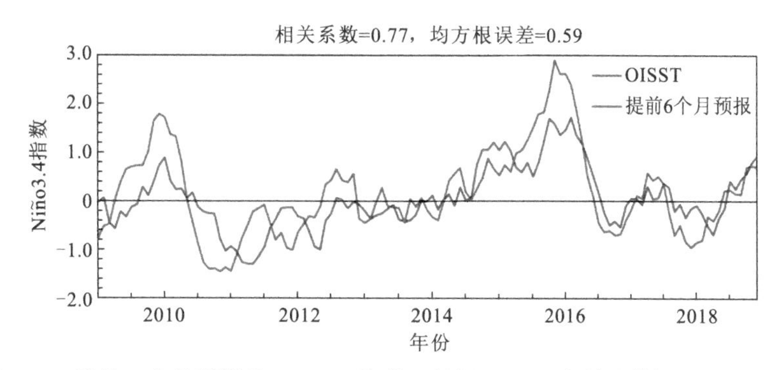

图 6.60　提前 6 个月预报的 Niño3.4 指数及根据 OISST 资料计算的 Niño3.4 指数

温异常对 ENSO 的影响，在更长预报时效上模式的预报技巧也有很好的表现，预报技巧随预报时效的延长下降较缓。NMEFC 预报模式与实测的均方根误差在 6 个月预报时效上为 0.59，小于 IRI 预报系统中的模式。在大于 6 个月预报时效上，均方根误差也较小，随预报时效的延长增长趋势也较缓。

6.5　海洋再分析产品可视化及系统设计与实现

海洋可视化是海洋再分析产品实际应用的一个重要方向，可以直观地展示海水时间和空间维度的状态，以及衍生地解释应用产品的时空特征。本节对全球高分辨率海洋再分析及解释应用产品的海水温盐密声、海流、跃层、海洋锋、内潮、中尺度涡和声场等多种海洋要素和典型过程的可视化方法进行介绍。上述要素及特征过程属性各异、时空尺度不同，难以用统一的可视化方法进行表达。因此，需要首先建立可视化原则，然后结合海洋环境要素及特征过程的特点设计其可视化方式，从而建立相应的可视化模型。

6.5.1　温盐密声可视化

海水温度、盐度、密度、声速场要素的分布特点及其时间变化特性，在水平方向具有趋向纬向的特点，局部区域也有明显的等值分界，在垂直方向会随深度的变化产生不同的层级分布。利用平面等值线、垂直断面的可视化方法展示其特性，同时利用单点垂向廓线、时间过程曲线等形式展示单点的变化趋势。

1. 平面等值线

等值线图是一种形象、直观的可视化显示方式，它把某一种自然环境要素空间分布现象中具有相同数值的点连接成等值线并填充颜色，不同数值范围以不同的颜色进行填充。基于关联表的等值线生成方法可以简化追踪过程，具有较高的等值线生成效率，其主要思想如下。①利用各网格节点处的属性值计算得到等值线在网格区域内的等值点信息，建立关联表表示各节点处信息间的相关关系。②基于关联表进行等值线的追踪和搜索，获得当前属性值的所有等值线并进行存储。③进行下一属性值等值线的追踪和搜索，直到所有属性的等值线均搜索完毕为止。④依次绘制各属性值的等值线。图 6.61 给出了海水温度等值线效果图。

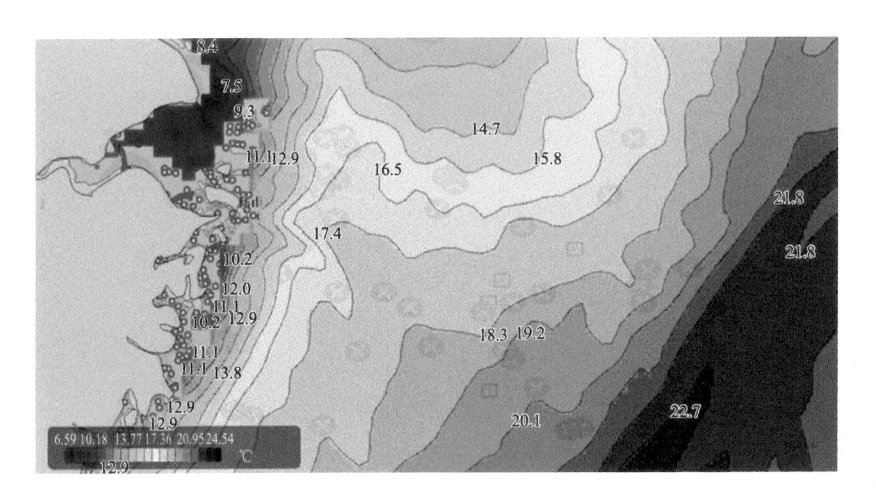

图 6.61　海水温度等值线效果图

2. 垂向断面

海洋环境要素的分布不仅与水平位置有关，还与纵向深度有关。当需要了解这些要素在某一位置随深度的变化规律时，断面图是最直观的一种可视化显示方式。基于移动立方体算法的面绘制方法核心思路如下：①给定两个边界阈值，用来确定从体数据中抽取内容的属性值范围；②对体素进行遍历，依据给定的边界阈值分离出相交的体素，并将体素中的等值面片抽取出来；③将得到的等值面片进行拼接拟合，最终构造成等值面；如果等值面穿过一个体素单元，那么体素的一条棱边一定和等值面有交点，相交的体素为边界体素，相交的点为等值点；④通过比较分类体素 8 个顶点的采样值与阈值的大小关系来判断体素中等值面片的存在形态。根据体素的互补旋转对称性，可以列出 15 种存在情况（图 6.62）。图 6.63 给出了海水温度断面效果图。

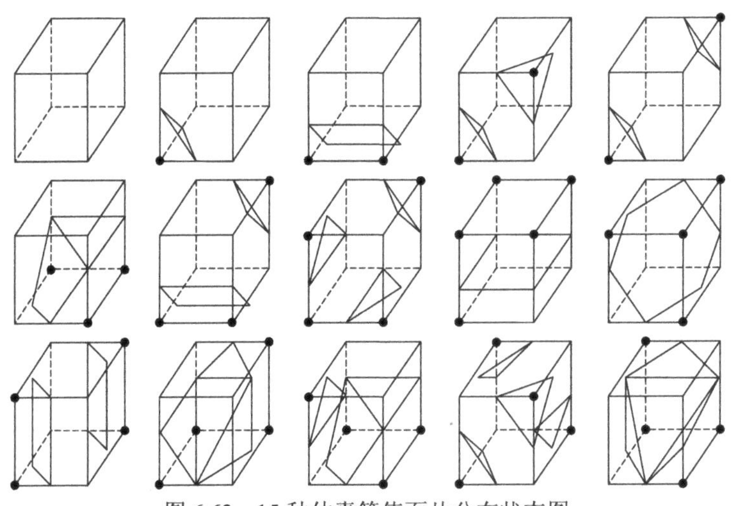

图 6.62　15 种体素等值面片分布状态图

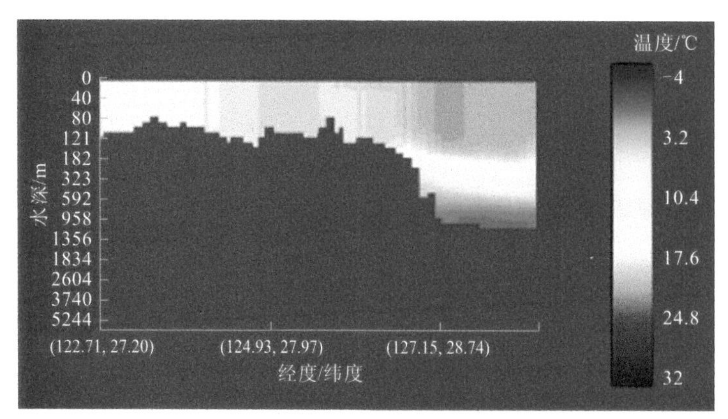

图 6.63　海水温度垂向断面效果图

3. 单点垂直廓线

单点垂直廓线可直观反映海水温度、盐度、密度和声速场的单点垂向变化情况。基于高分辨率再分析产品建立单点垂向廓线索引模型，当需要查询指定日期和位置的海水温度、盐度、密度和声速场时，索引模型可根据日期和位置直接定位至查询点，提取垂向空间数据并形成一维序列，再利用可视化模型以弹框形式显示该点的垂直廓线图（图 6.64）。

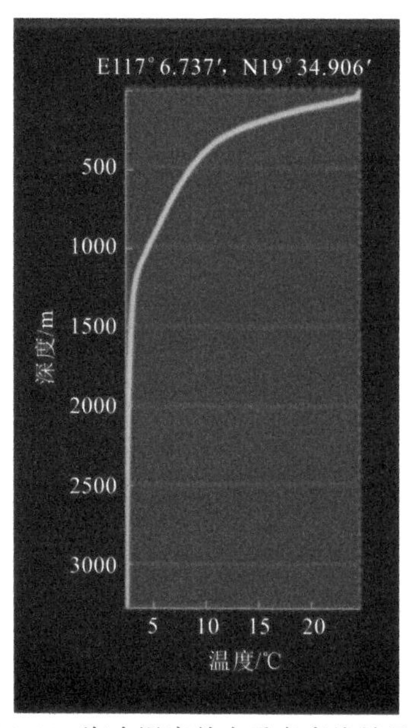

图 6.64　海水温度单点垂直廓线效果图

4. 时间过程曲线

海洋环境要素是随时间变化的，它们的分布特征不仅与地理位置等空间维度有关，还与时间维度相关联。因此，使用时间过程曲线对这些自然环境要素进行可视化显示，可以方便用户了解和掌握它们的变化规律和周期分布特征。基于高分辨率再分析产品建立单点时间过程曲线索引模型，当需要查询指定日期段、深度和位置的海水温度、盐度、密度和声速场时，索引模型可根据日期和位置直接定位至查询点，提取各日期数据并形成一维序列，再利用可视化模型以弹框形式显示该点的时间过程曲线图（图 6.65）。

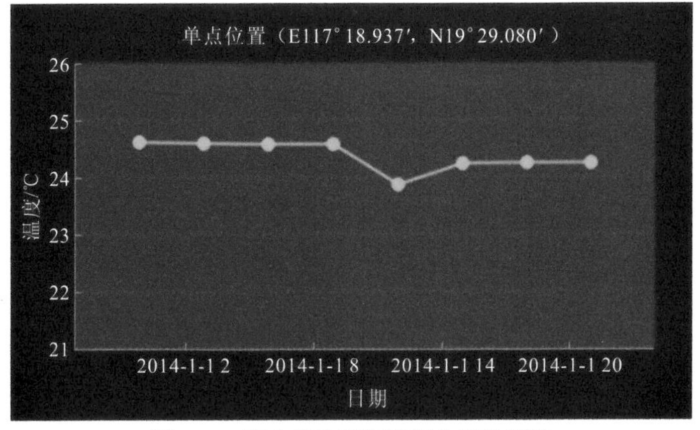

图 6.65 海水温度时间过程曲线效果图

5. 单点数值

在海水温度、盐度、密度和声速场线、面可视化展示之外，单点的数值特征信息同样重要。基于高分辨率再分析产品建立单点数值索引模型，快速检索查询点的海水温度、盐度、密度、声速、海流及海浪等信息，在系统界面进行实时展示。单点数值显示效果如图 6.66 所示。

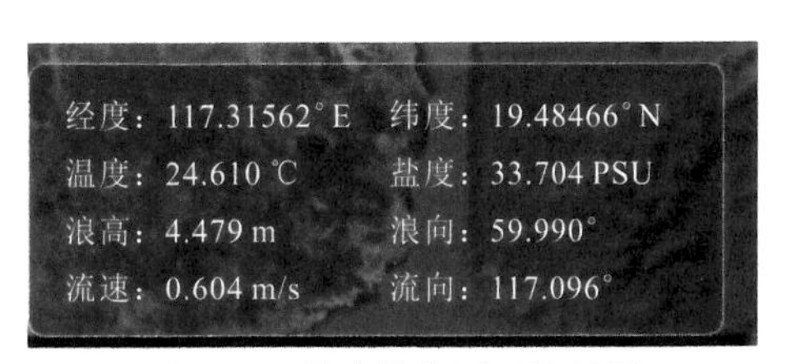

图 6.66 单点数值显示效果图

6.5.2 海流可视化

1. 海流流线平面叠加

海流是海水运动的主要形式之一，对海流矢量场数据进行可视化处理，有助于深入了解海流的运动规律。矢量场通常采用流线的形式，流线流动方向即为海流的流向，能够更加直观、形象地表示矢量场的动态特性。流线可视化技术是矢量场可视化技术中的一种，主要包括流线的计算与流线的显示。图 6.67 给出了基于度量标准的海流流线平面叠加效果图。

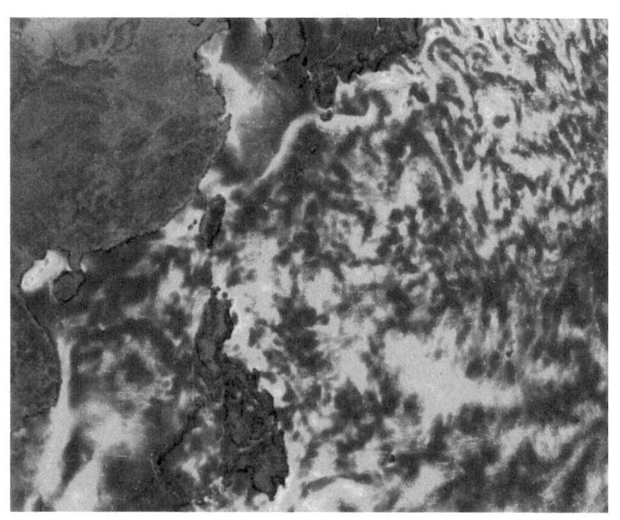

图 6.67　海流流线平面叠加效果图

2. 海流矢量箭头

海流矢量箭头可视化方法利用海流的矢量箭头符号展示海流场。其中，符号的方向表示矢量要素的方向，符号的长短表示矢量要素的大小。图 6.68 给出了海流矢量箭头效果图。

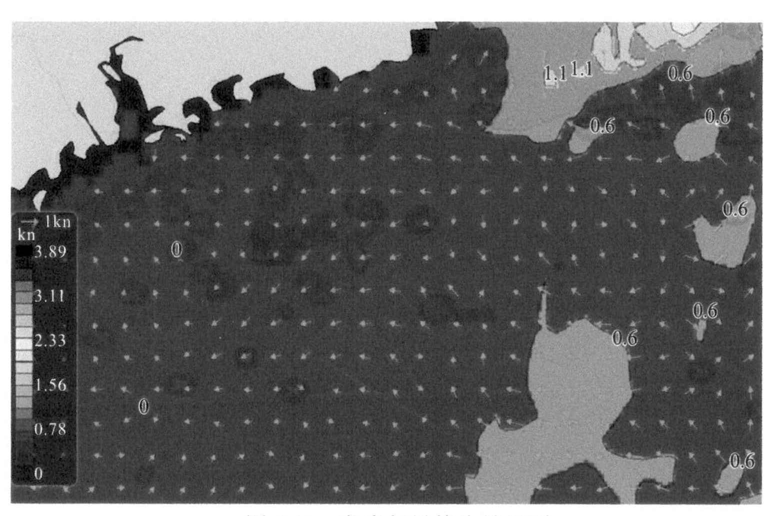

图 6.68　海流矢量箭头效果图

6.5.3　声场可视化

海洋水声环境涵盖大量抽象、复杂的信息，如何快速地从庞大繁杂的数据中获取有用的信息，并以直观的、易于理解的方式呈现出来，对感知水声环境规律具有至关重要的作用。图形、图像等视觉信息具有很强的直观性，有利于加深对事物、规律的感知和理解。图 6.69 所示为会聚区概率可视化效果图。

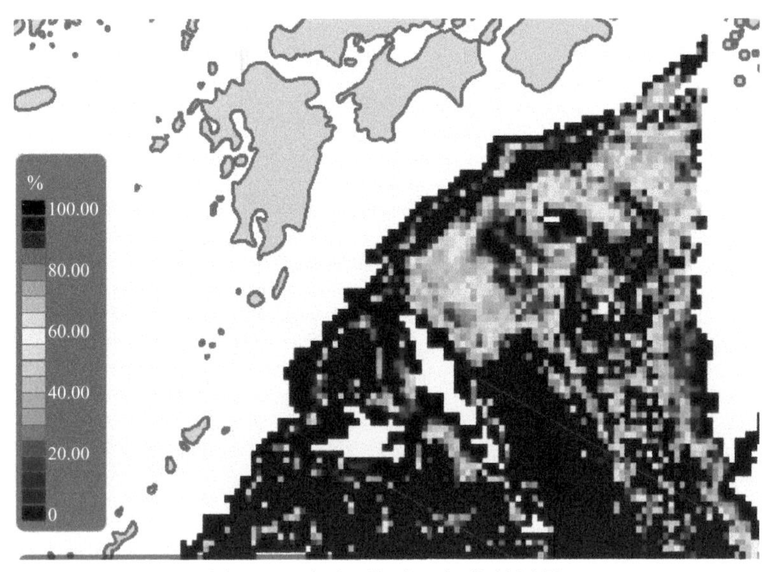

图 6.69　会聚区概率可视化效果图

6.5.4　中尺度涡可视化

以长期封闭环流为主要特征的中尺度涡在时间和空间方面都有明显的特性，根据其分布与传播特征能够得出中尺度涡的判别标准需满足如下条件：①在海面高度异常场中有封闭的等值线；②涡中心的水深大于 1000 m；③涡中心与其最外围的闭合等值线高差大于 7.5 cm。因此，在中尺度涡的可视化中，封闭等值线与海面高度异常是显示其特征的两个关键。在所选取的中尺度涡存在的区域内，根据实验数据分析出存在于同一海面高度异常闭合曲线上的等值点，利用其经纬度确定中尺度涡的存在，将同一闭合曲线上的等值点顺次相连得到等值线，同一中尺度涡中的每条闭合等值线的半径都和该中尺度涡的半径相关。等值线分布越密，表示涡心与涡边界的变化梯度越大；闭合等值线半径越大，表示中尺度涡的半径越大、所跨海域越广。同时，还可根据涡心颜色与最外围闭合曲线周围颜色来估算海面高度差，从而判断涡旋是气旋式还是反气旋式。中尺度涡平面叠加可视化效果如图 6.70 所示。

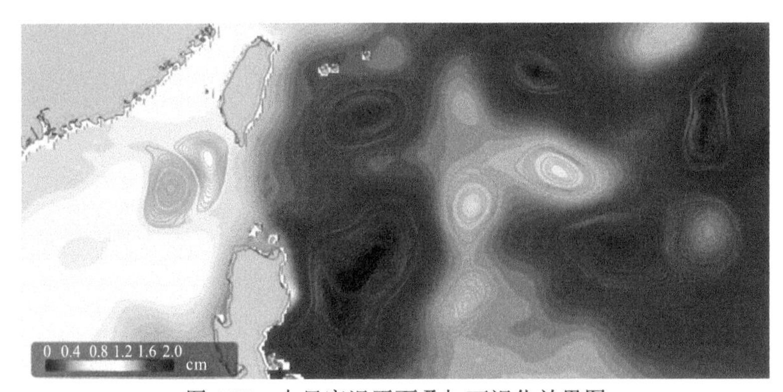

图 6.70　中尺度涡平面叠加可视化效果图

6.5.5 海洋锋可视化

海洋锋是海表温度、盐度、密度等水文要素水平变化剧烈的区域，可用一个或几个要素的水平梯度来描述。以海表温度为例，在空间距离上的变化超过某一临界值时，便可判定有海洋锋的存在。通过判断条件求出等于临界值的点便可确定为该海洋锋的临界点，由此可得出海洋锋的宽度。强度和宽度是海洋锋的两个关键特征，绘制海洋锋需体现出某一锋段的强度和宽度特性。在所选取的海洋锋可能存在的区域内，首先以海洋温度分布为背景，运用海表温度数据，通过不同的颜色来表示不同的海温值，绘制出该区域海表温度分布变化。同时，利用海温数据，通过海洋锋判定算法遍历温度数据，求出海洋锋边界点及高强度中心点位置，对该区域存在的海洋锋进行绘制。具体可利用经纬度确定海洋锋的中心和边界分布，然后将左边界和右边界的点顺次连接，中心线上的点因为包含强度属性，可以用另一种渐变的色标与背景海表温度进行区分，同时实现对一个海洋锋段上强度变化过程的显示，左边界线与右边界线的距离表示海洋锋的宽度。海洋锋可视化效果如图 6.71 所示。

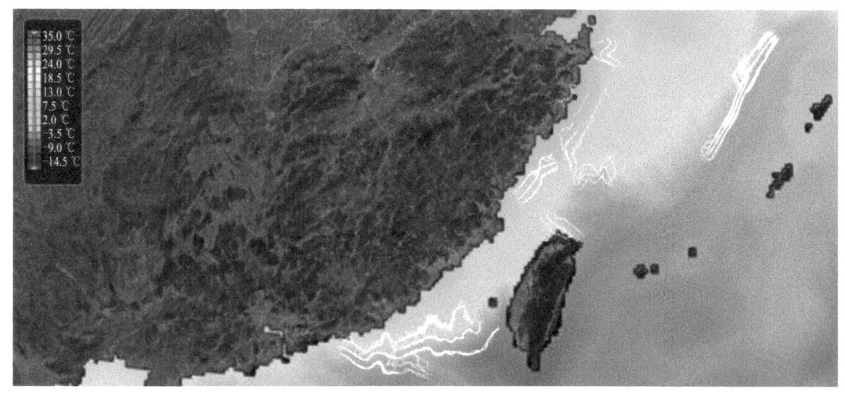

图 6.71　海洋锋可视化效果图

6.5.6 跃层可视化

跃层是海水温度、盐度、密度、声速等在垂直方向上出现突变或不连续变化的水层。跃层对水下通信和潜艇的隐蔽性具有重要作用。水声设备在深海声道中使用效果最好，在深海声道中航行的潜艇可以探测到距离很远的目标。跃层诊断方法如下。0～100 m 采样点为 5 m 一点，100～500 m 为 25 m 一点，500～1000 m 为 50 m 一点，1000 以下为 100 m 一点。将每种要素提取的点放入数组，循环遍历数组并将数组中的相邻值进行比较，符合标准即用矩形标记出来，并在该点旁边注明温度跃层、盐度跃层、密度跃层、声速跃层等信息。温度跃层的可视化效果如图 6.72 所示。

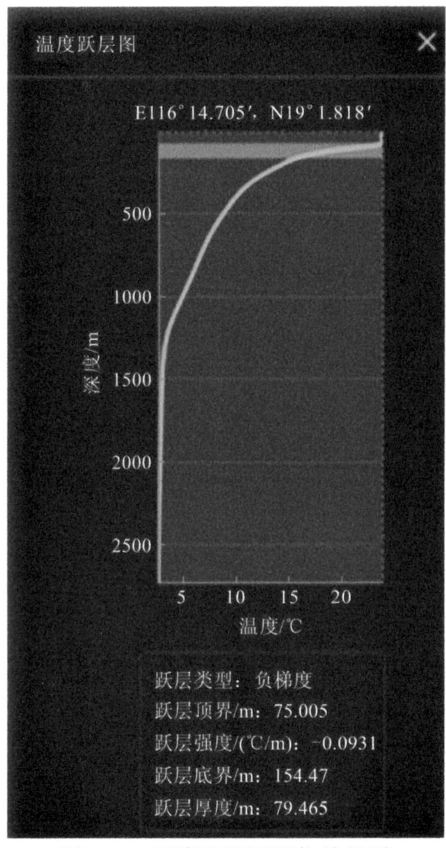

图 6.72　温度跃层可视化效果图

6.5.7　可视化系统设计与实现

在可视化方法设计实现的基础上，为适用不同的应用场景，需要设计不同的可视化系统。本小节针对岸基计算机环境和船载计算机环境介绍其可视化系统的设计与实现。岸基系统以三维地球为背景，船载系统根据使用特点以电子海图为背景，均采用 Qt 软件进行人机交互界面的开发，实现海水温度、盐度、密度、声速等再分析产品，跃层、中尺度涡、海洋锋等特征过程产品，以及声场数据的可视化展示。岸基系统和船载系统支持多种查询方式，包括按不同数据类型、海洋环境要素种类、不同区域范围、时间、垂直层次、组合条件进行查询，具体查询方式如下。

（1）按不同数据类型查询。系统可按不同数据类型进行查询，数据类型主要包括再分析统计产品、解释应用产品和其他可能的数据。

（2）按海洋环境要素种类查询。系统可按海洋环境要素类型进行查询，要素主要包括海温、盐度、密度、声速、海流、中尺度涡、海洋锋、跃层、水下声场。

（3）按时间查询。系统可按不同时间进行查询，时间要素主要包括年、月、日、时。

（4）按垂直层次查询。系统可按不同垂直层次进行查询。

（5）按组合条件查询。系统可按不同组合条件进行查询，可以组合查询的条件主要包括不同数据类型、不同要素种类、不同区域、不同时刻、不同垂向层次。

结合海洋环境要素特点，为实现基于三维地球和电子海图的可视化显示等功能，需要设计多种可视化模拟显示方式，包括等值线、断面、矢量、表格显示、单点剖面、时间过程曲线、单点数值等。

1. 界面设计开发原则

（1）用户界面设计遵循以下原则：①友好的用户操作方式；②界面风格和术语清楚一致；③响应速度快；④操作使用简便；⑤运行稳定；⑥简单且美观。

（2）用户界面开发遵循以下原则：①采用 Qt 软件进行设计；②所有通用控件采用 Qt 标准控件呈现，统一设定界面主题；③控件间隔采用 Qt 界面设计器的缺省值；④无需定制按钮和输入框的尺寸。

2. 系统架构设计

岸基系统和船载系统均采用开放式、分层体系架构，全部采用模块化设计，两个系统仅在部分具体逻辑操作和显示背景上存在差别，系统架构图如图 6.73 所示。

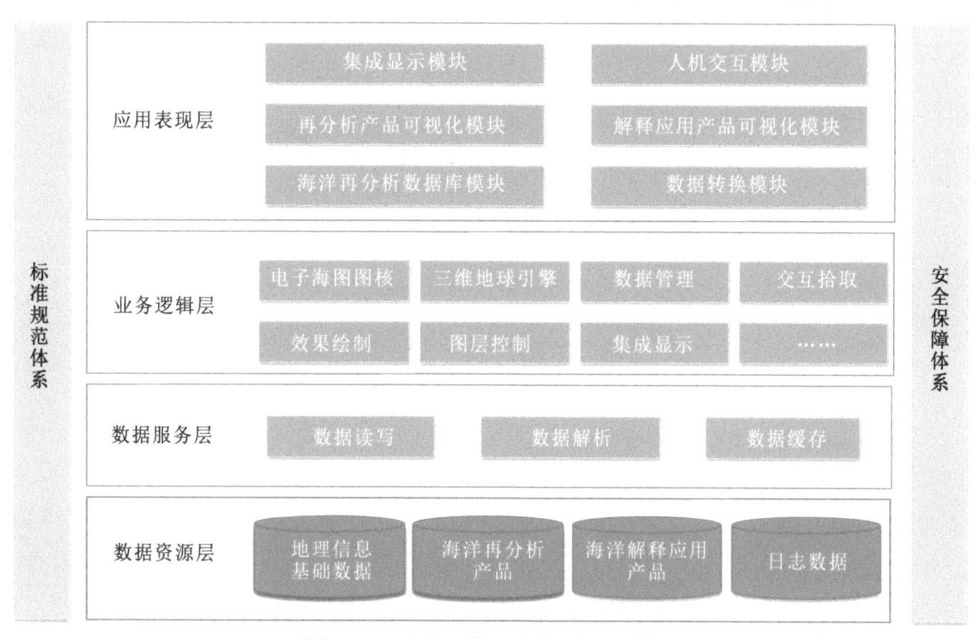

图 6.73　岸基系统和船载系统架构图

岸基系统和船载系统架构各层次具体描述如下。

（1）数据资源层。数据资源层主要实现海洋再分析和解释应用产品的存储，为数据服务层、业务逻辑层等提供基础数据支撑。数据资源层存储的数据种类包含地理信息基础数据、海洋再分析产品、海洋解释应用产品及日志数据。

（2）数据服务层。数据服务层主要实现接收人机交互界面请求后独立进行各类运算，包括数据读写、数据解析和数据缓存。数据服务层由各个具有适配性的插件、组件等组成，位于数据资源层和业务逻辑层之间，既可快速响应业务逻辑层的逻辑需求，又能快速实现海洋再分析产品和解释应用产品数据资料的处理制作。

（3）业务逻辑层。业务逻辑层主要接收来自应用表现层的数据请求，实现各类应用逻辑的处理并将处理结果返回应用表现层，提供业务规则的制订、业务流程的实现等与业务需求有关的系统设计。岸基系统和船载系统通用的业务逻辑包括数据管理、图层控制、集成显示、效果绘制、交互拾取等，其中，岸基系统采用三维地球引擎相关业务逻辑，船载系统采用电子海图图核相关业务逻辑。

（4）应用表现层。应用表现层实现用户与后台的各类人机交互及最终返回结果的显示功能，主要包含人机交互模块、集成显示模块、再分析产品可视化模块、解释应用产品可视化模块、海洋再分析数据库模块、数据转换模块。

3. 系统组成设计

岸基系统和船载系统组成如图 6.74 所示。

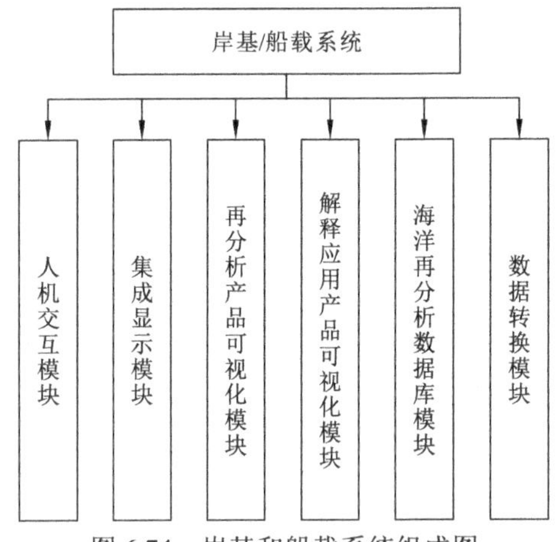

图 6.74　岸基和船载系统组成图

（1）人机交互模块。人机交互模块用于获取系统运行参数和用户查询条件，并将全球海洋再分析产品和解释应用产品以可视化的方式展现给用户。

（2）集成显示模块。集成显示模块用于实现各类海洋再分析产品和解释应用产品的电子海图或三维地球集成显示。其中，岸基系统的集成显示模块基于三维地球实现，船载系统的集成显示模块基于电子海图实现。

（3）再分析产品可视化模块。再分析产品可视化模块根据用户输入的查询条件，提供温盐密声和海流要素平面叠加、垂向断面、单点垂直廓线、时间过程曲线、单点数值信息的可视化显示功能。可选择水下层深、要素、区域和时间等条件进行查询。

（4）解释应用产品可视化模块。解释应用产品可视化模块可根据解释应用产品使用特点，选择海洋现象、区域和时间等条件进行查询，根据用户输入的查询条件，提供跃层、海洋锋、中尺度涡等解释应用产品查询及显示。

（5）海洋再分析数据库模块。海洋再分析数据库模块用于海洋再分析产品和解释应用产品的存储、管理和导出，获取人机交互操作指令，通过数据库访问软件开发工具包和数据库导入导出功能完成对外信息服务。

（6）数据转换模块。数据转换模块可根据用户输入的查询条件，提取数据库中相应的再分析产品和解释应用产品，并转换为可视化模型所需输入格式，传输数据用于电子海图和三维地球的集成应用。

4. 信息流程设计

岸基系统和船载系统通过人机交互模块向后台发送指令，后台根据指令调用海洋再分析数据库数据，并进行数据格式转换和数字模型建立，同时调用相应绘制模块，最终将绘制效果在电子海图或三维地球上集成显示。岸基系统和船载系统信息流程如图 6.75 所示。

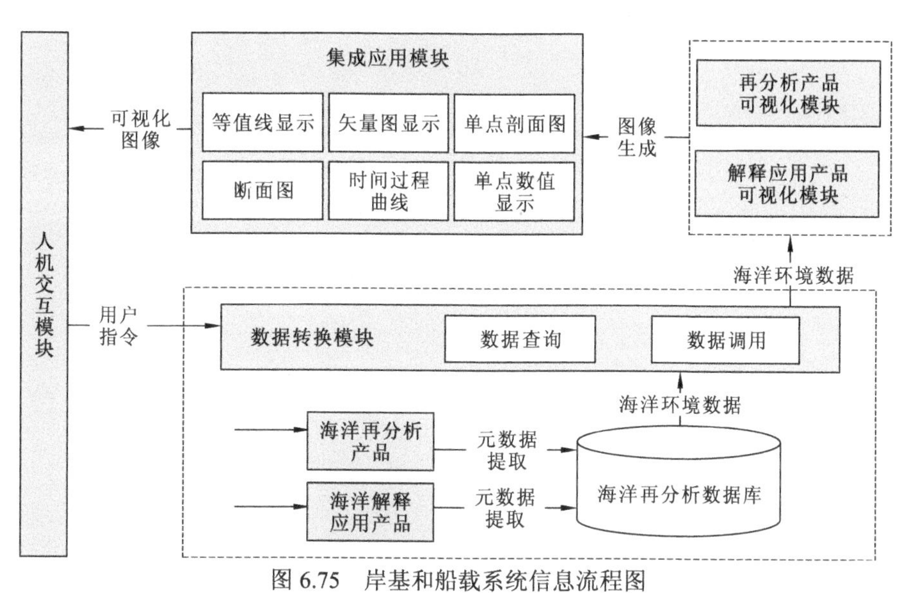

图 6.75　岸基和船载系统信息流程图

5. 系统实现

岸基系统和船载系统是在 Windows 运行环境下，基于 C++编程语言，应用 Microsoft Visual Studio 2015 和 Qt 5.9.8 软件开发的可视化软件。岸基系统是基于 OSG 三维渲染引擎封装的地理信息系统，采用高效算法进行全球洋流的流动模拟与温度盐度等海洋要素和特征数据的可视化展现，运用计算机图形学和图像处理技术，将海洋要素和特征数据在三维仿真地球上显示并进行交互处理，将数据内容变为几何形体，使用户可以直观地查询数据结果。岸基海洋环境可视化系统海温叠加显示如图 6.76 所示。

船载系统根据使用特点，实现电子海图背景下海洋再分析产品和解释应用产品的多种可视化显示，支持海图要素随比例尺变化的多尺度表达，保证海图显示的效率与速度。同时支持多图幅的无缝拼接显示，海图界面整洁清晰，避免多个要素的相互压盖，为海上平台提供直观、形象的海洋环境信息。船载海洋环境可视化系统海温叠加显示如图 6.77 所示。

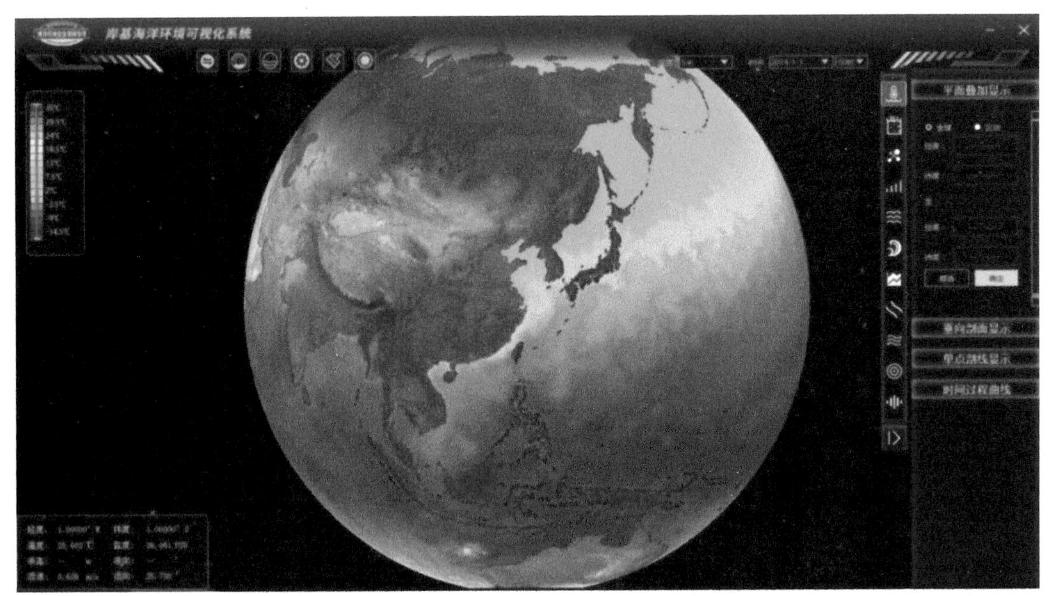

图 6.76　岸基海洋环境可视化系统海温叠加显示

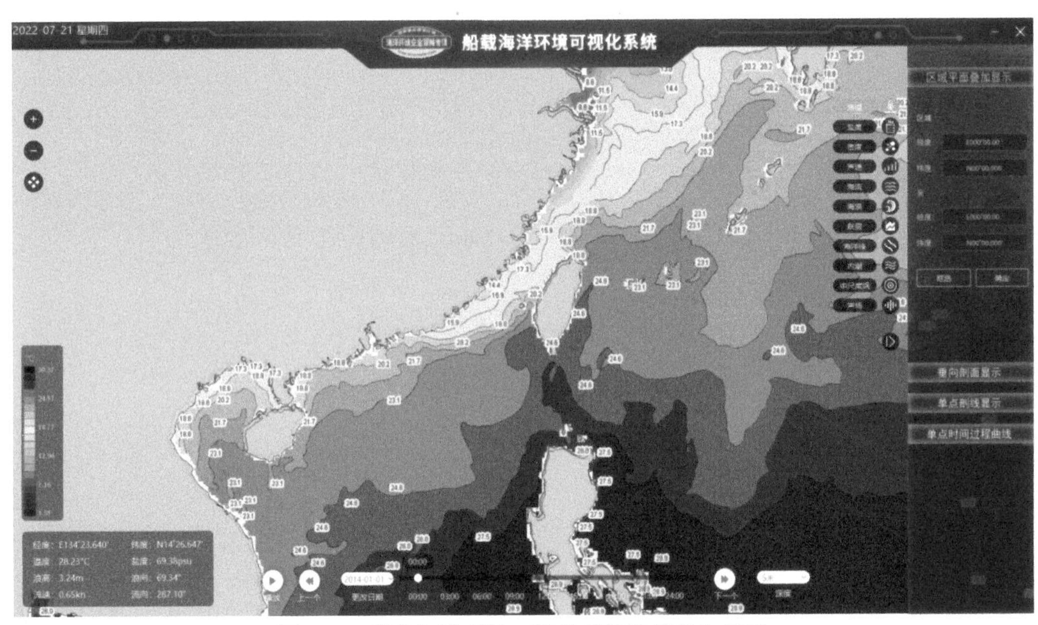

图 6.77　船载海洋环境可视化系统海温叠加显示

参 考 文 献

陈亮, 熊学军, 李小龙, 等, 2016. 海洋跃层的谱表达法及自适应识别. 海洋科学进展, 34(3): 328-336.

笪良龙, 2012. 海洋水声环境效应建模与应用. 北京: 科学出版社.

李启虎, 2001. 水声学研究进展. 声学学报, 26(4): 295-301.

凌青, 蔡志明, 张卫, 等, 2011. 压制条件下声呐搜索效能分析. 海军工程大学学报, 23(5): 36-40.

刘伯胜, 雷家煜, 2009. 水声学原理(第二版). 哈尔滨: 哈尔滨工程大学出版社.

汤毓祥, 1992. 初论东海黑潮锋的区域性差异. 黄渤海海洋, 10(3): 1-9.

汪德昭, 尚尔昌, 1981. 水声学. 北京: 科学出版社.

杨士莪, 2020. 水声技术及在我国的发展//我与水声七十年: 杨士莪院士九十华诞纪念文集. 哈尔滨: 哈尔滨工程大学出版社.

张晶晶, 罗博, 2017. 深海会聚区特征参数计算与分析. 声学与电子工程, 3: 8-11.

张旭, 张永刚, 董楠, 等, 2011. 声跃层结构变化对深海汇聚区声传播的影响. 台湾海峡, 30(1): 114-121.

郑义芳, 丁良模, 谭锋, 1985. 黄海南部及东海海洋锋的特征. 黄渤海海洋, 3(1): 9-17.

CHEN C T, MILLERO F J, 1977. Precise equation of state for seawater covering only the oceanic range of salinity temperature and pressure. Deep-Sea Research, 24(4): 365-369.

DANIEL H W, CHARLES M W, THOMAS J S, 1999. Naval operations analysis, 3rd. Annapolis: Naval Institute Press of the USA.

DONG C, MCWILLIAMS J C, HALL A, et al., 2011. Numerical simulation of a synoptic event in the Southern California Bight. Journal of Geophysical Research Oceans, 116: C05018.

DONG C, NENCIOLI F, LIU Y, et al., 2011. An automated approach to detect oceanic eddies from satellite remotely sensed sea surface temperature data. IEEE Geoscience & Remote Sensing Letters, 8(6): 1055-1059.

KAO H Y, YU J Y, 2009. Contrasting eastern-Pacific and central-Pacific types of ENSO. Journal of Climate, 22(3): 615-632.

NATIONAL RESEARCH COUNCIL, 2003. Environmental information for naval warfare. Washington D.C.: National Academies Press of USA.

NENCIOLI F, 2010. Characterization of mesoscale eddies in the lee of the Hawaiian Islands from direct observations and numerical simulation. Berkeley: University of California.

NENCIOLI F, DONG C, DICKEY T, et al., 2010. A vector geometry-based eddy detection algorithm and its application to a high-resolution numerical model product and high-frequency California Bight. Journal of Atmospheric & Oceanic Technology, 27(3): 564-579.

OKUBO A, 1970. Horizontal dispersion of floatable particles in vicinity of velocity singularities such as convergence. Deep-Sea Research, 17(3): 445-454.

SADARJOEN I A, POST F H, 2000. Detection, quantification, and tracking of vortices using streamline geometry. Computers & Graphics, 24 (3): 333-341.

WEISS J, 1991. The dynamics of enstrophy transfer in 2-dimensional hydrodynamics. Physical Dynamics, 48(2-3): 273-294.

guess at appropriate time，FGAT）方法（Lee et al.，2004），在计算观测值相对于模式结果的差异（即基础同化方法中的 ***Y−HX*** 项）时，尽可能使用离观测时刻较近的模式结果往观测的空间位置上插值，这样可以充分保留观测的瞬时多尺度信号，再结合卫星资料的同化，构建高分辨率时空多尺度数据同化模型，主要步骤如下。

（1）输出同化时刻 t 前后 12 h，共 25 个时次的逐时温盐数值积分结果：

$$T_{t+n}^{\text{model}},\quad S_{t+n}^{\text{model}},\ n=-12,\cdots,0,\cdots,12 \tag{4-66}$$

式中：T 和 S 为温度和盐度；上标 model 为数值模拟结果。

（2）对同化时刻前后 12 h 内的现场观测，依次判断时间上位于的时段，将该时段的模式结果插值到观测的空间位置上，计算观测相对于模式结果的差异。

（3）对逐时温盐模拟结果进行平均，近似计算日平均温盐，滤除模式潮信息：

$$\overline{T_t^{\text{model}}}=\frac{1}{25}\sum_{n=-12}^{12}T_{t+n}^{\text{model}},\quad \overline{S_t^{\text{model}}}=\frac{1}{25}\sum_{n=-12}^{12}S_{t+n}^{\text{model}} \tag{4-67}$$

（4）利用数据表一一对应法，根据 $\overline{T_t^{\text{model}}}$ 和 $\overline{S_t^{\text{model}}}$ 构建日平均温盐关系，根据 T_t^{model} 和 S_t^{model} 构建同化时刻温盐关系。

（5）计算同化时刻相对于日平均的差异：

$$\mathrm{d}T_t^{\text{model}}=T_t^{\text{model}}-\overline{T_t^{\text{model}}},\quad \mathrm{d}S_t^{\text{model}}=S_t^{\text{model}}-\overline{S_t^{\text{model}}} \tag{4-68}$$

（6）将卫星观测海面高度异常垂向反演为三维温盐“伪观测值”T^{SAT} 和 S^{SAT}。

（7）以模式日平均温度场 $\overline{T_t^{\text{model}}}$ 为背景场，利用多重网格三维变分方法同化 T^{SAT} 和卫星观测的日平均 SST 资料（为简单起见，将二者仍然合称为 T^{SAT}）：

$$\overline{T_t^{\text{SAT\_DA}}}=\overline{T_t^{\text{model}}}+\text{MG\_DA}(T^{\text{SAT}}-\overline{T_t^{\text{model}}}) \tag{4-69}$$

式中：上标 SAT_DA 为同化卫星反演的伪观测后的分析结果；MG_DA 为多重网格三维变分同化算子。

（8）利用日平均温盐关系，由 $\overline{T_t^{\text{SAT\_DA}}}$ 计算盐度场 $\overline{S_t^{\text{ADJ}}}$，并以此为背景场，利用多重网格三维变分方法同化 S^{SAT}：

$$\overline{S_t^{\text{SAT\_DA}}}=\overline{S_t^{\text{ADJ}}}+\text{MG\_DA}(S^{\text{SAT}}-\overline{S_t^{\text{ADJ}}}) \tag{4-70}$$

（9）将日平均分析结果与式（4-68）计算的差异相加，构造同化时刻中尺度信号订正后的温盐全场：

$$T_t^{\text{SAT\_DA}}=\overline{T_t^{\text{SAT\_DA}}}+\mathrm{d}T_t^{\text{model}},\quad S_t^{\text{SAT\_DA}}=\overline{S_t^{\text{SAT\_DA}}}+\mathrm{d}S_t^{\text{model}} \tag{4-71}$$

（10）利用温盐日平均分析结果和日平均模拟结果之间的差异，调整步骤（2）计算的观测值相对于模式结果的差异。

（11）以 $T_t^{\text{SAT\_DA}}$ 为背景场，利用多重网格三维变分方法同化步骤（10）得到的温度差异场，得到最终的温度分析场 T_t^{analysis}。

（12）利用同化时刻的温盐关系，由 T_t^{analysis} 计算盐度场 S_t^{ADJ}，并以此为背景场，利用多重网格三维变分方法同化步骤（10）得到的盐度差异场，得到最终的盐度分析场 S_t^{analysis}。

4.7 并行同化

随着观测数据的日益丰富、海洋模式分辨率的不断提高，高分辨率时空多尺度数据同化的计算量显著增加，单时次单进程同化运算时间甚至可能超过相邻同化时刻间模式积分时间，大大影响了海洋再分析产品的研制周期。因此，提高同化分析的计算效率势在必行。研究全球高分辨率同化模型的计算特点，发展适用于当前主流的计算机体系结构的并行分析算法，是提高全球海洋再分析模型的可扩展性，提升再分析产品的计算效率的基本保障。

本节基于 4.6 节介绍的全球高分辨率时空多尺度多变量数据同化模型的主要特点及数据依赖性分析，对同化过程中主要计算模块的计算特点进行深入分析，并对观测场、预报场及分析场的主要数据结构进行梳理，采用共享内存+分布式并行的混合并行策略对同化模型中的计算模块进行统一设计。在充分考虑观测的不规则分布的基础上，采用合理的数据分配策略实现负载平衡，构建适合当前模型数据访问、I/O 特点的分布式并行同化算法，为构建可扩展的全球高分辨率时空多尺度多变量数据同化模型提供计算支撑。

4.7.1 计算热点分析

全球高分辨率时空多尺度多变量数据同化（简称全球高分多尺度海洋数据同化）流程，主要包括模式结果和观测资料处理（average_obs_inc）、卫星观测资料同化（ostmas_sat）、尺度调整（change_obs，add_tide）、现场观测资料同化（ostmas_insitu）4 个主要步骤，如图 4.9 所示。

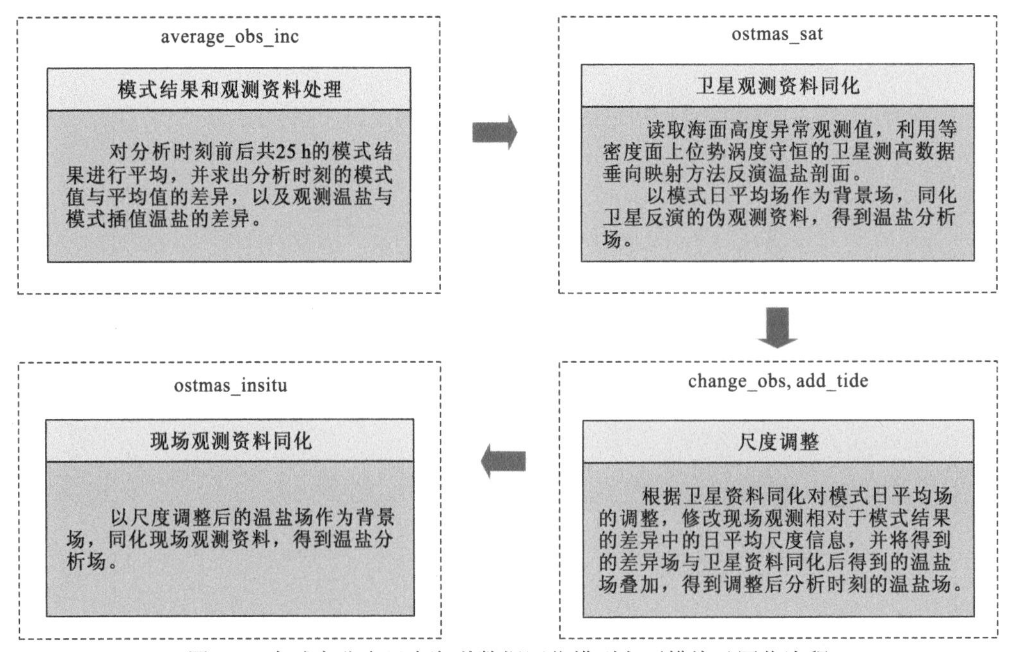

图 4.9　全球高分多尺度海洋数据同化模型主要模块及同化流程